BEITRÄGE ZUR REGIONALEN GEOLOGIE DER ERDE BAND 11

BEITRÄGE ZUR REGIONALEN GEOLOGIE DER ERDE

Herausgegeben von Prof. Dr. H. J. Martini †

Präsident der Bundesanstalt für Bodenforschung

Band 11

Walther Sauer

GEOLOGIE VON ECUADOR

1971

GEBRÜDER BORNTRAEGER · BERLIN · STUTTGART

GEOLOGIE VON ECUADOR

von

Dr. Ing. Walther Sauer
Wiesbaden
Prof. h. c. der Universidad Central del Ecuador in Quito

Mit einer zweifarbigen geologischen Karte (1:1 500 000),
31 Photos, 16 Abbildungen sowie 4 Tabellen im Text und auf 1 Ausschlagtafel

Mit einem Beitrag

Mineralische Rohstoffe in Ecuador

von

Prof. Dr. Hannfrit Putzer
Direktor in der Bundesanstalt für Bodenforschung, Hannover

Mit einer Kartenbeilage, 13 Abbildungen sowie 11 Tabellen im Text
und auf 3 Ausschlagtafeln

1971

GEBRÜDER BORNTRAEGER · BERLIN · STUTTGART

Kartographische Arbeiten der zweifarbigen Karte 1 : 1 500 000 : H. Brenner, Wiesbaden

Klischees: Carl Schütte & C. Behling, 1 Berlin 42 (Tempelhof)
Papier: Papierfabrik Scheufelen KG, 7311 Oberlenningen
Druck: Poppe & Neumann, Graph. Betrieb, 775 Konstanz
Printed in Germany
Druck der zweifarbigen geologischen Karte 1 : 1 500 000: Hessisches Landesvermessungsamt Wiesbaden
(Der Druck dieser Karte wurde durch eine Beihilfe des Verfassers ermöglicht)

ISBN 3 443 11011 8

Vorwort

Zu den kleineren Republiken Südamerikas gehört auch Ecuador. Neben seinen größeren Nachbarn Kolumbien und Peru hat es trotz mancher Schwierigkeiten seine Selbständigkeit bewahren können.

Geographisch ist es ein sehr abwechslungsreiches Land, vor allem bedingt durch seine großen Höhenunterschiede und die Lage unter dem Äquator. Quito, die alte Hauptstadt auf großer Höhe (2800 m) im zwischenandinen Gebiet, hat ein andauerndes Frühlingsklima, während die wichtigste Hafenstadt Guayaquil im tropisch-heißen Küstenstreifen liegt. Von Quito aus erblickt man Bergriesen, bedeckt vom ewigen Schnee. Ebenso kann man von dort aus in Höhen bis zu 3000 m die Getreidefelder der Indios beobachten, die verstreut in kleinen Ansiedlungen rings um die Stadt wohnen.

In diesem, an Naturschönheiten so reichen Land, konnte ich fast 20 Jahre verbringen und als Geologe meine Forschungen und Kartierungen, auch in den einsamsten und unwegsamsten Gegenden Ecuadors, durchführen.

Der Präsident von Ecuador, Dr. Velasco Ibarra, der wiederholt die Staatsführung übernahm, hat sich als Förderer der Wissenschaften hervorgetan. Zusammen mit anderen deutschen Gelehrten erhielt ich durch ihn im Jahre 1934 die Berufung als Professor der Geologie an die Universidad Central, Quito; später kam dazu noch der Ruf an die Escuela Politécnica, Quito. Außerdem gab mir der Präsident die Anregung, eine Geologie und eine geologische Karte von Ecuador vorzubereiten. Auf Wunsch der Regierung stellte ich Untersuchungen über ausbeutbare Lagerstätten der natürlichen Rohstoffe des Landes an, die ihren Niederschlag in meinen Gutachten und Lageskizzen für verschiedene Ministerien Ecuadors fanden.

Herr Prof. Dr. H. Putzer, Hannover, bringt in meinem Buch in seinem Kapitel „Mineralische Rohstoffe in Ecuador“ weitere Beiträge zur Erschließung der Lagerstätten des Landes.

Zu Dank verpflichtet bin ich der ecuadorianischen Regierung, die mir die Mittel für zwei große Expeditionen zur Verfügung stellte. Dadurch wurde mir die schwierige Exkursion in den äußersten Süden des Landes ermöglicht (Loja, Cariamanga, Zumba, Chito). Durch die Begleitung des Coronels Salazar, Quito, bekam ich die nötige Unterstützung der Militärstationen an der Grenze. So konnte ich in diesen unzugänglichen Gebieten in Ruhe geologisch arbeiten und kartieren.

Die zweite Expedition in die unerforschte Kordillere der Llanganates brachte mich dank der günstigen Witterung und der Unterstützung durch meine Trägerkolonne bis zum Cerro Hermoso (4600 m). Hier konnte ich weiteren geologischen Forschungen nachgehen und darüber hinaus durch photographische Aufnahmen das Bild des Cerro Hermoso und der ihn umgebenden Landschaft festhalten. Der Weg dieser mühevollen Exkursion (Ausgangspunkt Pillaro in 2800 m Höhe) ist auf meiner Skizze der Llanganates, die meinem Buch beigefügt ist, eingezeichnet.

Bei der Erforschung des Chimborazo genoß ich die Gastfreundschaft des Señor CARLOS ZAMBRANO, dessen Hacienda in der Nähe jenes Gletschers liegt, den ich zum Dank nach ihm benannte. Mit seiner großzügigen Hilfe – er stellte mir seine Pferde, seine Peones und die Verpflegung unentgeltlich zur Verfügung – war es mir möglich, die Erkundung um den Chimborazo im Gebiet des Páramo auszuführen und die Lage des Gletschers neu zu kartieren.

Dankbar denke ich auch an Señor DR. J. E. PAREDES, Rector der Universidad Central in Quito, durch dessen Vermittlung der Druck der 1. geologischen Karte von Ecuador im Maßstab von 1:1 500 000 nach meinem Entwurf im Jahre 1950 erfolgte.

Meine 2. geologische Karte von Ecuador im gleichen Maßstab liegt meinem Buch bei. Sie wurde von mir überarbeitet und durch neue differenzierte Forschungsergebnisse ergänzt, es handelt sich um Kartierungen im Süden der Sierra und im Oriente von Ecuador. Vor allem bringt sie auch ins einzelne gehende Kartierungen der Vulkane.

Während meines Aufenthaltes in Ecuador in den Jahren 1964 bis 1965 erhielt ich durch den damaligen Rektor der Universität Quito, Ingeniero ALEJANDRO SEGOVIA dankenswerter Weise die Einladung, als Gast im Gästehaus der neuen Universität Quito zu wohnen. So konnte ich in Ruhe den Druck meines Buches, der Geología del Ecuador in spanischer Sprache, überwachen und Gastvorlesungen an der Universität halten. Mein Dank gilt in diesem Zusammenhang auch dem Ministerio de Educación, das mein Buch herausbrachte. Es gestattete mir auch die Herausgabe einer deutschen Ausfertigung meiner Geología del Ecuador. Dies ist vor allem den Bemühungen des Chefs der Kulturabteilung dieses Ministeriums Herrn DR. G. A. PAEZ zu verdanken.

Das Instituto Geográfico Militar von Ecuador unterstützte mich bei den Reinzeichnungen zu meiner „Geología del Ecuador 1965", wofür ich dem Direktor Coronel J. O. NAVARRETE V. danke.

Eine große Ehrung erwies mir während meines Aufenthaltes in Ecuador 1964 bis 1965 der Rektor A. SEGOVIA, indem er mir in einem feierlichen Akt in der Universität Quito die im Auftrag der naturwissenschaftlichen Fakultät ausgefertigte Ernennung zum Professor h. c. aushändigte.

Der Bundesrepublik Deutschland bin ich zu großem Dank verpflichtet. Der Bundesminister des Innern und die Kulturabteilung des Auswärtigen Amtes haben mich zu meinen Studienreisen nach Ecuador (1955–56 und 1964–65) finanziell unterstützt und die Deutsche Botschaft in Quito leistete mir während des zweiten dieser Aufenthalte Beistand und Hilfe.

Ich widme dieses Buch meinen vielen Freunden und Helfern in Ecuador und meiner Frau, die mich beim Korrekturlesen und beim Herstellen der Register sehr unterstützt hat.

Mein Dank gilt schließlich dem 1969 verstorbenen Herausgeber der „Beiträge zur Regionalen Geologie der Erde", Herrn Prof. DR H. J. MARTINI, für die Aufnahme meines Buches in diese Reihe, und dem Verlag für die gediegene Ausführung des Druckes.

Wiesbaden-Sonnenberg, im Dezember 1970 WALTHER SAUER

Inhaltsübersicht

Photo 1. Am frühen Morgen in der Moränenlandschaft am Chimborazo (6267 m). Photo: SAUER

A. Einleitung

Ecuador war vor der Jahrhundertwende schon das Ziel bedeutender Forschungsreisen gewesen. Damals übten in erster Linie die zahlreichen tätigen und erloschenen Vulkane der Anden eine besondere Anziehungskraft auf Geologen und Geographen aus, weil dort Klärung der noch strittigen Theorien auf dem Gebiet der Vulkanologie zu erhoffen war. Es ging um die von LEOPOLD VON BUCH, E. DE BAUMONT und DUFRÉNOY begründete „Hebungstheorie der Vulkane", nach der die Vulkane als „Aufbeulungen" der oberen, ehemals horizontalen Schichten der Erdkruste zu betrachten seien, emporgepreßt durch den Druck der Gase und der feuerflüssigen Massen des Erdinneren, indem sich „kuppel- oder glockenförmige Protuberanzen bildeten". „Entweder sei die ursprüngliche Form geblieben, oder der obere Teil der Kuppel sei eingebrochen und habe einen Krater und damit eine dauernde Verbindung mit dem Erdinnern hergestellt, durch welche die Lavamassen und Gase ihren Weg zur Oberfläche fänden."

Eine der ersten berühmten, nach dem Vulkangebiet Südamerikas ziehenden Forschungsreisenden war ALEXANDER VON HUMBOLDT mit seinem Begleiter, dem französischen Botaniker AIMÉ BONPLAND.

Ursprünglich hatte HUMBOLDT die Absicht, seine Weltreise, die ihn in den Jahren 1799 und 1800 schon bis Venezuela und Guayana geführt hatte, mit dem Kapitän Baudoin fortzusetzen, den er in Cuba anzutreffen hoffte. Nach einer abenteuerlichen Fahrt in einem kleinen Boot von knapp 22 t mußte er in Cartagena, an der Nordküste von Südamerika, wieder an Land gehen. Als er so die Fortsetzung seiner Reise um die Welt vereitelt sah, änderte er endgültig seine Pläne. Das großartige Gebirge der Anden lockte ihn mit der Aussicht, aufschlußreiche Beobachtungen zu machen und der Lösung vielfacher naturwissenschaftlicher Probleme näher zu kommen, wie auf dem Gebiete der Klimatologie, der Botanik und der ihn am meisten interessierenden Vulkanologie. Dazu kam noch der lebhafte Wunsch, den berühmten und gefeierten granadischen Botaniker MUTIS in Bogotá kennenzulernen. Er nahm daher seinen Weg nach Süden in die Anden, um über Santa Fé de Bogotá und Quito die peruanische Hauptstadt Lima zu erreichen. Sein unermüdlicher Forschergeist bewog ihn, den fast sagenhaft schwierigen, aber für ihn viel interessanteren Landweg der weniger anstrengenden Seereise vorzuziehen.

HUMBOLDT hat die unerhörten Strapazen dieser im Gebirge und tropischen Urwald während der Regenzeit ausgeführten Expedition in seinen „Kleineren Schriften", „Ansichten der Natur" und „Pittoresken Ansichten der Kordilleren" aufgezeichnet. Um unterwegs besser beobachten, sammeln und botanisieren zu können, lehnte er es ab, sich, wie es dort bei den Reisenden üblich war, auf dem Rücken eines Indio tragen zu lassen, auf einer Art Kraxe sitzend, den Blick nach rückwärts gerichtet. Er zog es vor, nachdem sein Schuhwerk bald in Stücke gegangen war, bei fast ununterbrochenem Regen nackten Fußes, wie die Indios, durch die Schlammfurchen zu stapfen, in die sich die engen Urwaldpfade verwandelt hatten. Sein Gepäck, die Instrumente und Sammlungen waren auf Ochsen verladen, den einzigen als Reit- und Tragtiere brauchbaren Vierfüßlern auf dieser während der Regenzeit normalerweise unmöglichen Reiseroute.

Die Fortsetzung des Unternehmens im breiten Längstal zwischen West- und Ostkordillere Kolumbiens ließ sich glücklicherweise bequem zu Pferd bewerkstelligen.

Im Dezember 1801 betritt HUMBOLDT mit BONPLAND ecuadorianisches Gebiet. In der Landeshauptstadt Quito wird er fürstlich empfangen. Die Familien der spanischen Gesellschaft streiten sich um die Ehre, ihn als Gast zu haben und mit Aufmerksamkeiten zu überhäufen. Er genießt nun alle erdenklichen Bequemlichkeiten für seine Unterkunft und erobert die Herzen der Ecuadorianer aller Schichten durch sein korrektes Wesen und sein umfassendes Wissen. Geschätzt wird seine Mäßigung, mit der er von den Eigenheiten der Südamerikaner spricht, sehr zum Unterschied von anderen Reisenden.

Wichtig für ihn ist die allgemeine Bereitwilligkeit, ihm weitgehende Unterstützung zur Vorbereitung und Ausführung seiner wissenschaftlichen Expedition zu leisten. So kann er Anfang April 1802 die ersten Untersuchungen am Fuß des Antisana (5705 m) im Nordosten von Quito ausführen. Am 14. April versucht er die erste Besteigung des Doppelvulkans Pichincha bei Quito. Sie führt ihn aber nicht zum Ziel, d. h. zum Kraterrand des nur noch Fumalorentätigkeit aufweisenden Guagua-Pichincha (4784 m; Quito: 2810 m). Bei diesen Unternehmungen wird er von BONPLAND und seinem in Quito gewonnenen Freund CARLOS MONTUFAR begleitet, der ihm später noch bis Lima und nach Europa folgt.

HUMBOLDT sucht sich kritisch mit der merkwürdigen vulkanisch-mechanischen Hebungstheorie der Vulkane auseinanderzusetzen. Noch deutet er die tiefen, engen Schluchten in den Hängen der Vulkane als die bei der „Aufbeulung“ entstandenen Spaltenrisse. Doch schon der Besuch des Cotopaxi zeigt ihm klar den Aufbau des Kegels (Photo 2) aus übereinandergeschichteten Bänken von fester Lava abwechselnd mit Lagen vulkanischen Lockermaterials. Auch den am Fuß des Antisana ausgebrochenen, in einem alten Gletschertal auf viele Kilometer Länge sich erstreckenden Lavastrom „Antisanilla“ mit seiner zu Blocklava erstarrten Oberfläche deutet er richtig als solchen, während BOUSSINGAULT, noch in der Hebungstheorie befangen, 30 Jahre später hier einen „Ausbruch von festen Lavablöcken aus einer langen, bei der vermuteten Hebung des Antisana entstandenen Spalte“ erkennen will.

Am 23. Juni unternimmt HUMBOLDT die erste Erkundung des Chimborazo (6267 m) bis zur Grenze des ewigen Schnees (Photo 3), die er mit 4580 m Höhe bestimmt hatte und die damals wesentlich tiefer als die gegenwärtige (ca. 4800 m) lag.

Er beobachtet bei sich und seinen Begleitern die Auswirkung der ungewöhnlichen Höhe auf den menschlichen Organismus mit Atembeschwerden, schnellerem Pulsschlag, Nasenbluten u. a. m. als Folge des verminderten Luftdrucks und der damit verbundenen Verringerung des Sauerstoffgehalts der Luft. Eine tiefe Schlucht in 5610 m Höhe und die zunehmende Atemnot machten dem Aufstieg ein Ende. HUMBOLDT, BONPLAND, MONTUFAR und der einheimische Führer sind gezwungen, den Abstieg anzutreten und mit den an tieferer Stelle wartenden Trägern nach Riobamba zurückzukehren.

Mit der Untersuchung der Chinchona(Chinin)wälder im Süden schließt HUMBOLDTS Aufenthalt in Ecuador ab.

Die Kupferstiche des Cotopaxi und Chimborazo, nach Zeichnungen HUMBOLDTS in den „Pittoresken Ansichten der Kordilleren", zeigen den Cotopaxi wohl als kegelförmigen Schichtvulkan, dagegen ist die kompakte Form des Chimborazo stark zur glockigen Kuppel umgebildet und erinnert, wie HUMBOLDT schreibt, „an die Aufbeulungen der Erdkruste ohne Krater, die von der elastischen Kraft der feurigen unterirdischen Gase aufgetrieben wurden". So neigte er doch dazu, die Hebungstheorie in bestimmten Fällen, wie hier beim Chimborazo, gelten zu lassen. Auch die vom Wasser erodierten Talschluchten bei Quito rechnet er zu den Wirkungen der Auftreibung des Pichincha-Vulkans.

HUMBOLDT geizt nicht, in Diskussionen wißbegierige Ecuadorianer über den neuesten Stand der Naturwissenschaften in Europa zu unterrichten. Er hält nicht mit seiner Bewunderung der großartigen Gebirgslandschaften Ecuadors zurück und würdigt die vielfältigen Möglichkeiten des Naturforschers, in diesem Land seine Kenntnisse zu bereichern.

Die Begeisterung für den großen deutschen „Naturalista" hat sich im Land bis in die Gegenwart erhalten. Selbst in entlegenen Gegenden kann es vorkommen, daß der deutsche Reisende, nachdem festgestellt wurde, daß es sich um einen „Alemán" handelt, durch Äußerungen über HUMBOLDTS Forschertätigkeit überrascht wird.

CHARLES DARWIN geht in seinem Bericht über die „Reise eines Naturforschers um die Welt" (1831–1836) in erster Linie biologischen Erscheinungen nach und gewinnt auf den Galápagos-Inseln die Anregung zu seiner Theorie über die „Entstehung der Arten durch natürliche Zuchtwahl".

In den folgenden Jahrzehnten wird das Interesse der Forscher weiterhin von den vulkanischen Erscheinungen der vielen tätigen und erloschenen Vulkane gefesselt. P. L. SODIRO, T. WOLF, AUG. und NIC. MARTINEZ liefern Berichte ihrer vulkanologischen Beobachtungen und Untersuchungen. Gleichzeitig mit T. WOLF führen W. REISS und A. STÜBEL in den 90er Jahren ausgedehnte geologische und vor allem vulkanologische Forschungen aus, REISS mehr auf die geologischen Zusammenhänge bedacht, während STÜBEL den äußeren Formen der Vulkane größere Bedeutung beimißt. So entstehen 1892–1902 die beiden umfangreichen Werke von REISS und STÜBEL über das „Hochgebirge der Republik Ecuador" mit den Ergebnissen der mikroskopischen Bestimmungen der über 1000 Exemplare zählenden Gesteinssammlungen und das Werk STÜBELS (1897) über die „Vulkanberge Ecuadors", das die Vulkane nach der Form ihrer äußeren Ausbildung beschreibt und klassifiziert, ohne den schon von REISS erkannten, gewaltigen Anteil der Gletschererosion an der Formentwicklung der Berge zu berücksichtigen.

Erst TEODOR WOLF faßt im zweiten Teil seiner „Geografía y Geología del Ecuador" (1892) die damals gewonnenen geologischen Kenntnisse des Landes zusammen, indem er die Ergebnisse hauptsächlich seiner eigenen zahlreichen wissenschaftlichen Arbeiten veröffentlichte, die er während mehrerer Jahrzehnte ausgeführt hatte. Seine geologischen, petrologischen und mineralogischen Studien nehmen den kleineren Teil des Werkes ein und vermittelten bis vor etwa dreißig Jahren die Kenntnis geologischer Verhältnisse des Landes. Seine ausgezeichnete geographische Karte im Maßstab 1 : 450 000 hatte nicht ihresgleichen, bis in den letzten Jahren das Militärgeographische Institut Ecuadors eine neue umfangreichere und in mancher Hinsicht genauere Karte herausgab (1 : 500 000).

Noch bis über die Jahrhundertwende hinaus dreht sich das Interesse um die Erforschung der Vulkane, so bei den WOLF'schen Schülern AUG. und NIC. MARTINEZ (1902 bis 1938), weiter bei H. MEYER (1907) „In den Hochanden Ecuadors", der sich zum ersten Mal ausführlich auch mit der Vergletscherung der Vulkanberge befaßt, dann bei W. BERGT (1914) „Der Vulkan Quilotoa“ und L. T. PAZ Y MINO (1931 und 1944) „Exploración al Reventador“, bei R. J. COLONY J. SINCLAIR (1928) „The lava of the Vulcano Sumaco“ und G. W. DYOTT (1929) „The Vulcanoes of Ecuador“.

1933 veröffentlichte L. J. CHUBB „Geology of Galápagos, Cocos and Eastern Islands“; die vulkanische Bildung der Inseln steht hier ebenfalls im Vordergrund.

Der stark zunehmende Bedarf an Petroleum in der Welt rückt schließlich auch Ecuador als ölhöffiges Land in das Interesse der Ölgesellschaften, obwohl schon lange vor der Jahrhundertwende an der Steilküste von Ancón auf der Halbinsel Sta. Elena, westlich von Guayaquil, die Ausbisse ölhaltiger Sande bekannt waren. Reste von Tongefäßen, in denen Öl durch Erhitzen zu Teer und Pech für die Abdichtung der Holzschiffe verarbeitet wurde, zeugen von dieser primitiven Industrie.

Die Anglo-Ecuadorean Oilfields Ltd. begann 1916 mit der Ausbeutung des Ancón-Ölfelds, ohne vorher weitläufige Explorationen vornehmen zu müssen, da sich an der Steilküste die Profile der ölführenden Schichten in langer Erstreckung dem Studium darbieten. G. SHEPPARD behandelt (1937) in „The Geology of Southwestern Ecuador“ das Küstengebiet von der Halbinsel Sta. Elena nach Norden bis zur Provinz Manabí, nachdem von ihm 1927 bis 1934 zahlreiche Einzelarbeiten erschienen waren.

1938 beginnen im Litoral (Costa) weitere ausgedehnte geologische Untersuchungen der International Petroleum Co. und der Standard Oil Co. of New Jersey, deren Ergebnisse zum großen Teil von R. W. LANDES (1944), H. E. THALMANN (1944 bis 1947) und J. G. MARKS (1951, 1956) bekannt gemacht wurden.

Inzwischen hatte im Oriente (Osten Ecuadors) die Leonard Exploration Co. durch ihre Geologen J. H. SINCLAIR und TH. WASSON (1927) zwischen Baeza, Coca, Canelos und Macas geologische Erkundungen ausführen lassen.

Vom Anfang des Jahres 1939 bis 1950 fanden dann im ganzen Gebiet Untersuchungsarbeiten und Probebohrungen durch die Geologen der Shell Co. of Ecuador statt mit Veröffentlichungen von H. J. TSCHOPP (1948, 1953, 1956) mit einer geologischen Karte des Oriente.

A. SEMANATE, Professor der Geologie an der Universidad Central, Quito, veröffentlichte 1944, 1951, 1952, 1954 wichtige Resultate seiner geologischen und petrographischen Untersuchungen in der Cordillera Real und der interandinen Depression.

1935–50, 1955–56 und 1964–65 benutzte der Verfasser W. SAUER als Professor der Geologie an der Universidad Central und der Escuela Politécnica in Quito die Gelegenheit, die Gebiete der Kordilleren, der interandinen Senke und des äußersten Süden des Landes zu studieren und in einer Reihe von Schriften (1938–1960) die Ergebnisse bekannt zu geben. Er konnte außerdem 1950 die Geologische Karte von Ecuador in Farbe im Auftrag der ecuadorianischen Regierung in der Schweiz drucken lassen und 1965 in Spanisch die „Geología del Ecuador“ mit Unterstützung der ecuadorianischen Regierung und der Deutschen Bundesrepublik in Quito herausbringen.

Die Hauptquellen für das vorliegende Werk lieferten die moderneren geologischen Arbeiten, in erster Linie die Ergebnisse der eingehenden Untersuchungen durch die Minen- und vor allem die Petroleum-Gesellschaften, in dem Maße wie sie der Öffentlichkeit zugänglich waren, und die eigenen Arbeiten des Verfassers, die er während der Jahre 1935 bis 1950, 1955–1956 und 1964–1965 ausführte.

Das Buch stellt einen wesentlichen Fortschritt der geologischen Beschreibung von Ecuador dar. Doch wird die Zukunft noch weitere Kenntnisse bringen zur Durchleuchtung komplizierter Probleme, die bis heute erst vorläufige Lösung gefunden haben, weil die Unzugänglichkeit mancher Zonen und der Mangel an Zeit und Mitteln eingehendere Studien in derartigen Fällen verhindert haben.

B. Geomorphologische Grundzüge

Der Übergang des Mesozoikums zum Neozoikum ist gekennzeichnet durch eine Periode des Wiederauflebens starker orogener Kräfte, die gleichzeitig in verschiedenen Zonen der Erdoberfläche gewirkt und die bekannten Hochgebirge von großer Längenausdehnung geschaffen haben.

Als dominierendes Element in der Orographie von Südamerika erweist sich die gigantische Mauer der Anden. Sie begleitet zusammen mit ihrem mehr oder weniger breiten Vorland die Westküste des Kontinents von seinem nördlichsten Punkt bis zum südlichen Ende in Form eines neuen Land- und Gebirgsstreifens, der dem Rand des Urkontinents angefügt ist.

Im ecuadorianischen Randgebiet ist die verschieden breite Küstenzone zwischen dem Stillen Ozean und den Anden ein ziemlich ebenes Tiefland geblieben, teilweise umgrenzt von niederen Gebirgszügen.

Am Ostfuß der Anden dehnen sich die Ebenen der weiten Flußsysteme des Amazonas und seiner Nebenflüsse aus und entwässern den Kontinent von der Wasserscheide der Anden nach Osten zum Atlantischen Ozean. So umfaßt Ecuador drei geomorphologisch scharf voneinander getrennte Gebiete in natürlicher Gliederung von West nach Ost:

a) die westliche Küstenzone, in ihrem größten Teil eben oder leicht gewellt, charakterisiert durch einzelne zweitrangige Bergzüge von geringer Höhe, wird das **„Litoral“** (oder Costa) genannt;

b) der mittlere Teil ist das auf Ecuador entfallende Stück der Anden und heißt kurz die **„Sierra“**;

c) das sich östlich vom Fuß der Sierra in das Amazonastiefland erstreckende Gebiet ist mit Ausnahme der subandinen, sekundären Bergzüge ebenes Tiefland und hat die Bezeichnung **„Oriente“** erhalten. Die unmittelbar an die Ostbasis der „Sierra“ (Cordillera Real) anstoßenden Landstriche des Oriente mit ihren Spezialgebirgen bilden die subandine Zone. In ihr klingt der gebirgsbildende Einfluß der andinen Geosynklinale aus.

Das Litoral (Costa)

Der allgemeinen landschaftlichen Erscheinung dieses geomorphologischen Abschnitts geben eine besondere Note die kleinen Gebirge und Bergzüge, die in charakteristischer Form und Lage den Küstensäumen folgen oder die Niederungen des Litorals einfassen und dadurch tektonische Linien des Untergrunds widerspiegeln.

Etwa von der Mitte der Westkordillere (Gegend östlich von Babahoyo) trennt sich eine nach Westen geschwungene Abzweigung, anfänglich versunken in der Niederung der Flüsse Milagro, Yaguachi und Guayas, und nur erkennbar an dem aus der Ebene herausragenden Cerro de Samborondón und der Hügelkette von Durán. Die Abzweigung hat ihre Fortsetzung nach Westen jenseits des Guayas-Flusses in den Bergketten von Chongón und Colonche, die der Küste sich nähernd nach Nordwesten, Norden und schließlich der Küste entlang nach Nordosten abbiegen. Sie sind an der Küste der Provinzen Manta und Manabí gut erkennbar und bilden einige Höhen, wie die von Jama und Coaque. Dann treten sie nach Nordosten zurück und vereinigen sich mit dem Ausläufer der Westkordillere von Toisán, der einen in Richtung Westsüdwest weit ausgestreckten Zweig der Westkordillere darstellt.

Diese Erhebungen umgrenzen die sogenannte Plattform von Daule. Sie zeichnet sich durch ihren Widerstand gegen die orogenen Pressungen aus, ein Umstand, der das Überschieben der niederen Kordilleren auf die Plattform verursacht hat. So wurden in erster Linie die Kordilleren von Chongón und Colonche auf die Ränder der starren Plattform aufgeschoben.

Aus der Gegend von Bucay spaltet sich von der Westkordillere ein anderer Bogen nach Südwesten ab, größtenteils in der schon erwähnten Niederung zwischen den Flüssen Yaguachi und Naranjal versenkt, aber gut markiert durch die Berge von Boliche, Taura und Masvale, die aus dem ebenen Schwemmland herausragen. Sein westliches Ende ist der Hügel „Punta Piedra“ auf dem rechten Ufer des Río Guayas.

Zwischen dem bergigen und hügeligen Gebiet des Litoral und dem Westfuß der Sierra öffnet sich die weite Niederung des Einzugsgebiets der Flüsse Daule, Vinces-Quevedo und Zapotal-Babahoyo, die in den Guayas münden, den einzigen großen Fluß der Westküste Südamerikas. Nach Norden hin wird die Ebene durch die Flüsse Esmeraldas und Santiago mit den Nebenflüssen Quinindé, Blanco, Guallabamba und Cayapas entwässert. In südlicher Richtung verengt sich die ebene Niederung und reicht auf dem schmalen Küstenstreifen zwischen Naranjal, Machala und Tumbez über das Ästuar und Delta des Guayas und die Insel Puná hinaus.

Es mag erwähnt werden, daß diese Depression in ihrer ganzen Ausdehnung einen Teil der sogenannten „Bolívar“-Geosynklinale bildet (Nygren 1950). Diese beginnt im Nordwesten Kolumbiens im Tal des Atrato-Flusses am Westhang der Westkordillere. Vom Cap Corrientes ab verschwindet sie im Meer. Die Insel Gorgona wird als Zeuge der versunkenen Flanke der Synklinale angenommen. In Ecuador folgt sie der Depression am Westfuß der Westkordillere, um am Ende in den nordwestlichen Küstenebenen von Perú zu verschwinden. Ihrer Gestaltung nach müßte diese langgestreckte Depression als Parageosynklinale bezeichnet werden.

Das Nordufer des Golfes von Guayaquil ist betont durch die in nordwest-südöstlicher Richtung verlaufende Reihe der Berge von Chanduy und Estancia. Dagegen nehmen die Ketten und Kämme der Westkordillere südlich der Flüsse Yaguachi und Naranjal Richtung nach Südwesten und engen den flachen Küstenstreifen auf eine Breite von nur zwanzig bis dreißig Kilometer ein. Die Richtung der beiden Ränder des Golfes von Guayaquil, d. h. NW-SE und NE-SW entspricht der Richtung der Bergzüge landeinwärts oder, besser gesagt, die Ränder des Golfes sind unter dem Einfluß dieser morphologischen Elemente entstanden und bilden ihrerseits tektonische Strukturen ab. Ähnliche Erscheinungen können in vielen anderen Gebieten beobachtet werden und helfen, die Strukturen des Untergrunds zu entziffern, so z. B. im nördlichen Teil des Litorals. In bestimmten Fällen sind es große Verwerfungen, die in der Form der Küstenlinie zum Ausdruck kommen. Andere morphologische Züge an den Küsten der Halbinsel Sta. Elena und der Provinzen Manabí und El Oro sind die „Tablazos", die vollkommen ebenen, in zwei oder drei verschiedenen Höhenlagen übereinander angeordneten Meseten. Sie liegen als flache Stufen von unterschiedlicher Mächtigkeit (zehn und mehr Meter) bis zu 100 m und mehr über dem Meeresspiegel mit unterschiedlichen Höhendifferenzen zwischen den einzelnen Stufen. Sie zeigen an, daß an diesen Stellen der Küste der Kontinent gehoben und der Meeresgrund in entsprechenden Etappen des Quartärs entblößt wurde.

Die Sierra mit dem südlichen Zwischengebirge

Die Anden erheben sich jäh als riesige Mauern zu Höhen von 4000 m und darüber hinaus über die Tiefebene des Litoral und des Oriente. Auf ihre Ketten sind die erloschenen und wenigen noch tätigen Vulkane aufgesetzt und reichen mit ihren Gipfeln in Höhen von 4800 m ab in die Regionen des ewigen Schnees. Von den erloschenen Vulkanen ist der Chimborazo mit 6267 m Höhe der großartigste.

Charakteristisch für die Sierra ist ihre Längsunterteilung in verschiedene, parallele Teilkordilleren und Ketten. Besonders fällt die lange interandine Senke des Grabeneinbruchs auf zwischen den von den beiden Kordilleren, West- und Ostkordillere (Cordillera Real), gebildeten Horsten.

T. Wolf (1892), erster bedeutender Geograph und Geologe von Ecuador, benützte in seinem Werk an Stelle der Bezeichnung Ostkordillere (Cordillera Oriental) den Ausdruck „Cordillera Real", der in vieler Hinsicht geeigneter zum Verständnis der geologischen Beschreibung ist, weil gerade diese Kordillere als die Hauptstruktur der Sierra zu gelten hat. Ihre Verlängerung nach Norden heißt in Kolumbien Cordillera Central, eine Benennung, die in annehmbarer Weise dem Begriff „Real" entspricht. Es gibt in den subandinen Kordilleren des Oriente Repräsentanten einer wenig ausgebildeten sogenannten dritten Kordillere. Infolgedessen soll für die Hauptkordillere (Ostkordillere) Ecuadors der Ausdruck „Cordillera Real" benützt werden. Nur im äußersten Süden wird die Bezeichnung „Oriental" angewendet: für einen Abschnitt der Kordillere von Zamora unmittelbar im Osten der Senke von Loja. Auch R. Hoffstetter hat in seinem Lexique Stratigrafique International (Amérique Latine 1956) ausschließlich den Namen Cordillera Real an Stelle von Oriental gebraucht, wie es auch sonst international üblich ist.

Im nördlichen Teil von Ecuador unterscheiden sich klar die zwei parallelen Kordilleren, die Westkordillere und die Cordillera Real, eine von der anderen getrennt durch die interandine Depression (Grabeneinbruch), die durch Querschwellen in verschiedene langgestreckte Becken („Hoyas") unterteilt ist. Diese Querschwellen werden Knoten („Nudos") genannt, wegen ihrer Ähnlichkeit mit den Knoten des aufgespaltenen Bambusrohres.

Im allgemeinen bilden die Anden die Wasserscheide zwischen den beiden großen Ozeanen. Die interandine Depression wird abwechselnd nach Westen und Osten entwässert durch tiefe, transversal in die Westkordillere und in die Cordillera Real geschnittene Quertäler.

Das Becken von Ibarra im Norden des Landes hat seinen Ausfluß nach Westen zum Stillen Ozean durch das Quertal des Río Mira. Weiter südlich entwässert der Río Guallabamba das Becken von Quito ebenfalls zum Stillen Ozean, während die folgenden, durch die Flüsse Cutuchu-Patate und Cebadas-Chambo verbundenen Becken von Latacunga-Ambato und Riobamba ihre Wasser zum Atlantischen Ozean schicken, und zwar durch die große Bresche, die der Río Pastaza quer in die Cordillera Real gebrochen hat. Ein anderes Quertal entwässert nach Westen, d. h. zum Pazifik über die hydrographische Senke der Flüsse Alausí und Zula, die, zum Río Chanchán vereinigt, in den Guayas münden. Das Becken von Cañar hat durch den Fluß gleichen Namens und den Río Naranjal Verbindung zum Stillen Ozean. Das ausgedehnte Becken von Azogues-Cuenca mitsamt dem sekundären Becken von Gualaceo-Sigsig entwässert durch den Paute-Fluß und Amazonas zum Atlantischen Ozean.

Der ecuadorianische Geograph Luciano Andrade Marín hat zum ersten Mal auf die Existenz einer dritten (östlichen) Kordillere hingewiesen, die augenscheinlich vom Hauptkörper der Sierra, bzw. der Cordillera Real, durch eine Längsdepression getrennt ist. Er nannte sie „Sacha Llanganati" (Waldlanganati) offenbar mit der Absicht, sie nicht als unabhängiges Gebirge gelten zu lassen, sondern sie nur als eine von den Llanganati (Teil der Cordillera Real) abgesonderte Kette zu bezeichnen. Tatsächlich ist der Cerro Abitagua, östlich außerhalb der Cordillera Real, zwischen Río Topo und Mera, und seine nach Norden sich erstreckende Fortsetzung als die dritte Kordillere anzusehen. Die erwähnte Depression (Topo-Quijos-Senke) besteht aus den breiten Längstälern des Río Topo (Unterlauf) und des Río Bosquetti. Sie zieht sich nach Norden weiter, angedeutet durch die Täler der Flüsse Yatunyacu (Unterlauf), Cosanga und Quijos als eine Längsfurche der Cordillera Real und sondert die Teilkordilleren Pallurcu, Guacamayos und den Berg Pan de Azucar ab. Die Geologen der Shell Co. gaben der langgestreckten Furche den Namen Topo-Quijos-Senke nach den Flüssen an ihrem Nord- und Südende.

Infolge der komplizierteren tektonischen Verhältnisse in der Nähe der Amazonas-Achse haben sich im Süden des Landes die Täler in besonderer Weise entwickelt.

Der Río Jubones mündet mit westlicher Richtung in den Stillen Ozean, nachdem er in seinem oberen Lauf die Flüsse Rircay und León aufgenommen hat. Die Flüsse Puyango und Catamayo haben Westsüdwest-Richtung und münden ebenfalls in den Stillen Ozean. Dagegen vereinigt sich der Río Mayo-Chinchipe südlich gerichtet mit dem Marañon (Oberlauf des Amazonas).

Das kleine Becken von Loja sendet seine Wasser mit den Flüssen Zamora, Santiago und Marañon quer durch die Kordillere von Zamora (Cordillera Oriental) zum Atlantik. Vorher wird in der ausgedehnten süd-nordgerichteten Depression, welche die subandine Cordillera del Condor von der Ost- oder Zamorakordillere trennt, der Río Nangariza aufgenommen.

Von der Nordgrenze des Landes ab ziehen sich die Gebirgsketten der Sierra in Richtung NE-SW bis zum Äquator, wo sie die Richtung N-S nehmen und bis zur Einschnürung der Sierra zwischen Bucay und Macas beibehalten. Südlich des Beckens von Riobamba biegen sie wieder in sehr bezeichnender Weise nach SW ab.

Während in der Zone von Azogues-Cuenca noch klar die beiden Kordilleren (Real- und Westkordillere) mit ausgesprochener Nordost-Südwest-Richtung streichen, zweigen sich im Südosten der Kordillere von Condorcillo (Teil der Cordillera Real) Gebirgsketten ab, betonen in Form und tektonischen Zügen die Richtung N-S und bilden das in diesem Streichen ausgedehnte Massiv der Kordillere von Zamora. Die Cordillera Real dagegen verläuft weiterhin im Bogen nach Südwest und Westsüdwest. Die Kordillere von Zamora mit striktem meridionalen Streichen breitet sich zwischen dem Nudo de Cajanuma und dem Nudo de Sabanilla aus, längs der Provinzgrenze Zamora-Chinchipe einerseits und Loja andrerseits.

Obwohl westlich von Saraguro der aus Vulkaniten bestehende Knoten von Guagrauma mit dem Fierro-urcu (3787 m) die Strukturverhältnisse verbirgt, folgt doch augenscheinlich die Cordillera Real ihrer südwestlichen Richtung und biegt nach WSW ein, um sich in den Küstenkordilleren Tahuín und Larga fortzusetzen und weiter nach Westen in der Kordillere Amotape an der peruanischen Küste zu endigen.

Flankiert von der Kordillere von Zamora, dem Knoten von Sabanillas und der Kordillere von Portachuelo auf der Ostseite und von den Kordilleren Tahuín und Larga auf der Westseite, dehnen sich die pseudoparallelen Flußtäler aus. Sie sind voneinander durch fächerartig von NE nach SW sich ausbreitende Bergreihen und von langgestreckten Gebirgszügen getrennt und präsentieren sich als weitläufiger Komplex eines interandinen Zwischengebirges. Die Streichrichtungen passen sich den Richtungen der den beiderseitigen Rahmen bildenden Kordilleren an. Infolgedessen neigen die Richtungen an seiner Westseite mehr nach WSW-ENE und an der Ostseite nach SSW-NNE. Das Zwischengebirge ist nicht viel höher als 2000 m, ausgenommen einzelne, isolierte Berge. Diese Zone nennt man das **Interandine Zwischengebirge des Südens.**

Die Achse des Amazonas-Tieflands ist geologisch auch als die Achse des epikontinentalen Amazonasbeckens mit ihrer charakteristischen E-W-Richtung zu betrachten. Sie folgt ungefähr dem 5. Grad südlicher Breite und fällt in großen Zügen mit der Richtung des allgemeinen Verlaufs des Amazonas zusammen, von dem bekannten Pongo de Manseriche im Marañón ab bis zur Mündung im Atlantischen Ozean. Nach Westen, zum Stillen Ozean, ist sie verlängert zu denken bis zum Scheitel des ausspringenden Winkels der Küste in der Punta Pariñas. Südlich dieser Linie wiederholen sich die geomorphologischen Formen und tektonischen Strukturen des Untergrundes spiegelbildlich in asymmetrischer Lage zur Amazonas-Achse.

Die ecuadorianische Westkordillere endet im Süden in der kleinen Kordillere von Mullepungu, auf der Nordseite des tief eingeschnittenen Cañóns des Río Jubones. Südlich dieses Flusses steigt die Cordillere von Chilla auf, die größtenteils von mesozoischen und känozoischen Vulkaniten bedeckt ist und so die Verbindung des nach der Küste gerichteten Abzweigs der Cordillera Real mit der Kordillere von Tahuín verschleiert, welche, wie schon gesagt, die südwestliche Verlängerung der Cordillera Real bildet.

Der Oriente

Die kolumbianische Ostkordillere nähert sich in der Gegend von Pasto der Zentralkordillere, so daß die Depression zwischen beiden Kordilleren stark eingeengt wird. Ihre Verlängerung in Ecuador sind die subandinen Höhen, die auch als „dritte Kordillere" bezeichnet werden: die Kordillere von Cutucú und anschließend im Süden die Cordillera del Condor, die sich in der Cordillera Central von Perú fortsetzt.

Unmittelbar am Fuß der Cordillera Real entfaltet sich nach Osten die subandine Region.

Etwa auf der Breite von Ambato zeigt sich eine leichte Einschnürung der Cordillera Real als eine nach Osten offene Einbuchtung (Geol. Karte). In diesem Winkel haben der mächtige Pastaza-Fluß und der Río Curaray nebst ihren Nebenflüssen einen ausgedehnten Schuttfächer angehäuft. Radial vom Scheitel dieses Winkels ausgehend ziehen sich die Schotterablagerungen als flache Meseten entlang den Flußläufen in das von Urwald bedeckte Tiefland des Oriente hinein.

C. Schichtenfolge

Die allgemeine Verteilung der zutage tretenden geologischen Formationen zeigt die geologische Karte von Ecuador (W. SAUER 1970) und das schematische geologische Profil quer durch Ecuador (Abb. 1, siehe nächste Seite).

Aus der Karte geht hervor, daß der am meisten differenzierte Teil des Landes sich in der Sierra darbietet. Es ist die Zone, die aus der jüngsten Geosynklinale durch Faltung aufgestiegen ist und während des Pleistozäns noch weiter gehoben wurde. Zwischen dem Hochkraton des brasilianischen Schildes und dem Tiefkraton des Stillen Ozeans sind in den entsprechenden Orogenesen (Abb. 2) die mächtigen Pakete der während verschie-

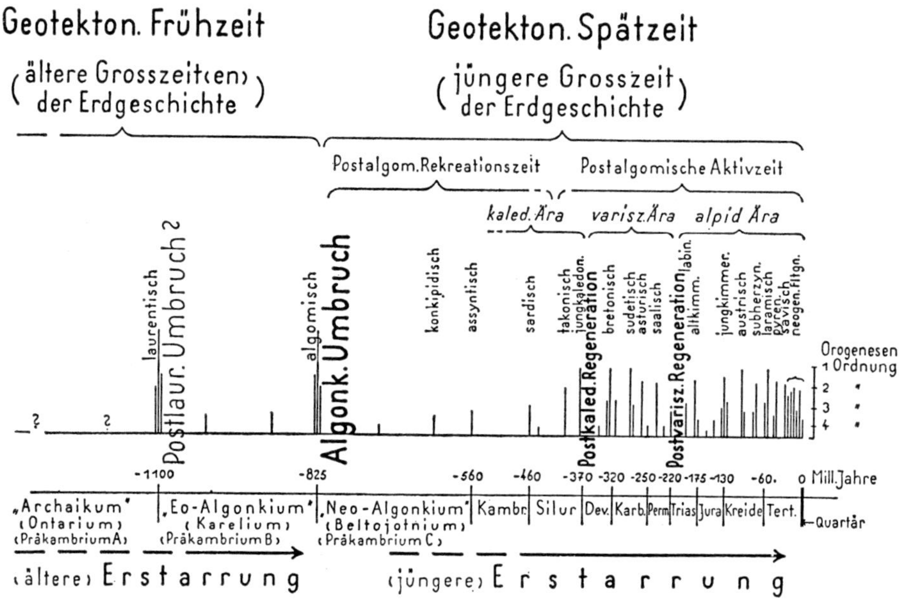

Abb. 2. Gliederung der Erdgeschichte auf geotektonischer Basis. Nach H. STILLE

dener Epochen in den Tiefen des Meeres abgesetzten Sedimente zusammengepreßt, gefaltet und aufgetürmt worden, durchsetzt von den plutonischen Intrusionen und dem Material der vulkanischen Extrusionen, um allmählich wieder aus dem Ozean empor-

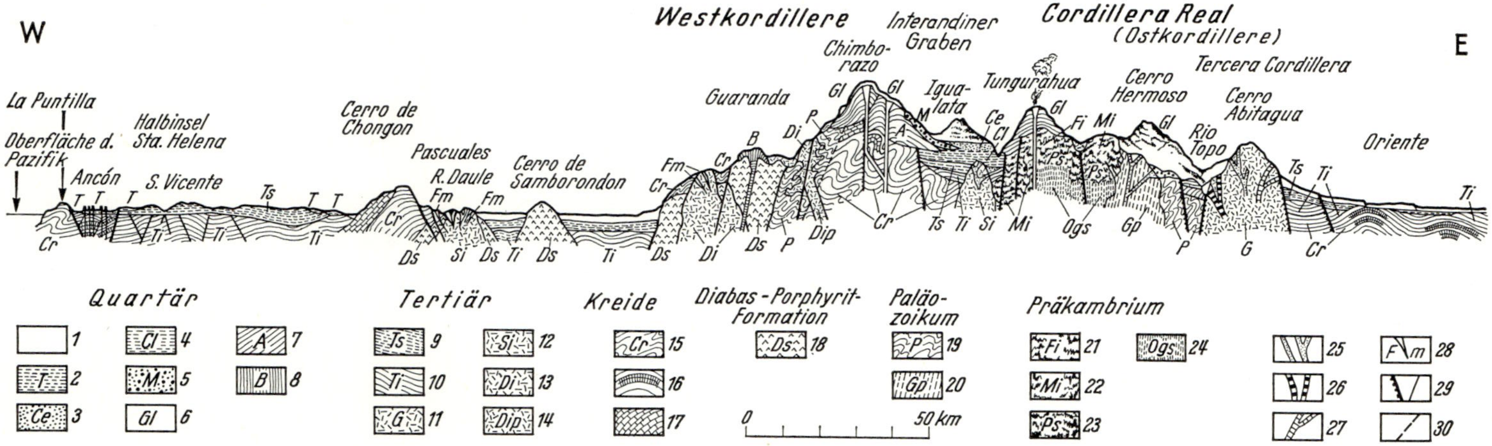

Abb. 1. Schematisches geologisches Profil quer durch Ecuador. 1. Alluvionen. 2. Marine Tablazos. 3. Äolische Cangagua. 4. Lakustre Cangagua. 5. Moränen. 6. Gletschereis. 7. Andesit. 8. Basalt. 9. Oberes Tertiär. 10. Unteres Tertiär mit Petrol-Horizont. 11. Granit. 12. Sienit. 13. Diorit. 14. Diorit, porphyrisch. 15. Konglomerate, Sandstein, schiefriger Ton, Kalkstein. 16. Petrol-Horizont. 17. Kalkstein. 18. Diabas, Porphyr und Porphyrite. 19. Dunkle Schiefer. 20. Gepreßter Granit. 21. Phyllit. 22. Glimmerschiefer. 23. Paragneis. 24. Orthogneis. 25. Aplit. 26. Lamprophyr. 27. Quarzporphyr. 28. Erzgänge. 29. Verwerfungen. 30. Überschiebung. Zeichn. W. Sauer

zutauchen. Mit der unmittelbar einsetzenden Erosion dauerten die Bewegungen bis zur Bildung der andinen Gebirgsmauer der heutigen Tage fort. In den Zonen außerhalb der Hauptfaltung, d. h. außerhalb der Sierra, erscheinen die Wirkungen der Orogenese in beschränkterem Maße, so daß eine gewisse Monotonie über ausgedehnte Gebiete des Litoral und des Oriente in der Verteilung der Gesteine Platz greift. Die subandinen Höhenzüge am östlichen Fuß der Cordillera Real reflektieren in der Einfachheit ihres Aufbaus das Abklingen der orogenen Kräfte östlich der Sierra.

Das Studium der Stratigraphie der Sierra ist erschwert durch den oft komplizierten tektonischen Aufbau und die Unzugänglichkeit ausgedehnter Gebiete. Die Verwicklung der Strukturen kann einen derartigen Grad erreichen, daß ihre Entwirrung weitgehende Spezialstudien erfordert. Die Untersuchungen im Litoral und im Oriente haben klare stratigraphische Vorstellungen geliefert, die bestätigt und vervollständigt wurden durch die von den Erdöl-Gesellschaften ausgeführten Bohrungen.

Mit Sicherheit nachgewiesen sind Karbon, Jura, Kreide, Tertiär und Quartär. Algonkium, Kambrium, Silur und Devon sind teilweise in den paläozoischen, metamorphen Serien verborgen, wie es in den Nachbarländern der Fall ist. Eines Tages werden wohl Formationen des Perms und der Trias auch in Ecuador entdeckt werden. Vermutlich greifen die Ablagerungen der Trias vom Nordwesten Perús, wo man sie in weiter Verbreitung kennt, auch in den Süden Ecuadors über, und zwar in der Gegend der Flüsse Macará und Calvas.

I. Das Paläozoikum (? teilweise Präkambrium)

1. Die kristallinen Schiefer

Die Gesteine der Formation der kristallinen Schiefer treten zutage in der Cordillera Real und in dem sich bei Saraguro (Loja) abzweigenden Ast der Cordillera Real, der nach Südwesten abbiegt und sich nach der Küste zu in der Provinz El Oro in den Kordilleren Tahuín und Larga fortsetzt.

Das Fehlen von Fossilien in den kristallinen Serien erschwert die Bestimmung ihres geologischen Alters. Es ist nur in den Fällen zu fixieren, in denen ihre Beziehung zu Schichten von bestimmtem Alter festgestellt werden kann. Das Gesteinsmaterial der kristallinen Schiefer der Cordillera Real ist älter als die Konglomeratschichten des Maastricht (Obere Kreide) der Westkordillere, da letztere Gerölle von kristallinen Schiefern der Cordillera Real enthalten. Andererseits beschreibt H. Gerth (1955) den Fund von Graptolithschiefern silurischen Alters (Ordovicium) in den kristallinen Schiefern der kolumbianischen Centralkordillere und bemerkt, daß die Faltung und die Umwandlung der kristallinen Fundamente dieser Kordillere sich vollzogen haben müssen vor der Sedimentation der überlagernden Triasschichten, d. h. daß sie dem Paläozoikum, und zwar der varistischen Ära anzurechnen seien. Da die kristallinen Schiefer der Cordillera Real die südliche Fortsetzung der Central bilden, gehören diese Schiefer ebenfalls dem Paläozoikum an und sind in der varistischen Orogenese gefaltet und metamorphosiert worden.

Verbreitung

Die kristallinen Schiefer (Metamorphite) treten sehr variiert **in fast allen Zonen der Cordillera Real** und in geringerem Maße in den Kordilleren Tahuín und Larga der südlichen Küste auf. Unterschiede im Grad der Metamorphose erklären sich durch den Umstand, daß verschiedene Abschnitte der Kordilleren bei den Vertikalbewegungen ungleich gehoben wurden, derart daß nach der Erosion und Denudation metamorphe Schiefer aus verschiedenen Tiefen gegenwärtig auf dem gleichen Oberflächen-Niveau zutage treten, aber nebeneinander in verschiedenem Grade der Umwandlung. Auch spielen Unterschiede in der horizontalen Pressung eine Rolle, der die Gesteine während des Faltungsprozesses ausgesetzt waren.

In der Gegend von Loja ist die Kristallinität der Metamorphite verhältnismäßig gering. In weiter Verbreitung zeigen sich semimetamorphe Schiefer, deren Umformung trotzdem so stark gewesen ist, daß keine fossilen Reste von Organismen erkannt werden können. Der Seidenglanz an der Oberfläche der Schieferung läßt aber den Übergang zu Phylliten und Glimmerschiefern erkennen. Weiter südlich herrschen von neuem die charakteristischen Typen der kristallinen Schiefer vor.

Die westlichen Abhänge und Höhen des größten Teils der Cordillera Real bleiben verborgen unter der Decke der Vulkanite, die im Süden durch den jungtertiären Vulkanismus geschaffen wurde und im Norden den quartären und jungtertiären Effusionen ihre Entstehung verdankte.

Auf der geologischen Karte erscheint ein breiter Streifen der metamorphen Gesteine, abgesehen von dem nach Südwesten aus der Gegend des Azuay-Knotens abzweigenden kristallinen Bogens. Seine Verbindung mit der Cordillera Real wird von den kretazischen und tertiären Ablagerungen des südlichen Teils des Beckens von Cuenca (Kordillere von Chilla und Fierro-Urcu) verdeckt. Die Kordilleren Tahuín, Larga und ihre peruanische Fortsetzung Amotape erreichen als südliches Ende der nach Südwesten abgebogenen Cordillera Real den Stillen Ozean.

Im größten Umfang sind die kristallinen Schiefer in der Cordillera Real aufgeschlossen. Zahlreiche mikroskopische Untersuchungen und petrographische Bestimmungen der metamorphen Gesteine wurden von den Autoren der angeführten Literatur ausgeführt.

Río Chota-Cerro Pax

Im Norden der Sierra hat der Chota-Fluß sein Bett tief in die kristallinen Ausläufer des westlichen Abhangs der Cordillera Real eingegraben.

Die panamerikanische Straße kreuzt zwischen Ibarra und San Gabriel den Fluß (1532 m). Nahe bei der Brücke treten Glimmerschiefer zutage und bilden in der interandinen Zone des Nordens den am weitesten nach Westen vorgeschobenen Keil der kristallinen Serien. Ihre größte Ausdehnung in den östlichen Ausläufern der Kordillere wurde von den Geologen der Shell Co. im Oriente an dem Ort Portachuelo auf der Nordostseite des Vulkanberges Pax im Tal des Río Chingual gefunden.

Cayambe-Saraúrcu-Pambamarca

Der Sockel des **erloschenen Vulkans Cayambe (5790 m)** besteht auf der nördlichen Seite aus Quarzit- und schwarzem Ottrelithschiefer. An seiner Südseite transportiert der Pisque-Fluß Rollblöcke von Albitgneis, die aus dem Kern der Kordillere Real stammen.

Das Geschiebe des Río Guachalá (Nebenfluß der Südseite) setzt sich zusammen aus phyllitischen Glimmerschiefern, Aktinolithschiefern und dunklen schiefrigen Ophiolithen und läßt den petrologischen Bestand des Sockels des flachen Vulkanberges Pambamarca erkennen.

Südöstlich des Cayambe erhebt sich, nach Osten vorgeschoben, der höchste Repräsentant eines ganz aus kristallinen Schiefern bestehenden Berges: der **Saraúrcu (4676 m).** In seiner westlichen Umgebung erscheinen schiefrige Amphibolite und phyllitische Albitgneise. An dem Berg selbst lassen sich bei dem Aufstieg zu den steilen Hängen Muskowit- und Biotitschiefer beobachten, weiter Albit- und Epidotgneis und helle Albit-Aktinolithschiefer.

Río Papallacta-Baeza

An der Straße Quito-Papallacta-Baeza bedecken die Laven und Pyroklasten von vorwiegend jungtertiären Andesiten und Daziten und die quartären Laven und Tuffe des großen erloschenen Vulkans Antisana die Höhen der Kordilleren Filocorrales (4396 m) und Guamaní (4173 m) bis Papallacta (3156 m) auf dem Ostabhang der Cordillera Real. Die kristallinen Schiefer sind in dem vom Río Papallacta tief eingeschnittenen Tal bloßgelegt. Nahe bei der Kirche des Ortes Papallacta steht albitischer Glimmerschiefer an, in geringer Entfernung auf dem Grund des Tales (2870 m) flußabwärts heller, schiefriger Orthogneis und in Höhe von 2610 m ein dem vorigen ähnlicher Gneis. Weiterhin folgen in Höhe von 2540 m dunkle, gneisige Glimmerschiefer. Bei Cuyuja (2380 m) treten injizierte und gewellte gneisartige Glimmerschiefer (Migmatite) zutage; weiter abwärts (2300 m) Muskowitschiefer, gepreßte Porphyrite und bei Baeza (2000 m) Albit-Epidotgneis und Biotitschiefer.

Der Ort Baeza liegt bereits in der Depression Topo-Quijos, welche die Kordillere der Guacamayos von der Hauptkordillere trennt. Auf dem Grund der Topo-Quijos-Senke erscheinen semimetamorphe Schiefer und Kreidekalke.

Region zwischen Antisana und Quilindaña

Die Masse des erloschenen **Vulkans Antisana** (5705 m) hat sich etwas westlich der höchsten Ketten der Cordillera Real aufgebaut, so daß auf seiner Ostseite die Muskowitschiefer und gneisartigen Glimmerschiefer entblößt blieben.

Zwischen den Vulkanbergen Antisana und Quilindaña (4878 m) besteht der Untergrund aus Muskowitgneis mit Einlagerungen von chloritischen Aktinolithschiefern, die auch in den westlichen Ausläufern anstehen, ebenso wie im Mittelgipfel des Cerro Cubillán und in den Bergen von Carrera Nueva.

Río Mulatos

Einen interessanten Anschnitt enthüllt das Flußbett des Mulatos mit seinen oberen Zuflüssen Leones und Anatenorio. Auf dem flachen Scheitel der Kordillere, östlich von Salcedo, bleibt der kristalline Kern noch verborgen. Die Decken von jungtertiären Laven und Pyroklasten überziehen die welligen Höhen in der Form des charakteristischen Reliefs einer alten Glaziallandschaft, in der das Eis die Spuren seiner Erosionswirkung hinterlassen hat, die durch die vulkanischen, meist äolisch sedimentierten Massen nur wenig verhüllt sind.

Bei der Mündung des Anatenorio in den Río Mulatos stehen zunächst schiefrige Metamorphite an. Das weite Tal erstreckt sich nach Südosten bis zum Knick, wo der Fluß sich nach Nordosten wendet und eine Endmoräne das durch den pleistozänen Gletscher herausmodellierte Tal (2700 m) schließt. Der Fluß hat sein Bett in einem tiefen, steilwandigen Cañon in der Moräne erodiert und folgt einer nach Nordosten streichenden Verwerfungszone. Es stehen hier an: Schiefrige Quarzite, Glimmerschiefer und unreine Marmore von dunkelgrauer Färbung; letztere wandeln sich durch Zwischenschaltung von dünnen Glimmerschiefern in Kalkglimmerschiefer um (Streichen N-S, Fallen 70–75° E). Nicht weit vom Campament Carmela (2200 m) führt der Fluß Gerölle von Amphibolit, Konglomeratschiefern, Orthogneis und Migmatit. Er hat einen tiefen Cañon durch einen Wall aus Granitgneis, Migmatit und von Granitgneis injiziertem Schiefer geschnitten. Diese Gesteine werden noch von aplitischen Apophysen gekreuzt. Flußabwärts tritt der Granitgneisbatholith zutage und schließt Schollen und Bruchstücke von Glimmerschiefer ein. Bis zur Einmündung des Río Langoa in den Mulatos erscheinen abwechselnd gepreßte Ophiolithe, graphitische Glimmerschiefer oder im Übergang zu Gneisglimmerschiefer befindliche graphitische Sericitschiefer und Biotitschiefer. An den vom Fluß glattpolierten, enormen Blöcken von der Größe eines kleinen Hauses bietet sich die Möglichkeit, in einzigartiger Weise alle Stadien der Migmatisierung und Injektion der Schiefer durch den Granitgneis zu studieren.

Die flache, schräge Decke der Höhle von Langoa ist eine Dislokationsfläche mit Streichen NE-SW und Einfallen von 20° nach SE, die noch zu der vorerwähnten Störungszone gehört und dem Fluß erlaubt hat, sein Bett in die überaus widerstandsfähigen Gesteine einzugraben.

Ophiolithe mit Aktinolith und serpentinisierte Metabasite erscheinen bei der Mündung des Langoa in den Mulatos. Örtlich hat sich Hornblendeasbest an Stellen intensiver Quetschung gebildet. Die Ophiolithe schneiden schiefwinklig die Paralleltextur der Glimmerschiefer. Bis zum Río Zapalá (1800 m) flußabwärts stehen an: Graphitschiefer, serpentinisierte Ophiolithe mit erhöhtem Nickelgehalt (stellenweise bis zu 1,5 %), Spuren von Hornblendeasbest, unreiner, dunkelgrauer Marmor, Eisenglimmerschiefer (Itabirit), aktinolithische Chloritschiefer, Serizit- und Biotitschiefer, Gneisglimmerschiefer und Granitgneis.

Llanganates

Das Hochland der Llanganates unterscheidet sich stark von der Hauptkordillere und nimmt als Abschnitt der Cordillera Real das Gebiet zwischen den Flüssen Mulatos und Guapante im Norden und dem Pastaza im Süden ein. Von der Umgebung des erloschenen Vulkans Quilindaña ab nach Süden fehlen in der Cordillera Real, d. h. in den Llanganates, die Produkte des quartären Vulkanismus. Sie erscheinen erst wieder auf der Südseite des Pastazatals in Gestalt des aktiven Vulkans Tunguragua (5016 m) und seiner Lavaströme. Die frühere glaziale Modellierung der plio-pleistozänen Landschaft der Llanganates ist daher sichtbar geblieben und auf große Erstreckung kaum verändert bis zur Gegenwart. Einige Täler sind vertieft worden durch die reißenden Hauptflüsse (Abb. 1 a).

Während der Glazialperioden des Pleistozäns war der größere Teil der Kordillere Llanganates der Gletschererosion ausgesetzt mit Ausnahme der höchsten Kämme und Ketten, die über den Eismantel hinausragten und gegenwärtig den Anblick phantastisch gezähnter Sägen („Sierren“) bieten. Sie erheben sich jäh über die Sumpfgründe der weiten Täler als N-S streichende Wälle und Kämme der widerstandsfähigen, von der Erosion wenig zerstörten kristallinen Schiefer.

Westlich des Kerns der Llanganates werden Abschnitte der kristallinen Schiefer von alten andesitisch-pyroklastischen Massen oder kompakten Lavadecken und -strömen des Jungtertiärs bedeckt und sind durch die eintönigen Flächen des harten Büschelgrases *(pajonales)* des Páramos gekennzeichnet. In den Hochregionen der Granite und kristallinen Schiefer herrschen dagegen die graugrünen Gefilde des niederen Zwergbambus *(juncales)* vor. Der Junco liebt die sumpfigen Böden und das kalte Klima des Dauerregens.

Im ersteren Fall läßt der poröse und geklüftete vulkanische Untergrund das Übermaß der atmosphärischen Niederschläge in die Tiefe versickern; infolgedessen entsteht ein von den *pajonales* des Páramo bevorzugter Boden. Im zweiten Fall stauen die wenig durchlässigen Granite und kristallinen Schiefer das Wasser an der Oberfläche an, schaffen durch Versumpfung der Böden die besten Bedingungen für die wuchernde Entwicklung der *juncales* und rauben der Pajonalvegetation die Lebensbedingungen. Die Grenzlinien zwischen der vulkanischen Decke und den anstehenden kristallinen Schiefern zeichnen sich sichtbar durch die Grenze zwischen den *pajonales* und den *juncales* ab.

Die westlichen Höhen der Llanganates werden von nur wenig unterbrochenen Decken andesitischer Laven und Agglomeraten überlagert. Entlang der Linie Pillaro-Cerro Hermoso, quer durch die Llanganates über Laguna de Pujín (Photo 6) und Puerta-Paß, dehnt sich die vulkanische Decke bis zum Oberlauf des Río Verde aus, wo am Fuße des Tablón von Jaramillo am Ostufer des Flusses Glimmerschiefer und Migmatite zutage treten. Mit fortschreitender Annäherung an den Cerro Hermoso (Photo 4) trifft man auf das Gebiet eines Batholithen von gepreßtem Granit, mit dem Namen der Fundstellen als Granit von „la Puerta“ (Paß) bezeichnet, und später von neuem auf Glimmerschiefer. Die von W. Reiss Toldofilo genannte Einsattlung weist chloritischen Albitgneis und Chloritschiefer auf. Der Sockel des Cerro Hermoso (Photo 5) besteht aus Ottrelith-Graphit-Muskowitschiefer, gepreßtem Diorit und aus Glimmerschiefer, der eine Vorstufe des Berges bildet. Es folgen Kalkschiefer, Ottrelith-Graphitschiefer und Albit-Muskowitgneis. Bis hierher zeigen die Schiefer allgemeines N-S Streichen und steiles westliches Einfallen. Unter der Vorstufe (4250 m) am Fuß des steil aufsteigenden Berges (4639 m) wechselt die Vergenz der Schiefer, die den Sockel unmittelbar unter der Masse des Berges bilden und nach Osten in allmählich abnehmenden Winkeln einfallen. Die scheinbar horizontalen Kalkschiefer der abschüssigen Bergwand haben einen sehr kleinen, fast flachen Einfallswinkel, schneiden mit einem mylonitischen Kalkschiefer als Schubfläche diagonal die fast vertikalen, kristallinen Schiefer des Sockels ab und ruhen in Winkeldiskordanz auf den gekappten Schiefern. Der Cerro Hermoso ist demnach durch eine Überschiebung von geringer Reichweite auf seinen Sockel aufgeschoben worden (Abb. 3) und ist also nicht ein Erosionszeuge der Sedimente einer Kreidekalkserie, die früher auf dem eingeebneten kristallinen Kern der Kordillere abgelagert worden wären (W. Sauer 1958; F. von Wolff 1904 a und b).

Río Pastaza

Im Südteil der Kordillere von Pillaro, einem Abschnitt der Cordillera Real, reicht die vulkanische Bedeckung der Höhen nach Westen bis zum Río Patate. Daher stehen am

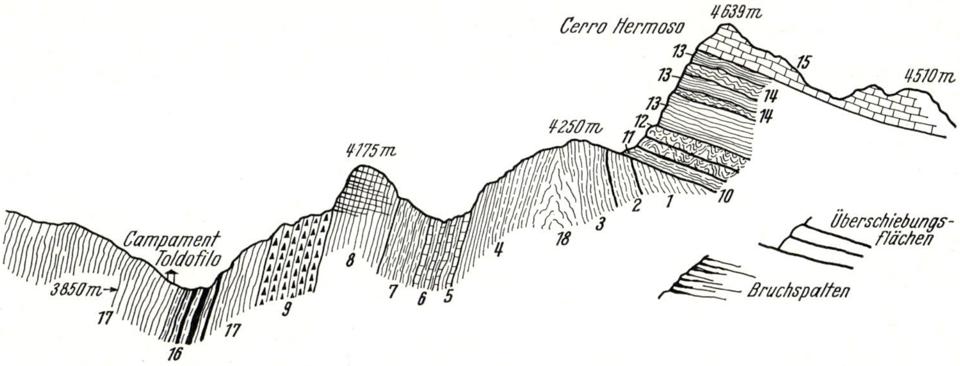

Abb. 3. Geologisches Profil quer durch den Cerro Hermoso (Llanganates). 1. Kalk-Muskowit-Schiefer. 2. Ottrelith-Serizit-Schiefer. 3. Epidot-Albit-Gneis. 4. Albit-Muskowit-Gneis. 5. Ottrelith-Graphitit-Schiefer. 6. Kalkschiefer mit Kalksteinbänken. 7. Schiefriger Kalk. 8. Ottrelith-Graphit-Schiefer. 9. Gepreßter Diorit. 10. Stark bewegter Graphit-Kalkschiefer. 11. Gefalteter, zertrümmerter Kalkschiefer. 12. Kalkmylonit. 13. Graphitischer Kalkschiefer. 14. Welliger Kalkschiefer. 15. Dickbankiger, metamorpher Kalkstein. 16. Graphitschiefer. 17. Glimmerschiefer. 18. Zertrümmerter Glimmerschiefer. Zeichn. W. Sauer

Westfuß des Gebirges (d. h. am Ostufer des Río Patate) kristalline Schiefer an: hellgrünliche Albit-Aktinolithschiefer in Wechsellagerung mit Albitgneis und Quarziten. Zusammen mit dem Río Chambo bildet der Patate beim Ort Las Juntas den Pastaza. Dieser mächtige Fluß nimmt von Las Juntas ab Ostrichtung in dem schönen Tal quer durch die Cordillera Real. Die linke Seite des tiefen Tales setzt sich aus Chlorit- und Talkschiefer mit nordsüdlichem Streichen und steilem, westlichen Einfallen zusammen. Auf derselben Seite stehen weiter talabwärts bis Baños Chloritschiefer, Chloritkalk- und Glimmerschiefer an (Streichen N 5–10° E, Fallen 75–80° W).

Während des epirogenen Hebungsprozesses der Anden ist der Zentralstreifen der Cordillera Real höher angestiegen als seine Flanken, so daß die Erdkruste Längsbrüche aufweist. Auf einem von ihnen hat sich der Vulkan Tunguragua (5016 m) aufgesetzt. Infolge der stufenweise ungleichen Hebung treten den Río Pastaza abwärts die am intensivsten metamorphosierten Gesteine auf gleichem Niveau mit wenig veränderten Schiefern zutage. Am oberen Ende des Straßentunnels von Agoyán erscheinen Albitgneise, chloritischer Biotit- und Muskowitgneis und graphitischer Glimmerschiefer (Streichen N-S, Einfallen 85° W).

Die mikroskopische Untersuchung der Metamorphite am Río Pastaza zwischen Agoyán und Río Verde hat ergeben, daß hier an mehreren Stellen die kristallinen Schiefer der tieferen Zone der Diaphthorese ausgesetzt waren, d. h. eine rückläufige Metamorphose erlitten haben und so die ungleichförmigen Vertikalbewegungen während der orogenen Phasen bestätigen. Die gehobenen Abschnitte der tieferen Zonen haben auf dem höheren Niveau der Epi- und Mesozone unter dem Einfluß der veränderten Druck- und Temperaturbedingungen dieser höheren Zonen eine Umwandlung der typomorphen Minerale nach den Eigenschaften der höheren Zone hin durchgemacht, so daß sich die kristallinen Schiefer der tieferen Zonen diaphthoretisch in Richtung auf den Mineralbestand der höheren Zone gewandelt haben. Herr Prof. Dr. G. REIN, Petrologe der Technischen Hochschule Karlsruhe, hat mir nach Untersuchung einiger Dünnschliffe diese Beobachtung bestätigt.

Am Río Blanco, einige Kilometer flußaufwärts von seiner Mündung in den Pastaza, stehen hellgraue Marmore (stellenweise chloritisch), Aktinolith- und Graphitschiefer mit Zwischenlagen von unreinem Graphit, Konglomerat- und Quarzitschiefer an. Im Pastazatal erscheinen flußaufwärts der Reihe nach Glimmerschiefer, injizierter Albitgneis und Migmatite, welche alle von Granitaplit- und Pegmatitgängen durchkreuzt sind. Die Richtung dieser Schiefer und Gneise ist vorherrschend N-S mit geringen Abweichungen nach E und W; sie fallen allgemein mit 75–80° nach W ein. Die Granite und Diorite, die etwas weiter flußabwärts den Glimmerschiefer durchbrechen, haben leichte thermische Kontakthöfe hervorgerufen, die sich in geringer Breite entlang den aplitischen Apophysen des gepreßten Granodioritplutons abzeichnen. Noch im Pastazatal, in der Gegend des Río Verde Grande, beginnt das Gebiet des **diorit-granitischen Batholithen** (Geol. Karte). Er besteht hauptsächlich aus gepreßtem Hornblendediorit (als Grenzvarietät des Plutons) und noch weiter flußabwärts aus gepreßtem aplitischen Granit, der in großer Ausdehnung in der Umgebung von Azafrán bis zum Río San Francisco vorkommt. Der Granit wird **Typ Azafrán** genannt. Er repräsentiert einen sehr charakteristischen Plutonit dieser Zone und ähnelt dem **Granit von La Puerta** etwas weiter nördlich in den Llanganates. Das Streichen seiner Druckschieferung ist das gleiche wie das der kristallinen Schiefer, d. h. N-S mit steilem Einfallen nach W. Das Granodioritmassiv wird nach W durch die große Verwerfung begrenzt, welche gleichzeitig die Ostgrenze der Depression Margajitas-Topo bildet wie auch die Ostgrenze der Topo-Quijos-Senke, die die Fortsetzung der Margajitas-Topo Depression nach N darstellt. Der Querschnitt der Topo-Quijos-Senke erstreckt sich von der Hacienda San Francisco nach E bis zum Cerro Abitagua über eine Breite von etwas weniger als 10 km. In die Depression Margajitas-Topo mit der nördlichen Fortsetzung der Topo-Quijos-Senke wurden die dunkel-schwärzlichen, semimetamorphen Tonschiefer der Margajitas-Formation eingesenkt (H. TSCHOPP 1948), so genannt nach dem Fluß dieses Gebietes. In der Nähe der Hacienda San Francisco weisen diese Schiefer Streichen zwischen N 50°W bis N 20°E auf und fallen mit 35 bis 40° nach W ein. Die Unregelmäßigkeiten rühren von der Nachbarschaft der erwähnten großen Verwerfung her. Das reguläre Streichen in größerer Entfernung von der Verwerfung ist N 20°E mit Einfallen von 35 bis 65° nach W. Ihr Alter wird als paläozoisch angesehen. H. J. TSCHOPP hat sie dem Präkarbon zugewiesen, da sie einer Serie von gefalteten Schichten dieses Alters (Formation Pumbuiza) der Kordillere von Cutucú im subandinen Gebiet des Oriente sehr ähneln und ihrerseits von Schichten des Oberkarbons (Formation Macuma) mit klar bestimmten Fossilien überlagert werden. Die Formation Pumbuiza der Kordillere von Cutucú ist starker Faltung und Dislokation unterworfen gewesen.

Gehen wir am Pastaza weiter flußabwärts, so treten von der Hacienda Victoria ab schiefrige Lutite auf. Sie sind von weniger dunkler Färbung und auch in geringerem Maße metamorphosiert als die Tonschiefer der Margajitas-Formation. Zwischen dem Río Negro und dem Fuß des Cerro Abitagua enthüllt sich ein nur 2 km breiter Streifen von kretazischen Sedimenten, die von E nach W in Stufen auf jeweils größere Tiefe abgesunken sind, derart daß an der Oberfläche von E nach W immer jüngere Formationen erscheinen.

Die an einer fast senkrechten Verwerfung direkt über dem Granit von Abitagua, d. h. dem Ostrand der Margajitas-Topo-, bzw. Topo-Quijos-Senke, abgerutschte Stufe besteht aus dem leicht metamorphosierten Kreidesandstein von Hollín. Die nach Westen folgende Stufe aus Napokalk (Streichen N 15° E, Fallen 50° W) ist auf der vorhergehenden Hollínstufe abgeglitten. Weiter nach W finden sich Redbeds von Tena in fast vertikaler Stellung mit steilem Einfallen nach E. Die drei Stufen sind die am stärksten abgesenkten Teile der Depression Margajitas-Topo.

Der **Cerro Abitagua** ist ein Teil des östlichen Gebirgsrandes der Cordillera Real, der sich bis zur Nordgrenze Ecuadors ausdehnt, aus Graniten und alten Porphyriten besteht und die Ostseite der Topo-Quijos-Senke begleitet.

Auf der linken Seite des Río Zuñac, bei seiner Mündung in den Pastaza, steigt die senkrechte Wand des roten mikro-pegmatitischen Granits des Cerro Abitagua auf. Sie zeigt die Verwerfungsfläche, die durch das Abgleiten der in die Depression versunkenen Gesteinsmassen poliert wurde. In geringer Entfernung den Pastaza abwärts steht der Hauptgranit des Batholithen von etwas rötlicher Färbung an. Durch die Einschaltung von Porphyrit unterbrochen, dehnt sich das Massiv weiter auf eine Entfernung von etwa 15 km bis zum Ort Mera aus, wo es in steilem Abhang zur Amazonas-Ebene abfällt (Geol. Karte).

Sockel des Vulkans El Altar. Die phantastische Ruine des großen, schneebedeckten Vulkans (5321 m) ist dem kristallinen Fundament der Cordillera Real aufgesetzt. Ihr Sockel besteht aus Aktinolithschiefern, Muskowit-Psammitgneisen und östlich des Ortes Quimiac aus schiefrigem Metaporphyrit. Südlich des Berges, am Ort Minas de Condorasto (4120 m), treten im Sockel außer den erwähnten Gneisen Quarzite und glimmerschieferartige Phyllite zutage. Bei Penipe (Penicuchu) hat eine Serie von phyllitischen Glimmerschiefern, Tonschiefern mit kohligem Sillimanitquarzit, die Aufmerksamkeit erregt. Zwischen die Schiefer schalten sich schwache Lagen von unreinem Anthrazit ein.

Die Ketten von **Cubillín, Alao, Zagrún und Sacraúrcu.** Ein schmales, aber sehr langes Massiv von biotithaltigem Quarzhornblende- und Quarzbiotit-Diorit (an einigen Stellen von Tonalit-Typ) macht mit einigen Unterbrechungen den Kern der niedrigen Westketten der Cordillera Real südlich von Riobamba aus. Diese plutonischen Gesteine werden in der Serranía von Cubillín, im Cerro von Licto und dem **Río Cebadas** entlang angetroffen bis in die Berge von Alao, Zagrún und Sacraúrcu. Sie erscheinen auch an der Ostseite dieses kleinen Flusses und bilden einen Teil der östlichen Hänge der Berge von Yaruquíes (Tunshi de Falconí), wo sie in den Schluchten (Quebradas) von El Colegio und Chalán von monzonitischem Syenit abgelöst werden. Wahrscheinlich ist der Syenit jünger als die Diorite, weil den Syeniten vollständig die Druckerscheinungen fehlen, welche die Diorite aufweisen. Auch in der Sierra von Zagrún, auf dem rechten Ufer des Cebadas, treten Diorite hervor und erstrecken sich nach Süden bis zu den Höhen von Colay. Sie zeigen leicht parallele Texturen, aber in viel geringerem Grade als die Granite von Azafrán und La Puerta. Zwischen Alao und Pungalá entwickeln sich die Diorite gabbroartig und zeichnen sich südlich der Brücke von Licto durch eine sehr grobe Körnung aus.

An verschiedenen Stellen sind thermische Kontaktwirkungen in den angrenzenden Tonschiefern entstanden.

Neben den Dioriten nehmen an der petrologischen Zusammensetzung der Gebirgsketten auch Metamorphite und Metadiabase in großem Ausmaß teil, ebenso Phyllite und Quarzite. Glimmerschiefer, feldspatführender Muskowitschiefer und chloritischer Albitgneis finden sich erst von der Ostseite der Berge Alao und Zhasquín ab, z. B. im Fundament des aktiven Vulkans Sangay (5230 m).

Östlich von Alausí bei Guasuntos und Achupallas tauchen bereits Sillimanitglimmer-Schiefer auf mit NE-SW-Streichen. Sie gehören zu dem am weitesten nach Nordwesten vorgeschobenen Sporn der alten kristallinen Kordillere, der weiter nach Süden den Sockel des vulkanischen Knotens des Azuay bildet, wie die Funde von Phyllitschiefern in der Quebrada von Zula und von quarzitischen Sillimanitschiefern des Gebietes von Achupallas zeigen.

Cebadas-Paso de Colay-Macas. Auf dem Wege von Cebadas nach Macas werden die kristallinen Schiefer in den Anschnitten der Flußtäler angetroffen, so in der Höhe von 2910 m Quarzite am Río Cebadas. In der Nähe der Mündung des Colay in den Cebadas treten die wenig gepreßten Gesteine des Dioritbatholithen auf, der die Phyllite und quarzhaltigen Metadiabase (3090 m) durchbricht. Die Höhe des Passes Colay-Cocha 4200 m (Colay-See) weist tuffige Metadiabase und Amphibolite verschiedener Art auf. Der Abstieg nach Macas folgt dem Pairafluß, der Metadiabase und Phyllitschiefer bloßlegt. Zwischen Zuñac und Chanalá (2000 m) stehen mehr oder weniger schiefrige Quarzite an, in der Quebrada von Maco Graphitglimmerschiefer, zwischen Tablas und Chasca (1800–1600 m) ein gemischter Komplex von metamorphen Gesteinen: Muskowit-Psammit-Gneis, Eisenglimmerschiefer, schiefrige Amphibolite mit Zoisit und Epidot, Ottrelith- und Sericitschiefer, Metaporphyrit und am Schluß das Ende eines gepreßten Granodioritbatholithen, vergleichbar mit dem von Azafrán des Pastazatales. Auf eine gewisse Erstreckung schalten sich in den Granodiorit (1600 m) Phyllite und albitisch-epidotische Amphibolithe ein. Im Anschnitt des Río Abanico zeigt sich der unmittelbare Kontakt mit Metadiabasen. Ottrelithische Schiefer und Phyllite bilden als letzte Glieder des kristallinen Gebirges die Höhen über Macas (1051 m).

Gebiet von Azogues-Paute

Der Río Azogues (im Oberlauf Burgay) fließt in südöstlicher Richtung vom Cerro Buerán (3815 m) in der Westkordillere südlich Cañar herab und vereinigt sich bei El Descanso mit dem Machángara, der aus südwestlicher Richtung von Cuenca kommt. Beide bilden den Río **Paute**, der nach Ostsüdost abbiegt und die Cordillera Real durchquert. Er hat einen engen Cañón (Photo 7) in die schwarzen basaltischen Andesite und Hornblende-Rhyolithe des Cerro Tahual eingegraben. Diese Vulkanite sind zur Oberfläche gedrungen entlang der Naht zwischen den Gesteinen der Westkordillere einerseits und den kristallinen Schiefern der Cordillera Real andererseits. Oberflächlich wurden sie von tertiären Sedimenten bedeckt, ehe sich das Becken von Cañar-Cuenca absenkte. Ein Stück flußabwärts, noch im Cañón, werden die Andesite und Rhyolite von chlorit-muskowitischen und sericitischen Glimmerschiefern (Streichen NNE-SSW, Fallen steil nach W) abgelöst. Mehr und mehr verringert sich der Grad ihrer Metamorphose derart, daß die Schiefer das Aussehen von glänzenden Phylliten und schiefrigen Lutiten von rötlich gelber bis grau-schwarzer Färbung annehmen. Aus dem Cañón tritt der Fluß in ein weites Längstal von südwestlicher Richtung ein. Am Ende des fruchtbaren, durch sein subtropisches Klima berühmten Tales liegt die Stadt Paute. Das Tal verengt sich von neuem beträchtlich zwischen den steilen Hängen der Glimmerschiefer.

Südöstlich von Cuenca hat der Río **Sigsig** sein Tal ebenfalls in kristalline Schiefer eingegraben (C. STUEBY 1945).

Gebiet im Südosten von Nabón und Cochapata

Auf der Ostseite des Río Shiña steigt die Ostkordillere auf Höhen von nahezu 4000 m an und zeigt dort ein Glazialrelief des Pleistozäns sehr ähnlich dem der Llanganates. Auch das Klima gleicht dem jener kalten und regenreichen Zone. Auf dem Grund der weiten Täler haben sich unzählige Seen und Sümpfe gestaut. Nach C. STUEBY (1945) läßt sich nach Osten fortschreitend zuerst gepreßter Granit als Komponente des Untergrunds feststellen, dann ragen die Kämme der kristallinen Schiefer mit NE-SW-Richtung über die weichen Formen der Glazialerosion hervor, bis wahrhaft abrupte Formen der Gesteinswelt vorherrschen. Die Glimmerschiefer schließen an einzelnen Orten interessante Zwischenlagerungen von Itabirit ein.

Von den Ostabhängen der Kordillere laufen die Zuflüsse des Río Zamora in tief eingeschnittenen Tälern herab, aber schon in Richtung N-S; je weiter nach Süden, desto klarer treten die strukturellen und morphologischen N-S-Richtungen in Erscheinung. N-S-Richtungen sind erst wieder östlich der Linie Loja-Vilcabamba-Yangana-Valladolid-Zumba ausschlaggebend in dem Aufbau des Ostteils der Kordillere, d. h. in der Zone, die bereits der Kordillere von Zamora angehört. Außerdem zeigen sich die gleichen Strukturen im Osten des Knotens von Sabanilla im Tal der Flüsse Valladolid-Mayo-Chinchipe.

Auch die subandine Region dieser Breite hat sehr betontes Strukturlineament, gemäß der genauen Meridionalrichtung der Flüsse Nangariza, Cenepa und Santiago und der Südfortsetzungen der genannten Bergzüge.

Südöstlich von Cuenca, zwischen den Flüssen Girón (Rircay) und Shiña, überrascht ein hochgelegenes, wenig zerschnittenes Gebiet von reifem morphologischen Aussehen. Es entfaltet sich in den Höhen und Hochebenen der Kordilleren Verde, Paso de Tinajilla (3486 m), Silván und Allpachaca. Seine Oberfläche zeichnet sich durch ausgedehnte Decken von Lava, vulkanischen Agglomeraten und Tuffen des Jungtertiärs aus, die einen beinahe ununterbrochenen und wenig gewellten Mantel bilden. Jenseits des Engpasses der Straße Saraguro-Loja, nördlich von San Lucas, zieht sich die vulkanische Decke mehr nach Westen hin in einer Breite von vielen Kilometern.

An der östlichen Talseite des Río San Lucas tritt eine Zone tief verwitterter Granite zutage, und erst vom Ort San Lucas ab ist der Granit des Batholithen (grobkörnige Varietät) weniger zersetzt. Bei Vinoyacu erscheint mittelkörniger Biotitgranit, der in der Gegend von Las Juntas wieder als grobe Abart endet. Ab und zu läßt sich im Granit leichte Paralleltextur feststellen mit Spalten und Spiegeln als Zeugen tektonischer Bewegung. Aplit- und Pegmatitgänge, und in geringerem Maße Lamprophyre, kreuzen den Stock.

Gänge von intermediärem und basischem Andesit gehören den vulkanischen Effusionen des Jungtertiärs an. Ihre Laven und Pyroklasten bedecken nach Westen zu ausgedehnte Gebiete.

Der Granit selbst schließt Fragmente von umgewandelten Schiefern ein.

Nahe bei Las Juntas vereinigt sich von Westen her der wasserreiche Santiago mit dem Río San Lucas und mündet bei Pucalá als Río Las Juntas in den Zamorafluß, der an dieser Stelle nach Osten abbiegt und in tiefem und engen Tal die Kordillere durchbricht.

Von Las Juntas bis Loja richten sich die Täler nord-südlich aus. An der Westseite der Flüsse San Lucas und Las Juntas werden beobachtet: Typischer Paragneis, Granitgneis und gepreßte Migmatite. Dieser ganze Komplex wird vom Granit von San Lucas durchbrochen, der als jüngste Intrusion Kontaktwirkungen in den Glimmerschiefern hervorgerufen hat, ihre Kristallinität verstärkt und ihnen an verschiedenen Stellen das Aussehen eines anatektischen oder migmatitischen Gneises aufgeprägt hat.

Von Loja aus flußaufwärts am Zamora erscheinen südlich von Pucalá normale Glimmerschiefer. Alle Gneise und Schiefer streichen hier wieder NE-SW und offenbaren von neuem diese charakteristische tektonische Richtung, die sich so wesentlich von dem Nord-Süd-Streichen der Strukturlinien im Ostteil der Kordillere (Kordillere von Zamora) unterscheidet.

Loja-Sabanilla-Zumba. Östlich von Loja erhebt sich steil aus dem Becken die schon erwähnte Kordillere von Zamora. In ihren östlichen Hängen taucht über dem Rand der miozänen Sedimente das alte Fundament von Phyllit- und Graphitschiefern mit nord-südlichem Streichen und variablem Fallen nach Ost und West auf.

Der Knoten von Cajanuma südlich von Loja trennt das Becken von Loja von der Niederung Malacatus-Vilcabamba, welche sich nach Nordwesten mit dem weiten Tal von La Toma vereinigt. Im Knoten stehen Quarzit- und Glimmerschiefer an mit nordsüdlichem Streichen und steilem Fallen nach Ost und West. Sie gehören den Schiefern an, welche die Kordillere von Zamora östlich von Loja zusammensetzen. Weiter nach Süden gehen diese Schiefer bei Lantanquí in typische Glimmerschiefer über und begrenzen die Ostseite der Depression von Vilcabamba und Yangana. Südlich der letzteren erhebt sich der Knoten von Sabanilla. An seine Nordwestseite lehnen sich NE-SW-streichende Quarzitschiefer an. Seine langen Höhenzüge bestehen nach Osten hin aus Biotitglimmerschiefern mit nord-südlichem Streichen und verbinden sich mit den Höhen der Kordillera von Zamora. Hier wird dieselbe tektonische Erscheinung beobachtet wie in der Gegend von Las Juntas: An die in Nordsüdrichtung verlaufenden kristallinen Schiefer legen sich die aus südwestlicher Richtung herandrängenden Glimmerschiefer an.

Südlich des Knotens von Sabanilla breiten sich die metamorphen Gesteine dem Längstal des Flusses Valladolid-Mayo-Chinchipe entlang in Nordsüdrichtung angeordnet aus.

Zwischen Zumba und Chito im äußersten Süden des Landes schiebt sich von Süden her ein Keil von Diabasen und Porphyriten ein als Verlängerung der zur Kreide gehörenden Diabas-Porphyrit-Formation der peruanischen Kordillere.

Diese Formation nimmt den Raum zwischen den Flüssen Chinchipe und Huancabamba ein. Unmittelbar südlich von Chito verläßt das Tal die Richtung N-S und schwenkt südlich der Amazonas-Achse in die neue Richtung NW-SE ein, die nun allgemein in der Struktur der Kordilleren südlich der Amazonas-Achse vorherrscht.

Interandines Zwischengebirge des Südens (zwischen der Kordillere von Zamora, dem Knoten von Sabanilla und den Küstenkordilleren Tahuín, Larga und Amotape).

Auf der Westseite des Beckens von Loja erhebt sich der Bergzug Villonaco. Über seine Höhe (2400 m) verläuft die Straße zur Talsenke von La Toma und weiterhin zur Küste. Vor dem Paß am oberen Rand der Tertiärsedimente des Beckens von Loja stehen Gneisglimmerschiefer mit Streichen NE-SW an im Gegensatz zur N-S-Richtung der Schiefer des östlichen Hanges des Beckens, welches offenbar zwischen den beiden kristallinen

Körpern eingebrochen ist. Die tektonischen Besonderheiten der metamorphen Schiefer südlich der Breite von Saraguro lassen klar den Kontakt erkennen, der die in N-S-Richtung strukturierten Zonen östlich der Linie San Lucas-Cajanuma-Sabanilla (Langana-Vilcabamba) von denen westlich dieser Linie trennt und bei denen NE-SW-Streichen vorherrscht.

Der nach Südwesten gerichtete Bogen der Cordillera Real

Das Südende der Cordillera Real biegt, geologisch gesehen, nach der Küste ab, verlängert durch die ebenfalls aus kristallinen Schiefern bestehenden Küstenkordilleren Tahuín, Larga und Amotape. Dieser zur Küste abgelenkte Bogen lehnt sich anfänglich noch an den Rest der nordsüdlich streichenden Ostkordillere an, die sich im Südosten von Cochapata und Oña mit ihrem charakteristischen N-S-Streichen auszubilden beginnt und sich als Kordillere von Zamora nach Süden fortsetzt.

Auf der neuen geographischen Karte von Ecuador (1957) kommen diese tektonischen Verhältnisse morphologisch gut zum Ausdruck. Ein Teil des Bogens erlitt während des neoandidischen Regenerationsprozesses eine Unterbrechung durch intrusive und vulkanische Gesteine des Jura und der frühen Kreide im Gebiet von Zaruma und der Kordillere von Chilla, die selbst eine vulkanische Decke des späten Tertiärs trägt.

Zwischen Pasaje (Unterlauf des Jubones) und der Kordillere von Ramos südwestlich von El Cisne tritt die Cordillera Real, nach der Küste zu gebogen, unter der Kordillere Chilla-Fierroúrcu wieder hervor.

Die am Río Balao, am Westfuß der Westkordillere, zutage tretenden metamorphen Gesteine zeigen die nach Westen reichende Ausdehnung des varistischen kristallinen Untergrunds an. Der ausspringende Winkel der südwestlich streichenden kristallinen Schiefer bei Guasuntos, östlich von Alausí, und die Metamorphite von Paute-Sigsig zielen nach den Ausbissen von Balao und Pasaje hin. Andrerseits laufen die metamorphen Gesteine von Saraguro-San Lucas, mit Unterbrechung durch den Cerro Fierroúrcu, über die Höhen von Gualelo-Ambocas zum Gebiet südwestlich von Zaruma, um sich mit den metamorphen Formationen der Berge von Capiro auf der Südflanke der Kordillere von Tahuín zu verbinden.

An der Küste stehen die kristallinen Schiefer an der Stelle an, wo der Río Balao die Ausläufer der Westkordillere in Höhe der Küstenebene verläßt.

Vom Río Jubones ab ziehen sich die Berge der Kordillere von Tahuín bis zur peruanischen Grenze hin und weisen in den Kordilleren Larga und Amotape bis zur Amazonas-Achse hauptsächlich die aus paläozoischen kristallinen Schiefern bestehenden Fundamente auf (A. Fischer 1956).

Río Jubones-Santa Rosa-Arenillas. Einige km südlich von Pasaje treten phyllitische Glimmerschiefer von heller Farbe (Streichen N 60° E, steiles Einfallen nach S 30° E) auf. Ein Rhodonitgang von ca. 1 bis 2 Kilometer Länge kreuzt die Schiefer unter einem sehr spitzen Winkel. An der Oberfläche ist er in Psilomelan und Quarz zersetzt.

Vom Austritt des Río Santa Rosa zur Küstenebene ab stehen entlang den Ausläufern der Kordillere von Chilla bis Arenillas schwärzlich dunkle, schiefrige Amphibolite, Quarzite und Phyllite an. Sie streichen bei Arenillas N 80–85° E mit wechselndem Einfallen nach N und S. Den Río Arenillas aufwärts brechen granitische Apophysen in die Amphibolite ein. Weiterhin entwickeln sich gneisartige Glimmerschiefer und hellgrünliche Amphibolite mit etwas verändertem Streichen N 65° E und Einfallen von 65° nach NW. Granitische Apophysen von einigen hundert Metern Breite mit Einschlüssen von großen Amphibolit-Bruchstücken lassen auf die Nähe des Granitbatholithen schließen. In der Gegend von Piedras treten Hornblendeschiefer und Phyllite von veränderlichem Streichen von E-W bis N 65° E in senkrechter Stellung auf, näher am Paß zwischen Piedras und Piñas phyllitische Glimmer- und Graphitschiefer, und an der Brücke Moromoro-Monos wieder Amphibolite (Streichen N 45–65° E). Unterhalb des Passes in Richtung auf Piñas sind die kristallinen Schiefer verdeckt von Diabasen und Porphyriten der Diabas-Porphyrit-Formation der Kreide.

Südwestlich von Arenillas zeigen sich in den Ausläufern der Kordillere Phyllite und Glimmerschiefer (Streichen N 65° E, Fallen 60° nach S 25° E) und im Tal des Río Bunque Amphibolitschiefer, Glimmerschiefer, Zweiglimmergranit mit großen Feldspatkristallen in leichter Paralleltextur und Pegmatitgänge. Der Río Palmales nimmt vom Ort gleichen Namens an seinen Lauf in Westrichtung und vertieft sein Tal in den kristallinen Schiefern bis zu seiner Mündung in den Río Zarumilla bei der Quebrada Seca. Von diesem Ort flußabwärts, d. h. in nördlicher Richtung, stehen Gneisglimmerschiefer (Streichen N 80° E, steiles Fallen nach N) und phyllitische und Hornblendeschiefer an. In dem Maße wie die Entfernung der metamorphen Schiefer zunimmt, vom Granitbatholithen aus, verringert sich der Grad ihrer Metamorphose, so daß die Granitintrusion in den Schiefern eine beträchtliche Kontaktwirkung ausgeübt hat.

Der langgestreckte Granitbatholith der Kordillere von Tahuín setzt sich vom erwähnten Paß nach Südwesten in den Höhen des Cerro Oso zum Zarumillafluß und weiter in den Kordilleren Larga und Amotape fort.

Im Süden der Kordillere von Tahuín werden die schwarzen Schiefer der linken Talseite des Río Puyango auf dem gegenüberliegenden Ufer durch Quarzite (Streichen N 55° E, Fallen 55° nach N 35° W) abgelöst. Nach Norden auf dem Weg nach Cañas erscheinen Quarzite und Glimmerschiefer, bis auf der Höhe des Cerro Oso die Granite des Batholithen durchbrechen und jenseits, nach Palmales zu, der leicht parallel texturierte Granit sowie Glimmerschiefer usw. zutage treten.

Die Kordilleren Larga und Amotape. Die Kordillere Tahuín setzt sich westlich des Río Zarumilla in WSW-Richtung zum Río Tumbez fort unter der Bezeichnung Kordillere Larga, die denselben granitischen Kern und die kristallinen Schiefer von höherem oder geringerem Grad der Metamorphose aufweist. Westlich des Tumbez trägt die Kordillere den Namen Amotape mit Richtung NE-SW.

Die peruanischen Geologen halten beide Kordilleren, Amotape und Larga, für eine stratigraphische und tektonische Einheit. Es herrschen dort die gleichen geologischen Verhältnisse wie in der Kordillere von Tahuín. In ihrem nördlichen und südlichen Teil fügen sich metamorphe Schiefer und Quarzite dem Granitkern an. Der Kontakt mit dem Granit zeigt an diesen Orten Übergänge von Migmatitschiefern und Gneisen zu dem leicht parallel-texturierten Granit. Die Paralleltextur wird als primär angesehen nach den Untersuchungen von R. Chalco (1955), der zu dem Gedanken neigt, daß die Intrusion des Granits am Ende des Paläozoikums stattgefunden und die varistische Orogenese begleitet habe, welche für die Faltung und Umformung der Sedimente verantwortlich ist. Der Granit prägt seine Paralleltextur nach den Rändern des Batholithen so stark aus, daß er das Aussehen eines Granitgneises annimmt. Es existiert eine vollkommene Abstufung zwischen massivem Granit und seinen Übergangszonen in Migmatitschiefer. Der Granitbatholith wird von Pegmatitgängen durchsetzt. Das Alter der varistisch gefalteten, mehr oder weniger metamorphisierten Sedimente halten R. Chalco, N. D. Newell & G. Petersen (1955) für karbonisch (Gruppe Tarma-Ambo), zum Teil für devonisch und vielleicht silurisch.

Die Bestimmung des varistischen Alters der Orogenese der Kordilleren Amotape-Larga (R. Chalco 1955) ist von höchster Bedeutung. Sie beweist, daß die stratigraphische Sequenz der Kordilleren Amotape-Larga-Tahuín einen zusammenhängenden, von denselben stratigraphischen und tektonischen Eigenschaften beherrschten Komplex darstellt, der in seiner Gesamtheit paläozoischen Alters und varistisch gefaltet ist und daher als südliche, bis zur Küste des Pazifischen Ozeans reichende Fortsetzung der Cordillera Real betrachtet werden muß.

Die Mehrzahl der Geologen hat den kristallinen Kern der Cordillera Central von Kolumbien für älter als kretazisch angesehen. Wegen der Tatsache, daß sie die ununterbrochene nördliche Fortsetzung der Cordillera Real von Ecuador bildet, muß sie auch für paläozoisch und varistisch gefaltet gehalten werden. Außerdem hat H. Gerth (1955) bewiesen, daß der Kern der kolumbianischen Cordillera Central aus metamorphosierten, paläozoischen Gesteinen besteht, die von der varistischen Orogenese beansprucht worden sind; zur selben Ansicht kommt A. A. Olsson (1956).

Wie im Kapitel über Tektonik gezeigt wird, haben die varistischen Kordilleren von Anfang an einen einzigen, ununterbrochenen Gebirgskörper gebildet. Dieser alte Kordillerenzug beginnt auf der Halbinsel Guajira an der Nordküste Kolumbiens, umfaßt die ganze Länge der kolumbianischen Cordillera Central und der ecuadorianischen Cordillera Real, die mit ihrem Südteil zur Küste des Stillen Ozeans abbiegt und mit den Kordilleren Tahuín, Larga und Amotape die Küste auf peruanischem Gebiet erreicht. Wegen ihrer besonderen tektonischen und stratigraphischen Bedeutung wurde diese lange, einheitliche Kordillerenkette vom Verfasser **„Cordillera Cardinal Norandina“** (Nordandine Kardinalkordillere) genannt.

2. Die semimetamorphen Gesteine

Die paläozoischen Schiefer der Sierra und des Litoral

Die Straße Loja-Zaruma quert an zwei Stellen Schiefertone, die z. T. phyllitisch sind. Bei Chinches, wo die Straße nach Catacocha abzweigt, stehen in der Umgegend des Passes (2270 m) Schiefer dieser Art an. In der geologischen Karte erscheinen sie mit der Signatur der semimetamorphen Formation.

Beim Abstieg zum Río Pindo südlich von Zaruma tauchen unter der jungtertiären Decke dunkle, mergelige Schiefer auf, besonders bei der Brücke von Inguna (1100 m) und bei Santa Ana, mit allgemeinem E-W-Streichen. Nach Westsüdwest hin erstrecken sie sich über die Bergzüge der Nordseite der Kordillere von Alamor in manchmal leicht metamorphosierter Form. Sie gehören augenscheinlich zur Gruppe der paläozoischen Gesteine der Kordilleren Larga und Amotape, und zwar ihrer Südflanken. Bis jetzt haben sich keine Fossilien gefunden, die die genaue Bestimmung ihres geologischen Alters ermöglicht hätten.

Die schwarzen, stark gefalteten Schiefer der **Westkordillere,** in Streifen von mehreren hundert Meter Breite, weisen leichte Anzeichen von Metamorphose auf und werden bis heute als paläozoisch angesehen, wenn sie auch keine gut erhaltenen Fossilien enthalten.

Im **Nordteil der Sierra** gibt es derartige Schiefer in den Bergen von Intag. Weiter südlich kreuzt ein Schieferstreifen die Straße Guaranda-Riobamba beim Ort Casitagua, und dehnt sich in südwestlichem Bogen bis Bucay aus. Gekennzeichnet durch die Berge und Hügel von Masvale und Punta Piedra, heben sich im **Litoral** isolierte Zeugen dieses Schieferbogens aus der Eebene zwischen der Westkordillere und dem Río Guayas heraus.

Das Paläozoikum des Oriente

Den Geologen der Shell Co. von Ecuador ist es gelungen, das geologische Alter der paläozoischen Formation der subandinen **Kordillere von Cutucú** zu bestimmen. Dieser Erfolg hat die Möglichkeit eröffnet, ähnliche Formationen in die geologische Chronologie einzureihen, z. B. die dunklen Schiefer von Margajitas in der Senke von Topo-Margajitas, die dort eine besondere Rolle spielen.

Die Kordillere von Cutucú gehört zur Serie der subandinen Erhebungen des Oriente. Sie ziehen sich von der Ost- und Zentralkordillere Perús nach Norden, auf ecuadorianischem Gebiet als die Kordilleren del Cóndor, Cutucú und Napo-Galeras. Die letztere kann in Beziehung zu der Cordillera Oriental von Kolumbien gesetzt werden. Paläozoische Gesteine sind in der Kordillere von Cutucú nachgewiesen.

Ungefähr vom 2. Grad südlicher Breite ab beginnt die Kordillere von Cutucú aus den flachen Landstrichen des Pastazaflusses aufzusteigen, um sich in genau südlicher Richtung bis zum Oberlauf des Santiago zu erstrecken, von der Cordillera Real durch das breite Tal des Río Upano getrennt. Zwei parallele Bergzüge machen diese Kordillere aus: die höhere, westliche Kette mit Erhebungen bis über 2000 m und die niedrigere, östliche, die nur an einem Punkt etwas die 1000 m übersteigt. Die Niederungen kleiner Flüsse (z. B. Río Yaupi oder Río Chapiza) trennen die langgestreckten Teile der Kordillere durch eine Längsfurche in die Westcutucú und die Ostcutucú.

Die Westcutucú verlängert sich nach Süden vom Santiago ab in der Cordillera del Cóndor, die wiederum durch die Flüsse Coango und Cenepa in zwei Parallelketten von nordsüdlicher Richtung unterteilt ist. Die Fortsetzung der Ostcutucú verläuft in südlicher Richtung zwischen den Flüssen Santiago und Morona als flacher, niederer Höhenzug unter dem Namen Sierra de Campanquiz und erscheint auf der Südseite des Pongo de Manseriche vergrößert als Cordillera Oriental von Perú.

Im nördlichen Teil der Ostcutucú stehen auf beiden Seiten des Río Pumbuiza stark dislozierte Sedimente des Paläozoikums an: die sogenannte **Formation Pumbuiza,** die nach Norden zu beim Cerro Macuma von gefalteten Schichten der oberkarbonen **Formation Macuma** (H. J. Tschopp 1945, 1948, 1953, 1956) überlagert wird. Die Formation Pumbuiza wurde dem älteren Paläozoikum (? Devon) zugeteilt.

Vorzugsweise im Tal des Oberlaufs des Pumbuiza sind dunkelgraue bis schwarze Schiefer, teilweise graphitisch, in dünnen Schichten freigelegt (mit Zwischenlagerungen quarzitischer Sandsteine) und zeigen die Wirkung starker Faltung und Verschiebung.

Bei dem Cerro Macuma wird die Formation Pumbuiza von Schichten des Oberkarbon der Formation Macuma mit zwei unterscheidbaren Stufen überdeckt.

Die untere Stufe besteht aus bläulich grauen Kalken in groben Bänken, die mit schiefrigen bis sandigen Lutiten wechseln und eine reiche fossile Fauna enthalten von Spirifer, Productus, Terebrateln, Fenestella, Crinoiden und anderen Fossilien. Die obere Stufe wird von hellen und dunklen, dünnbankigen Kalken gebildet in Wechsellagerung mit bräunlich-grünen, kalkhaltigen und quarzitischen Sandsteinen. In den Kalken finden sich u. a. Fusulinella, Ostracoden, Bryozoen, Spirifer. Mit der genauen Bestimmung dieser Fossilien konnte das Alter beider Stufen als Oberkarbon festgelegt werden.

Die **Margajitasformation,** eine Serie von mehr als 1000 m Mächtigkeit aus dunkelgrauen bis schwarzen, leicht phyllitischen Schiefern, dünnblättrigen Schiefertonen und fein- bis mittelkörnigen, meist pyritisch-quarzitischen Sandsteinen wurde versuchsweise, aus lithologischer Ähnlichkeit, der Pumbuizaformation gleichgestellt (Tschopp 1948).

Sie steht unmittelbar östlich des Río San Francisco, d. h. östlich der Topo-Quijos-Senke, an der ihre Westseite begrenzenden Verwerfung an und nimmt nach Osten den breiten Raum bis zum Río Negro ein. Nach Norden zieht sie sich mit einigen Unterbrechungen am Fuß des Steilabfalls der Cordillera Real entlang, zusammen mit der Chapiza-Formation, bis zum tätigen Vulkan Reventador.

Südlich von Mera im Gebiet des Río Llushín, einem Nebenfluß des Pastaza, treten ähnliche Schichten in einem Komplex von stark gestörten, zum Teil überschobenen und halbmetamorphen Sedimenten auf. Inwieweit das Chapiza und die paläozoischen Gesteine Anteil haben an den westlich angrenzenden quarzitischen Sandsteinen, schwarzen Schiefern und schiefrigen Tonen bleibt noch problematisch.

II. Mesozoikum

Das Mesozoikum bietet Gelegenheit, einen Blick auf die orogenen Prozesse zu werfen, denen das ecuadorianische Gelände sein geologisch-morphologisches Aussehen verdankt (Abb. 2).

Die Sierra repräsentiert das überragende morphologische Element und den am meisten von Orogenesen betroffenen Teil des Landes. Trotzdem muß beachtet werden, daß auth die angrenzenden Gebiete bedeutende Veränderungen erlitten haben. So werden im Litoral und im Oriente dieselben Rhythmen und Nebenwirkungen der orogenen und epirogenen Phasen beobachtet wie in den Zentren der Geosynklinalen, aber ohne daß die Bewegungen den Untergrund in gleicher Intensität gestört haben.

Die stratigraphische Chronologie des Mesozoikums zeigt einen Hiatus, der im Oriente die Periode zwischen dem Jungpaläozoikum und dem Ausgang der Trias umfaßt, und in den Gebieten der Westkordillere und des Litorals sich bis zum Jura einschließlich verlängert. Die ganze Cordillera Real mit ihrem Küstenbogen, d. h. die nordandine Kardinalkordillere, ist nicht mehr von post-paläozoischen Meeren überflutet worden, also seit dem Jungpaläozoikum Festland gewesen. Sie ist der kontinentalen Erosion und Denudation unterlegen und hat das klastische Material für die Sedimentation im Gebiet des Oriente geliefert, von der Kreide ab auch für die Sedimentation in der neoandidischen Geosynklinale westlich der Cordillera Real. Mit ihrer südwestlichen Verlängerung bis zum Stillen Ozean spielt diese die Rolle einer Festlandsschwelle zwischen den östlichen, atlantischen und den westlichen, pazifischen Meeresräumen.

Eingehende Untersuchungen am Cerro Hermoso in den Llanganates entkräften die von W. Reiss (1921) angenommene Theorie, daß die Cordillera Real während der Kreide unter den Meeresspiegel gesenkt gewesen sei (W. Sauer 1958).

Nach dem Paläozoikum hatte sich das Meer von dem ausgedehnten, zur Fastebene umgeformten Gebiet der künftigen Westkordillere, des südlichen Zwischengebirges und des Litorals zurückgezogen, bis schließlich zu Beginn der Kreide hier eine neue Meerestransgression in die sich bildende mesozoische Geosynklinale an der Westseite der Cordillera Real stattfand. Es liegen so die Kreidesedimente einschließlich der diabas-porphyritischen Formation des Pinón unmittelbar den paläozoischen Gesteinen in der Westkordillere, im Litoral und im südlichen Zwischengebirge auf.

Im Oriente dagegen haben sich die mesozoischen Formationen schon vom Jura ab in großem Ausmaß entfaltet.

Aus den Veröffentlichungen von H. Tschopp (1953 und 1956) läßt sich das Vorhandensein triassischer Formationen im Oriente nicht erkennen, wäre aber unter dem Jura wahrscheinlich. Würde sich diese Vermutung bestätigen, schlösse sich jedoch die Lücke zwischen Jungkarbon und Jura nicht vollständig. Im nördlichen Perú dagegen ist die marine obere Trias mit einer beträchtlichen Fauna in der West-, Zentral- und Ostkordillere vertreten. Aus der geologischen Karte von Perú (Publ. Soc. Geol. Perú 1956) läßt sich ersehen, daß sich die Trias-Jura-Formation als sedimentär-vulkanische Fazies der peruanischen Westkordillere bis zum ecuadorianischen Gebiet im Südwesten von Macará erstreckt. Im entsprechenden ecuadorianischen Gelände stehen aber die Diabase der kretazischen Diabas-Porphyrit-Formation an (W. Sauer 1970).

So bleibt es zweifelhaft, ob beide Formationen identisch sind oder nicht. Die Beschreibung der Trias-Jura-Formation in der peruanischen Westkordillere (A. Fischer 1956), etwa 200 km von Macará entfernt, läßt wegen der großen Entfernung keinen zwingenden Schluß zu, daß es sich auf der peruanischen Seite tatsächlich um die Trias-Jura-Formation handelt.

1. Jura

a) Unterer Jura (Unterer Lias, Formation Santiago)

Jura-Formationen wurden in Ecuador ausschließlich in der subandinen Zone des Oriente festgestellt (Tschopp 1945–1956); sie treten **nicht** auf in den eigentlich eugeosynklinalen Gebieten, in denen auch alle Anzeichen für das Vorhandensein der Trias fehlen.

Die Flüsse Mangosiza, Guambiza, Santiago (Oberläufe), Zamora und Namangoza (Unterläufe) des Oriente schneiden dunkle, mehr oder weniger kieselige Kalke in Wechsellagerung mit Kalksandsteinen an, denen charakteristische harte, schiefrige Lutite von hellgrauer bis schwarzer Färbung eingeschaltet sind. Die Kalke enthalten die Kieselsäure in Form von fein in der Gesteinsmasse verteilten Knötchen oder von unreinen Konkretionen und Knollen, die konkordant zur Schichtung angeordnet sind. Die ganze Serie ist stark gefaltet und bildet als **Formation Santiago,** so genannt nach dem Fluß, der sie durchquert, die Westkette der Kordillere von Cutucú in südlicher Ausdehnung bis zur

Cordillera del Cóndor. Die **mittlere Mächtigkeit** kann auf etwa 2000 m (1500–2700 m) geschätzt werden. Im Norden wird sie durch die aufgewölbten paläozoischen Formationen des Nordteils der Kordillere von Cutucú begrenzt.

Auf der Westflanke der Westcutucú tritt in der normalen Entwicklung der Formation Santiago ein Fazieswechsel ein durch Einschaltung vulkanischer Brekzien, die sich seitlich in sandige Tuffe von grünlicher Färbung und in bentonitische Lutite wandeln. Gänge, Sills und mächtige Intrusionen von grauen und grünlichen Porphyriten und Diabasen durchsetzen die Sedimente.

Pyroklastische Massen scheinen durch die Lagerung zu beweisen, daß wenigstens ein Teil der Intrusionen gleichzeitig mit der Ablagerung der Santiagoformation entstanden ist, deren untere Grenze jedoch bis jetzt nicht beobachtet wurde. H. J. Tschopp (1953) ist der Meinung, daß ein anderer Teil der zwischengelagerten Porphyrite von dem Vulkanismus der Formation Chapiza (Mishahuallí) des oberen Jura herrührt, die dort unmittelbar die Formation Santiago überlagert.

Fossilgehalt und Alter

Trotz des verhältnismäßig geringen Gehalts an Fossilien weisen die schlecht erhaltenen Ammoniten des Genus **Arietites** auf **unteren Lias** hin, womit die stratigraphische Position der Santiago-Formation bestimmt ist.

Der früher gemachte Fund von Pelecypodus, vergleichbar mit Pseudomonotis der Trias, hatte vermuten lassen, daß möglicherweise ein Übergang zur Trias existiere. Tatsächlich fehlt hierfür der paläontologische Beweis (Tschopp 1953).

b) Mittlerer und oberer Jura – Formation Chapiza mit Mishahuallí

Auf der östlichen Außenseite der Kordillere von Cutucú trägt die Formation Santiago eine **Redbed-Serie,** die sich zusammensetzt aus rötlichen Sandsteinen und sandigen Schiefertonen in Wechsellagerung mit roten und grauen Letten, ab und zu mit dünnen Gipsschichten und linsenförmigen Zwischenlagerungen von hellen Sandsteinen und Konglomeraten. In den Schieferletten werden an bestimmten Stellen Schichten von vulkanischer Asche sichtbar. Im großen und ganzen handelt es sich um terrestre und lakustre Sedimente. Südlich des Río Mangosiza quillt an den Ufern des Río Chapiza Salzwasser aus.

Diese Redbedserie erhielt die Bezeichnung **Chapizaformation,** nach dem Fluß der Ostseite der Kordillere von Cutucú. Ihre Mächtigkeit ist außerordentlich schwankend und wechselt von 600 bis 4500 m, um so mehr, als in der Formation die **Laven und pyroklastischen Massen der Subformation Mishahuallí** mit einbegriffen sind.

Die Chapizaformation tritt typisch in Erscheinung zwischen den Flüssen Chapiza und Yaupi im Gebiet des oberen Chapiza selbst, etwa 25 bis 30 km nordöstlich von Yaupi.

Obwohl die Sequenz der Schichten sehr durch Verwerfungen und Intrusionen gestört ist, erkennt H. J. Tschopp (1953) eine ausgesprochene Unterteilung in drei Glieder: Rotes und graues oder unteres Chapiza, rotes oder mittleres Chapiza, Mishahuallí oder oberes Chapiza.

Rotes und graues Chapiza (unteres Chapiza) ist charakterisiert durch rote und graue Farbtöne, die lokal von braunrot nach ziegelrot bis zu violett übergehen. Am typischen Fundort enthält das System der alternierenden Sandsteine und Schiefertone dünne Schichten von Anhydrit, grobe Lagen von Gips, Konkretionen von Dolomit; diese Stufe liefert die schon erwähnten Salzwasserquellen.

Im **roten (mittleren) Chapiza** zeigen ähnliche Sandsteine und Tonschichten rote Färbung. Es fehlen jedoch Gips und Anhydrit.

Die Stufe **Mishahuallí (oberes Chapiza)**, nach den Fundstellen wenige km östlich von Tena am Fluß Mishahuallí benannt, einem Nebenfluß des Napo, ist durch die Produkte eines intensiven Vulkanismus mit mächtigen Intrusionen und Effusionen ausgezeichnet. Sie weist einen sehr variablen Anteil von Arkosen, graugrünen und violetten Sandstein- und Tuffbrekzien, roten Lutiten, Sandsteinen und Konglomeraten auf.

Intrusionen (Gänge und Sills) von Porphyrit und Diabas zeigen sich überall in der Chapizaformation, während kompakte Lavaströme und pyroklastische Massen auf die obere Stufe, d. h. auf das Mishahuallí, beschränkt sind und dort eine Periode sehr intensiver vulkanischer Tätigkeit bezeugen.

Rippelmarken und Kreuzschichtung der Sandsteine und Produkte der Verdunstung von Meerwasser (Evaporite) wie Gips und Anhydrit, deuten auf den Rückzug des Jurameeres infolge der epirogenen Hebung des Kontinents hin. Weite Flächen des Meeresgrundes waren dabei periodisch der Austrocknung in einem ariden Klima ausgesetzt (fossile Trockenrisse). Dazu kommt das absolute Fehlen einer marinen Fauna und die Armut an Vegetationsresten: das weist auf kontinentale Sedimentation auf den kurz zuvor vom zurückweichenden Meer freigelassenen Flächen hin. Der Sedimentbildung folgte in großem Ausmaß die terrestre Anhäufung von kompakten Laven und Pyroklasten des Mishahuallí.

Gegen das Nordende der Kordillere von Cutucú, westlich der Bohrung „Macuma“, mehren sich in den oberen Partien des Chapiza, d. h. im Mishahuallí, die Ablagerungen von vulkanischem Lockermaterial in solchem Grade, daß sich eine wahre **pyroklastische Fazies** entwickelt hat, die allerdings im Profil der Bohrung fehlt, weil sie wahrscheinlich an dieser Stelle der Erosion anheim gefallen war.

Auf der östlichen Außenseite der Kordillere von Cutucú ruht die untere Stufe (rotes und graues Chapiza) unmittelbar auf der paläozoischen Formation Macuma und ist bedeckt von der mittleren Stufe, dem **roten Chapiza.** In der Westkette der Kordillere von Cutucú liegen die Redbeds (Chapizaformation) auf den Santiagokalken (Santiago-Formation) auf, während sie im N der Kordillere von Cutucú diskordant über das Jungkarbon der Macumaformation transgredieren. Im Süden hat man nicht genau beobachten können, ob die Redbeds konkordant den Kalkschichten des Santiago aufliegen, was auch wenig wahrscheinlich erscheint, weil der Sedimentation der Santiagokalke die Hebung dieses Gebiets folgte und damit seine Umbildung in Festland. Das ist eine Tatsache, die durch die terrestren und lakustren Ablagerungen der Redbeds direkt auf den Santiagokalken erwiesen ist.

Die Sedimente und Vulkanite der mittleren und oberen Stufe, d. h. des roten Chapiza und des Mishahuallí, wurden im Osten am Fuß der Cordillera Real in einem breiten Streifen vom 2. Grad südlicher Breite nach Norden abgesetzt.

Die seismischen Untersuchungen haben interessante Formen der Oberfläche des Substrats der Chapizaserie ergeben, derart daß die obere Stufe, das Mishahuallí und die unterlagernden Konglomerate, die in der Bohrung Tiputini im Osten des Gebiets beobachtet werden, sich transgressiv dem metamorphen und semimetamorphen Basement auflagern. Dieser kristalline Untergrund hatte seinerseits die enorme Menge von klastischem Material für die Bildung der mittleren und unteren Stufe im Sedimentationsraum des Chapiza geliefert, dessen östliche Ausdehnung wahrscheinlich durch den Westhang des unterirdischen Rückens Yasuní-Lorocachi (westlich der Linie Tiputini-Lorocachi) abgeschlossen wurde. Die Existenz dieses Rückens in der Oberflächengestaltung des Basements wurde durch die seismischen Untersuchungen festgestellt.

Nördlich vom Río Pastaza liegen unter dem Hollinsandstein der Kreide porphyritische und diabasische Laven und Pyroklasten im Anschnitt der tief eingegrabenen Täler der Flüsse Coca, Mishahuallí und Jondachi. Die Geologen R. J. Colony und J. R. Sinclair von der Leonard Exploration Co. (1932) haben die vulkanischen Gesteine eingehend untersucht. Es sind vorzugsweise porphyritische Laven, Tuffe und Agglomerate, abgesehen von häufigen sauren und basischen Modifikationen wie Quarzporphyr und Diabas. Diese kompakten Effusionen mit ihren pyroklastischen Derivaten wurden von dem Shell-Geologen K. T. Goldschmid als **Formation Mishahuallí** (Oberes Mishahuallí) bezeichnet, nach den Fundstellen am Fluß dieses Namens. Colony und Sinclair vermuten, daß die Porphyrite der Kordillere Guacamayos ebenfalls der Formation Mishahuallí angehören, weil sie ähnliche Übergänge zu Quarzporphyren, Granophyren und monzonitischen Porphyriten aufweisen, wie auch die Quarzporphyre des Pastaza, die in dem granodioritischen Pluton (östliche Seite) des Cerro Abitagua eingeschlossen sind.

In der geologischen Karte gelten die Zeichen der tertiären Intrusionen an den erwähnten Orten auch für die Porphyrite und Quarzporphyre der Formation Mishahuallí, die südlich des Pastaza chronologisch der vulkanischen Fazies (obere Stufe) der terrestren Redbeds der Formation Chapiza entspricht. Da die letztere mit ihren verschiedenen Stufen diskordant vom Hollínsandstein der unteren Kreide überdeckt ist und bestimmbare Fossilien fehlen, wird ihr Alter begrenzt vom unteren Jura (Formation Santiago), der sie teilweise unterlagert, und von der überlagernden unteren Kreide, so daß die Vulkanite der Formation Mishahuallí als Vorapt anzusprechen sind.

A. A. Olsson (1956) bringt die untere und mittlere Kreide des Río Putumayo im Süden der subandinen Zone des kolumbianischen Orients in Beziehung zu den von H. J. Tschopp (1945, 1956) aufgestellten Kreide- und Juraformationen; setzt aber die obere Stufe der Formation Chapiza, d. h. ihren vulkanischen Teil Mishahuallí, in das Apt und weist auf diese Art den Hollínsandstein sowohl dem Apt als auch zum Teil dem Alb zu.

H. J. Tschopp (1945, 1948) neigt dazu, die vulkanische Formation Piñón des Litoral der Formation Mishahuallí des Oriente gleichzustellen, weil die erstere aus vulkanischem Material besteht, das von basisch bis intermediär differenziert und kompakt oder pyroklastisch roh geschichtet ist, mit dioritischen Brekzien und Konglomeraten; ebenso weist die Formation Piñón mit ihren Sandsteinen und konsistenten Lutiten große Analogien mit dem Mishahuallí auf.

J. G. Marks (1956) erwähnt, daß die Formation Piñón des Litoral (Costa) zum Teil dem oberen Jura angehören könnte, aber glaubt, daß sie kretazischen Alters ist, da ihre Schichten konkordant zu den überlagernden Sedimenten der oberen Kreide liegen.

In dem Kapitel über die Tektonik werden die Gründe angeführt, die einen Vergleich der Formation Mishahuallí des Oriente mit der Formation Piñón des Litoral zulassen. Die vulkanische Diabas-Porphyrit-Formation der Westkordillere gehört zur unteren Kreide, wie in den benachbarten Gebieten Columbiens und Perús. Sie repräsentiert den initialen Magmatismus, als die neoandidische Geosynklinale der Westkordillere sich abzusenken und zu füllen begann. Mit Sicherheit kann man annehmen, daß die unteren Abschnitte der Diabas-Porphyrit-Formation die Massen des Piñón umfaßt, welche die ältesten Gesteine der Geosynklinale darstellen.

Neuerdings setzt H. J. Tschopp (1953) die Formation Chapiza mit dem jurassischen Teil der Formation Girón in Columbien und mit der Formation Sayaquillo (mittlerer und oberer Jura) der subandinen Zone Perús in Beziehung.

2. Kreide

a) Oriente

Bereits die Geologen J. H. Sinclair & Th. Wasson (1927) haben die Kreidebildungen des Oriente in zwei Hauptabschnitte unterteilt: Hollínsandstein (unterer Abschnitt) und Napokalk (oberer Abschnitt), die das Intervall vom Apt bis zum Dan umfassen.

Ehe sich die Sedimente der Kreide absetzten, waren große Gebiete der Formation Chapiza und ihrer oberen vulkanischen Stufe Mishahuallí eingeebnet worden. H. J. Tschopp (1956) meint, daß die sehr verschiedene Mächtigkeit der Formation Chapiza durch einen Hiatus der Sedimentation entstanden sei. Die Einebnung und Abtragung der leicht gewellten Formation hätte schon während der Unterbrechung der Sedimentation begonnen. Schließlich ergab sich eine Art rudimentärer Fastebene, von der sich ein gut aufgeschlossener Teil am nördlichen Abhang der Kordillere von Cutucú erhalten hat.

Angulare Diskordanzen zwischen den Schichten der Formation Chapiza und den überlagernden Kreidesandsteinen von Hollín sind an vielen Stellen der aufgewölbten Kordillere von Cutucú und der Blockhebung Napo-Galeras festgestellt worden.

Der Hollínsandstein (Untere Kreide, Apt). Nach der durch die Redbeds des Chapiza und die Lavadecken und Pyroklasten des Mishahuallí gekennzeichneten Kontinentalperiode beginnt die Transgression des Kreidemeeres die teilweise schon durch Erosion abgetragenen Serien des Chapiza einschließlich des Mishahuallí zu überfluten. Als Dünen an den Gestaden der Küste und als Deltabildungen der Flußmündungen setzen sich normal- und kreuzgeschichtete Sande ab. Verfestigt durch tonigen, weißen Zement bieten sie sich als weißer Sandstein dar, soweit sie nicht mit schwarzem, oxydierten Petroleum getränkt sind, und werden von Wasson und Sinclair (1927) Hollínsandstein genannt, nach ihrem typischen Ausbiß am Río Hollín östlich von Tena.

Etwa 8 km östlich von Archidona bestehen die Steilufer des Flusses aus schwarzen ölgetränkten Sandsteinen. Der Sonnenstrahlung ausgesetzt, schwitzen sie unbedeutende Mengen von Teer aus. Sinclair (1927) erwähnt in der Skizze seiner Rekognoszierung des Orientes noch andere Punkte derartiger Ausschwitzungen als „Seepages“ an den Ufern der Flüsse Hollín, Jondachi und Mishahuallí.

Der poröse und durchlässige, in normalem Zustand weiße, grobkörnige Sandstein steht in kompakten, dickbankigen Schichtpaketen an. Die Schichtfugen sind durch Einschaltung von dünnen, dunklen sandigen oder glimmrigen und schwarzen kohligen Lutitlagen markiert, letztere besonders in den oberen Teilen der Formation.

Die Steilufer des Mishahuallí zeigen von der Einmündung des Río Tena ab die verschiedene Erscheinungsweise des Sandsteins. Außer groben, kompakten weißen Bänken lassen sich durch den Wechsel dünner weißer und schwarzer Lagen zart gestreifte Schichten beobachten. Die schwarzen Lagen enthalten bisweilen tonigen Lignit.

Ölanzeichen. Flußabwärts herrschen in verschiedenem Grade die schwarzen, mit oxydiertem Petroleum gesättigten Sandsteine vor mit örtlichen Zwischenlagen dünner Lutite. Am rechten Ufer entspringt aus einer Spalte der Steilwand eine kleine Salzwasserquelle mit schwefelwasserstoffhaltigem Methan. Im Grund der Quelle sammeln sich geringe Mengen schwarzen Petroleums. In anderen ähnlichen Quellen machen sich weiße und lilafarbene Schwefelalgen neben den Gasexhalationen bemerkbar.

Außer an den erwähnten Orten sickert entlang der nördlichen Napoaufwölbung oxydiertes Petroleum aus den imprägnierten Hollínsandsteinen aus. Auch in den Bohrungen haben die oberen Abschnitte der Hollínformation einen variablen Petroleumgehalt angezeigt (Cangaime und Macuma). Reichere Sättigung weisen nur die Bohrungen Villano, Oglán und Vuano auf mit Mächtigkeiten von 5 bis 6 Metern unter dem überlagernden Napokalk, der als Öl-Mutterformation anzusehen ist.

Die weißen Sandsteine von Hollín bilden einen Typ von Dünen ab, die den Anfang einer neuen Transgression der frühen Kreide (Neokom, H. J. Tschopp 1956) anzeigen. Die Transgression kam aus südwestlicher Richtung und schuf Beziehungen zu der Fauna des alten pazifischen Ozeans (Berriasien und Valanginien), bis im oberen Neokom (Barrème) sich eine Verbindung öffnete und das Meer der nordkolumbianischen Geosynklinale in entgegengesetzter Richtung von NW nach SE flutete (Albtransgression), längs der Ostseite der noch niederen nordandinen Kardinal-Kordillere über die Gebiete des ecuadorianischen Oriente. Dies brachte die Fauna des karibischen Meeres zur Vorherrschaft während des Alb bis zum Senon der jungen Kreide (H. J. Tschopp 1956).

Die flächenhafte Verbreitung des Hollín fällt mit der überlagernden Napoformation zusammen. Konkordante Kontakte zwischen dem Hollín und der unterlagernden Formation Chapiza gibt es nur entlang der Ostflanke des südlichen Teils der Kordillere von Cutucú. Auf der Westseite derselben Kordillere ruht die Formation Hollín diskordant auf den vielfach gefalteten Schichten des Lias (Santiago), weil hier die Formation Chapiza nicht ausgebildet ist.

Andere sichtbare Winkeldiskordanzen zwischen Hollín und Chapiza finden sich im Nordnordwesten des Cerro Macuma, im Nordteil der Kordillere von Cutucú und auf der Ostseite des gehobenen Blockes Napo-Galeras, wie auch an einer Stelle 2,5 km östlich Barquilla am Oberlauf des Río Chingual, Nebenfluß des Aguarico.

Im Süden des ecuadorianischen Oriente kann der Hollínsandstein gleichgestellt werden dem Pongosandstein (J. T. Singewald 1927), der vom Río Marañón im Pongo von Manseriche angeschnitten wird und sich noch weiter nach Süden fortsetzt in die peruanische subandine Zone von Contanamá in Form des Cushubataysandsteins, dem unteren Glied der peruanischen Formation Oriente (B. Kummel 1948). Neuerdings (Mem. expl. del Mapa Geol. del Perú, tabla de correl. Nr. 2, 1957) wird die Formation Pongo von Singewald dem unteren Cenoman zugerechnet, wie auch der Sandstein von Cushubatay.

Der Napokalk (Alb bis Coniac). Mit der allgemeinen Transgression des Albmeeres vollzog sich die fortschreitende Füllung des Troges zwischen Cordillera Real und dem brasilianischen Schild und damit ein auffälliger Fazieswechsel im Oriente im Gegensatz zur

Fazies des voraufgegangenen Hollínsandsteins mit den typischen Zügen der litoralen und sublitoralen Sedimentation, während die den Sandstein überlagernden Kalke in den tieferen neritischen Zonen des Meeres abgesetzt wurden und die zwischengelagerten sandigen Schichten einer epineritischen Übergangsfazies von wechselnden Transgressionen und Regressionen untergeordneter Rhythmen entsprechen.

Nach A. A. Olsson (1956) bestand gegen das Ende des Neokoms Verbindung mit der alten karibischen See. In das Geosynklinalbecken Kolumbiens wanderte eine Fauna von überwiegend europäischem Charakter. Die Transgressionen des Alb und Cenoman sind von Norden her auch in den Sedimentationstrog des ecuadorianischen Oriente eingedrungen.

Vom Alb ab charakterisiert der **Glaukonitgehalt der sandigen Sedimente** allgemein die Kreide. Außerdem beweisen Foraminiferen klar den Fazieswechsel und den Beginn der Meerestransgression. Deshalb kennzeichnet nach H. J. Tschopp (1953) das erste Erscheinen der Glaukonitsandsteine und der Foraminiferen in den schwarzen Lutiten die untere Grenze der Kalke des Alb, d. h. des Napokalkes, der von Wasson & Sinclair (1927) den Namen nach dem Ausbiß in den Steilufern des oberen Napo erhalten hat.

Die Beobachtungen im Gelände und in den Bohrungen haben ergeben, daß sich die Verbreitung der Formation Hollínsandstein mit der des sie überlagernden Napokalkes deckt.

Die untere Partie des Napokalkes besteht aus bituminösen Kalken in wechselnder Lagerung mit Sandsteinen und Lutiten. Nach oben folgen die typischen dunklen, bituminösen Kalke und weiter schwarze bituminöse Lutite. Von H. J. Tschopp stammt die Dreiteilung des Napokalkes in

Oberes Napo mit schwarzen bis dunkelgrau grünlichen Lutiten, reich an Resten von Fischen und Mollusken,

Mittleres Napo. Massiger grobbankiger Hauptkalk von bemerkenswert konstanter Mächtigkeit in den Bohrungen, charakterisiert durch Cephalopoden,

Unteres Napo. Graue dunkle bis schwarze Lutite in Wechsellagerung mit sandigen Lutiten und glaukonitischen Sanden und spärlichen Kalksteinen.

Die Formation tritt im größten Teil der Aufwölbung nördlich vom Napo zutage, einschließlich der Kordillere von Galeras und der Höhe des Mirador bei Puyo. Sie dehnt sich weiter nach Norden bis zur Niederung des Río Putumayo in Kolumbien aus, wo ihre Verbreitung an der Oberfläche abnimmt.

Im Süden des Río Napo setzt sich der Napokalk mit Unterbrechungen entlang der Abdachung der Cordillera Real fort. Er ist stark durch die andine Bruchtektonik in Mitleidenschaft gezogen. Nach Osten zu erscheint er stellenweise an den Westhängen der Kordillere von Cutucú und bildet die Oberfläche ihrer nördlichen Ausläufer. Durch Bohrungen ist die Verbreitung des Napokalks im Untergrund des ganzen Oriente erwiesen.

Wie die Tabelle 1 ausweist, erreicht das mittlere Napo die größte Mächtigkeit in dem südöstlichen Teil des Cutucú-Gebietes (Cangaime). Es sind grobbankige bis massige, meist lichtgraue dichte, feinkristalline, selten (Cangaime) pseudo-oolithische Kalksteine mit wenigen Zwischenlagerungen von Lutiten. Die Fossilien häufen sich in Lagen und Muschelbänken (Lumachelles) und auch in unregelmäßigen Haufen verstreut im Kalkstein. Ungestörtes Wachstum von Kolonien riffbildender Organismen ist nicht beobachtet worden, obwohl an einigen Stellen Reste fossiler Bryozoen vorhanden sind. Etwas zellige Durchlöcherung kommt in Verbindung mit Fossilien vor, aber vorzugsweise wurde die Porosität und Durchlässigkeit durch Bruch und Zertrümmerung bewirkt.

Tabelle 1. Mächtigkeiten der Napoformation in den Bohrungen des subandinen Oriente

		Cangaime	Macuma	Villano	Oglán	Vuano
Oberes Napo	Napo-Lutite	73 m	46 m	20 m	–	–
Mittleres Napo	Hauptkalk	91 m	88 m	84 m	78 m	88 m
Unteres Napo	Lutite + Kalke	14 m	8 m	4 m	8 m	6 m
	Oberer Sandstein	22 m	16 m	13 m	16 m	15 m
	Lutite + Sandsteine	69 m	66 m	48 m	43 m	46 m
	Mittlerer Sandstein	50 m	52 m	48 m	33 m	40 m
	Lutite + Kalksteine	67 m	52 m	44 m	45 m	30 m
	Unterer Sandstein	21 m	34 m	0	13 m	15 m
	Zwischensumme	243 m	228 m	166 m	158 m	152 m
Total		407 m	362 m	270 m	236 m	240 m

Die oberen dunkelgrauen und schwarzen Napo-Lutite sind in den Bohrungen hart, splittrig und schiefrig mit Zwischenlagen von mehr oder weniger häufigen, dünn- bis mittelmächtigen dunkelgrauen, teilweise fossilführenden Kalksteinen. An der Oberfläche sind die Lutite gewöhnlich zu fahlem Grün ausgebleicht. Vom südlichen Cutucúgebiet (230 m) nimmt nach Norden hin ihre Mächtigkeit ab; in der Bohrung von Vuano werden sie nicht mehr angetroffen, was sich durch eine Erosionslücke erklärt. Die obere Grenze der Formation fällt mit einer Erosionsdiskordanz zusammen, durch welche das aufgewölbte Napo gekappt erscheint.

Die kombinierte Mächtigkeit des mittleren und unteren Napo reduziert sich in derselben Richtung auf ungefähr 45 %. Parallelen Änderungen in der Mächtigkeit ist auch das Hollín unterworfen. Da aber keine Anzeichen in der Sequenz Hollín-Napo vorhanden sind, hängt die erwähnte Reduzierung im Hollín und Napo augenscheinlich mit Verschiedenheiten in den regionalen Ablagerungsverhältnissen zusammen; sie wurde verursacht durch die nach Süden stärkere Vertiefung des Ozeanbeckens, die durch größere Mächtigkeiten der Ablagerungen ausgeglichen wurde. Auch ist das Intervall der seismischen Horizonte der Ausdruck für die Sequenz Hollín-Napo und zeigt ein stetiges Anwachsen der Kreide vom Tiputini-Gebiet an in westlicher Richtung entlang und auf dem Yasuní- und Lorocachi-Rücken des präkretazischen Beckengrundes, d. h. des kristallinen brasilianischen Schildes, der sich von etwa –1255 m in der Gegend des Río Aguarico auf mehr als –1500 m unter dem Río Curaray abdacht.

Das A-D-Intervall ist in dem Gebiet des unteren Aguarico und nördlich des unteren Napo gänzlich ausgekeilt. In der Bohrung von Tiputini besteht die Kreide zwischen 1465 und 1536 m Tiefe aus leicht- bis starksandigen Napo-Lutiten mit Glaukonitsandsteinen und einigen sandigen Kalken. Der Abschnitt zwischen 1536 m und 1585 m Tiefe über den benthonitischen Tongesteinen des Mishahuallí gehört zum basalen Napo-Hollín. Die ganze Kreide hat hier eine maximale Mächtigkeit von 120 m. Die epineritische Schelf-Fazies des Napo ist also in den subandinen Bohrungen bei Tiputini übergewechselt in ufernahe Küsten-Fazies. Dieser Wechsel zusammen mit der drastischen Reduzierung der Napoformation weist auf die Nähe der nordöstlichen Grenze des Napobeckens hin, was auch schon durch die seismischen Untersuchungsergebnisse bestätigt wurde. Das wichtige Resultat der mikroskopischen Gesteinsuntersuchung von A. Wurm (1940) besteht in dem Nachweis, daß nicht nur die Sandsteine, sondern auch die Napokalke am Ostfuß der Cordillera Real kleine Gerölle von Quarziten, Tonschiefern und porphyritischen Gesteinen aus der Cordillera Real enthalten, abgesehen von Fossilresten kontinentaler Pflanzen und einer charakteristischen sublitoralen Fauna, die eine marine küstennahe Fazies des Schelfs beweist.

Bezüglich der kleinen vulkanischen Gerölle ist A. Wurm der Meinung, daß es sich um Produkte der Meeresabrasion der alten Porphyrite handele, und nimmt an, daß sie von Osten herantransportiert seien. Die Quarzitgerölle dagegen bestätigen ihre Herkunft aus der Erosion der Kontinentalschwelle, die durch die alte, schon in jener Zeit bestehende Cordillera Real gebildet wurde, indem sie die westliche und östliche mesozoische Geosynklinale voneinander schied. Die vulkanischen Gerölle entstammen den Porphyriten der den Napokalk am Fuß der Cordillera Real unterlagernden Formation Mishahuallí. Es besteht demnach kein Grund, ihren Ursprung an einem anderen weit entfernten Ort zu suchen. Die irrige Beobachtung von W. Reiss (1921), nach welcher der Cerro Hermoso in den Llanganates aus Napokalk bestehen solle, hat A. Wurm (1940) veranlaßt, fälschlicherweise anzunehmen, daß während der Kreidezeit die Cordillera Real noch nicht bestanden habe – auch nicht in Form einer flachen, zur Fastebene abgetragenen Aufwölbung –, sondern daß das Kreidemeer das ganze Gebiet dieser Kordillere überflutet habe, um dort Kreidekalke, ähnlich denen vom Río Napo, abzusetzen. Folglich hätten die fraglichen kontinentalen Komponenten der Sandsteine und Kalke das Resultat der Abtragung einer weit entfernten Kontinentalmasse im Osten der Amazonastiefebene sein müssen.

Die Westgrenze des Kreideschelfs fiel mit der Ostabdachung der alten Cordillera Real zusammen.

Weiter südlich gehört wahrscheinlich der ganze Oriente zum Bereich des Kreideschelfs (H. J. Tschopp 1953).

Fossilgehalt und Alter. J. B. Reeside (1927) und M. Breistroffer (1951) verdanken wir die genaue Kenntnis von einer großen Anzahl mariner Fossilien, welche die reichen Faunen der bituminösen Kalksteine und Lutite der Formation Napokalk umfassen. J. B. Reeside konnte jedoch nicht mit Sicherheit den ununterbrochenen Verlauf der Faunenentwicklung des Napokalks sehen, weil ihm der klare Beweis der Gegenwart von Cenomanfossilien nicht erbracht ist. Er unterscheidet Alb und Turon in den Aufsammlungen der Geologen Wasson und Sinclair, so daß die Fauna des Cenoman nicht vertreten ist. Er gibt aber zu, daß die Sammlungen infolge der Zwischenfälle bei der Bergung der

Fossilien, die Sinclair in seinen Veröffentlichungen erwähnt, nicht vollständig seien. Im folgenden sollen einige Hauptspecies aus den Listen des Albs und Turons von J. B. Reeside aufgezählt werden (1927):

Alb

Inoceramus concentricus Park.
Plicatula aff. *gurgitis* P. & R.
Ostra sypha Coquand.
Lima n. sp. aff. *Lima intermedia* d'Orb.
Brancoceras n. sp.
Oxytropidoceras carbonarium Gabb.

Cenoman·

? *Pecten quinquecostatus* Sowerby

Turon

Arca n. sp. aff. *Arca archiacana* d'Orb.
Exogyra olisiponensis Sharpe.
Trigonia crenulata var. *peruana* Paulcke.
Pecten equicostatus, Lamarck.
Pecten n. sp. aff. *Pecten Marrotianus* d'Orb.
Protocarpia appresa, Gabb.
Coilopoceras n. sp. aff. *Coilopoceras lesseli* Br.
Coilopoceras aff. *springeri* Hyatt.

Die vollständigen, von den Geologen der Shell Co. zusammengebrachten Sammlungen wurden von M. Breistroffer untersucht. Es interessieren von den von ihm bestimmten Fossilien der Cephalopoden besonders die Ammoniten.

Ammoniten des Napokalks der Stufen Alb bis Coniacien (Senon):

Ammoniten:

Peroniceras sp.		Oberes Napo	Coniacien (Senon)
Coilopoceras sp. indet.		Mittleres Napo	Turon
Coilopoceras sp. nov.		–	–
Mammites aff. *barkeri,* Breitstr.		–	–
Neophychites spec. juv.		–	–
Schloenbachia (?) sp. nov.		Unteres Napo	Cenoman
Manteliceras sp. nov.		–	–
Knemiceras sp.		–	–
Oxytropidocers	sp. indet. *mirapeianum* d'Orb.	Unters Napo	Alb
–	cf. *multifidum*	–	–
–	sp. indet.	–	–
Venezoliceras	cf. *karsteni* sp.	–	–
–	sp. indet.	–	–
Neophlyticeras	sp. nov. gr. *brottianum* d'Orb.	–	–
Diploceras	sp. nov.	–	–
–	sp. indet.	–	–
Lyelliceras	sp. indet.	–	–
Brancoceras	sp. nov.	–	–

Oxytropidoceras wurde ebenfalls im Kern einer Bohrung des Vuano-Bohrlochs im unteren Napo gefunden.

Außer den Ammoniten haben auch die Foraminiferen für die Gliederung und Altersbestimmung der Formation wichtige Arten geliefert. So treten durch die ganze Napoformation auf:

Globigerina, Globigerinella (2 spec.), *Guembelina, Guembelitria, Planulina correcta* (Cassey), *Haplophragmoides* (var. sp.). In den oberen Napolutiten wird diese *Globigerina-Guembelina*-Fauna begleitet von *Globotruncana* (2 spec.) und *Haplophragmoides eggeri* (Cushm.), im unteren Napo von *Planocorbulina, Planularia* und *Textularia.*

Weiter finden sich Reste von Fischen, Crustaceen und Echinodermen, außerdem die Ostracoden *Brachicythera* cf. *foersteriana* (Boquet), *B. shenoides* (Reuss), *B. ? rhomboidalis* (Berry) und andere nicht bestimmte Ostracoden. Fossilien von Mollusken sind überreich vertreten und bilden gewöhnlich Muschelbänke. Die speziellen Bestimmungen rühren von Reeside her (1927).

Auf Grund der genauen Bestimmungen der Fossilien wird die **Formition Napo-Kalk dem Alb** und höher bis **einschließlich der Stufe Coniacien dem Senon** zugerechnet.

Ölanzeichen. Das ganze Gebiet des Napokalks macht den Eindruck einer typischen Mutterformation des Petroleums. An vielen Orten kann diese Erscheinung ohne Schwierigkeit studiert werden. In knapp zwei Kilometer Entfernung von Puerto de Napo hat der Fluß eine klassische Antiklinale von bituminösen Kalken und Schiefern angeschnitten. Schon von ferne macht sich die Entgasung der Petroleum führenden Gesteine durch den Gasolingeruch bemerkbar. Das Petroleum der offenen Antiklinale ist in die Spalten des rissigen Kalkes eingedrungen und hat die Klüfte, sogar die mit Kalkspatkristallen ausgekleideten Kammern der fossilen Ammonitengehäuse *(Coilopoceras),* angefüllt und ist dort zu Teer und Asphalt oxydiert.

Die schwarzen Lutite sind ganz allgemein bituminös. Schweres Öl enthalten die Kalke, aber beschränkt auf Anhäufungen von Fossilien oder auf die Hohlräume der Muschelbänke, sowie auf Spalten und Risse. Die Glaukonitsandsteine zeigen sich in der Regel etwas ölimprägniert, aber der Grad der Sättigung wechselt mit der Porösität und der Durchlässigkeit in weiten Grenzen. Wenn auch Gas sehr stark aus den unteren Naposandsteinen bei Timburicocha und am oberen Payaminofluß entweicht, wurde doch in den Bohrungen nur wenig Gas zusammen mit Öl gefunden. Jedoch haben die zahlreichen und an verschiedenen Stellen starken Ölimprägnationen – obwohl sehr eindrucksvoll für das Auge – keinen kommerziellen Wert, wie durch die verschiedenen Tests bewiesen wurde.

Beziehungen von Hollín und Napo zu anderen Formationen: Die Hollín-Napo-Sequenz setzt sich im „Huila“ und „Caquetà“ in Kolumbien fort, wo E. Grosse (1935) weiße Sandsteine überlagert von Villeta beschreibt. In Ostperú können der Pongosandstein vom Pongo de Manseriche (1927) sowie der untere Teil der Orienteformation (Perú) mit dem Hollín, der obere Teil der Orienteformation nebst dem Chonta mit dem Napo verglichen werden (B. Kummel, 1948).

Formation Tena (Senon-Paleozän). Übergang der oberen Kreide zum unteren Tertiär.

Südlich des Ortes Tena bei Puerto de Napo sind ausgedehnte Gebiete von einer mächtigen **Redbed-Serie** bedeckt. Geschichtete Lutite, vorwiegend von rötlich-brauner Farbe, mit Zwischenlagerungen von sandigen und mergeligen Schichten, bedecken augenscheinlich konkordant den Napokalk und zeigen häufig in ihrer Basis grünlich-graue Sandsteine oder, wie z. B. südlich des Río Napo, Konglomerate in großem Ausmaß. Es sind jene Redbeds, die von den Shell-Geologen die Bezeichnung Formation Tena erhalten haben.

Schon der oberflächliche Anblick beweist, daß sich in den Stufen über den Kreideformationen ein fundamentaler Wechsel der Gesteine vollzogen hat. Die Tena-Redbeds, von vorherrschend kontinentaler und litoraler Sedimentation, überlagern die im offenen Meer abgesetzten Lutite und Kalke der Napoformation. Sie zeigen einen schroffen Fazieswechsel an, der beweist, daß zwischen der Sedimentation des Napokalkes und der Bildung der Tena-Redbeds beträchtliche Zeit verflossen ist.

Die Tena-Redbeds sind durch Absetzung der kontinentalen Erosionsprodukte entstanden, in dem Maße wie das Kreidemeer zurückwich und schrittweise den Ozeanboden auftauchen ließ, der, in Festland sowie Denudations- und Abrasionsgebiet verwandelt, seinerseits zur Produktion von klastischem Material für die Sedimentation beitrug, abgesehen von dem durch Wasser und Wind herbeigeführten kontinentalen Detritus. Die sich wiederholende Regression des Meeres ergab die rhythmische Bildung von kontinentalen Süßwasser-Sedimenten.

Gesteinsmaterial von vorwiegend roter Färbung in den oberen Partien der Formation Tena rühren wahrscheinlich zum größten Teil von der Erosion der alten Cordillera Real her, welche in jener Zeit bei der Bildung der neozoischen Geosynklinale schon beträchtlich an Höhe verloren hatte, so daß ausgedehnte Flächen der abgetragenen Kordillere in tropischen Klimazonen der lateritischen Zersetzung unter Bildung roter Verwitterungsprodukte ausgesetzt waren. Ein anderer Teil des klastischen Materials stammt aus den oberen Schichten des Napokalkes.

Die Redbeds stellen mithin eine physiogeographische Übergangsformation dar. Aber auch bezüglich ihres geologischen Alters nimmt diese in der stratigraphischen Kolumne eine Zwischenstellung zwischen **Kreide und Tertiär** ein.

Die Regression des Kreidemeeres wurde durch die in der mesozoischen Geosynklinale auf beiden Seiten der Cordillera Real einsetzende Orogenese verursacht. Jedoch brachten die orogenen Kräfte nur im eugeosynklinalen Becken auf der Westseite dieser Kordillere die Faltung der Westkordillere zustande, während die östliche, subandine Zone im ecuadorianischen Gebiet weniger in Mitleidenschaft gezogen wurde: hier entstanden nur Wellungen und weitläufige Falten der geosynklinalen Sedimente (Abb. 4, Sekt. 1–10). Im Norden und Süden von Ecuador dagegen kam es im kolumbianischen und peruanischen Oriente zur Auffaltung der relevanten Ostkordilleren.

Verbreitung: Normalerweise spielen die Tenaredbeds im Oriente die Rolle einer allgegenwärtigen Decke des Napokalkes. Sie dehnen sich aus vom Río San Miguel im Norden des subandinen Gebiets an der ecuadorianisch-kolumbianischen Grenze südwärts bis hin zu der Ostflanke der Napo-Galeras-Aufwölbung und um ihr südliches Ende herum. Sie erscheinen in engen unterbrochenen Streifen in der Topo-Quijos-Senke, wie auch sporadisch in dem breiten Tal des Upano. Ähnlich tritt das Tena entlang der Nord- und Ostseite der Kordillere von Cutucú bis zur peruanischen Grenze zutage, an den Flüssen Pastaza und Macuma von Mesaschottern nur oberflächlich bedeckt. In der Gegend von Mera umgeben die Tenaredbeds das Napo der Mirador-Struktur und begleiten den Rand der Cordillera Real südlich von Mera auf beträchtliche Entfernung.

Tena in typischer Redbed-Entwicklung erscheint sowohl in den Störungsstreifen der Ostseite der Cordillera Real als auch nördlich von Baeza und ebenso im Topogebiet auf

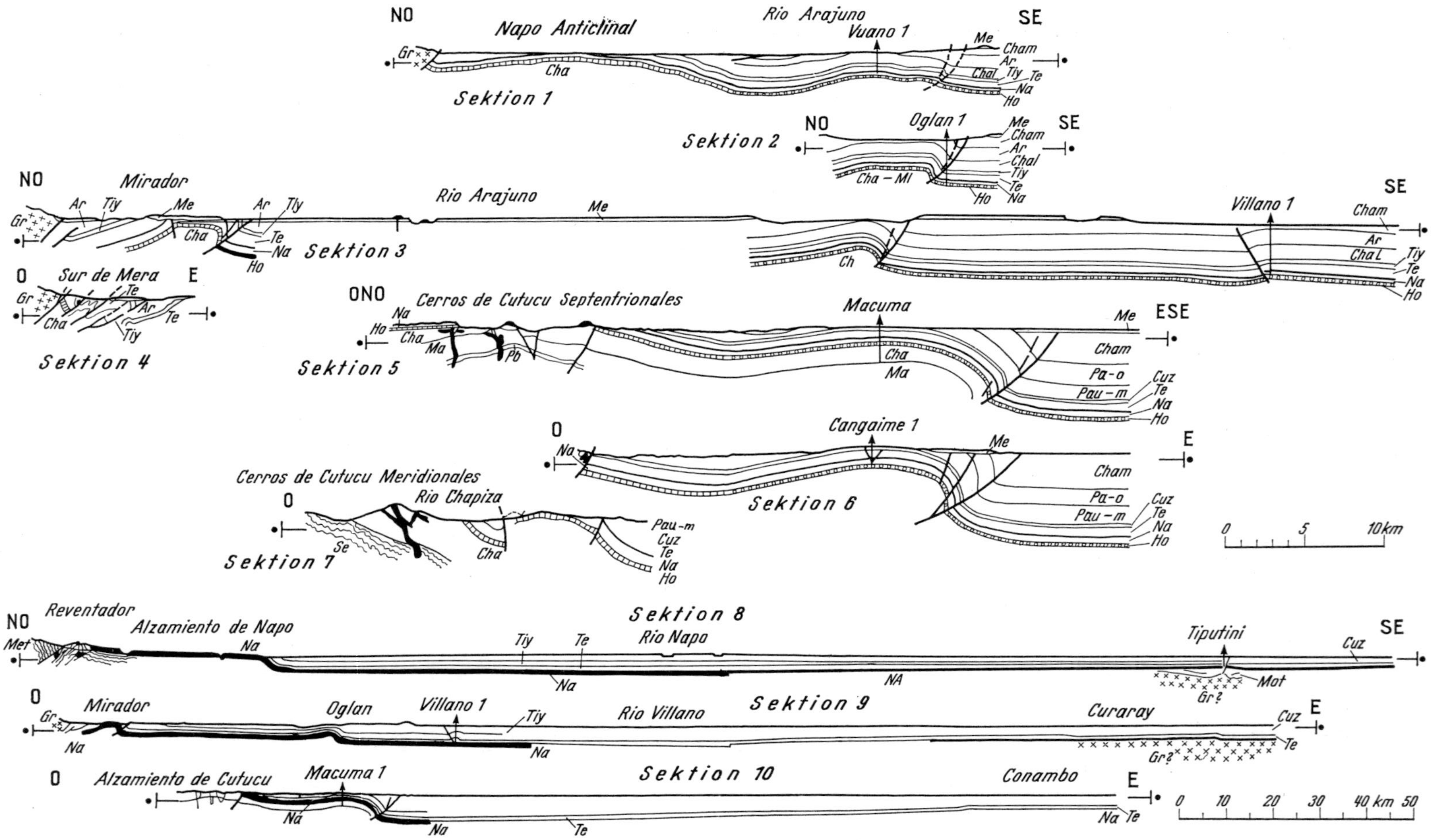

Abb. 4. Tektonik des subandinen Untergrunds, Sektion 1–10. Nach H. Tschoppe 1953

der West- und Ostseite der westlichen Cutucúkette, östlich und nördlich von Mendez im Upanotal und entlang den Flüssen Yaupi und Chapiza.

Schließlich werden Tena-Redbeds als normale Überdeckung des Napokalkes in allen Bohrungen des subandinen Gebiets und in der Bohrung von Tiputini an der Ostgrenze mit Perú gefunden.

Als Resultat der seismischen Untersuchungen zwischen Kordillerenfuß und Tiputini ergibt sich, daß die Tena-Redbeds (Intervall A-B) sich unter dem Tertiärbecken des ganzen ecuadorianischen Oriente ausbreiten.

Gesteinsbestand. Die Tenaformation hat sich aus vielfarbigen, hauptsächlich rotbraunen Lutiten mit einem variierenden Anteil an Sandsteinen in ihren unteren und oberen Serien zusammengefügt. Die Lutite sind massig bis dünnbankig und sogar blättrig, mehr oder weniger sandig, in Färbungen von hellrot über ziegelrot zu tief weinrot und purpur in bräunlichen Tönen. Graue und grünliche Färbung wurde von den tieferen sandigen Sektionen der südlichen Cutucúberge und allgemein im Oriente von den Bohrkernen notiert. Anscheinend ist die Rotfärbung an der Oberfläche durch Lateritbildung intensiver geworden. Die Lutite sind etwas mergelig in den weniger sandigen Teilen der Formation. Harter, kieseliger Lutit wird sporadisch mit Einlagerungen von grünlichem bis braunem Chert in verschiedenen Bohrungen angetroffen.

Die Sandsteine unterscheiden sich in ihrer Zusammensetzung, Färbung und Korngröße je nach ihrer Stellung im Tena. So ist an manchen Stellen der untere Teil der Sandsteine auf nur wenige, weiße Quarzsande reduziert, die nach H. J. Tschopp dem Azucar-Sandstein Perús gleichen und das Napo überlagern, z. B. in der Miradorstruktur mit 1–2 m Mächtigkeit entlang der Ostflanke der Napoaufwölbung (0,5 bis 12 m), von den Galerasbergen bis zum Río Aguarico, mit Zwischenlagerungen von roten und grünlichen Lutiten und in der Oglánbohrung, überlagert von braunen und grünen Lutiten.

A. Wurm (1940) hat die verschiedenen Sandsteine und Kalke eingehend mikroskopisch untersucht, und zwar mit folgenden Ergebnissen: Die glaukonitischen Sandsteine zeigen Übergänge zu Kalksandsteinen und Sandsteinen mit kleinsten Geröllchen von feintexturierten, kantigen oder wenig gerundeten Partikeln von Tonschiefern, Quarziten und Serizitschiefern nebst kleinen Bruchstücken von Bryozoenkolonien und fossilem Holz mit gut erhaltener Zellenstruktur der Schale eines monokodiledonen Samenkorns. Die ovalen Gerölle können in gewissen Vorkommen bis zu 2 cm lang werden und das Gestein schon makroskopisch als Geröllsandstein erkennen lassen. Die von H. J. Tschopp erwähnten pseudo-oolithischen Abarten der Tenakalke werden sich wohl auf die kleinste Gerölle enthaltenden Kalksteine beziehen. Auch die steilgestellten Sandsteinschichten bei der Brücke der Kolonie „Augusto Martinez“ über den Río Topo rechnet A. Wurm zur Formation Tena.

Me	Mesa				Plio-Pleistozän
Cham	Chambira				Plio-Miozän
West-Oriente Nord		West-Oriente Süd		Ost-Oriente	
Ar	Arajuno	ob.Pa	oberes Pastaza	Cur Curaray	

Chal Tiy	Chalcana Tiyuyacu	u+m Pa Cuz	unt. + mittl. Past. Cuzutca	Oligozän bis Eozän
Te	Tena	? Unteres Eozän-Paleozän-? Untere Kreide		
Na	Napo	Coniacien bis Albien		
Ho	Hollin	Untere Kreide		

Mi Cha	Mishahualli Chapiza	Oberer bis Mittl. Jura
Sa	Santiago	Unterer Jura bis ? Trias
Ma o+u	Macuma, oberes + unteres	Oberkarbon
Pb	Pumbuiza	Ober-Paläozoikum

Zu Abb. 4 Gr Granit Met Metamorphe Schiefer

Der Unterlauf des Río Llushín, etwa 20 km südlich des Ortes Mera, hat ein interessantes Tenaprofil angeschnitten, da, wo zwischen wechsellagernden Schichten von roten Konglomeraten und Sandsteinen ein basischer Lavastrom in verschiedenen Mächtigkeiten eingeschoben ist. In grünliches Grau abgleitende Färbungen zeigen im Süden der Kordillere von Cutucú die sandigen Ablagerungen des Tena und gleicherweise die Abschnitte in den entsprechenden Bohrungen.

Es scheint, daß im allgemeinen die Formation Tena bezüglich der Veränderlichkeit der Mächtigkeiten dem Napokalk gleichkommt, besonders in bezug auf seine Tendenz, von Norden nach Süden nahe den Aufwölbungen von Napo-Galeras und Cutucú entlang dem Fuß der Cordillera Real anzuschwellen.

Die größte Tiefe des Sedimentations-Beckens der den Napokalk überlagernden Formation Tena zieht sich im Untergrund als eine langgestreckte Zone hin unter der Gegend von Descanso am Río Napo (ca. 30 km östlich des Cocaflusses) und an den Unterläufen des Villano und Bobonaza. Die seismischen Untersuchungen haben hier Maximalmächtigkeiten des Tena zwischen 800 und 1000 m festgestellt. Von der Mitte der Depression nach Osten nimmt die Mächtigkeit der Formation stark ab, um in der Bohrung Tiputini ein Minimum von 272 m zu erreichen. Eine beträchtliche Abnahme der Mächtigkeit erfolgt von S nach N entlang der unterirdischen Schwelle Lorocachi-Yashuní.

Obwohl die stratigraphische Grenze der Napokalke gegen die Tena-Redbeds in einem scharfen, faziellen und lithologischen Bruch besteht, wurde zwischen beiden Formationen keine Winkeldiskordanz beobachtet. Trotzdem läßt sich eine bestimmte Erosionsdiskordanz in den oberen Partien des Napokalkes in einer Zone zwischen den Bohrungen Cangaime-Macuma und dem Gebiet der Kordillere von Galeras beobachten.

Weitere Einzelheiten bringt folgende Tabelle 2:

Tabelle 2. Mächtigkeiten der Tena-Formation im Oriente

Gebiete nahe der Sierra	m	Subandine Bohrungen m	Tiefster Teil des Sedimentations-Beckens m	Yashuní-Curaray-Schwelle m
Ostflanke der Napoaufwölbung zwischen Río Coca und Río San Miguel	500–700	Vuano 393	Napofluß 1000	Tiputinibohrung 272
Südlich und östlich von Mera	1000	Oglán 430 Villano 485	Unterlauf Villano 800	Río Curaray 560
Cutucúberge westlich Macuma	500–600	Macuma 512	Río Bonanza (Teresa Mama) 1000	Río Tigre 600
Westlich Cangaime	700	Cangaime 594		
Yaupi-Chapiza	800			

K. T. Goldschmid hat am Oberlauf des Dashino, einem Nebenfluß des Río Coca, festgestellt, daß der basale Tenasandstein konform auf der unebenen und harten, deutlich erodierten Oberfläche von Napoluiten lagert, doch ohne meßbare Differenz im Einfallen der Formationen ober- und unterhalb des Kontaktes. Die Napolutite, die normalerweise dunkelblaugraue Färbung zeigen, sind am Kontakt zu lichtgrauen und grünlichen Tönungen gebleicht und von senkrechten Brüchen durchsetzt, die sich aber nicht in die aufgelagerten Tenasandsteine fortsetzen. Die Bruchspalten sind gefüllt mit hartem, sandigen Material.

Ausbleichen der Napolutite am Kontakt mit Tenasandsteinen findet sich überall entlang der Ostflanke der Napoaufwölbung und ihres Südendes bei Latas (7 km flußabwärts vom Ort Napo) ebenso in den Bohrungen Macuma und Oglán.

Längs der steilen Ostflanke der Kordillere von Cutucú ist der Napo-Tena-Kontakt nur ausnahmsweise gut aufgeschlossen, doch wo er zu beobachten ist, erscheint er als konformer Kontakt trotz der beträchtlichen Verdünnung der Napolutite von S nach N entlang dieser Flanke.

Die obere Grenze des Tena ist in der Regel ziemlich scharf. Südlich des Pastaza fällt sie mit dem ersten Auftreten der Basalkonglomerate der quartären Cuzutcaformation und nördlich des Flusses mit dem Erscheinen der Tiyuyacu-Konglomerate zusammen.

Fossilgehalt und Alter. Die Untersuchungen der Shell Co. (1953) haben ergeben, daß die Formation Tena recht arm an Fossilien ist, die sich zur Bestimmung des geologischen Alters eignen. Es gibt jedoch Reste von Foraminiferen, von Brack- oder Süßwasser-Ostracoden und Reste von Oogenia Charaphytes.

Alle diese stellen eine Fossilansammlung dar, welche darauf deutet, daß diese Mischung, oder besser gesagt dieses wechselnde Erscheinen von mariner Brackwasser- und Süßwasser-Fauna und -Flora neritischer, sublitoraler und kontinentaler Fazies der Sedimente entspricht. Mehrere Foraminiferen der Globigerina-Gümbelina-Assoziation des Napo treten sporadisch durch das ganze Tena, aber in einiger Fülle erst in den unteren Zonen auf. Seltene Spezies von Rhezakina, Spiroplectoides, Syphogenerinoides aff. cretacea Cushm., Eponides und Bulimina, einzeln oder in Gruppen, sind mehr auf die obere Hälfte des Tena beschränkt. Der Erhaltungszustand der Mikrofossilien ist sehr verschieden. Gewisse schlecht erhaltene Arten machen den Eindruck der Herkunft aus wiederholt umgelagerten Sedimenten. Dagegen läßt die perfekte Erhaltung anderer keinen Zweifel an ihrem autochthonen Ursprung zu.

Da H. E. Thalmann (1946) nach seinen Untersuchungen auf der Halbinsel Sta. Elena die Foraminiferen-Gattung Rhezakina den oberen Stufen der Kreide und den unteren des Tertiärs zuweist, kann das geologische Alter der Formation Tena als dem **Senon-Paleozän** entsprechend angesehen werden. Ob das Tena noch in das untere Eozän reicht, ist, solange noch der Faunanachweis fehlt, eine offene Frage.

Die Verhältnisse der Sedimentation während der Tenazeit haben in Zwischenräumen gewechselt von Brack- zu Süßwasser-Fazies und zu limnischer Fazies mit kurzen Meerwasser-Einbrüchen. Wellenbewegung und Strömungen mögen zeitweise eine Aufarbeitung und Wiederabsetzung der frischen Sedimente bewirkt haben.

Von Bedeutung ist, daß Rhezakina und die vorhererwähnte Begleitfauna von Foraminiferen nie in dem untergelagerten Napo vorkommen und deshalb bestimmend für das Tena sind. Diese Foraminiferen-Fauna wurde in der Mirador-Struktur östlich von Mera und entlang der ganzen Napoaufwölbung, von der kolumbianischen Grenze bis zu ihrem südlichen Abtauchen, auf einer Strecke von einigen hundert Kilometern gefunden.

Ölanzeichen: Die meisten Sande im unteren und basalen Tena sind etwas ölimprägniert oder machen sich an der Oberfläche (Río Chapiza, Mirador, Ostflanke der Napoaufwölbung) durch Ölgeruch und in den Bohrungen durch ihre leichte Imprägnierung bemerkbar (Cangaime, Macuma, Oglán, Tiputini), in den Bohrungen Cangaime und Macuma nur in den oberen Sanden.

Beziehung zu den Nachbargebieten: A. A. Olsson (1956) setzt die Formation Tena in Vergleich mit der Formation Rumiyacu im Tal des Putumayo im Südosten von Kolumbien. Lithologisch ähnelt das Tena sehr den Redbeds der Guadasformation der oberen Kreide und des unteren Tertiärs der kolumbianischen Ostkordillere. Die Guadas-Ausbisse auf dem Altiplano von Bogotá und in der Depression des Magdalenenstroms erwähnt A. A. Olsson (1956) und schreibt sie einer Übergangsformation zu zwischen oberen marinen Kreidestufen und den überlagernden kontinentalen Absätzen des Tertiärs.

J. T. Singewald (1927) berichtet über ausgedehnte Redbeds, die sich vom Gebiet des oberen Napo nach Süden über den Pongo de Manseriche in den Ostabhängen der peruanischen Ostkordillere entfalten. Diese *capas rojas* (Singewald 1927) halten die verschiedenen Autoren für dem Senon bis Paleozän zugehörig. Auf Grund der lithologischen Verhältnisse und der stratigraphischen Position zeigt das Tena Ähnlichkeiten mit der Vivian-Cachiyacu- (? basalen) Contamaná-Folge in Ostperú (Kümmel 1948). Das Tena ist auch mit dem unteren Teil der Hayabamba-Gruppe Ostperús vergleichbar.

b) Litoral

Die Cordillera Real hat während des Mesozoikums eine wichtige Faziesschwelle zwischen dem Osten und dem Westen des Landes gebildet. Der Westen umfaßt die Geosynklinalzone (Eugeosynklinale) der Westkordillere, soweit es sich um die laramische Phase der neoandidischen Orogenese handelt, und außerdem das Litoral (Costa), welches seinerseits eine Rolle gespielt hat bei der Entstehung der tertiären Parageosynklinale, von W. E. Nygren „Geosynklinale Bolívar“ genannt (1950).

Der Hauptunterschied zwischen der östlichen und der westlichen Fazies der Kreide liegt nicht nur in dem auf beiden Seiten vollständig verschiedenen petrologisch-geologischen Habitus, sondern auch in der Gegenwart eines mächtigen initialen Magmatismus auf der Westseite der Cordillera Real, der der östlichen Fazies der Kreide fehlt. Die Vulkanite der Formation Mishahuallí (oberes Chapiza des oberen Jura) entsprechen dem subsequenten Magmatismus einer jurassischen orogenen Phase, welche die Faltung der Santiagoformation (Lias) verursacht hat. In bezug auf diese Phase sucht H. J. Tschopp (1953) keine Verbindung mit der einen oder anderen der bekannten Gebirgsbildungen der Anden herzustellen. Auch A. Fischer (1956) erwähnt diese wichtige Phase des peruanischen Nordwestens, aber ohne sie mit anderen andinen Phasen zu vergleichen. Dagegen bezeichnet H. Gerth (1955) eine orogene Phase des oberen Jura als eine frühe Phase der neoandidischen Ära.

Die sedimentäre Fazies der Kreide des Westens zeichnet sich durch eine überraschend kieselige Entwicklung der kretazischen Lutite aus, deren Stufen nur der Oberkreide angehören, da im Westen Alb und Apt der Unterkreide fehlen, die im Osten den Napokalk und den Hollínsandstein geliefert haben.

Die Kreidebildungen des Litoral repräsentieren die Perioden der Oberkreide, d. h. Cenoman, Turon und Senon, die wiederum in gewissem Sinn von der eigentlichen Eugeosynklinale getrennt geblieben sind, aus der die Westkordillere aufstieg. Trotzdem haben sie beträchtliche Störungen erlitten im Zusammenhang mit den orogenen Vorgängen und den Rückwirkungen der laramischen Phase der neoandidischen Ära.

Formation Piñón (oberer Jura bis untere Kreide)

Die Basis der Kreidebildungen besteht in einer Decke vulkanischen Materials mit geringen Zwischenlagerungen von marinen Schichten und wurde von J. G. MARKS (International Ecuadorean Petroleum Co.) Formation Piñón genannt (1956).

Nach Beschreibungen von J. G. MARKS wird die petrographische Zusammensetzung des Piñón charakterisiert durch Anhäufung von sehr verschiedenartigem vulkanischen Material von basischen Laven, wie Diabasen, Doleriten und Basalten. Intermediäre und saurere Vulkanite, wie Porphyrite und Quarzporphyrite, lagern zwischen den entsprechenden grobgeschichteten pyroklastischen Derivaten, in geringerem Maße zusammen mit Dioritbrekzien, Konglomeraten, Sandsteinen und harten Lutiten.

Die Formation Piñón erscheint in erster Linie an den Abhängen und den nördlichen Fußgebieten der Kordilleren Chongón und Colonche; dazu noch in den Bergen von Hojas südwestlich von Montecristi, im Süden von Manta und im Norden der Provinz Manabí, in den Bergen von Canoa, Jama und Coaque, gewöhnlich in Verbindung mit reduzierten Schichten der Formation Callo, die sich manchmal, wie in den sporadischen Ausbissen am Río Verde (Provinz Esmeraldas), kaum von den Pyroklasten der Formation Piñón unterscheiden.

Stratigraphische Stellung und Alter. J. G. MARKS (1956) glaubt, daß das Piñón der Kreide und vielleicht zum Teil dem Jura angehöre wegen der augenscheinlichen Konkordanz mit den überlagernden Kreidebildungen.

Ältere Gesteine als die des Piñón treten im Litoral nicht auf, außer in den isolierten Ausbissen stark gefalteter paläozoischer Schiefer der Punta de Piedra am Río Guayas und in den Bergen von Masvale östlich vom Guayas. Diese Vorkommen müssen als Erhöhungen der alten varistischen Fastebene angesehen werden, über welche die Formation Piñón abgelagert wurde. Deshalb kann angenommen werden, daß die Formation Piñón, oder Teile von ihr auch in der Zusammensetzung der Diabas-Porphyrit-Formation der Westkordillere vertreten sind, weil sich hier paläozoische Schiefer des varistischen Untergrunds der Geosynklinale zwischen den basischen Vulkaniten der Diabas-Porphyrit-Formation und den übrigen gefalteten Schichten eingeklemmt finden, d. h. die Unterlage für die Ablagerung der basischen Vulkanite des Piñón gebildet haben.

Die Andesite und ihre Pyroklasten, die nach den Untersuchungen der International Ecuadorean Petroleum Co. (I. E. P. C.) im nördlichen Litoral die Grundlage des Tertiärs darstellen, werden als Porphyrite der Formation Piñón angesprochen, weil in diesen Gebieten die Sedimente des Paleozäns und unteren Eozäns fehlen und die Schichten des mittleren Eozäns unmittelbar auf der vulkanischen Grundlage ruhen.

Das Litoral Ecuadors nimmt an der Westküste des Kontinents wegen seiner Breite eine besondere Stellung ein. Dem 1. Grad südlicher Breite entlang mißt es 120 km zwischen dem Kap San Lorenzo und der Westkordillere.

Am Fuß der Anden dehnt sich von Norden nach Süden die tertiäre Parageosynklinale Bolívar aus (W. E. Nygren 1950). Das ganze Gebiet war mit Ausnahme der Küstenkordilleren nur wenig von der Faltung der neoandidischen Orogenese betroffen worden und zeigt daher Bruch- und Biegungs-Tektonik.

Wenn auch tertiäre Formationen den größten Teil des Litoral einnehmen, so weisen doch die westlichen und südwestlichen Randkordilleren in erster Linie marine Kreidesedimente auf, die die vulkanische Decke der Formation Piñón überlagern. Ebenso haben landeinwärts die Bohrungen der I. E. P. C. bewiesen, daß die Grundlage der Kreide- und Tertiärsedimente von der vulkanisch-sedimentären Formation Piñón gebildet wird als Überlagerung über die paläozoische, varistische Plattform im Untergrund des Litoral.

Im Verlauf der tektonischen Vorgänge des Tertiärs wurden die leicht isoklinal gefalteten Kordilleren von Chongón und Colonche und die Berge von Hojas, Canoa, Jama und Coaque (Reste von früheren Bergzügen) gehoben und über den Rand der vulkanischen Decke des Piñón und seiner stabilen Basis (Plattform), die ein Segment des alten varistischen Kontinents ist, überschoben.

Formation Callo (obere Kreide)

Die Formation Callo umfaßt eine Serie von harten, kieseligen und dünnschichtigen Lutiten von hellgelblicher Färbung und von dunkel-grünlichen, kieseligen, tuffigen und brekziösen Sandsteinen mit Zwischenschaltungen von verkieselten, harten Tuffen. Nach ihrem typischen Ausbiß in der Nähe des Hafens Cayo (gesprochen Callo) an der Küste von der Provinz Manabí haben die Geologen der I. E. P. C. der Formation den Namen Callo gegeben.

Verbreitung: Die bedeutendsten Vorkommen des Callo liegen in den Kordilleren von Chongón und Colonche und ihren Ausläufern östlich von Guayaquil in den Hügeln von Durán. Vereinzelte Ausbisse finden sich zwischen dem Río Guayas und der Westkordillere, und zwar in den Bergen von Taura und Masvale, außerdem am Río Paco bei Pascuales, in der Provinz Manabí, in den Bergen von Las Hojas und Coaque. Alle angeführten Vorkommen sind mit der Formation Piñón verbunden, die ihnen als Grundlage gedient hat. Wenige von den unterlagernden pyroklastischen und massigen Lavagesteinen der sedimentär-vulkanischen Serie Piñón bilden mit Lagen von Callo den Scheitel einer Antiklinalen östlich des Ortes Businga in der Provinz Esmeraldas.

Mächtigkeit: Die Formation Callo erreicht ihre größte Mächtigkeit in den Kordilleren von Chongón und Colonche, wo sie an einigen Stellen auf über 3000 m anwächst; dagegen nimmt die Mächtigkeit in der Provinz Manabí stark ab und noch mehr weiter nach Norden.

In der Nähe von Pascuales treten Diabase des Piñón in Verbindung mit ausgedehnten Hämatitlagern zutage und verschwinden von hier nach Südosten unter dünngeschichteten, bläulich-grauen Kalken und bräunlich-gelben Lutiten der Formation Callo. Die Diabase und ihre Pyroklasten ragen über die Miozänsedimente als niedere Hügelketten, um nach Westen unter dem Cerro Azul, dem Gipfel der aus Gesteinen des Callo und Guayaquil bestehenden Kordillere von Chongón unterzutauchen. Am Westfuß des Cerro Azul bildet nach einem Sedimentations-Hiatus der Kalkstein San Eduardo (mittleres Eozän) die Basis.

In dieser Zone wächst die sichtbare Mächtigkeit der Formation Callo auf 800 m an und die der Formation Guayaquil auf 300 m. Beide überlagern sich in klarer Konkordanz.

Von der Einsattlung Huaico de Mongo des Gipfels des Cerro Azul absteigend in südsüdöstlicher Richtung sind am Abhang konkordante, dicke Schichtserien (Streichen N 65–70° W, Einfallen 20–25° SSW) angeschnitten. Auf der Höhe stehen dünnbankige, kieselige Lutite von 85 m Mächtigkeit an, die weiter unten von einem Konglomerat von 10 m Mächtigkeit überlagert werden. Letzteres unterlagert einen Abschnitt von mittel- bis feinkörnigen Glaukonitsandsteinen in verschieden dicker Bankung, alles von dunkelgrünlicher Färbung in Gesamtmächtigkeit von 300 m mit Einschaltungen von dünnschichtigen, kieseligen Lutiten, die sich durch längliche, längs einer Mittelfläche der Schicht angeordnete Calzedonkonkretionen charakterisieren. Sie gehören mit 350 m Mächtigkeit schon dem Guayaquil an und sind nach Südwesten durch ein Längstälchen vom San Eduardo-Kalk des mittleren Eozäns getrennt. Das Fehlen des unteren Eozän erklärt sich durch einen Hiatus der Sedimentation oder durch Erosion in dieser Zone. Die San Eduardo-Kalke bilden den Südwestsaum des Berges Cerro Azul und gleichzeitig der Kordilleren von Chongón und Colonche.

Beim Hafen von Cayo (Callo) ist der Ausbiß der Callo-Serien noch vollständiger durch die häufigen Zwischenlagerungen der verkieselten Tuffe und der tuffigen, zertrümmerten Sandsteine.

Fossilgehalt und Alter: In vielen Profilen des Callo konnten nur Kieselskelette von Radiolarien festgestellt werden. Die auf einzelne Stufen beschränkten Foraminiferen waren nicht genügend charakteristisch für die genaue Altersbestimmung. Doch lieferten mikroskopische Untersuchungen der Arbeit von H. E. Thalmann Ausgangspunkte, die ihm erlaubten, den Hauptteil der Formation Callo dem Senon zuzuschreiben (1946).

Die Basalschichten der Formation Callo wurden von den Geologen der I. E. P. C. (1956) mit der Bezeichnung **Subformation Calentura** (Calentura member) belegt und stehen in dem alten Steinbruch bei dem Ort Calentura, nordöstlich von Guayaquil an, 9 km vom Río Babahoyo entfernt, ebenso am Río Paco im Gebiet von Pascuales. Sie enthalten eine **reiche Mollusken- und Foraminiferenfauna.** Ihre tieferen Teile bestehen in der Gegend des Steinbruchs aus mergeligen und kalkigen, dunkelgrauen bis schwarzen Kieselschiefern, die sich durch eine Zwergfauna von Gümbelinen, Globigerinen und Radiolarien auszeichnen.

T. Wolf (1892) hatte in den Steinen der alten Pflasterung von Guayaquil die Schalen von Inoceramus roemeri Karst und von Inoceramus plicatus d'Orb. entdeckt. Es war ihm aber nicht gelungen, den Fundort dieser für die genaue Altersbestimmung der Subformation so wichtigen Fossilien zu lokalisieren, welche mit den anderen Formationen dieser Periode den Bestand der Hügel von Guayaquil ausmachen. Tatsächlich finden sich die genannten Schalen im Steinbruch von Calentura und an anderen Orten, wie z. B. am Río Paco, zusammen mit *Inoceramus striatus concentricus* Guembel.

Abgesehen von den Mollusken existiert in der Subformation Calentura beim Río Paco eine beachtliche Fauna von Foraminiferen, unter denen H. E. Thalmann (1946a) *Globotruncana renzi* Thalm, festgestellt hat. Das Alter der Inoceramen ist als oberturon und das der Globotruncana renzi Thalm. als obercenoman anzusehen, und die Subformation Calentura ist dem Obercenoman bis zum Turon einschließlich zuzuteilen. Dementsprechend hat Thalmann das Calentura zeitlich der oberen Sequenz des Napokalks im Oriente gleichgesetzt. Die Formation Callo einschließlich Calentura ist daher nach H. E. Thalmann (1946) dem Cenoman, Turon und hauptsächlich dem Senon zuzurechnen, ohne daß es aus Mangel an gut bestimmbaren Fossilien möglich gewesen wäre, die einzelnen Stufen dem Coniac, Santon oder Campan zuzuteilen.

Die marinen Formationen Palmira und Guadalupe (kieselige Lutite und Sandsteine von Kolumbien) würden nach THALMANN den Formationen Callo mit Subformation Calentura gleichzusetzen sein.

Die Formation Guayaquil (Photo 8) stellt den oberen Abschnitt der oberkretazischen Sedimente dar (Maastricht). Die Bezeichnung Guayaquilkalkstein (Guayaquil-limestone) von G. SHEPPARD (1937) ist aufzuheben, weil dieser Autor sie früher irrtümlicherweise teils auf die kieseligen Lutite der Formation Guayaquil, teils auch auf den San Eduardo-Kalk anwandte.

Nach oben geht die Formation Callo in die bekannte Sequenz der dünnbankigen, tuffig-kieseligen Lutite über und baut im Norden von Guayaquil die Höhen von Santa Ana auf. Die dünnbankigen, chertigen, hellgelblichen Lutite enthalten in parallelen Lagen, in der Mittelachse der Schichten angeordnet, calzedonische, längliche oder kugelige Konkretionen (Cherts). Letztere bestehen aus konzentrisch angeordneten, dünnen, sphärischen Lagen von abwechselnd dunkelgrauer und weißer Färbung, die „Augencherts", wie sie G. SHEPPARD (1937) nannte.

Zwischen die kieselig harten, rissig zerklüfteten Lutite schieben sich graue und schwarze, dünne Lagen härterer Tuffe und schiefriger Tone ein, ebenso auch Schichten vulkanischer Sande.

Verbreitung und Mächtigkeit: Die Formation Guayaquil erstreckt sich in einem Streifen von Ausbissen in den südwestlichen Abhängen der Kordilleren Chongón und Colonche mit maximalen Mächtigkeiten von 700 m, von Guayaquil bis zum Río Pampa, einem Nebenfluß des Javitas bei dem Ort Colonche. Außerdem stehen die chertigen Lutite in den isolierten Hügeln von Durán (östlich Guayaquil) an, in den Bergen von Taura, auf den Höhen Isera bei Colonche und auf der Halbinsel Santa Elena in den Blöcken der Bruchzone vom nördlichen Ende des Bergzuges von Estancia. Sie entsprechen auch den von G. SHEPPARD (1937) als Sta. Elena Cherts beschriebenen folgenden Stellen: Isla de la Plata, Punta Cayo, Punta Salango, Punta Ayampe, La Puntilla und anderen Punkten der Halbinsel wie San Vicente, Cerros de Saya, Cerro Alto, Manantial und weitere mehr. Ihre große Widerstandsfähigkeit gegen Einflüsse der Verwitterung und Erosion hat sie morphologisch, besonders an der Küste, als Vorgebirge und Landspitzen in Erscheinung treten lassen und landeinwärts als Kerne von Höhenzügen.

G. SHEPPARD hat den Prozeß der Verkieselung als pneumatolytisch-thermale Wirkung magmatischer Massen auf stark zerrüttete und verworfene Gesteine erklärt. Andere Autoren vertreten die Ansicht, daß der Gehalt an Kieselsäure des Meerwassers und die Kieselskelette der Radiolarien zusammen mit dem Kieselsäuregehalt der betroffenen Gesteine die Verkieselung und die Entstehung der Calzedonkonkretionen verursacht haben.

In der Provinz Manabí haben die Flüsse Serien der dünnen chertigen, kieselig-tuffigen Lutite entlang den Bergen von Jama, Mache und Coaque angeschnitten, immer in Verbindung mit Callo und Piñón, die sich stellenweise so stark vermischen, daß es schwierig ist, sie voneinander zu unterscheiden. Nur wenige Aufschlüsse der Formation Guayaquil sind von den Geologen der I. E. P. C. in der Provinz Esmeraldas beobachtet worden, und zwar bei der Punta Ostiones an der Mündung des Río Culebra bei dem Ort Africa, außerdem zwischen den Flüssen Calope und Verde südöstlich der Stadt Esmeraldas zusammen mit Pyroklasten des Piñón. An diesen Stellen treten schmutzig gelbe, chertige Tuffe in massigen Bänken und in geringeren Mengen kieselige Sandsteine auf.

Alter: H. E. THALMANN (1946a) hat festgestellt, daß für die chronologische Eingliederung des Piñón Syphogeneroides clarki, CUSHMAN und CAMPBELL die charakteristische Art darstellt, weil sie trotz ihrer geringen Verbreitung die wichtigste der Formation Guayaquil ist und ihm erlaubt, das Guayaquil in das Maastricht der oberen Kreide zu stellen. Die Armut an bestimmbaren Fossilien, insbesondere an Foraminiferen, erklärt sich als Folge des hohen Kieselsäuregehalts im Meereswasser und in den sedimentären Tuffen, ein Umstand, der ohne Zweifel ein zerstörender Faktor von ökologischer Bedeutung in der Biofazies der Sedimente ist. THALMANN kommt zu dem Schluß, daß die Sedimentfolge der oberen Kreide, d. h. der Formationen Callo (mit Subformation Calentura) und Guyaquil, augenscheinlich komplett ist und die **Sedimente des Cenoman bis zum Maastricht** umfaßt.

Der zunehmende Vulkanismus der oberen Kreide steht in Beziehung zu den orogenen Bewegungen in der benachbarten, neoandidischen Geosynklinale der späteren Westkordillere und hat die fortschreitende Vermehrung des pyroklastischen Materials in der Zusammensetzung der Sedimente der Formation Callo verursacht bis zum **Vorherrschen der vulkanischen Tuffe** in den silifizierten Schichten des Guayaquil.

H. J. TSCHOPP (1948) behauptet dagegen, „daß sich in der Postturonzeit (obere Kreide) ein heftiger Vulkanismus (pyroklastische Fazies des Callo) entwickelt haben muß, und zwar im Litoral selbst und auf den ersten Anhöhen der Kordillere“.

Die Ablagerungen der folgenden Formation Guayaquil haben sich als Folge der fortgesetzten vulkanischen Phänomene der Sierra ergeben. Ihre Produkte schlugen sich auch im Geosynklinalraum nieder.

Die Bergzüge von Azucar und Estancia, etwa 40 km südwestlich der Stadt Santa Elena, zeichnen sich durch komplizierte Anlage von Bruchfaltungen aus. Sie bestehen zum größten Teil aus Sandsteinen und Lutiten, deren Alter H. E. THALMANN (1946a) als dem oberen Dan (Oberkreide) und großenteils dem Paleozän entsprechend bestimmt hat. Der gleichen Altersstufe gehören die Formationen San José-Sandsteine (San José sandstones) und San José-Lutite (San José shales) des Erdölfeldes von Ancón an und wurden auch angetroffen in den unteren Abschnitten einiger Bohrungen der I. E. P. C. Obwohl diese Formationen in ihren Basalschichten gemischte Faunenreste der Oberkreide und des unteren Tertiärs enthalten, gehören sie doch zum größten Teil dem Tertiär an und werden deshalb im Kapitel des Känozoikums behandelt. Dem gleichen Alter entspricht nach H. E. THALMANN in Kolumbien die Formation Guadas.

A. A. OLSSON (1956) beschreibt eine Zone entlang der Westküste Kolumbiens und vergleicht eine Serie von Vulkaniten vermischt mit tuffigen Kieselschichten, z. B. von Barbacoas am Río Patía, mit der Callo-Guayaquil-Schichtenfolge. Er erwähnt auch chertige Schichten an vielen Stellen des Distrikts Sinú, etwas östlich der vorerwähnten Orte, aber alle an den äußeren Abhängen der kolumbianischen Westkordillere.

c) Sierra

Den geologischen Aspekt der Westkordillere charakterisieren ausgedehnte vulkanische Komplexe von basischem bis intermediärem Typ. Es wiegen jedoch vor die Diabase und die entsprechenden, stark erhärteten Tuffe (Schalstein) mit gering entwickelter Schichtung. Häufig gesellen sich in verschiedenem Ausmaß Porphyrite hinzu, oft in Übergang zu saureren Typen, wie zu Quarzporphyriten und monzonitischen Quarzporphyren.

Infolge der vollkommenen oder teilweisen Chloritisierung ihrer Grundmasse und der übrigen mafischen Gemengteile (hauptsächlich auch des glasigen Bestandteils der Gesteine), weisen sie im allgemeinen bezeichnende Farbtöne auf: grünliche, bläuliche oder dunkel-bräunlichgraue Töne und schließlich haben die nicht von der Chloritisierung betroffenen Gesteine schwarze Färbung.

Diese ganze Formation wurde früher Diabasformation genannt (W. Sauer 1950 und 1957). Weil in verschiedenen Gebieten die Porphyrite vorherrschen, wurde die Bezeichnung in **Diabas-Porphyrit-Formation** Sauer erweitert. Ihre Laven und Pyroklasten wurden von der neoandidischen Faltung und Hebung der Westkordillere und des Zwischengebirges des Südens bewegt, so daß die überlagernden Kreidesedimente des Cenoman bis Senon (Maastricht) zwischen die Vulkanite (Diabase und Porphyrite) eingeklemmt wurden.

Alter: Die Formation wird der **unteren Kreide** zugerechnet und hat als **initialer Magmatismus** gewirkt. Die Eruptionen und Intrusionen dieser Vulkanite ereigneten sich zu Beginn der Geosynklinalbildung der Westkordillere, d. h. mit dem Absinken des marinen Troges.

In den vorangegangenen Kapiteln war schon angedeutet, daß wahrscheinlich die Formation Piñón in gewissem Grade an der Zusammensetzung des Untergrundes der Geosynklinale beteiligt ist, indem sie der alten varistischen Fastebene auflagert, die teilweise regeneriert und in eugeosynklinale Becken umgewandelt worden war.

Die Diabas-Porphyrit-Formation des initialen Magmatismus ersetzt die Sedimente der unteren Kreide, d. h. des Alb und Apt, die im westlichen Teil der neoandidischen Geosynklinale, westlich der durch die Cordillera Real gebildeten Schwelle, nicht zur Entwicklung gekommen sind, wie dies auch in den Westkordilleren der benachbarten Länder der Fall ist (Steinmann 1929; H. Gerth 1955).

Da die Diabase unmittelbar von marinen Sedimenten des Kreidemeeres begleitet, bzw. über- und unterlagert sind, wurden sie von Meerwasser bedeckt, abgesetzt oder imprägniert. Nach den Untersuchungen von Prof. Dr. H. Hentschel, Universität Mainz, (mündliche Mitteilung) hat die Anwesenheit von Meerwasser im Prozeß der Chloritisierung eine entscheidende Bedeutung für die Bildung des Chlorits. So ist zu verstehen, daß an bestimmten Stellen die basischen Laven dunkelgrünliche Färbung der chloritisierten Diabase zeigen. An anderen Stellen haben sie rotbraune Tönung angenommen oder auch ihre ursprünglich grauschwarze Farbe behalten. Weil die Farben die verschiedenen, bei der Effusion der Laven in jener Periode herrschenden paläogeographischen Umweltverhältnisse anzeigen, repräsentieren die basischen Vulkanite als Diabase submarine Effusionen oder als schwarze Melaphyre kontinentale Effusionen.

Mineralbestand und Vorkommen: In der folgenden Beschreibung einer Reihe von in der Westkordillere gesammelten Proben der Diabas-Porphyrit-Formation offenbart sich die große Mannigfaltigkeit ihrer mikroskopischen Zusammensetzung, die sich unter dem äußeren monotonen Anblick verbirgt und einerseits bedingt ist durch die äußeren Verhältnisse während der Erstarrung der Lava, andrerseits durch Differentiationsprozesse des Magmas selbst.

Die Mineralkomponenten der untersuchten Gesteine befinden sich im Zustand stärkerer oder schwächerer Zersetzung: Die Mafite und Gläser sind unter dem Einfluß des Meerwassers in gelblich-grünen Chlorit übergegangen, und die Feldspate von der Umwandlung in Aggregate von Kaolin, Serizit und Kalzit ergriffen worden (Elich 1892; Herz 1892; Klautsch 1892 und 1898). Die Stellen der Probenahmen ordnen sich von Norden nach Süden in der Westkordillere an:

Río Mataje (Gerölle)

Augitischer Porphyrit von dunkelgrünlicher Farbe, mit leichter Andeutung von Streifung; kleine Einsprenglinge von Augit in der Grundmasse, pilotaxitische bis trachytische Struktur; die dunklen Streifen enthalten im Übermaß Magnetitkriställchen.

Piñán (Kordillere):

Kompakter grünlicher Diabas von feinem Korn; sehr typische ophitische Struktur, vereinzelte Magnetitkörner. Porphyritischer Diabas, dunkelgrünlich von Spilittyp; pilotaxitische Struktur.

Berge östlich Calacalí:

Dunkelgrüner porphyritischer Diabas mit kleinen Einsprenglingen von Augit in der feinkörnigen Grundmasse; porphyrische Struktur und politaxitische Grundmasse.

Zusammenfluß Río Volcán und Río Blanco:

Dunkelgraugrüner Hornblendeporphyrit mit Einsprenglingen von Plagioklas, Hornblende und bisweilen Quarz; porphyrisch-pilotaxitische Struktur; die Hornblende teilweise in Uralit verwandelt.

Río Saloya (westlich Quito):

Hornblendeporphyrit: Hellgrünliche kompakte Grundmasse mit großen schwarzen Hornblende-Einsprenglingen (bis zu 3 cm lang); zahlreiche schmutzigweiße, kleine Oligoklas-Andesin-Einsprenglinge; als Zersetzungsprodukt Kalzit in kleinen Hohlräumen.

Diabasbrekzie von grünlicher Färbung, kantige Bruchstücke von verschiedener Größe und verschiedenen Typen von ophitischem bis aphanitischem Diabas mit chloritischem Zement.

Río Silante und Río San Lorenzo (südwestlich von Quito):

Augitische, amphibolitische und biotitische Porphyrite, von grauer und graubrauner Färbung je nach Vorwalten der Einsprenglinge von Augit, Amphibol oder Biotit, im letzteren Fall in Begleitung von Quarzeinsprenglingen; alle Varietäten zeigen auch Einsprenglinge von Plagioklas.

Straße Zumbahua-Macuchi:

Pilaló: Porphyrit mit auffallend großen Einsprenglingen von Plagioklas (1 bis 2 cm Durchmesser) von rundlicher Form und hellgrüner Farbe in dunkler bräunlicher Grundmasse von pilotaxitischer Struktur, durchsetzt von schwarzem Magnetitstaub; die Feldspatleistchen mit gegabelten Enden zeigen keine Zwillingsbildung; die Einsprenglinge von Labrador-Bytownit, fast gänzlich zersetzt, haben noch roh prismatische Form.

Umgebung von Macuchi:

Kupferhaltiger kompakter Diabas von dunkel-grünlichgrauer Farbe; aphanitische Struktur; in den feinen Rissen sekundär abgesetzter kristalliner Kalzit und Blättchen von gediegenem Kupfer, die mit bloßem Auge kaum zu unterscheiden sind; die Gegenwart von Kupfer hängt mit der benachbarten hydrothermalen Kupferlagerstätte zusammen.

Dunkelgrünlicher, körniger Diabas von ophitischer bis gabbroider Struktur, Augit und Glas chloritisiert; einzelne Magnetitkörner.

Tingo westlich Macuchi:

Dunkelgrünlicher Diabas, ophitische Struktur, Augit und Glas chloritisiert, sekundäre Kalzitadern; feine Magnetitkörner gleichmäßig im Gestein verteilt.

Guaranda, Socavón des Río Salinas:

Grünlicher, doleritischer Diabas; ophitische Struktur und Übergänge zu körnig-diabasischer Struktur.

San Miguel-Gualasay südöstlich von Guaranda:

Stark erhärteter quarz-porphyritischer Tuff von grünlichgrauer Farbe, unklar hell und dunkel gestreift, weist auf die Sedimentation von feinem vulkanischen Lockermaterial hin, mit Bruchstücken von Quarz zwischen den übrigen, vollständig zersetzten mikroskopischen Partikeln.

In der Gegend von Zaruma hat die Diabas-Porphyrit-Formation besondere Bedeutung. Dort bilden die porphyritischen Vulkanite das Nebengestein der von den plutonischen Intrusionen tertiärer Granodiorite abhängigen Golderzgänge.

P. Billingsley (1926) unterscheidet 3 übereinanderliegende Decken dieser Vulkanite, deren oberflächliche Zersetzungsprodukte charakteristische Färbungen aufweisen und erlauben, die in drei verschiedenen Zonen nebeneinanderliegenden Ausbißstreifen der Vulkanitdecken festzustellen; sie streichen Richtung NNW-SSE. Die untereinander subparallelen Decken fallen mit 45° nach Südwesten ein und bestehen aus Lavaergüssen, vulkanischen Brekzien und Agglomeraten von ursprünglich grünlichgrauer Farbe.

Die untere Decke, als Muluncay-Serien bezeichnet, bildet die östliche Grenze der goldhaltigen Zone. Nach der Karte von Billingsley treten in dieser Zone nur wenige Golderzgänge zutage; an erster Stelle diejenigen, welche von der jüngsten Intrusion abhängen, d. h. von den Zaruma-Urcu-Rhyolithen und von der Intrusion Minas Nuevas 8 km nordnordwestlich von Zaruma.

Fast alle Gänge beißen in der mittleren Decke der Portovelo-Serien aus. In ihnen enden die oberen Teile der granodioritischen Intrusionen, aus denen die Minerallösungen stammen, die zur Ausfällung der goldhaltigen Erze geführt haben.

Die vulkanisch-pyroklastische Formation der Faique-Serien bedeckt teilweise die vorhergehenden Serien.

Der ganze Komplex ist abgesunken an einer in Richtung NNW-SSE langgestreckten Verwerfung, die nördlich und südlich des Gebiets von Zaruma in das Generalstreichen NW-SE einschwenkt und nach Süden zu die goldführende Zone durchschneidet, indem sie die Depression des Río Calera sichtbar von den westlichen Höhen der Kordillere Chirchiles trennt, d. h. von den porphyritischen Gesteinen der Diabas-Porphyrit-Formation, hier von BILLINSLEY Cazadero-Serien genannt.

Der Einbruch einer heißen Thermalwasserflut von 47° C in der unteren Strecke des Ganges „Soroche" am 12. Dezember 1944 beschleunigte das Ende der berühmten Minen von Zaruma, die damals schon dem Erlöschen nahe waren. Inzwischen sind im Abschnitt „Minas Nuevas" nördlich von Portovelo neue Gewinnungsarbeiten in Gang gekommen neben dem Abbau von Resten des Golderzes im alten Bezirk. Nach der gründlichen montan-geologischen Erforschung durch die Geologen H. PUTZER und A. SCHNEIDER-SCHERBINA der Bundesanstalt für Bodenforschung Hannover ist ein neuer Aufschwung zu erwarten.

Es ist anzunehmen, daß die Mächtigkeit der Diabas-Porphyrit-Formation an vielen Stellen sehr groß ist. Durch die Faltung und Überschiebungen sind die Lava- und Tuffdecken zusammengerückt und vervielfältigt, so daß eine auch nur angenäherte Bestimmung ihrer ursprünglichen Mächtigkeiten kaum möglich ist.

Die basischsten Abarten haben meist einen kleinen Nickelgehalt. Bei den Ophiolithen am Río Mulatos konnten bis zu 0,4 % Ni nachgewiesen werden. Beziehung zu Nachbargebieten: Nach den Studien von G. STEINMANN (1929) in Perú ist die Diabas-Melaphyr-Formation mit der Diabas-Porphyrit-Formation in Ecuador vergleichbar und vertritt dort die normalen Sedimente der unteren und mittleren Kreide. Jedoch beschränkt sich ihre Verbreitung auf bestimmte Gebiete der peruanischen Westkordillere und fehlt vollständig in der Ostkordillere. In Ecuador überwiegt in der Westkordillere die Oberflächen-Ausdehnung der Diabas-Porphyrit-Formation weitaus die der Kreidesedimente (Geol. Karte).

Die Kreidesedimente (obere Kreide): Schon T. WOLF hatte die Beobachtung gemacht, daß die Westkordillere zum größten Teil aus Eruptiv- und Sedimentgesteinen der Kreide besteht und sich hierdurch wesentlich von der Cordillera Real unterscheidet. Jedoch hat er in dem geologischen Kärtchen seines Werkes „Geografía y Geología del Ecuador" (1892) den Kreidesedimenten eine viel größere Oberfläche zugestanden, als sie wirklich innehaben. Die basischen und intermediären Vulkanite herrschen sehr stark vor.

Die in Betracht kommenden Sedimente sind kräftig gefaltet und disloziert und treten in langgezogenen, relativ engen Streifen zutage. Sie wurden zusammengepreßt und eingekeilt zwischen die gefalteten, verworfenen und aufgerichteten Decken der Vulkanite der Diabas-Porphyrit-Formation; nur Reste sind von der folgenden Erosion und Denudation verschont geblieben.

Gesteinsbestand und geologisches Alter: Konglomerate, Sandsteine, dünnbankige und schiefrige, meist kieselige Lutite, dünne, häufig kristallisierte Kalksteine und dunkle, harte Mergel charakterisieren die Sedimente, die den Formationen Callo und Guayaquil des Litoral vergleichbar sind. Die mehr im östlichen Teil der Westkordillere verlaufenden Kreidestreifen gehören nach H. E. THALMANN (1943 und 1946a) dem Maastricht der oberen Kreide an (Geol. Karte).

Einige Diorit- und Granodioritbatholithe des Andenplutons sind in Längsrichtung in die Faltenkerne eingedrungen. Es fehlen ihnen aber vollständig Anzeichen orogener Druckwirkung; hingegen haben sie Kontaktmetamorphose oder Mineralisation der verdrängten Nebengesteine erzeugt. Deshalb wird angenommen, daß ihre Intrusion am Ende des Paleogen, also nach der Faltung der Kordillere, stattgefunden hat und so den späten Magmatismus der Orogenese darstellt.

Verbreitung der Kreide einschließlich der Diabas-Porphyrit-Formation Sauer

Die geologischen Verhältnisse lassen sich am besten an den Einschnitten der die Kordilleren kreuzenden Straßen und Wege studieren. Im Norden des Landes bedecken die Produkte des jungtertiären und quartären Vulkanismus die inneren, östlichen Abhänge der Westkordillere vom Fuß der interandinen Depression bis zu den höchsten Erhebungen.

Páramo von Piñán: Einige zehn Kilometer westlich des andesitischen Massivs des erloschenen Vulkans Yanaúrcu, der nordwestlich von Ibarra in der Westkordillere aufragt, tauchen im Páramo von Piñán gelblichgraue, schiefrige Lutite zwischen den andesitischen Vulkaniten in der Höhe von 3480 m auf. In derselben Zone zeigen sich auch vereinzelte Aufschlüsse von Diabas und Porphyrit.

Weg von Otavalo nach Apuela und Peñaherrera:

Dieser Weg kreuzt die Kordillere in WNW-Richtung, senkrecht zu ihrem allgemeinen Streichen. Den Aufstieg begleiten die enormen quartären Anhäufungen feiner und grober pyroklastischer Massen am Südfuß des mächtigen erloschenen Vulkans Cotacachi. Nach Überschreiten des Passes (3540 m) werden gelblich-braune, tonige und teilweise kieselige Schiefer der oberen Kreide angetroffen, die den Lutiten westlich des Yanaúrcu sehr ähnlich sind. Den Westhang der Kordillere abwärts, zwischen „El peligro" und den Häusern von Asabí, lagert eine jungtertiäre Andesitdecke und verbirgt den Kontakt der Diabase mit dem Granodiorit-Batholithen (Andenpluton), der erst hinter Plaza Gutierrez (Calvario 2040 m) an die Oberfläche kommt und bis zum Río Intag und der Kordillere von Toisán freibleibt. Bei Plaza Gutierrez ersetzt Biotit in der Zusammensetzung des quarzführenden Diorits die Hornblende. In den dioritischen Untergrund des alten Glazialtals haben die Flüsse Apuela und Intag ihr Bett eingeschnitten. Im Unterlauf des Intag erscheinen die charakteristischen Vulkanite der Diabas-Porphyrit-Formation mit eingeklemmten dunklen, paläozoischen Schiefern, die auch weiter südlich im Profil Riobamba-Guaranda auftauchen.

In der Provinz Imbabura, bei der Mündung des Río Llurimagua in den Guallabamba, sind Kreidelutite aufgeschlossen. Etwa 15 km südöstlich des Ortes Vacas Galindo am Río Intag hat sich am Ostrand des Batholithen im unmittelbaren Kontakt mit den Sedimenten, als Produkt der Metamorphose, „Skarn" gebildet, als metasomatische Umwandlung der kalkigen Lutite in eine Masse von Eisen-, Kalzium- und Aluminiumsilikaten mit charakteristischem Grossular und Andradit. Wir haben hier den Beweis, daß die Intrusion nicht vor Ende der Kreidezeit stattfand. Außerdem zeigen die Diorite des Batholithen keine kataklastischen Strukturen einer etwaigen orogenen Pressung. Die Intrusion ist also jünger als die Hauptphase der Anden-Orogenese, d. h. als das Paleogen, und gehört ebenfalls dem späten Magmatismus des Andenbatholithen an.

Die Anschnitte der Straße Cotocallao-Nono-Nanegal quer durch den Ostteil der Westkordillere, nordwestlich von Quito, zeigen auf den ersten Höhen Vulkanite des Quartärs: Bläulichen Pyroxenandesit, grobe vulkanische Agglomerate mit Tuffen und westlich von Nono Porophyrite zusammen mit ihren Pyroklasten in den verschiedenen, der Diabas-Porphyrit-Formation eigenen Abarten; talabwärts am Oberlauf des Alambí tuffige, dünnschichtige Lutite, stark gefaltet mit vorherrschendem Streichen N 10° E und mittlerem bis steilem Einfallen, wechselnd nach W und E. Nach etwa 500 m taucht eine synklinale Serie von dunklen, dünnen, teils etwas dickeren, geschichteten Kalken auf mit tuffigen und sandigen Einschaltungen (Streichen N 10° E, Einfallen 30 bis 45° nach Westen an der Ostseite des Tals und an der Westseite mit Streichen N 40° W, Einfallen 30 bis 45° nach NE).

Die Gesamtheit der Lutite und Kalke wurde **Formation Alambí-Yunguilla** genannt, weil sie auch in der Umgebung des Ortes Yunguilla, nördlich des Río Alambí zutage tritt (Photo 9). Weiter flußabwärts stehen wieder dünnschichtige, gelblichbraune Lutite an, die in die Diabas-Porphyritformation übergehen und von einer steilgestellten, enggefalteten, tonigen Redbedserie in Wechsellagerung mit Lutiten gefolgt werden. Von neuem stehen die grünlichen, gepreßten Diabase an, die schließlich in der stark zerrütteten Zone von Nanegal durch rötlichgraue Porphyrite ersetzt werden, welche sich in Begleitung verfestigter Agglomerate und Tuffe in Wechsellagerung mit kieseligen Konglomeraten und Lutiten befinden.

In den schiefrigen Lutiten und Kalken der Formation Alambí-Yunguilla hat H. E. Thalmann das Vorhandensein von Syphogeneroides bestimmt (1946a), so daß diese Formation ein Teil des **Maastricht (obere Kreide)** ist. Nach Westen hin folgen die Redbeds, Konglomerate und Lutite, die der Formation Callo-Guayaquil des Litoral gleichzusetzen sind, und zuletzt die Diabase und Porphyrite.

Weniger kompliziert scheint der Aufbau des **Profils der alten Straße Quito-Santo Domingo de los Colorados** zu sein. Bis zur Höhe des Passes San Juán (3600 m) breiten sich die Anhäufungen der Andesite und Pyroklasten der benachbarten, erloschenen Vulkane Atacazo und Pichincha aus. Nur wenig unterhalb des Passes auf dem Westabhang der Kordillere beginnen auf der rechten Talseite des Río Saloya die Aufschlüsse der Diabas-Gesteine mit Übergängen zu gabbroiden und serpentinisierten, ultrabasischen Differenziaten (km 32,5–33,2), letztere mit gerigem Nickelgehalt.

Die im folgenden beschriebenen mikroskopischen Untersuchungen wurden durch E. Perez (1949, km 32–38) und C. Hiedra (1949, km 38–43) unter Anleitung von A. Semanate p. o. d. (Universität Quito) ausgeführt. Bis zum Kilometer 36,6 stehen Diabasgesteine der Diabas-Porphyrit-Formation an, verschiedentlich von unbedeutenden Andesitdecken des quartären Vulkanismus bedeckt.

Die Diabase zeichnen sich durch ophitische bis pilotaxitische Strukturen aus mit etwas kataklastischen Andesinen. Gewöhnlich sind größere Mengen von Chlorit das Resultat der Zersetzung der mafischen Gemengteile neben sekundären Epidot- und Kalzitaggregaten.

Im allgemeinen sind die Diabase durch Pressung zertrümmert. Zonen von Verwerfungen, starker Zerklüftung und Mylonitisierung haben die Bildung von Seitentälern quer zu den Längstälern der Kordilleren erleichtert.

In der Nähe des km 36,6 wird die Diabas-Porphyrit-Formation durch den sich im Streichen der Kordilleren von Nord nach Süd sich ausdehnenden **Dioritbatholithen** von annähernd 1,5 km Breite durchbrochen. Die Diabase der Kontaktzone gehen z. T. in saurere Abarten von stark kataklastischem Quarzporphyrit mit pilotaxitischer Struktur über und sind von zahlreichen Dioritaplit- und Quarzporphyrgängen durchkreuzt. Dem Hauptdiorit fehlen kataklastische Pressungserscheinungen, an denen das Nebengestein, die

Diabase und Porphyrite, so reich ist. Die Intrusion ist also nach der Faltung der Kordillere erfolgt, oder zum mindesten während des Abklingens der orogenetischen Bewegung, d. h. gegen Ende des Paleozäns, in einer spät- bis nachorogenen Phase (Andenbatholith).

Nach dem mikroskopischen Befund besteht der Diorit aus Oligoklas-Andesin mit geringen Beimengungen von Quarz, Orthoklas und Albit. Neben dem teilweise chloritisierten Amphibol erscheint Chlorit als Produkt der vollkommenen Zersetzung der Hornblenden. Gänge von Dioritaplit und Lamprophyr (augitischer Kersantit) sind im Diorit häufig vorhanden.

Bei Sigsal (km 38,0) ist der Kontakt des Batholithen mit den Sedimenten durch Gehängeschutt verdeckt und nur durch eine tiefe Depression entlang den steilen Höhen des Dioritbatholithen angedeutet. Anscheinend sind die Sedimentschichten durch eine Verwerfung und relatives Absinken in falschen Kontakt mit dem Diorit geraten. Das zerrüttete Material des verworfenen Streifens wurde ausgewaschen und an dieser Stelle entstand ein starker Einschnitt in der Talflanke. Außerdem ließ sich keine Kontaktwirkung in den Sedimenten beobachten. Die vermutete Verwerfung streicht etwa N 15° W.

Flußabwärts folgen dünnbankige Lutite und vulkanische Tuffe ähnlich den grauvioletten Redbeds mit Zwischenlagerung von strikt konkordanten Konglomeratschichten (Streichen N 15° W, Einfallen von 70° nach W). Es herrschen die tonigen Tuffe vor.

Die Farbe der Tuffe und Lutite, welche den Redbeds in der Nähe von Nanegal ähneln, geht in dunkles Kaffeebraun über.

In den Tuffen ist mikroskopisch ein Agglomerat kantiger Bruchstücke stark zersetzter Plagioklase und kleinster, mit Chlorit und Eisenhydroxyd zementierter Lavabröckchen zu erkennen.

200 m abwärts vom Kilometer 39,0 verbirgt eine Hypersthen-Andesit-Decke von einigen huntert m Breite die Sedimente und hat an der Basis der Decke leichte thermische Kontaktwirkung in Form von Rotfärbung der Lutite hervorgebracht.

Der Andesit ist dunkelgrau und zeigt Einsprenglinge von 2 mm Länge eines Plagioklases mit Zonarstruktur von Labrador bis Oligoklas, außerdem kleine Einsprenglinge von Hypersthen mit charakteristischem Pleochroismus.

Etwas weiter talabwärts ändert sich das Einfallen der Sedimente auf 60° nach Osten und ihre Färbung in grünlichgrau. Am km 40,0 schiebt sich eine dünne, porphyrische Diabaslage von 2 m Mächtigkeit ein mit dunkelgrünlicher Tönung.

Bis km 41,0 folgen die lutitischen Schichten, die mit graugrünlichen Tuffen und Konglomeraten wechsellagern bei beträchtlicher Mächtigkeit der Serie. Stellenweise schalten sich konkordante, dunkelgrüne Diabasdecken von 2–3 m Mächtigkeit mit typischer, kugeliger Absonderung ein, dazwischen auch einige grünliche Porphyrite in unregelmäßigen Absonderungsformen und porphyritischer Textur (große 2 cm lange Fenokristalle von Orthoklas in der pilotaxitischen Grundmasse). Als mafisches Element erscheinen Reste von fast gänzlich in Chlorit umgewandeltem Augit.

Vom km 42,0 ab bis km 43,5 biegt das Tal nach Süden ab, indem es seine frühere, mehr transversale Richtung in eine zum Streichen N 20° E der Sedimente parallele Längsrichtung dreht, so daß jenseits der Brücke von Guarumal, km 42,0, noch die gleichen lithologischen Verhältnisse angetroffen werden, nämlich wechselnde Lutite, vulkanische Tuffe, Porphyrite und Diabase. Nur das Einfallen ändert sich wieder von Ost nach West.

Sporadische Partien von hartem Tuff und Konglomeraten tauchen aus dem Gehängeschutt bis km 45,0 auf.

Die Konglomerate führen hauptsächlich härtestes Material wie Quarzit, kristalline und hypokristalline Kieselsäure. Der maximale Durchmesser der Gerölle reicht bis zu 10 cm. Der kieselige und manchmal etwas tonige Zement ist chloritisch und gibt den harten Konglomeraten eine grau-grünliche Färbung.

Von km 44,0 ab nimmt das Tal wieder Ost-Westrichtung und kreuzt transversal das Streichen der Sedimentformationen.

Die Mächtigkeit der Sedimentserie steigt von km 38,0 bis km 45,0 auf etwa 3000 m an, denen bis zum Ort Chiriboga noch einige 1000 m zuzuschlagen sind.

Die vielfache Wiederholung der Folge Konglomerat-Tuff-Lutit und das wiederholte Erscheinen der Diabas-Porphyrit-Decken, neben Anzeichen steiler Längsverwerfungen, deuten auf Synklinalfalten in Schuppenstruktur hin.

Abwärts von dem am Río Saloya gelegenen Ort Chiriboga stehen die Vulkanite und harten Tuffe der Diabas-Porphyrit-Formation mit sandigen Zwischenlagen in ausgedehnten kontinuierlichen Aufschlüssen an, bei km 62,0 wieder stark gefaltete kieselige Lutite. Anschließend finden sich dann bis in die Nähe von Sto. Domingo de los Colorados dunkelgrünliche Vulkanite und harte Tuffe derselben Diabas-Porphyrit-Formation. In diesem Profil fehlen also die Kalksteine und Lutite des Maastricht, d. h. die Formation Alambí-Yunguilla.

Vorläufig hat man die vorstehend erwähnten Serien dem Callo (Cenoman bis Senon) zugeteilt, wie in den Profilen nördlich und südlich dieser Straße, mit der von H. E. Thalmann gemachten Einschränkung (1946a), daß der Hauptteil der Formation Callo, ausgenommen das Maastricht, dem Senon angehöre. Doch können die gefalteten kieseligen Lutite des km 62,0 sehr wohl dem Guayaquil (Maastricht) gleichgestellt werden, wenn man ihr charakteristisches lithologisches Aussehen in Betracht zieht.

Die geologischen Verhältnisse des **Profils Latacunga-Macuchi-Quevedo** ähneln denjenigen des etwas südlicheren Profils entlang der Straße Riobamba-Guaranda-Babahoyo, zumal in den oberen Lagen des Ostabfalls der Kordillere nach dem zwischenandinen Gebiet, wo die bekannten, gelblichgrauen, gefalteten, dünnbankigen, kieseligen Lutite mit den länglichen Calcedon-Konkretionen der Formation Guayaquil anstehen, die zum größten Teil von Andesiten und zugehörigen Pyroklasten des Jungtertiärs und Quartärs bedeckt werden. Auf den Höhen der Kordillere haben sich die Andesitergüsse einen Weg durch die Diabasdecken gebahnt und sie an der Oberfläche überlagert.

Das Gebiet von Tigua und Zumbagua bietet den Anblick einer sehr stark vertikal gegliederten Landschaft mit den steilen, vulkanischen Bergen und tiefen Tälern und Schluchten in den enormen Anhäufungen von jungtertiären und quartären Vulkaniten und Tuffen.

In den Anschnitten des alten, nach Westen hinabführenden Saumpfades sind zuerst Kreidesedimente aufgeschlossen, wie Konglomerate, Sandsteine und Lutite in Stellung einer engen Antiklinale. Auf der westlichen Seite des Passes (3920 m), dem Anstieg entlang, schließt sich eine weite Synklinale an, ebenfalls aus Schichten feinen Konglomerats, Sandsteinen und Lutiten bestehend. Unterhalb des Passes erscheinen die Aufschlüsse der älteren Vulkanite der Diabas-Porphyrit-Formation mit vorherrschend porphyritischen Laven grünlicher Färbung und Zwischenschaltung von kupferhaltigen, körnigen und gabbroiden Diabasen, aus denen als asymmetrische Antiklinale dünnbankige Sandsteine in Wechsellagerung mit feingeschichteten Lutiten hervortreten. Die Ostflanke der Antiklinale hat Richtung N 10–15° W und Einfallen von 50° nach Osten; die steile Westflanke streicht N 10° W mit von 80° auf 50° abnehmendem Einfallen nach Westen.

Die mächtige porphyrit-diabasische Masse bildet eine tektonische Stufe, an deren Fuß das Dorf Pilaló liegt, auf der ebenen Oberfläche einer tieferen, durch eine relative Bewegung an einer Längsverwerfung von ca. 200 m Sprunghöhe abgesunkenen Stufe.

Nach dem Abstieg auf serpentinenreicher Straße wird der Fuß der unteren Stufe erreicht, wo wieder die gefalteten Lutite mit annähernd N-S-Streichen und veränderlichem Einfallen von 60–70° nach Osten und Westen anstehen. Es macht sich eine besonders starke Verkieselung an Stellen des Kontakts mit einigen mächtigen Dioritapophysen bemerkbar, die von dem nahen Batholithen im Südwesten ausgehen und sich als jünger als die kontakt-silifizierten Maastricht-Lutite und so als dem Andenpluton zugehörig erweisen.

Bei Macuchi bedecken Moränen des Pleistozän den Grund und die unteren Abhänge des Quertals, lassen aber in der Nähe des alten Campaments des früheren Bergwerks die zerrüttete Oberfläche des Dioritbatholithen offen. Die Intrusion des Diorits in die Diabas-Porphyrit-Formation hatte zur Entstehung der abgebauten, ehemals reichen Kupfer-Gold-Lagerstätte von Macuchi geführt.

Flußabwärts stehen die manchmal brekziösen oder tuffigen Diabase bis zum Fuß der Kordillere an.

Die Sedimentserien der verkieselten Lutite, die dem Turon bis Senon angehören, werden als Repräsentanten der Formation Callo-Guayaquil und in ihren oberen Partien als Maastricht (oberes Senon) angesehen, obwohl die Kalke des Maastricht in diesem Profil nicht sichtbar werden. Aber es ist zu bedenken, daß sich nördlich hiervon auf nur wenige Kilometer Entfernung an der Oberfläche Ablagerungen von Travertin (Río Yanaúrcu) ausbreiten, welche auf das Vorhandensein der marinen Kalke des Maastricht im Untergrund hinweisen.

Südlich der Berge von Yaruquíes, die den Südrand des Beckens von Riobamba bilden, endet die unverkennbare Senke des interandinen Grabens. Die gefalteten Vulkanite und Sedimentgesteine der Kreide fügen sich hier, nur leicht von vulkanischem Material verdeckt, an die metamorphen Schiefer der Cordillera Real an, ohne die Unterbrechung durch die interandine Depression, welche die nördlichen Gebiete der Sierra charakterisiert. Ein geomorphologisch alter Block blieb hier zwischen den Becken von Riobamba und Cañar stehen. Es scheint aber doch eine geringe Einsenkung stattgefunden zu haben, da die Oberfläche der den Block bildenden Formationen nur wenig unter dem mittleren Höhenniveau bleibt, bis zu welchem die umgebenden Kordilleren reichen.

Vier Kilometer von Palmira, den **Guamote**-Fluß aufwärts, stehen in dem angeschnittenen Profil die gleichen Lutite und Kalkschichten mit Kieselkonkretionen des Maastricht (obere Kreide) an, wie sie bei Guamote beobachtet werden, aber in durchgeknetetem Zustand einer Überschiebungsbrekzie. An andrer Stelle erscheinen verkieselte Kalkschichten (Streichen N-S, Fallen N 20° W) in Wechsellagerung mit dünnen Konglomeraten (Gerölle von Andesiten und Kalken). Es handelt sich um eine fluviolakrustre Formation des Pliozäns.

In geringer Entfernung von Guamote, in einem Anschnitt flußabwärts, treten steilgestellte, schiefrige Lutite mit kieseligen Konkretionen auf, im Wechsel mit feinkristallinen Kalkschichten, ähnlich den Gesteinen der Formation Yunguilla im Nordwesten von Quito. Alle diese Kreidevorkommen finden sich in Höhen von 3000 bis 4000 m und beweisen das vollständige Fehlen von tektonischer Senkung. Nur im Süden des Knotens von Azuay haben sich beschränkte Bruchsenkungen eingestellt, wie die von Cañar und Cuenca, aber nicht vergleichbar mit denen im Norden, auch in bezug auf die vulkanischen Vorgänge des Plio-Pleistozäns.

Das Gebiet südlich von Guamote steigt auf Höhen von im Mittel 3500 m an. Der Untergrund besteht aus Tonschiefern und Hornblende-Augit-Porphyriten bis zu Dioriten der Westkordillere, die in diesem Gebiet unmittelbaren Kontakt mit der Cordillera Real hat. Die augitischen Porphyrite sind olivinhaltig.

Das Profil der **Straße Riobamba-Guaranda-Babahoyo** gibt guten Aufschluß über den geologischen Aufbau der Westkordillere. Doch fehlen noch eingehende Studien, um alle Einzelheiten ihrer tektonischen Struktur zu klären.

Beim Anstieg der Straße aus der zwischenandinen Senke auf den Osthang der Westkordillere zeigen sich dem Beobachter zuerst dunkle, gefaltete Lutite mit zwischengelagerten, feinkörnigen Sandsteinen. Von der Ortschaft San Juan ab stellen sich sehr gestörte und gefaltete, graue kristalline, grob gebankte Kalke ein mit variablem Einfallen nach Ost und West. Ihre Gesamtmächtigkeit schwankt von 2 bis 20 m. Zwischen die Hauptbänke schalten sich dünne Schichten von schiefrigem Lutit ein.

Diese Kalke und die an der Straße nach Guaranda folgenden Lutite, Sandsteine und Konglomerate sind San-Juan-Schichten genannt worden.

W. & K. Kehrer (1969) haben den Schichtenkomplex, der von dem Dorf San Juan nach Westen über den Paß hinweg und jenseits am Fluß Conventillo entlang bis zum Aufschluß der transversal die Straße kreuzenden dunklen, paläozoischen Schiefer reicht, eingehend untersucht und deuten diese Sandstein-Konglomerat-Folgen als Turbidite, nach Ph. H. Kuenen & C. I. Migliorini (1950), d. h. zum Teil als flyschartige Bildungen. Ihre Hauptbestandteile stammen aus dem detritischen Material der kristallinen Ostkordillere, da diese zur Zeit der höheren Oberkreide bereits Abtragungsgebiet war. Sie sind als geosynklinale Sedimente auf den Ostteil der Westkordillere beschränkt und frühestens an der Grenze Kreide-Tertiär gefaltet worden.

Nördlich der Straße bei der Hacienda Shobol sind zwei 10 bis 20 m mächtige Kalksteinlager übereinander aufgeschlossen mit einem Zwischenmittel von schiefrigen Lutiten (Streichen etwa N-S und schwaches Einfallen nach W). Diese Lager liefern das Rohmaterial für die nahegelegene Zementfabrik der Provinz Chimborazo.

In der Westkordillere reihen sich Ablagerungen von Kalksinter (Travertin) von Nord nach Süd an, die an einzelnen Orten beträchtliche Ausdehnung und Mächtigkeit erhalten haben: Nieblí westlich des erloschenen Vulkans Pichincha bei Quito, Yanaúrcu westlich der Eisenbahnstation Lasso (Provinz Cotopaxi), Cachi westlich Pujilí, San Ricardo südwestlich von Cajabamba in der Nähe von Pangor. Diese Travertindecken stammen aus den Absetzen der die Kreidekalke des Untergrunds auslaugenden, warmen, juvenilen Quellen und beweisen die nordsüdliche Erstreckung der marinen Kalke.

An der Straße nach Guaranda treten die kieseligen, gelblich-braunen, kalkigen Lutite zutage in vielfacher Faltung der mehr oder weniger dünnen Schichten. Gegen den Paß von Tililac erscheinen graue, dünngeschichtete, glimmerige Sandsteine mit Streichen N

5° E und 40° Einfallen nach Osten. Weitläufige Aufschlüsse von Konglomeraten betonen das fortschreitende Überwiegen des groben Materials. Jenseits des Passes bilden mächtige, durch Kieselzement verfestigte Konglomeratschichten die nord-südgerichteten Kämme der Kordillere. Das Einfallen nimmt allmählich bis zur Horizontalen ab.

Unterhalb des Passes nehmen dünne Sandsteinschichten wechsellagernd mit Lutiten wieder westliches Einfallen an. Einige Kilometer weiter abwärts wiederholen sich Konglomerate, Sandsteine und harte Lutite (Streichen N 10° E und Fallen von 60° nach Westen) bis die kieseligen, gefalteten, mit Sandsteinen wechsellagernden Lutite vorherrschen, die, wie die Lutite der Formation Guayaquil, längliche Konkretionen von dunklem Silex zeigen (Streichen N-S mit variablem Fallen um 70° nach Osten).

Nach der Hacienda Herrería werden die steilgestellten, dunklen paläozoischen Schiefer gequert (zuerst westliches dann östliches Fallen) mit einer Mächtigkeit von einigen 100 m. Schon in der Nähe von Guaranda stehen zerrüttete und von ausgedehnten tertiären Andesitextrusionen zerlegte Porphyritdecken an.

Im Westen des Längstales des Río Chimbo häufen sich auf den Höhen tertiäre andesitische Laven und Tuffe. Besonders auffällig ist eine dunkle basaltische Decke von frischem Aussehen, wahrscheinlich quartären Alters.

Noch kurz vor dem westlichen Steilabfall der West-Kordillere breiten sich wieder die Vulkanite der Diabas-Porphyrit-Formation aus, von dioritaplitischen Gängen des nahen Granodioritbatholithen durchsetzt. Am Fuß der Kordillerenmauer ist die Zone des Kontakts des Batholithen mit den Diabasen aufgeschlossen und durch Pyritisierung der Diabase kenntlich geworden. Der Granodiorit erstreckt sich in die Gegend von Balzapamba, wo er unter den gefalteten Tonschiefern verschwindet, aber an verschiedenen Stellen als antiklinaler Faltenkern auftaucht und starke Silizifizierung als Wirkung des Kontaktes (z. B. mit den schiefrigen Lutiten bei Chaupiyacu) erzeugt.

In den letzten Ausläufern der Kordillere bis zu ihrem Fuß bei Limoncito herrschen wieder die Vulkanite der Diabasporphyrit-Formation vor, örtlich pyritisiert an den Stellen, an denen sich in geringer Tiefe antiklinale Erhöhungen oder Apophysen des Granodioritmassivs der Oberfläche genähert haben.

Von wenigen Ausnahmen abgesehen, kennt man bis jetzt keine Fossilien, die die richtigen Wechselbeziehungen der Schichten und Serien und die sichere Altersbestimmung der verschiedenen Formationen ermöglichen. Dem Paläontologen H. E. Thalmann (1945) verdanken wir die Bestimmung der Foraminifere *Syphogeneroides* cf. *ewaldi*, Kardt der Kalkschichten und schiefrigen Lutite von San Juan (Paß von Tililac), als dem Maastricht der oberen Kreide zugehörig. Dagegen können die Konglomerate, Sandsteine und kieseligen Schiefer, die zwischen den Diabasen und Porphyriten zusammengepreßt und stark disloziert sind, wegen ihrer lithologischen Ähnlichkeit der Formation Callo-Guayaquil des Litoral gleichgesetzt werden.

In geringer Entfernung **südwestlich von Bucay** zwischen den km 90,0 und 92,0 der Eisenbahnlinie Guayaquil besteht am Fuß der Kordillere die linke Talseite des Río Chanchán aus Vulkaniten der Diabas-Porphyrit-Formation. Beim km 92,5 sind sandig-schiefrige Lutite aufgeschlossen (Streichen N 30° E mit steilem Einfallen). Flußaufwärts ziehen sich Konglomerate und sandige Lutite hin, die durch den vielfältigen Wechsel sandiger und toniger Schichten gestreiftes Aussehen annehmen. Nach dem km 93,0 wechseln grobe Sandsteine mit Konglomeraten und dünnen Lutitschichten (Streichen N 30° E), wodurch erwiesen ist, daß die Sedimente hier als die Fortsetzung der Serien des Passes Tililac südlich des Chimborazo zu gelten haben, Sedimente, die in einem Bogen über die Aufschlüsse der dunklen Schiefer von Pangor zum Gebiet südlich von Bucay streichen. Außerdem ist die lithologische Ähnlichkeit überraschend und ihr Auftreten zusammen mit der Diabas-Porphyrit-Formation läßt keinen Zweifel daran, daß es sich um die gleiche Formation handelt wie um die der Zone von Tililac, d. h. um Campan bis Maastricht des oberen Senon.

Westlich des Knotens von Azuay schneidet der Weg von Chunchi nach El Tambo dunkle Lutite an, die der oberen Kreide entsprechen.

Die Kordillere Cajas-Mullepungo (Westkordillere) und ihre Unterteilungen setzen die Westkordillere nach Südwesten fort. Auf ihren äußeren Abhängen ist die Diabas-Porphyrit-Formation aufgeschlossen. Sie umgibt einige kleine Dioritbatholithen (Andenpluton) in derselben Weise wie es im Norden des Landes beobachtet wurde.

Auf dem Weg Cuenca-Naranjal erscheint bei Yerbabuena an der Oberfläche eine Dioritintrusion, welche die Bleiglanz-Gänge von Molleturo geliefert hat. Fast am Fuß der Kordillere hat eine weitere Intrusion desselben Magmas (Andenpluton) die goldhaltigen Bleiglanz-Pyritgänge des Oberlaufs des Río Siete und seines Nebenflusses Río General Villa (in der Nachbarschaft der Grenze zwischen den Provinzen Guayas und El Oro) entstehen lassen. Von hier bergaufwärts in östlicher Richtung finden sich, ehe die Häuser von Chaupitranca erreicht werden, gefaltete dunkle Lutite der oberen Kreide zwischen den weitverbreiteten Vulkaniten der Diabas-Porphyrit-Formation.

Die Diorite der angeführten Orte, also der Kordilleren Mullepungo, Chanchán und Molleturo, haben Spuren ihres Kontaktes mit den Diabasen und Porphyriten in Form von Mineralisation, Apophysen und diorit-porphyrischen Aplitgängen hinterlassen, sind also jünger als die Diabas-Porphyrit-Formation und dürften somit dem Andenbatholit angehören.

Die bräunlich-gelben Sandsteine und dunklen, weichen Lutite zwischen Tarqui und Cumbe, nördlich und südlich von Cuenca, waren früher der oberen Kreide zugerechnet worden. Tatsächlich handelt es sich um die miozänen Río-de-Azogues-Sandsteine (R. Liddle und K. Palmer 1941), welche das gleiche Streichen und Fallen wie die tertiären Formationen auf der Nordseite des Tales des Río Tarqui aufweisen.

d) Der äußerste Süden der Sierra

Der Knoten von Guagrauma westlich von Saraguro und die Kordillere von Chilla, die vom Knoten in westnordwestlicher Richtung abzweigt, trennen von der Sierra ein südliches, morphologisch eigenartiges Gebiet ab: das **interandine Zwischengebirge** von besonderen geologischen und tektonischen Gegebenheiten. Leider fehlen bis heute paläontologische Untersuchungen der Kreideformationen dieser Zone, so daß man für die Eingliederung der Stufen in die geologische Chronologie auf Vergleiche mit ähnlichen Formationen des benachbarten Perús angewiesen ist, wo Resultate der ausführlichen Exploration peruanischer Geologen vorliegen.

Auf peruanischer Seite ist in diesem Gebiet die Kreide zum größten Teil durch marine Sedimente vertreten, und die Diabas-Porphyrit-Formation spielt dort nur eine untergeordnete Rolle.

Am südöstlichen Abfall der Kordillere von Amotape überlagern die kretazischen marinen Kalke, Konglomerate und Lutite unmittelbar die paläozoischen Schiefer. R. A. Chalco (1955) hat gefunden, daß diese mächtigen, charakteristischen Serien sich nach der südwestlichen Verlängerung der ecuadorianischen Kordillere von Alamor hinziehen mit einer makro-fossilen Fauna *(Oxytropedidoceras)* des Apt und Alb der unteren Kreide. Es fehlt auch nicht an dunklen, lutitischen und tuffogenen Einschaltungen mit Zwischenlagerung von Diabasen und Porphyriten. Mit Ausnahme des Apt und Alb wird die ganze Sequenz von R. A. Chalco als dem Cenoman, Turon und Senon bis Maastricht zugehörig angesehen. Man kann sie aber nicht mit den Kreideserien des Litoral gleichstellen, weil im Litoral Apt und Alb fehlen, die im Nordwesten von Perú die Kalke der unteren Glieder der Kreideformation bilden; letztere sind eher zu den östlichen Kreidesedimenten von Ecuador in Beziehung zu setzen, wo die Formationen Hollín und Napo die Kreide vom Apt bis Senon (Coniacien) umfassen.

Im peruanischen Nordwesten ist dagegen der pazifische Typ der Kreide stark zum Ausdruck gekommen, derart, daß vom Cenoman ab aufwärts im Gebiet von Lancones, mit Ausnahme der Kalke von Pananga-Muerto des Apt und Alb, große lithologische und faunistische Ähnlichkeit mit dem pazifischen Typ der Kreide des ecuadorianischen Litoral und der Westkordillere besteht. Diese Erscheinung kann dadurch erklärt werden, daß sich während der Kreidezeit von der Diskordanz zwischen Alb und Cenoman ab, d. h. zwischen den Kalken von Pananga-Muerto und der Formation Guasimal im Nordwesten von Perú, tiefe Senkungen in der abgetragenen varistischen Kordillere Amotape-Larga-Tagüín gebildet hatten. So kam es zu einem Einbruch des alten Pazifischen Ozeans, mit seiner besonderen Fauna, in das Gebiet auf der Südostseite der varistischen Schwelle, d. h. der südwestlichen Verlängerung der Cordillera Cardinal Norandina.

Auf ecuadorianischem Gebiet finden sich in der Zone von Cazaderos und Mangaúrcu, nördlich der Kordillere von Alamor (T. Wolf 1892), gleiche Formationen wie die der Kordillere von Chongón im Litoral und bilden die Verbindung der Kreideformation des interandinen Zwischengebirges mit den Kreideserien von Lancones und dem Río Chira. Auf diese Weise entstehen Wechselbeziehungen zwischen den Formationen Callo-Guayaquil des Litoral, der Kreideformationen der Westkordillere und der Kreide des nordwestlichen Perús, mit Ausnahme der unterlagernden Kalke Pananga-Muerto des Apt und Alb (untere Kreide), die ihrerseits offenkundige Verwandtschaft mit der Kreide des ecuadorianischen Oriente zeigen.

Alle diese Serien der oberen Kreide repräsentieren den westlichen, mit dem Pazifischen Ozean verwandten Typ, während die Kalke von Pananga-Muerto (Apt-Alb) von den überlagernden oberen Kreideschichten des pazifischen Typs durch eine Winkeldiskordanz mit einem Basalkonglomerat getrennt sind und dem Typ östlich der Cordillera Real, d. h. östlich der Schwelle der Cordillera Cardinal Norandina, gleichen. So erscheint der pazifische Typ des Nordens und der Mitte des Landes auf die Westseite der Cordillera Real beschränkt, während er im südlichen Zwischengebirge auf die Südostseite der Verlängerung der Cordillera Real (Tahuín, Larga, Amotape) übergreift infolge des Einbruchs pazifischer Gewässer, sei es durch Einsenkung der die Schwelle bildenden Kordillere, sei es auf Grund besonderer tektonischer Erscheinungen der weitläufigen Depression der Amazonasachse.

Südlich der Amazonasachse im Gebiet von Cajabamba (Westkordillere Perús) beginnt die Basis der stratigraphischen Kolumne der Kreide (Benavides-Cáceres 1956) mit dem Sandstein von Chimú, dem Gegenstück des ecuadorianischen Hollín-Sandsteins. Es folgen kalkige Mergel und Lutite bis zum Überwiegen der Kalksteine, insbesondere des dunklen, bituminösen, ölhaltigen Kalkes mit reicher makroskopischer Fauna von Cephalopoden, Echinodermen und Gastropoden, die ihre Zugehörigkeit von Apt und Alb bis Turon und Senon, einschließlich Coniacien und Santon, ausweisen. Es folgen darüber mit ausgeprägter Angular-Diskordanz rote Serien von Konglomeraten, Sandsteinen und Lutiten litoraler und kontinentaler Entstehung als Produkte epirogener Hebung dieser Gebiete. Sie können den Redbeds der Formation Tena im ecuadorianischen Oriente gleichgestellt werden.

Die Sedimentformationen des peruanischen Nordwestens sind isoklinal gefaltet und in Schuppenstruktur versetzt, mit Hauptstreichen von WNW-ESE bis NW-SE, das hier die Region südlich der Amazonasachse auszeichnet, sich allmählich dem Streichen NNW-SSE der peruanischen Ostkordillere anlehnt und morphologisch durch die Längsverwerfung des langen Marañon-Tals ausgewiesen ist.

In dieser Sedimentserie bietet sich eine sehr vollständige Folge der Kreide dar, die lithologisch und paläontologisch den Formationen des ecuadorianischen Oriente Hollín, Napo und der kontinentalen Formation Tena gleichkommt, obwohl die beiden letzteren einige Verschiedenheiten zeigen und weniger kompliziert erscheinen, trotz der Übereinstimmung in den wichtigsten Leitfossilien. Besser gesagt, es muß angenommen werden, daß von dem nach Westen verlängerten Teil des epikontinentalen Beckens des Amazonas Arme des Kreidemeeres ausgegangen sind, einmal nach Süden, den beiden Seiten der peruanischen Zentralkordillere entlang, und außerdem nach Norden, an beiden Seiten der ebenfalls schon existierenden ecuadorianischen Cordillera Real vordringend. H. Gerth (1955) erwähnt, daß das Kreidemeer im Nordwesten von Perú zwischen die Kordilleren und weiter nach Norden und Süden, entlang dem Fuß der Ostanden, eingedrungen ist.

Verbreitung der Kreide im äußersten Süden der ecuadorianischen Sierra

Von der Kordillere Tahuín nach Macará: Auf dem südöstlichen Abhang der Kordillere von Tahuín treten Metamorphite des Paläozoikums in Form von rötlichen Quarziten zutage (Streichen N 55° E, Fallen 45° nach NNW) auf beiden Seiten des Río Puyango. In geringer Entfernung vom Fluß nach Süden in der Quebrada von Chirimoya erscheinen schwarze, stark gefaltete und dislozierte paläozoische Schiefer. Über dem Abhang der linken Talseite liegen Stücke verkieselter Baumstämme verstreut auf weiter Ebene. Der Untergrund besteht in der Gegend des Ortes Buenos Aires und Derrumbe bis Montehuaico aus geschichteten, bisweilen kohligen Lutiten und Sandsteinen (Streichen N 70° E, Fallen 45° nach SSE), die wahrscheinlich dem Tertiär angehören, entsprechend ihrem Gehalt an Makrofossilien (Meinung von R. Hoffstetter). Die Reste dieses verkieselten Waldes sind auf der gegenwärtigen Geländeoberfläche als Zeugen der zum Teil erodierten tertiären Schichten geblieben.

In der Nähe von Alamor tritt ein Paket blättriger Lutite zutage, die der Kreide angehören, da sie die nordöstliche Verlängerung der kretazischen Kordillere von Alamor bilden und sich eng an die Diabas-Porphyrit-Formation anschließen. Diese nimmt ausgedehnte Gebiete zwischen Alamor, Celica, Río Catamayo und Hacienda Conganamá ein und breitet sich weiter nach Nordosten und Südwesten aus; nur im Nordwesten von

Celica finden sich senkrecht gestellte, dunkelgraue, semimetamorphe Schiefer von etwas seidigem Glanz (Streichen WSW), zwischen Vulkaniten der Kreide eingekeilt. Die kompakten Laven, Brekzien und harten Diabas-Porphyrit-Tuffe haben dunkel-graugrüne Färbung. Bei der Brücke von Shugshos über den Río Catamayo (1000 m) treten wieder Diabasbrekzien zutage, die am Aufstieg nach Celica in harte, geschichtete Diabastuffe übergehen (Streichen NE-SW, Fallen 15–20° nach NW).

Von der Hacienda Conganamá ab in südlicher Richtung dehnt sich der breite Ausbiß des Granodiorit-Massivs (Andenpluton) von Macará aus (Photo 10), von NE nach SW gestreckt, mit Verzweigungen nach Südwesten, die durch porphyritische Keile voneinander getrennt sind. Nach Cariamanga zu bilden Andesitlaven und tuffige Brekzien die Oberfläche und bedecken teilweise die gefalteten Kreidesedimente, welche auf der rechten Seite des Río Calvas, flußaufwärts von Macará, aufgeschlossen sind. Kreidesedimente erscheinen auch zwischen den Granodiorit-Apophysen der Quebrada Samanamaca am Río Calvas, südwestlich von Cariamanga, in Kombination von langen Streifen von Diabas-Porphyrit in nordöstlicher Richtung bis nahe zum Tal des Río Piscobamba östlich Gonzanamá.

Entlang der Straße Loja-Zaruma in der Umgebung des Passes Las Chinches (2270 m) und ein Stück weiter nach Catacocha zu sind gelblichgraue, zum Teil tuffige, dünnbankige Lutite (Streichen NNE-SSW) aufgeschlossen. Zusammen mit den Vulkaniten der Diabas-Porphyrit-Formation ziehen sie sich nach Südwesten, um unter den jungtertiären, vulkanischen Decken mit den Kreidesedimenten zusammenzutreffen, die aus der Gegend des Río Calvas herüberreichen.

Cariamanga-Amaluza-Zumba: Den Reitweg von Cariamanga nach Süden bis Jimbura säumen andesitische Laven und pyroklastische Anhäufungen des Jungtertiärs, manchmal in horizontalen Lagen, und es folgen porphyritische Decken nach Passieren der Hacienda Tablón. In der Niederung der Flüsse Estados Unidos (Usaime) und Amaluza stehen geschichtete Serien von Konglomeraten und erhärteten Tuffen von porphyritischem Material an (Streichen N 45° E, Fallen 50° nach Südwest). Östlich von Amazula stehen geschichtete Serien von Konglomeraten und erhärteten Tuffen von porphyritischem Material an (Streichen N 45° E, Fallen 50° nach Südwest). Östlich von Amaluza schieben sich konkordant gelbliche Schichten mit 10 bis 20 m Mächtigkeit von gut gebankten Kalksteinen und kalkigen Lutiten ein, ab und zu als Brekzien oder kieselig mit länglichen Feuerstein-Konkretationen in parallelen Längszonen der Lutitschichten. Sie ähneln vollkommen den Sedimenten der Formation Guayaquil.

Amaluza (1273 m) liegt auf einer Anhäufung detritischer Massen, die von der Zersetzung des großen, wenige Kilometer südöstlich des Ortes anstehenden Granodiorit-Massivs herrühren.

In dem von einem pleistozänen Gletscher ausgekolkten Tal des Grenzflusses Espindola-Quingo reichen die Porphyrite nach Süden fast bis nach Jimbura, wo etwa 2 km flußaufwärts das Herrschaftsgebiet des großen Granodiorit-Batholithen des Knotens von Sabanillas (Kordillere von Portachuelo) beginnt.

Die Sandsteine, Lutite und Kalke der südöstlichen Zone des Zwischengebirges erstrecken sich als lange Streifen von NE nach SW. Südlich der Amazonas-Achse in der peruanischen Westkordillere treten vollständige Schichtserien der Kreide zutage in symmetrischer Gegenstruktur von NW-SE-Richtung und umfangreich entwickelt (V. BENA-

VIDES C. 1956), nach Osten durch die kristallinen und paläozoischen Schiefer der peruanischen Ostkordillere am Río Marañón begrenzt.

Im allgemeinen läßt sich feststellen, daß die Ingression des Kreidemeeres, besonders des jungkretazischen, von der Depression der Amazonas-Achse nach Norden zwischen die Kordilleren Amotape-Larga-Tahuín auf der einen Seite und Zamora-Portachuelo auf der anderen, nicht sehr wirkungsvoll war, wie die nur in beschränktem Maße im Zwischengebirge vorhandenen marinen Schichten beweisen, im Gegensatz zur Vorherrschaft der Vulkanite. Künftige Forschungen werden den Grad der Vollständigkeit, den die Kreide hier erreicht hat, und die Unterschiede in Tektonik und Mächtigkeit klären müssen.

Der **Granit von Portachuelo** nimmt das südwestliche Ende des Knotens von Sabanillas ein. Er zeigt leichte Paralleltextur infolge der orogenetischen Pressungen, aber nicht in dem starken Maße wie die gepreßten Granite von La Puerta (Llanganates) oder von Azafrán am Río Pastaza. Vielmehr ähnelt er den Granodioriten von Zashquín südlich von Riobamba und von Las Juntas nördlich von Loja. Seine steilen Felshänge sind in Höhen von über 3000 m malerisch zerspalten und von den Witterungseinflüssen zernagt. Risse und Sprünge, durch tektonische Wirkung und durch den Erkaltungsprozeß des magmatischen Körpers verursacht, erleichterten die tiefgehende Verwitterung.

Die Folgen der leichten Gebirgspressung verlieren sich nach Nordosten.

Wege existieren von hier ab nicht mehr. Doch bringen Einheimische den Geologen auf Tierfährten und selbstgeschlagenen **trochas** (Pfaden) nach dreiwöchentlichen Mühsalen über die etwa 70 km betragende Strecke nach Zumba.

Kurz hinter dem Bergsattel (3540 m) im Südosten von Jimbura unterbricht im Oberlauf des Isimanchi ein kurzer breiter Keil der Diabas-Porphyrit-Formation den Granit. Im Kontakt zeigt der Granit monzonitische Ausbildung. Etwas weiter entfernt vom Kontakt herrscht Quarz in der Zusammensetzung des Granits vor, und Biotit ersetzt zum größten Teil den Augit.

Von den entfernten Höhen transportieren die südlichen Zuflüsse des Isimanchi, außer dem granodiritischen Geröll, Blöcke gneisiger und migmatitischer Glimmerschiefer und helldunkel gefleckter, kristalliner Kalke.

Noch im Gebiet des Batholithen selbst ist eine Überschiebung von großer Reichweite erfolgt (Streichen N 70° E, Fallen 30° nach S 20° E). Zwischen den bewegten Blöcken ist ein Mylonit von 2 bis 3 m Mächtigkeit entstanden. Diese bedeutende Erscheinung läßt eine Verfrachtung enormer Massen auf große Entfernung vermuten. Durch den Schub, den der Batholith von NW her erlitten hat, ist er, rissig und kataklastisch auf der der Pressung entgegengesetzten Seite, in südöstlicher Richtung überschoben worden (Geologische Karte), wobei auf der Bewegungsfläche die starke Mylonitschicht erzeugt wurde.

Etwa 10 km westlich Zumba endet der Granodiorit. An seine Stelle sind kristalline Schiefer getreten, wie Migmatite und Orthogneise (Streichen N 5–10° E, Fallen 80–85° W) als charakteristische, tektonisch-petrologische Elemente der Kordillere von Zamora einschließlich ihrer südlichen Verlängerung. In der Nähe von Zumba sind gneisartige Glimmerschiefer aufgeschlossen. Die Schluchten (Quebradas) der rechten Talseite des Río Isimanchi bringen große, gerollte Blöcke des dunklen, gefleckten und gefalteten Marmors zum Fluß. Von dem Knie des Isimanchi ab, wenige Kilometer westlich Zumba, stehen porphyritische Agglomerate in Richtung zum Haupttal des Río Mayo an.

Chito-Zumba-Malacatos (Río Chinchipe-Mayo)

Die in meridionaler Richtung langgestreckte Niederung des Río Chinchipe-Mayo, flußaufwärts von Chito, südöstlich von Zumba, besteht hauptsächlich aus Porphyriten und Diabasen, so daß die Grenze, welche die Porphyrite und Diabase (westlich) von den kristallinen Schiefern scheidet, an der Westseite des Chinchipe-Mayo-Tales in derselben meridionalen Richtung entlangläuft, aber zwischen Palanumá und Palanda zur Ostseite des Tales übergeht. Weiter nach Norden zwischen Palanda und Valladolid am Südfuß des Knotens von Sabanillas, herrschen wieder die Migmatitgneise vor. Die westlichen Zuflüsse des Río Mayo schütten Gerölle von dunklem, kristallinen Marmor an.

In der Bergen des Knotens von Sabanillas bei Cruz Grande tritt ein streifiger Biotitgneis hervor und wird beim Anstieg von Achupallas von einer Abzweigung des der reduzierten Kern des Knotens bildenden Granitbatholithen unterbrochen. Am nördlichen Abstieg von der Höhe des Knotens fallen die Richtungen NE-SW auf, d. h. die dem Knoten eigenen NE-SW streichenden Strukturen, die auch alle Formationen des Zwischengebirges charakterisieren.

Von Yangana nach Norden dehnt sich die breite, von jungtertiären Sedimenten überdeckte Depression des Río Piscobamba aus. Ihre Südseite endet an den meridional streichenden kristallinen Formationen der Kordillere von Zamora (Geol. Karte).

III. Neozoikum

Nicht immer gibt es lithologisch charakterisierte Schichten, die zur Abgrenzung der großen geologischen Perioden und Ären dienen können. Im Gegenteil, in vielen Fällen haben sich Übergangsformationen entwickelt, die von einer Ära zur andern übergehen, wie es zwischen mesozoischer und neozoischer Ära der Fall ist, in engerem Sinn zwischen den Perioden der Kreide und des Tertiär: Im Oriente und der Sierra die Übergangsformation Tena und im Litoral die Formation San José-Estancia. Eine genaue Grenze ist in erster Linie in den relevanten Unterschieden der biologischen Entwicklung der Fossilien in den Sedimenten begründet, aber für die praktische Anwendung nicht geeignet.

W. & P. Kehrer (1969) haben in ihrer Arbeit über Beobachtungen zur Kreide-Tertiär-Grenze in Südwest-Ecuador eingehende Beschreibungen und neue Deutungen des bisher umstrittenen Problems gegeben: „Entgegen der in der bisherigen Literatur z. T. vertretenen Ansicht, daß der ‚Kontakt' zwischen Oberkreide und Tertiär teils eine normale Überlagerung darstelle, großenteils jedoch durch außerordentlich intensive Bruchtektonik bedingt sei, wird nachgewiesen, daß zumindest im zentralen Teil der Halbinsel Sta. Elena bis zum westlichen Rand des Beckens von Progreso zwischen Kreide und Tertiär eine markante Diskordanz besteht und daß die post-oberkretazische Landoberfläche vor der Transgression des Tertiärs ein beachtliches Relief besessen haben muß, das allmählich durch immer jüngere Tertiär-Sedimente bis einschließlich Ober-Eozän eingedeckt und durch spätere Erosion im Pleistozän wieder großenteil exhumiert wurde."

1. Tertiär

Abgesehen von den Anhäufungen vulkanischen Materials, das während des Tertiärs im Gebiet der Sierra abgesetzt wurde, zeigt ein Blick auf die geologische Karte, daß die bedeutendsten Tertiärsedimente im Litoral und im Oriente verbreitet sind. In den zwischenandinen Senken ist das Tertiär beschränkt auf den Süden des Inlandes, d. h. auf die Provinzen Cañar, Cuenca, Azuay und Loja. Diese Erscheinung erklärt sich durch die orogenen Vorgänge am Ende der Kreide und zu Beginn des Tertiärs.

Die am Ende des Mesozoikums noch wenig hohe, aber als varistische Schwelle zwischen der jüngsten Ost- und Westgeosynklinale eine wichtige Rolle spielende Cordillera Real ist im Begriff, mit der ausgehenden Kreide einen neuen orogenen Impuls zu erhalten und beteiligt sich mit ausgiebigen Erosionsprodukten an der tertiären Sedimentation im Oriente.

Im Süden war während einer gewissen Zeit die Hebungstendenz durch Senkungen unterbrochen, so daß das Meer am Ende des Tertiärs in den südlichen zwischenandinen Gebieten miozäne Sedimente ablagern konnte, wie die Sandsteine von Biblián und Azogues und die Lutite von Cuenca mit Brackwasser- bis Süßwasserfazies (LIDDLE & PALMER 1941).

Die Tertiärformationen entlang der Kordilleren von Celica und Alamor bilden die Verbindung mit dem Tertiär nördlich und südlich der Kordillere von Amotape (Perú, R. A. CHALCO 1955).

Am Ende der Kreide setzte östlich der Cordillera Real die Regression des Meeres ein als Rückwirkung der Orogenese, deren Ergebnis die Faltung der Westkordillere war, aber auch Verstärkung der Metamorphose der kristallinen Schiefer und Ausprägung einer Hebungstendenz in der Cordillera Real hervorgerufen hat.

Unterschied zwischen Ost- und Westfazies

Schon während der vorangegangenen Perioden hatte die Cordillera Real eine bedeutende Scheidelinie oder Schwelle zwischen der östlichen und westlichen Fazies der geologischen Formationen gebildet. Am Anfang des Tertiär haben die Unterschiede zwischen den Sedimenten des Oriente und des Litoral einen so starken Grad der Verschiedenheit erreicht, daß alle Formationen des Litoral vom unteren bis zum oberen Tertiär fast ausschließlich durch marine Sedimente vertreten sind. Dagegen ist im Oriente das Meer nach und nach zurückgewichen und das Festland in immer größeren Flächen aufgetaucht. Das Meer hat hinter sich die Sedimente des Brack- und Süßwassers in großen flachen Buchten oder Festlandslagunen zurückgelassen. Außerdem erbringt die durch lakustre, fluviale und äolische Aktion erfolgte Sedimentation von Sanden und Konglomeraten über weite Gebiete den Beweis der Vorherrschaft der kontinentalen Formationen, während zur gleichen Zeit im Litoral weitaus überwiegend marine Sedimente sich absetzten.

a) Das Tertiär des Litoral (Costa)

Die Bestimmung des geologischen Alters und die chronologische Eingliederung der Formationen des Litoral sind in befriedigender Weise durch die Untersuchungen der Erdölgesellschaften, vor allem durch die Geologen der I. E. P. C., ausgeführt worden. Die Ergebnisse der Erforschung mittels Bohrungen, Gravimetrie und Seismik haben die Untersuchungen an der Oberfläche wirkungsvoll ergänzt. Die folgenden Darlegungen gründen sich vorzugsweise auf die Ergebnisse der Forschungsarbeit der genannten Gesellschaften neben der anderer Autoren. Das beigefügte Schema (Tabelle 3) soll eine Orientierung über die Formationen und ihre Spezialbenennungen geben.

Provinzen →		Guayas						Manabi			Esmeraldas Westen				Esmeraldas Osten			
Geologische Perioden u. Stufen ↓	Gebiete →	Erdölfeld von Ancón	Mächtigkeiten m	Colonche, Manglar-Alto, Becken von Progreso, Puná	Mächtigkeiten m	Kordilleren von Chongon u. Colonche, Rio Paco, Pascuales, Puerto de Callo	Mächtigkeiten m	Manta, Bahia de Caraques, Jama, Coaque, Pedernales: Bergland der Küste	Manta, Bahia de Caraques, Jama, Coaque, Pedernales: Küstengebiet	Mächtigkeiten m	Galeras, Esmeraldas, Punta Ostiones, Rio Verde	Mächtigkeiten m		Mächtigkeiten m	Fußzone der Westkordillere, Rios Canandé und Cachabi	Mächtigkeiten m	Daule-Plattform	Mächtigkeiten m
Quartär		Tablazos	5-40	Tablazos	20-60			Tablazos	Tablazos									
Pliozän				Puná				Jama	Canoa Jama D	50-100			Cachabi		Punta Gorda			
Miozän	Oberes			Lechusa Fb-Fl, Placer, Cerromalo					Borbón Fb C D	800	Galeras Fn, Borbón Fb C D	150/700	Borbón Fb C D	500	Borbón Fb C D	300	Daule Fsbl	
Miozän	Mittleres			Progreso Fb	Variabel bis zu 2000				Progreso Bahia	500	Playa Gr.		Playa Grande Fsbl	200/300	Playa Grande Fsbl	250/500	Daule Fsbl	1000
Miozän	Unteres			Subibaja Fb	550				Charapotó Fra - Fsbl	100/800	Onzole Fsbl	210/400	Onzole Fsbl	220/530	Onzole Fsbl			
Oligozän	Oberes			Dos Bocas Fn Fra; Mio-Gypsinen-Kalk Fri					San Agostin C		Angostura Fsbl C D	250/450	Angostura Fsbl - Fri D	300	Angostura Fsbl	100/450		
Oligozän	Mittleres			Dos Bocas Rodéo, La Cruz	1000/2000				Tosagua Fn - Fsbl	1500	Viche Fn Fri	400/800	Viche C Fn-Fri D	800/1000	Viche C Fn-Fri D	900		
											Chumundé Fra	500	Pambil	200	Pambil	700		
Oligozän	Unteres	Ancón Point Sandstone Fb-Fsbl C	100/200	Zapotal Fb, Posorja Fb	1500/3000			Punta Malpaso Fri	Manta Fri		Playa Rica Fn+Fra C		Playa Rica D Fn - Fra	800	Playa Rica D Fn - Fra	800		
Eozän	Oberes	Seca-Shales Fn + Fra, Punta Mambra Fri	300	Salanguilla Fri, Jusá Shales Fn + Fra (Gruppe Ancón)	1000				San Mateo Fra C		Zapallo Fn - Fri	300	Zapallo Fn	200	Zapallo Fn	1000		
Eozän	Mittleres	⚒ Socorro Beds Fn + Fra; Claypebble Beds, Middle Grits Fl	500; 300	Jabita Fri; San Eduardo Fra Fri	2800	Jabita Fri, San Eduardo Fri	200	San Eduardo Fri	San Eduardo Fri		San Eduardo C Fri D		Santiago C Fri		Santiago (Kalksandstein) C Fri D	500		
Eozän	Unteres	Atlanta Shales Fb; ⚒ Atlanta Sandstone Fb	800; 1100	Engabao Fn + Fri; Chanduy Fn + Fsbl	1000; 2000	Formation Azucar												
Paleozän Dan		San José Shales Fn; ⚒ San José Sandstone Fb	120; 1055	Estancia Fn - Fsbl	2000	Formation Azucar												
Kreide	Maastricht	La Puntilla Guayaquil Fra	700	Guayaquil Fra		Guayaquil Fri + Fra	500/650	Guayaquil Fra			Guayaquil Fra							
Kreide	Senon, Turon					Callo Fra	3000	Callo Fra			Callo Fra				Callo Fra		Callo Fra	
Kreide	Cenoman					Calentura Fn + Fra	10	Calentura Fn + Fra			Calentura Fn + Fra				Calentura Fn - Fra			
Kreide	Neokom					Piñón		Piñón	Piñón		Piñón		Vulkanisches Basament		Intermediäre Vulkanite: Porphyritisch, kompakt und agglomeriert		Piñón	

Legende

Fazies:
brackisch = Fb
neritisch = Fn
Riff = Fri
Radiolarien = Fra
sublitoral = Fsbl
litoral = Fl

C = Konglomerat
D = Diskordanz

Tabelle 3. Schema der tertiären Formationen des Litoral. Zeichn. W. SAUER

Aus diesem Schema geht hervor, daß sich die tertiären Sedimentationen nördlich und südlich des gebogenen Bergzuges der Kordilleren von Chongón und Colonche wesentlich unterscheiden, und zwar sind in der südlichen Zone die Stufen des unteren Eozän und des

Paleozän gut entwickelt, dagegen fehlen sie im Norden entweder ganz oder beschränken sich auf geologisch eigenartig schmale Streifen.

Aus der geologischen Karte ist die beträchtliche Verbreiterung des Litoral vom Golf von Guayaquil ab bis zur Nordgrenze des Landes ersichtlich. Ihr fester Kern besteht nach den geologischen Beobachtungen aus einer Art halbkreisförmigen Vorsprungs der alten paläozoischen Landmasse und trägt jene große Fläche des Litoral, die von den niederen Küstenkordilleren und Erhebungen auf ihrer Nordwest- und Südwestseite eingefaßt ist. Wegen ihrer geologischen Bedeutung wird sie **Plattform von Daule** genannt nach dem Namen des Hauptflusses der Gegend. Nach den Ausführungen von J. G. Marks (1956) ist während des Eozäns die Plattform von Daule Festland gewesen (Abb. 5 Eozänmeer).

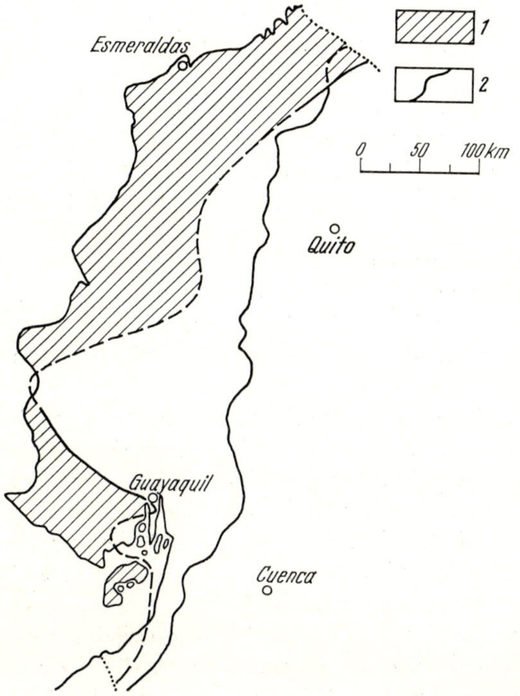

Abb. 5. Maximale Ausdehnung des Eozän-Meeres in West-Ecuador (nach Marks, 1956). 1. Marines Eozän. 2. Westabfall der heutigen Kordillere.

Die unvollständige Umrahmung der Plattform selbst setzt sich wie folgt zusammen:

Im Norden springt aus der Westkordillere der Abzweig, die Kordillere von Toisán in WSW-Richtung hervor, auf die nördlichen Berge Coaque und Jama der Provinz Manabí zu. Nach Süden folgen an der Küste entlang bei Bahía de Caraques die Hügel von Canoa und Bálsamo, westlich von Portoviejo die Berge von Hojas mit dem Doleritneck „Montecristi" und in südlicher rudimentärer Fortsetzung die Erhebungen von Jipijapa und San Vicente. Der südliche Teil der Plattform ist von der Innenseite des Kordillerenbogens Chongón-Colonche begrenzt, von der Küste ab bis zum Río Guayas, an dessen gegenüberliegendem Ufer die Hügel von Durán und der Berg von Samborondón als letzte

Zeugen die ehemalige Verbindung mit der Westkordillere anzeigen, einer Verbindung, die unterbrochen wurde durch die bei der Hebung der Westkordillere erzeugte Senkung der Depression zwischen dem Río Guayas und der Westkordillere.

Der bergige Saum der Plattform entstand durch den Druck der frühtertiären Orogenese gegen den Rand der widerstandsfähigen Plattform. Derselben Ursache verdanken die Schichten bei Azucar und Estancia im Gebiet südlich der Kordilleren von Chongón und Colonche zwischen Chanduy und El Morro Faltung und Hebung.

Die Plattform stellt ein Segment des pimitiven Kontinents dar, auf dem sich die Lavadecken und Agglomerate der Formation Piñón abgesetzt haben und so eine starre Platte entstehen ließen. Die gravimetrischen Untersuchungen haben einen **Überschuß an Schwere** im Untergrund der Dauleniederung nachgewiesen und das Vorhandensein der schweren und kompakten Plattform mit der Decke der diabasischen Gesteine der Formation Piñón bestätigt, die nur von einer leichten, relativ dünnen Schicht von losen jungtertiären und quartären Sedimenten überlagert wird. Von ihrem äußeren Saum oder Rand senkt sich der submarine Sockel zum schwachgeneigten Meeresgrund des Schelfs hinab.

In dem Maße, wie sich die Plattform während des Tertiärs in epirogenetischer Bewegung gesenkt hat, überflutete das Meer nicht nur den Abhang um den Sockel der Plattform herum, sondern auch die Flächen landeinwärts und lagerte die marinen Schichten unter den lokalen und regionalen, physiographischen Bedingungen ab, welche die entsprechenden Fazies erzeugt haben.

Das Fehlen der unteren Stufen des Frühtertiärs beweist, daß die Transgression über die Plattform erst vom mittleren Eozän ab begann. Die Bildung von kalkigen Klippen und Konglomeraten als Basis der Kalksteine des mittleren Eozäns weist auf den früheren Stand des Kontinentalrandes der Plattform und die Wirkung der folgenden Transgression hin.

Der östliche am Fuß der Westkordillere liegende Streifen der Plattform wurde von der Transgression erst am Ende des Oligozäns erreicht, so daß die Plattform hier nur von Sedimenten des Miozäns bedeckt ist. Im Quartär setzte sich die Absenkung ihres Oststreifens fort, während in einer Schaukelbewegung der große, westliche Teil der Plattform und ihre äußeren Ränder aus dem Meer auftauchten. Auf diese Weise war eine weite, nach Nordosten offene Einbuchtung entstanden, die nach Südwesten und Süden in den Kordilleren von Chongón und Colonche ihre Begrenzung fand.

Die Senkungsbewegungen, örtlich und zeitlich von kurzen Hebungsperioden unterbrochen, dauerten während des Restes des Paleozäns und Känozäns an. Da dieser Prozeß fortwährender Senkungen sich nicht nur im tertiären Küstengebiet Ecuadors vollzog, sondern auch auf die Küsten Kolumbiens und Perús übergriff, meint W. E. Nygren (1950), daß es sich um eine wahre Geosynklinale gehandelt habe, der von ihm genannten Bolívar-Geosynklinale.

Fossilien des Tertiärs

Es sollen vor allem für die Altersbestimmung wichtige pelagische Foraminiferen aufgezählt werden, die von R. M. Stainforth auch „time-markers" (1948) genannt wurden.

Ordnung: Foraminiferen

Familie: Globigerinidae

Subfamilie: Globigerininae

Genus: *Globigerina*

Species:

G. danvillensia Howe & Wallis	Mittleres und oberes Eozän
G. wilsoni (?) Cole 1927	Mittleres und oberes Eozän
G. triloculinoides (?) Beck	Radiolarien-Fazies
G. aff. *buloides* d'Orb.	Oberes Eozän bis mittleres Oligozän
G. cf. *concinna* Reuss 1850	Oberes Eozän bis mittleres Oligozän
G. venezuelana Hedberg	Oligozän bis mittleres Miozän
G. dissimilis Cushman & Berm.	Eozän, Oberste Stufe bis Oligozän
G. digitata Brady 1879	Oberes Oligozän
	Genus: *Globigerinoides*
G. conglobata Brady	Mittleres Oligozän
G. triloba Reuss 1850	Oberes Oligozän und Miozän
	Genus: *Globigerinatella*
G. insueta Cushman & Stainforth	Mittleres und oberes Oligozän
	Genus: *Globigerinella*
G. aequilateralis Brady 1879	Oberes Oligozän und unteres Miozän
	Genus: *Hastigerinella*
H. eocenica Nutt.	Mittleres und oberes Eozän
	tuffige Radiolarien-Fazies
	Subfamilie: *Pulleniatininae*
	Genus: *Pulleniatina*
P. obliquiloculata Barker & Jones	Oberes Miozän, neritische Fazies
	Genus: *Sphaeroidinella*
S. dehiscens Parker & Jones	Miozän
	Subfamilie: Candeininae
	Genus: *Candorbulina*
C. universa Jedlitschka	Oligozän bis Miozän
	Familie: Globorotalidae
	Genus: *Globorotalia*
G. centralis Cushman & Bermudez	Oberes Eozän bis mittleres Oligozän
G. barissanensis leroy	Mittleres und oberes Oligozän
G. praemenardii Cushman & Stainforth	Oberes Oligozän
G. canariensis d'Orb. 1839	Oberes Oligozän und Miozän
G. menardii d'Orb. 1826	Grenze zwischen Oligozän und Miozän
G. fijensis & *multicam.* Cushman & Jarvis	Mittleres Miozän, neritische Fazies

Unter der großen Zahl der bentonischen Foraminiferen, die auf dem Meeresgrund leben, gibt es viele, die zur Begrenzung der Stufen des Tertiärs im Litoral verholfen haben. Die Gattungen *Robulus, Bolivinita, Uvigerina, Syphogenerina, Rotalia, Hantkenia* und andere lieferten eine lange Liste von genügend, auf bestimmte stratigraphische Horizonte und Serien beschränkte Arten, so daß sie als time markers gelten konnten (R. M. Stainforth 1948).

Die größeren Foraminiferen des Tertiärs von der Halbinsel Sta. Elena sind von einigen Autoren untersucht worden. Aus der Veröffentlichung von Th. Vaughan (1937) wurde folgende Zusammenfassung entnommen:

Mittleres Eozän

Guayaquil (San Eduardo limestone):

Discocyclina anconensis Barker
D. sheppardi Barker
D. sp. indet.

Middle grits
D. anconensis BARKER
D. sheppardi BARKER

Clay pebble bed
Operculina ocalana CUSHMAN
O. floridensis HELLPRIN
O. numilitiformis L. RUTTEN
Lepidocyclina r. dovillei LISSON
L. peruviana CUSHMAN
Gypsina globulus REUSS

Mittleres und oberes Oligozän

Miogypsina ecuadoriensis Tan.
Amphistegina sp.
Lepidocyclina (Nephrolepidina) sp.

Die tertiären Fazies des Litoral (Costa)

Eine tuffige Radiolarien-Fazies hat besondere Aufmerksamkeit erregt, da sie sich in allen Stufen der marinen Sedimente vom mittleren Eozän bis zum mittleren Miozän wiederholt hat. Bestimmte Fossilien von Radiolarien und Mollusken deuten auf eine kalte Umwelt in diesem Faziesbereich hin. Das Fehlen pelagischer Warmwasser-Foraminiferen und ihre Vernichtung längs der Grenze der Radiolarien-Fazies beweist ebenso, daß ehemals in dieser Zone kalte Temperatur geherrscht hat.

Wie im folgenden noch erörtert werden soll, kennzeichnet die eigenartige Radiolarien-Fauna den früheren Verlauf einer kalten, antarktischen Meeresströmung, die mit dem gegenwärtigen Humboldtstrom zu vergleichen ist und eine pelagische Fazies repräsentiert hat, deren Sedimente sich als tuffige, feingeschichtete, teilweise kieselige Lutite mit Zwischenlagerungen von konglomeratischen Sandsteinen erweisen. Der Tuffgehalt ist jedoch noch kein charakteristisches Merkmal, weil die tertiären klastischen Sedimente häufig tuffhaltig sind, jedoch sind es die Sedimente der Radiolarien-Fazies immer. Von entscheidender Bedeutung ist die Tatsache, daß ihre Mikrofauna an Radiolarien sehr reich ist und Foraminiferen vollständig fehlen. Dazu kommt noch, daß im Süden des Litoral die Sedimente der Radiolarien-Fazies sich durch Fossilien einer Megafauna von typischen Mollusken der Gattungen Thyasina, Asilia, Lucina und noch anderen, kaltes Wasser liebenden Mollusken kennzeichnen. Außerdem erscheint diese Fazies der früheren kalten Strömung immer westlich der normalen marinen Fazies entwickelt, d. h. meereinwärts.

Der seitliche Übergang zu anderer Fazies vollzieht sich plötzlich, durch jähen Wechsel der Fauna, kommt aber nicht scharf in der lithologischen Zusammensetzung der Sedimente zum Ausdruck. In verschiedenen Stufen wurden Übergänge der Radiolarien-Fazies zu normaler neritischer, sublitoraler und brackischer beobachtet, was zur Vorstellung zwingt, daß die Radiolarien-Fazies unabhängig von der Meerestiefe entstehen kann. Diese letztere ist ein entscheidender Faktor beim Zustandekommen der übrigen Faziestypen. Deshalb kann die Radiolarien-Fazies auch nicht als Anzeichen einer Tiefenzone im normalen Sinn betrachtet werden.

Die Fossilien von charakteristischen Radiolarien und Mollusken einer kalten Umgebung, das Fehlen pelagischer Warmwasser-Foraminiferen und ihre Vernichtung entlang den Grenzen der Radiolarienfazies sind klare Anzeichen kalter Temperatur im Bereich dieser Fazies.

Zusammengefaßt hat sich ergeben, daß die lithologischen Formationen der Radiolarienfazies Sedimente verschiedener Meerestiefe, einschließlich seichter Buchten umfassen, und daß pelagische wie auch benthonische Foraminiferen aus dem Bestand der fossilen Fauna der Radiolarienfazies ausgeschlossen sind.

R. M. Stainforth (1948) hat im Litoral die Radiolarienfazies vom mittleren Eozän (obere Stufe) bis zum mittleren Miozän festgestellt. In diesem langen Zeitabschnitt ist die Fazies fast ohne Unterbrechung in den Gebieten östlich der jetzigen Küstenlinie nachweisbar mit wechselnder Verbreitung nach Osten je nach den paläogeographischen Veränderungen.

Nur während eines kurzen Intervalls im oberen Oligozän fällt die Radiolarienfazies im Litoral selbst aus, d. h. die kalte Strömung hatte ihren Verlauf mehr nach Westen meereinwärts von der gegenwärtigen Küstenlinie in einer Lage genommen, die dem jetzigen Verlauf des Humboldtstroms entspricht. Es kann angenommen werden, daß sich die Strömung auf nur verhältnismäßig geringe Entfernung seewärts verlagert hat, weil sich noch auf der Landseite die starke Verringerung der pelagischen Foraminiferen bemerkbar macht, in diesen nicht gegen den Einfluß der benachbarten antarktischen Strömung geschützten Zonen.

Mit dem Auftauchen der Küstenstriche des Litoral am Ende des Tertiärs und zu Beginn des Quartärs blieb der antarktische Strom endgültig nach Westen abgelenkt, um außerhalb der Gebiete des Litoral seinen jetzigen Verlauf zu nehmen.

Das Litoral südlich der Kordilleren von Chongón und Colonche

Die **Bruchsenke von Progreso** ist das bedeutendste Strukturelement dieses Gebiets. Sie war zwischen den alten Formationen des Tertiärs auf Verwerfungen abgesunken, welche die Senke nach Westen in nordwestlicher Richtung und nach Osten in einer der Richtung der Kordillere von Chongón angepaßten Westnordwest-Richtung begrenzen (Geol. Karte). Sie wurde von marinen tertiären Sedimenten angefüllt und zum Schluß von oligozänen und miozänen Ablagerungen bedeckt. Zu ihren Rändern hin erscheinen die immer älteren Formationen in Anordnung einer tektonischen Treppe. Die alten Serien des mittleren und oberen Eozäns umgeben die Senke.

Paleozän und unteres Eozän

Beides ist an der Oberfläche zwischen Guayaquil und Sta. Elena in der Umgegend von Azucar und Engabao, d. h. in den Bergen Anima, Alto und Verde, dazu noch an der südwestlichen Küste der Halbinsel in den Bergen Estancia und Chanduy verbreitet.

Die Anglo-Ecuadorean Oilfields Ltd. von Ancón hat Formationen des Paleozäns und der oberen Kreide mit ihren Bohrungen in Tiefen von mehr als 3000 m festgestellt.

Unter der Bezeichnung **Formation Azucar** wurden von der I. E. P. C. die Stufen **Estancia des Paleozäns** mit Einschluß des Dan (obere Kreide) und die Stufen Chanduy und Engabao zusammengefaßt. Die Untersuchungen der Mikrofauna haben H. E. Thalmann ermöglicht, das Alter dieser Stufen zu bestimmen (1946a). Die Schichten der **Formation Estancia** des Paleozäns und Dans erscheinen mit ziemlich steilem Einfallen in den Bergen von Estancia und Azucar auf beträchtlichen Flächen 20 km südwestlich von Guayaquil und bilden einen tektonischen Komplex von vielfacher Bruchfaltung. Sie bestehen aus fein geschichteten, glimmrigen, sporadisch kohligen Sandsteinen. Tuffiges Material, so charakteristisch für die späteren tertiären Formationen, ist nicht vorhanden. Nur die Gattung der Foraminifere Rhezakina hat eine für die Altersbestimmung der Schichten benutzbare Art geliefert, die wahrscheinlich bis zum Dan hinab existiert. Die erwähnten analogen Schichten hat die Anglo-Ecuadorean-Oilfields Ltd. als Sandsteine und geschichtete Lutite von San José (San José sandstones and San José shales) bezeichnet. Sie wurden in den tiefsten Bohrungen gefunden und mit der Formation Estancia wegen ihrer lithologischen Übereinstimmung und gleichem Gehalt an Foraminiferen in Beziehung gebracht.

Die an sandigen, gewöhnlich deformierten Foraminiferen arme Faunenassoziation zeigt nach H. E. Thalmann (1946a), daß die Sedimente einer wenig salzigen Fazies entsprechen mit Ausnahme der marinen Lutite von San José (San José shales) von Ancón.

Die Schichten von Chanduy (untere Stufe des unteren Eozäns) bilden mit steilem Einfallen die Berge von Azucar und Chanduy. Sie setzen sich zusammen aus Serien von grauen, normal harten, massigen Sandsteinen und kieseligen Sandsteinen, die mit quarzitischen Konglomeraten und weniger harten, dünnbankigen schwarzen Lutiten wechsellagern und Zwischenschaltungen von grauen Sandsteinen enthalten. Sie entsprechen dem Atlanta Sandstone des unteren Eozäns aus den Tiefbohrungen im Ölfeld von Ancón.

Die Schichten von Engabao (untere Stufe des Eozäns) umfassen weiche, kompakte Sandsteine von bräunlich-grauer Farbe mit Absonderung in Form von Kanonenkugeln, vorwiegend dünnschichtige Lutite im Wechsel mit gut geschichteten Sandsteinen und quarzitischen Konglomeraten in Konkordanz mit den Atlanta shales. Sie stehen an in den Bergen von Estancia und ihren Ausläufern bei Engabao.

Die I. E. P. Co. fing in einer ihrer bis zu dieser Formation reichenden Bohrungen geringe Mengen von Öl auf in nicht kommerziellen Quantitäten.

Mittleres Eozän

Im Gebiet von Ancón war schon längere Zeit die interessante, von den Geologen der Anglo-Ecuadorean Oilfields Ltd. Clay pepple bed genannte Formation bekannt, deren Ausbisse bei Ancón dem Steilabfall der Küste entlang leicht zugänglich sind. Sie stellt eine Art tonigen Mylonits von sehr variabler Mächtigkeit (30 bis 350 m) dar, entstanden durch die Abschiebung eines enormen Sedimentpakets von geschichteten Lutiten und Sandsteinen von Tausenden von Metern Mächtigkeit, das über eine ursprünglich wenig geneigte Dislokationsfläche meerwärts abgeglitten ist und hin und wieder spitzwinklig die Schichtflächen geschnitten hat, so daß die in Mitleidenschaft gezogenen Schichten zertrümmert und in eine mylonitische Agglomeration von zerschelltem, harten und zerriebenen weichen Material verwandelt wurden, derart, daß die weichen Massen eine plastische Matrix gebildet haben, welche die härteren, gerundeten Bruchstücke selbst toniger Art umschließen. Der Diskordanz-Winkel zwischen dem Clay pebble bed und den flach geschnittenen Schichten ist sehr klein und verringert sich bis zu scheinbarer Konkordanz.

Die untere Fläche des Clay pebble beds ist reichlich unregelmäßig mit häufigen Aufwölbungen und Senkungen, während die obere Fläche regelmäßiger erscheint und in spitzem Winkel die Schichtflächen des überlagernden, abgeschobenen Blocks schneidet oder sich mit ihnen in scheinbarer Konkordanz befindet.

Das Clay pebble bed ist eine Mischung von mehr oder weniger gerundeten, manchmal polierten, harten Tonbrocken in einer grauen, tonigen, durchgekneteten Grundmasse von veränderlichem Sandgehalt. Zusätzlich enthält es vereinzelte Gerölle und leicht gerundete Blöcke geschichteten Sandsteins, Foraminiferenkalke und groben, konglomeratischen Sandstein von $^1/_2$ bis 1 m Durchmesser, Bruchstücke von größeren Fossilien und wenige Foraminiferen.

Die Natur der gerundeten Gesteinsfragmente ändert sich nach dem Gesteinsbestand der zermalmten Schichten entlang der Abschiebungsbahn. Im Fortschreiten der Abschiebung sind ganze Serien verschiedener Gesteine oder Lagen nur eines Typs zermahlen worden. Durch die Verschiebung auf große Entfernungen – es handelt sich um viele Kilometer – ist ein Durcheinander der Gerölle in der Tonmasse (gigantischer Mylonit) entstanden, in der trotzdem, je nach den Verhältnissen, gewisse lithologische Typen vorherrschen können.

Auch innerhalb des abgeschobenen Blocks haben Abschiebungen in geringerem Ausmaß stattgefunden. Eingeschlossen zwischen nicht gestörten Gesteinslagen zeigen sich die Vorgänge von Faltung, Zerreibung und Knetung wie in einer konkordant zwischengelagerten, gering mächtigen Mylonitschicht, die als Schmiermittel zwischen den bewegten, harten Schichten diente.

Obwohl das clay pebble bed beträchtliche Mächtigkeiten erreicht und in großer unterirdischer Ausbreitung nachgewiesen ist, darf es nicht als eigentliche Einheit im stratigraphischen Profil angesehen werden, sondern nur als Dislokationserscheinung, die als Wirkung der Schwerkraft in der der Orogenese entgegengesetzten Richtung in Aktion tritt.

Unter ähnlichen Bedingungen haben sich im Nordwesten von Perú Abschiebungen zwischen den Sedimentserien des mittleren Eozäns ereignet (Ashley 1938).

Die Tendenz der enormen Aufstapelungen von marinen Sedimenten in der Nähe der Küste, in Richtung auf den Grund der tiefen Meeresgräben abzugleiten, ist begünstigt worden: 1. durch die leichte Neigung der Schichten nach dem Graben hin, 2. durch die mächtigen Tonschichten in den unteren Abschnitten der bewegten Pakete, 3. durch das enorme Gewicht des bewegten Sedimentstapels von vielen hunderten, ja tausenden Metern Mächtigkeit, und 4. durch das Fehlen der Möglichkeit, auf dem Meeresgrund, der in ständigem Absinken den abgleitenden Massen nachgab, einen festen Halt zu finden.

Noch in der Gegenwart machen sich diese Tiefseegräben entlang der Westküste des Kontinents durch ihre ausgesprochen starke Erdbebentätigkeit als aktive Tektogene (mobile Zonen) bemerkbar.

Das clay pebble bed der Halbinsel Santa Elena im Ölfeld von Ancón schiebt sich einesteils allmählich über dünngeschichtete Lutite, andernteils über middle grits genannte Sandsteine und ist durch Blockfaltung in derselben Weise wie die Sedimentformationen gestört, die das clay pebble bed beherbergen. Folglich hat es keinerlei genetische Beziehungen zu den orogenen Bewegungen, welche die tertiären Formationen in Blöcke zerlegten und deren Stellung änderten, besonders in vertikalem Sinn.

Die Bohrungen des Ölfeldes von Ancón haben unter dem clay pebble bed die Formation der middle grits genannten Sandsteine nachgewiesen, die die untere Stufe des Mitteleozäns darstellt. Dagegen erscheinen über dem clay pebble bed die socorro beds (Sheppard 1937) und zeichnen sich aus durch die asphaltölführenden Sandsteine, die keilförmig den dünnbankigen Lutiten zwischengelagert sind und sich durch den Gehalt an Foraminiferen der Gattungen Lepidocyclina und Orbiculina charakterisieren. Die gleichen Foraminiferen finden sich auch in den unteren Stufen der sogenannten Gruppe Ancón, südlich der Berge von Azúcar, derart daß die Formation Azúcar gleichzustellen ist mit den socorro beds.

In der Zementfabrik „Roca fuerte" von San Eduardo bei Guayaquil werden die Kalksteine der Zone Caliza de San Eduardo oder Guayaquil-limestone (G. SHEPPARD 1937) verarbeitet. Sie bilden einen Teil der Südflanke der Kordillere von Chongón in Längsausdehnung von etwa 30 km westlich der Zementfabrik. Sie setzen sich zusammen aus massiven Kalksteinbänken mit Foraminiferen der Discocyclinen-Gattung und Korallenbruchstücken (Riffazies) mit Zwischenschaltungen von kieseligen Lutiten. Das Maximum an Mächtigkeit wird mit 300 m erreicht.

Die San-Eduardo-Kalke überlagern transgredierend die Kreideformationen Guayaquil und Callo der Kordilleren Chongón und Colonche.

Kalksteingerölle der clay pebble beds enthalten eine Foraminiferen-Assoziation von Discocyclina-Operculinoides-Helicolepidina (STAINFORTH 1948) und lassen so Züge derselben Riffazies der oberen Stufe des mittleren Eozäns erkennen. Eine gleiche Fauna kennzeichnet den Kalk von Javita, der mit Unterbrechungen entlang der Südwestflanke der Kordillere von Colonche entwickelt ist.

Eozän-Miozän-Transgression

Die erwähnten Anzeichen einer **Riffazies** bestätigen das transgressive Überfluten des Eozän-Meeres über die südlichen und westlichen Ränder der Plattform von Daule, des Teiles des Kontinents, der sich zwischen oberer Kreide und mittlerem Eozän ohne Meeresüberdeckung befunden hatte (als Festland während dieses Zeitabschnitts). Mit dem mittleren Eozän aber setzte die marine Transgression ein und breitete sich aus im Gebiet von San Eduardo (bei Guayaquil) und in der Gegend von Salanguillo, wo der Orbitoiden-Sandstein von Javita (15 km östlich des Ortes Colonche) als Riffazies des mittleren Eozäns aufgeschlossen ist.

Die Riff-Formationen des mittleren Eozäns erscheinen auch im Gebiet von Manta als Orbitoiden-Sandstein in der Punta Tinosa, 12 km östlich von Manta, und als Riffkalke in der Punta Ostiones, 30 km ostnordöstlich von Esmeraldas, weiter am Río Verde, 25 km südöstlich von Esmeraldas, und am Oberlauf des Río Santiago (Provinz Esmeraldas).

Auf diese Weise wurde vom mittleren zum oberen Eozän der größte Teil des äußeren, westlichen Randes der Plattform von Daule von der beginnenden Transgression erreicht. Später im Verlauf der fortschreitenden Senkung der Plattform breitete sich die Transgression nach Osten aus, um während des Miozäns den Fuß der neu entstandenen Westkordillere zu erreichen.

Oberes Eozän

Die Transgression des Tertiärmeeres war im oberen Eozän weiter fortgeschritten. Das beigefügte Kärtchen (Eozänmeer, Abb. 5) zeigt seine Grenzen im Norden und Süden bis zum Fuß der jugendlichen Westkordillere.

Die Riffbildungen des Kalkes von Salanguillo und der dünnschichtigen Lutite von Jusá, östlich von Colonche, gehören schon dem oberen Eozän an. Letztere repräsentieren eine von der benachbarten Radiolarien-Fazies auf ihrer westlichen Seite stark beeinflußte, neritische Fazies (R. M. STAINFORTH 1948).

Auch bei Morro, 25 km südöstlich Guayaquil, tritt am Rand der tektonischen Senke von Progreso ein beschränktes Stück von redbeds und fossilfreien Sandsteinen zutage, die dem oberen Eozän zugeschlagen wurden.

Auf der Halbinsel Sta. Elena in der Richtung zum Río Guayas erscheinen dünnschichtige Lutite (Seca shales, G. SHEPPARD 1937) als eine der Hauptformationen des oberen Eozäns.

Lithologisch handelt es sich um eine Gruppe von dünnschichtigen, ziemlich gleichförmigen, grauen bis schwarzen Lutiten mit örtlichen Zwischenlagen von dünnem Sandstein. An der verwitterten Oberfläche der Aufschlüsse ändert sich die Farbe in hellgrau und weiß. Diese Lutite zeichnen sich durch verschiedenartige Konkretionen aus, deren Ursprung G. SHEPPARD der Gesteinszersetzung zuschreibt. Er hat zeigen können, daß 1. die ursprüngliche Schichtung durch die Masse der Konkretionen durchsetzt, die bis zu 4 m lang werden, und daß 2. in den Bohrungen von 120 m Tiefe der chemische und petrographische Bestand der Lutite vollkommen von dem an der Oberfläche verschieden ist.

Durch Molekularwanderung sind in den zersetzten Lutiten Schichten von Saponit, und besonders in den Rissen und Spalten der Konkretionen Niederschläge von Gips, Hidroxyden und Oxyden von Eisen und Silex gebildet worden, wobei letzteres in hübschen, kalzedonischen Rosetten von Beekit auftritt.

Die Aufschlüsse der **Seca-Lutite (Seca shales)** finden sich in häufiger Verbreitung auf der Halbinsel Sta. Elena. Die Seca-Schlucht beim Campament des Ölfeldes von Ancón ist der typische Fundort der Formation, die sich in diesem Gebiet in östlicher Richtung entlang der Küste bis zur Punta Mambra erstreckt. Außerdem treten die Seca-Lutite in einem Küstenstreifen zwischen San Pablo im Nordosten und La Libertad und Valdivia im Nordwesten von Colonche zutage.

Die basale Fauna der Lutite, welche akzentuierte Radiolarien-Fazies haben, besteht in einer reichen Vergesellschaftung von Radiolarien mit einigen Foraminiferen: *Hastigerinella eocenica* NUTTAL und *Globigerina wilsoni* COLE. Es besteht die Tendenz des schrittweisen Übergangs zur normalen neritischen Fazies nach oben bei Valdivia an der Küste nordwestlich von Colonche, und in seitlicher Richtung nach Osten zwischen Ancón und Punta Mambra, der Südküste der Halbinsel, ebenso im Gebiet des Río Jusá (Jusá shales) 10 km ostsüdöstlich von Colonche.

R. M. STAINFORTH (1948) erwähnt, daß in der Umgebung der Punta Mambra die Lutite gelegentlich in Schichten anstehen mit einer Vergesellschaftung von Riff-Makroforaminiferen *(Lepidocyclina, Operculinoides* und *Helicostegina).*

Die Sedimente der Ostgrenze von Progreso (Senke) zeichnen sich aus durch vorherrschend grobe Sandsteine mit einer Molluskenfauna in Verbindung mit an Foraminiferen armen Lutiten an ihrer Basis. Diese Formationen werden Sandsteine von Zapotal und Posorja genannt nach den Orten ihrer typischen Aufschlüsse: 1. bei Zapotal, entlang dem nördlichen Rand der Berge von Estancia und 2. in der Umgebung von Posorja am Ästuar des Río Guayas gegenüber der Insel Puná. Es sind *Übergangsbildungen des oberen Eozän zum Oligozän,* da die basalen Lutite Foraminiferen des oberen Eozäns enthalten (STAINFORTH 1948). Dagegen wurden die Mollusken der Sandsteine durch OLSSON (1942) dem Oligozän zugeschrieben. Die Sandsteine enthalten keine Foraminiferen und gehören der sublitoralen Fazies an. Entsprechend der Mikrofauna hat R. M. STAINFORTH die Fazies der unterlagernden Lutite als brackische Fazies des seichten Meeres angesprochen.

Unteres Oligozän

Die paläogeographische Stellung des Oligozäns ist ähnlich geblieben wie die des oberen Eozäns, doch nehmen die oligozänen Formationen meist größere Flächen ein.

Südlich der Kordilleren Chongón und Colonche stehen die Schichten des Oligozäns gewöhnlich in tektonischem Kontakt mit den Eozänformationen. Ihre Verbreitung an der Oberfläche ist weniger umfangreich, weil sie größtenteils von dem späteren Miozän überdeckt werden.

Die Oligozänserien sind Sedimente detritischer Anhäufungen in Flußdeltas und im seichten Brackwasser. Sie bestehen aus groben bis feinen Konglomeraten, groben, feinen oder schlammigen Sandsteinen und Lutiten verschiedener Färbung, wie in der **Progresosenke** und an der **Punta von Ancón.**

Das tektonische Progresobecken war ursprünglich eine weite, nach Südosten offene, in die Eozänsedimente eingebrochene Bucht, nach Art eines Grabens an Staffelbrüchen an den südwestlichen und nordöstlichen Seiten des Beckens eingesunken, so daß das Tertiärmeer von Südosten in die durch den Einbruch geschaffene Bucht eindringen und auf ihrem Grund, in dem Maße ihres Einsinkens, die Oligozänsedimente absetzen konnte. Am Ende des Miozäns hört die Bewegung auf. Süßwasserfluten aus den benachbarten Höhenzügen vervollständigen die Auffüllung des Beckens bis auf den westlichen Teil, wo noch die oligozänen Formationen Zapotal und Dos Bocas unbedeckt blieben.

Die Schichten der **Formation Zapotal** (unteres Oligozän) sind in der Gegend der Ortschaft gleichen Namens aufgeschlossen und nach Westen begrenzt durch die Bruchspalten der Beckenabsenkung. Vorwiegend quarzitische Konglomerate und harte Sandsteine mit Zwischenlagen von grobkörnigem, porösen Sandstein und verfestigten Schichten von feinkörnigem Bimsstein bilden den Bestand an Gesteinen. Außerdem kommen auch dünnschichtige Lutite in Wechsellagerung mit feingeschichteten Sandsteinen vor, die gewöhnlich kieselige Pflanzenreste enthalten (STAINFORTH 1948). Alles in allem bietet die Formation den Aspekt von **Brackwasser- bis Süßwasser-Fazies.** Die weniger widerstandsfähigen Schichten sind der Erosion erlegen, und die harten Gesteine fallen als steile Erhebungen in die Augen und erheben sich über die welligen Hügel der tonigen Formation Seca (Seca shales) des oberen Eozäns.

Den Sedimentationszyklus der Gruppe Zapotal beschließen Brackwasserschichten mit fossilen Pflanzenresten und mariner Mikrofauna. Formationen dieses Typs lassen das Vorhandensein von Petroleum vermuten. Doch die Bohrungen der I. E. P. C. haben in den Schichten des Zapotal nur schwache Anzeichen von Öl und Gas gebracht.

Antere Aufschlüsse von Sandsteinen des Typs Zapotal finden sich bei Posorja (Posorja-Sandstein).

Der Steilabfall der Punta von Ancón hat nach A. A. OLSSON (1942) unteres Oligozän freigelegt, während R. M. STAINFORTH (1948) dort oberes Eozän vermutet. Da die Schichten leicht nach Süden fallen, ist die Formation mit annähernd 500 m Mächtigkeit in allen ihren Stufen aufgeschlossen. Das Basalkonglomerat lagert nach der Meinung von A. A. OLSSON als unterste Stufe in Diskordanz dem oberen Eozän auf. Nach Süden erscheinen tafelige Sandsteine, dünnschichtige Lutite und der massive Sandstein mit sphärischen Konkretionen von 0,20 bis 1,20 m Durchmesser; es folgen in Wechsellagerung Sandsteine, Lutite und als oberste Stufe der sogenannte „weiße Sandstein von Ancón“ am Südende der Punta.

Mittleres und oberes Oligozän

Nördlich und südlich der Ortschaft Dosbocas, 40 km östlich von Sta. Elena, lagert über der Formation Zapotal eine Serie von dünnschichtigen Lutiten, die als **Formation Dos Bocas** bezeichnet wird. Außer charakteristischen langen, dolomitischen Konkretionen schalten sich rhythmisch tuffige Lutite von Radiolarien-Fazies ein, Lutite mit Diatomeen und Lutite mit den der neritischen Fazies eigentümlichen Foraminiferen. Dieser Umstand beweist das Einströmen von Wassern des offenen Meeres in das Becken zumindest während kürzerer Perioden.

Ebenso treten Schichten der Formation Dos Bocas östlich der Berge von Estancia zutage.

Auf Grund von Änderungen der Mikrofauna wurden örtlich die Schichten Rodeo, La Cruz und Subibaja von der Formation Dos Bocas abgetrennt. Die letztere befindet sich in vorgeschrittenem Übergang zum Miozän und gehört schon zum größten Teil dem unteren Miozän an.

An der Küste zwischen Valdivia und Punta Ayanga, nahe bei San Pedro, wenige km westnordwestlich von Colonche, kennzeichnen Reste von kalkigen Klippen mit Miogypsina den beginnenden Übergang des oberen Oligozäns zum Miozän. Sie zeigen das Ende der epirogenen Bewegung an, die während des mittleren Oligozäns für einige Zeit ausgesetzt hatte.

An anderer Stelle, zwischen Nebenflüssen des Río Jusá, etwa 10 km östlich von Colonche, finden sich Anhäufungen von groben Geröllen des Miogypsinenkalkes.

Miozän

Das Meer des unteren Miozäns hat ungefähr dieselben weit ausgedehnten Flächen bedeckt wie die des oberen Oligozäns. Da aber die epirogenen Senkungen sich fortsetzten, drangen die Meerestransgressionen weiter ins Land ein. Doch wurden die Höhen der Kordilleren von Chongón und Colonche und ihre rudimentäre Fortsetzung nach ESE, d. h. die Berge von Masvale und Taura, noch nicht überflutet.

Diese Berge und die Bergzüge von Azúcar und Estancia-Engabao, südlich der eben genannten Kordilleren, waren durch Faltung und Hebung zu Beginn des Tertiärs im Intervall zwischen oberem Eozän und unterem Oligozän entstanden als Rückwirkung der tektonischen Vorgänge der Hauptorogenese (laramisch) der Westkordillere.

Dasselbe gilt von den Erhebungen an der Küste der Provinzen Manabí und Esmeraldas. Allen erwähnten Höhenzügen und Kordilleren fehlen miozäne Sedimente.

Während des Miozäns verschwindet die neritische Fazies der marinen Sedimente vollständig und wird durch sublitorale Fazies, vorzugsweise durch die des sich aussüßenden Meerwassers (Brackwasser) ersetzt, da sich zu dieser Zeit die letzte Auffüllung der restlichen Buchten und Niederungen des Meeresgrundes vollzog. Es überwiegen Absätze der Flußmündungen, der Küstennähe und des Flachmeeres, welche die letzte Meeressedimentation in der ganzen Ausdehnung der gegenwärtigen Fläche des Litoral darstellen. Gleichzeitig wurde die Hebung auf eine den gegenwärtigen Höhenlagen ähnliche abgeschlossen.

Die miozänen Formationen haben relativ geringfügige tektonische Störungen erlitten. Sie zeigen Biegungsdeformationen (Ondulation) und schwaches Einfallen, daneben Verschiebungen durch normale Verwerfungen im Gegensatz zu den älteren Serien in Blockfaltung.

Unteres Miozän: Das Miozänmeer hat die Höhen des Westrandes des tektonischen Beckens von Progreso nicht erreicht (A. A. Olsson 1942) und ebensowenig die Gebiete westlich davon. Es ergibt sich daher keine Erklärung dafür, daß im Becken die **Formation Subibaja** des unteren Miozäns aus klastischem, den Gebieten westlich des Beckens entstammenden, dem Becken zugeführten und flachmeerisch abgesetzten Material entstanden sein sollte. Vielmehr ist mit R. M. Stainforth (1948) anzunehmen, daß der Schichtenkomplex aus grauem Sandstein, sandigen Lutiten und tonigen Sandsteinen mit zwischengelagerten Tonschichten von typischer Brackwasser-Fazies sich durch Einflutung in die nach Südosten offene Bucht gebildet hat.

Mittleres Miozän: Die Formation Subibaja des unteren Miozäns wird konkordant von den Sedimenten der **Formation Progreso** überdeckt und zeigt dieselbe brackische Fazies. Das Progreso stellt die letzte Ausfüllung des Beckens dar, besteht aus feinkörnigem, weichen Sandstein, dünnschichtigem Lutit mit kleinen Sandstein- und Konglomeratgeröllen und Einschaltungen von reinem Bentonit oder bentonitischen Schichten.

Oberes Miozän und Pliozän: Miozäne Sedimente finden sich auch auf der Insel Puná. Vielfach sind sie von Tablazos des Quartärs bedeckt. In der Mitte der Insel erscheint eine kleine Partie des oberen Oligozäns (Dos Bocas) neben einer größeren Fläche der Formation Progreso des mittleren Miozäns, die im nordwestlichen Teil der Insel überlagert wird von der Formation Cerro Malo des oberen Miozäns. Am Rand des Berges treten die lokalen Formationen Placer (oberes Miozän), Präpuná und Puná des Pliozäns zutage.

Die Hügel des südwestlichen Teils der Insel bestehen aus plio-pleistozänen, geschichteten Sanden und Tonen mit der Bezeichnung: Formation des unteren bzw. oberen Lechusa.

Die miozänen Formationen der Insel setzen sich aus sandigen und etwas tonigen Sedimenten, Lutiten mit vulkanischen Agglomeraten an ihrer Basis zusammen, alles nur wenig verfestigt.

Die Gesamtmächtigkeit der Miozänsedimente des Progreso-Beckens steigt bis auf mehr als 2000 m an.

Während des Miozäns ist das Becken immer nach Südosten offen geblieben, und deshalb gleicht die fossile Mollusken-Fauna der Fauna des Nordwestens des benachbarten Perús in viel höherem Grade als der Fauna von Panamá.

Das Litoral nördlich der Kordilleren Chongón und Colonche

Aus der stratigraphischen Übersicht (Tabelle 3) des Tertiärs ist ersichtlich, daß nördlich der Kordilleren Chongón und Colonche die Formationen des *Paläozäns und unteren Eozäns fehlen,* d. h. in der ganzen Ausdehnung der Plattform von Daule und in dem Gebiet der Provinz Esmeraldas.

Die Formationen der oberen Kreide und die Vulkanite der Piñón-Formation tauchen in Aufschlüssen am Fuß und in den nördlichen Ausläufern der Kordilleren Chongón und Colonche auf, wie auch vereinzelte Aufschlüsse des Piñón in den Bergen der Küste der Provinz Manabí. Letztere sind Erhebungen, die ihre Verbindung mit Unterbrechungen in nordöstlicher Richtung zu den südwestlichen Ausläufern der Kordillere von Toisán und auf diese Weise mit der Westkordillere haben. Sie treten zutage als Vorposten im

Gebiet des Río Verde südöstlich von Esmeraldas. Doch erscheinen an all diesen Stellen keine Formationen des Paleozäns oder Eozäns, wie es gewöhnlich im Süden der Kordilleren Chongón und Colonche der Fall ist, wo sie sich transgressiv der oberen Kreide und ihrem Basament, dem Piñón, überlagern.

Diese Erscheinung zeigt an, daß die Plattform von Daule während des Paleozäns und unteren Eozän Festland gewesen ist, auch schon während der Entwicklung des Piñón am Ende des Juras und zu Beginn der Kreide. Folglich existieren keine Sedimente dieser Stufen im Innern der Plattform von Daule mit Ausnahme ihrer Ränder und einiger weiterer Meeresbuchten. Das bedeutet also, daß an ihren äußeren Abhängen sich wohl Sedimente der oberen Kreide gemischt mit Laven und Pyroklasten des Piñón haben bilden können.

H. E. Thalmann (1946a) hat erkannt, daß keine Formation des Paleozäns, weder in der Provinz Manabí noch in der Provinz Esmeraldas, zu beobachten ist, wo die ältesten Schichten, d. h. die der Kalke mit Discocyclina der Formation Santiago, den Kalken von San Eduardo bei Guayaquil äquivalent sind.

Mittleres Eozän

Mit dem mittleren Eozän beginnt die Absenkung der Plattform von Daule. Das Meer transgrediert von der nordwestlichen Küste her einen großen Teil dieses kontinentalen Segments. Das paläogeographische Kärtchen des westlichen Ecuadors zeigt die maximale Ausdehnung des Tertiärmeeres während des Eozäns.

Die Sedimente des mittleren Eozäns ruhen diskordant auf den Formationen Callo und Guayaquil der oberen Kreide und auf den basischen und intermediären Laven, Agglomeraten und vulkanischen Tuffen, die von den Geologen der I. E. P. C. in der Provinz Manabí und in den Bohrungen des westlichen Teils der Provinz Esmeraldas als Formation Piñón erklärt wurden. Im östlichen Teil der Provinz Esmeraldas grenzen die Schichten des mittleren Eozäns an die Aufschlüsse der Diabas-Porphyrit-Formation der Westkordillere. Deshalb kann angenommen werden, daß in dieser Zone die vulkanische Unterlage der mittleren und oberen Eozänschichten und die vulkanischen Gesteine der Diabas-Porphyrit-Formation identisch sind. Auch die Geologen der I. E. P. C. bemerken in ihren Berichten, daß basaltische und andesitische Laven und entsprechende Agglomerate als Vulkanite der Unterlage angesehen werden müßten. Ähnliche Formationen der Provinz Manabí sind dem Piñón zugeteilt worden. Dagegen vermeiden die Geologen in der Provinz Esmeraldas die Bezeichnung Piñón und halten aus Vorsicht die Andesite der vulkanischen Unterlage für vortertiär (= Porphyrite der Diabas-Porphyrit-Formation). Sie bestätigen auch, daß keinerlei Kenntnis besteht von den unterlagernden Sedimenten.

In der Provinz Manabí und im westlichen Teil der Provinz Esmeraldas wurden die Serien der massiven Kalke mit Zwischenlagerungen von dünnen kieseligen und tuffigen Schichten **Formation San Eduardo** genannt, weil sie der ursprünglichen Formation südlich der Kordilleren Chongón und Colonche gleichen. Eben dieser Formation werden auch die Santiago-Kalke zugerechnet.

In einem schmalen Streifen am Fuß der Westkordillere treten die Kalksteine der **Formation Santiago** zutage, an den Oberläufen der Flüsse in der Umgebung von Telembí und am Río Santiago, an dessen Oberlauf ihr typischer Fundort liegt. Ihre Existenz an anderen Punkten des Untergrunds war nicht festzustellen, da die entsprechenden Ge steine in den Bohrungen Camarones (Halbinsel Galeras), Borbón und Telembí der I. E. P. C. fehlen.

Die Kalksteine als Schichtpaket bestehen aus grauem bis graubraunem, massiven Kalkstein und Kalksandstein mit Konglomeraten nahe der Basis. Die Schichten fallen nach NW ein und ihre Mächtigkeit mißt ca. 500 m.

R. M. Stainforth (1948) teilt diese Kalke der Riffazies zu wegen ihres Gehalts an Schälchen von Helicolepidina poligyralis. Aus ihrer beschränkten Verbreitung im Untergrund folgt, daß sie als Riffbildung nur an den Rändern des Sedimentbeckens entstanden sind.

Aufschlüsse der Formation San Eduardo wurden im Küstengebiet der Provinzen Manabí und Esmeraldas festgestellt.

An der Punta Tinosa, 12 km östlich von Manta, finden sich Sandsteinschichten mit Foraminiferen *Orbitoides* (orbitoidal grits), die fossile Reste von Molluskenschalen und Foraminiferen enthalten und von R. M. Stainforth (1948) für eine charakteristische Riffazies gehalten werden.

Wahre Riffkalke erscheinen sporadisch an den Rändern der Plattform von Daule, an der Punta Ostiones, 40 km nordöstlich von Esmeraldas und zwischen den Flüssen Verde und Calope, 25 km südöstlich von Esmeraldas, wo sie auf dem kleinen Horst der vulkanischen Unterlage entstanden sind.

Das Auftreten der Riffbildung ist ein Hinweis für den Beginn der Meerestransgression über die Ränder der Plattform und weiter landeinwärts.

Oberes Eozän

Die Überflutung durch die Transgression des mitteleozänen Meeres hinterließ in großer Verbreitung Sedimente neritischer Fazies in den Gebieten der Provinzen Manabí und Esmeraldas und im nordwestlichen Teil der Plattform von Daule (Bohrergebnisse). Obwohl ihr Vorkommen an der Oberfläche nur verhältnismäßig schmale Streifen an den Oberläufen der Flüsse Río Grande, Zapallo und Santiago der Provinz Esmeraldas einnimmt, ist ihre weitere Verbreitung im Untergrund z. B. durch die Bohrungen Camarones (Halbinsel Galeras), Telembí und Borbón der I. E. P. C. nachgewiesen.

Unmittelbar auf die Santiago-Kalke sind die Schichten der **Formation Zapallo** des oberen Eozäns (Zapallo shales der I. E. P. C.) in dem Ostteil der Provinz Esmeraldas am Fuß der Westkordillere abgelagert. Die Ergebnisse der Bohrungen im Zentrum des Sedimentations-Beckens haben die diskordante Auflagerung des Santiago auf der vulkanischen Unterlage festgestellt. Am Fuß der Westkordillere überdeckt Zapallo diskordant das Santiago als langgestreckter, schmaler Streifen, der von den Oberläufen der Flüsse Zapallo Grande und Santiago und den Nebenflüssen des Río Grande angeschnitten ist. Die Schichten fallen leicht nach Nordwesten ein und bilden ein Paket von ungefähr 1000 m Mächtigkeit aus dünngeschichteten, harten Lutiten von dunkelgrauer bis brauner Farbe mit einer *reichen neritischen Foraminiferen-Fauna.*

Nach Westen wechselt die fossile Fauna derart, daß in der Bohrung Camarones (Halbinsel Galeras) dünnschichtige, kieselige und tuffige Lutite mit großem Gehalt an Radiolarien vorherrschen. Hier beträgt die Mächtigkeit nur noch 300 m, weil ein großer Teil der nichtkieseligen, von Radiolarien freien Schichten fehlt, und so die typische Radiolarien-Fazies abgebildet wird. Davon erscheint im Horst zwischen den Flüssen Verde und

Calope ein kleiner Teil als kieselig tuffige Lutite mit Radiolarien und Foraminiferen der Gattung *Hastigerinella* und *Lutite,* die den Kalkstein San Eduardo des mittleren Eozäns überlagern.

Wie früher schon erwähnt, wiederholt sich die Radiolarien-Fazies in verschiedenen Stufen und an verschiedenen Orten des Tertiärs. Nach R. M. Stainforth handelt es sich um die Spuren des Verlaufs einer kalten, antarktischen Strömung, die dem gegenwärtigen Humboldtstrom entspricht.

In der Provinz Manabí ist nach den Untersuchungen der I. E. P. C. das obere Eozän durch die **Formation San Mateo** vertreten, einer Sequenz von dünnschichtigen, feinen, halb schluffigen, halb tuffig-kieseligen Sandsteinen. Nach unten wird die Körnung der Sandsteine gröber und endet an ihrer Basis als lokales Konglomerat.

Die Berichte der I. E. P. C. nennen die Schichten der **Formation Tosagua** des mittleren Oligozäns immer als Überlagerung der Formation San Mateo, so daß zu vermuten ist, daß in der Formation San Mateo auch die von A. A. Olsson (1956) definierte Formation Manta inbegriffen ist. Nach R. Hoffstetter (1952) lassen sich mit dieser letzteren die tuffigen Lutite der „San Mateo tuffaceous shales" von R. M. Stainforth östlich der Punta Tinosa bei Manta vergleichen, der sie dem oberen Eozän zuteilt.

Wegen ihres großen Gehalts an Radiolarien weisen die San Mateo-Lutite eine charakteristische Radiolarien-Fazies auf. Nach Norden sind die Schichten umfangreich verkieselt, und deshalb könnten sie irrtümlich mit den verkieselten Lutiten der Formation Guayaquil der oberen Kreide verwechselt werden.

A. A. Olsson (1942) gibt eine ins einzelne gehende Beschreibung und erläutert, daß das San Mateo hauptsächlich aus fein- bis mittelkörnigen Sandsteinen besteht und unregelmäßig in wenig tiefem Seewasser abgesetzt wurde mit Lignitlagen und dünnen Geröllschichten, deren Mächtigkeit nach Westen beträchtlich zunimmt. Deshalb ist in dieser Richtung in jener Zeit aufgetauchtes Festland anzunehmen.

Die Gerölle bestehen aus Andesiten und Porphyriten, basaltischen Agglomeraten, kieseligen Lutiten und grünlichen Schiefern, die alle ihre Herkunft von der erodierten Formation Piñón und Callo herleiten wegen ihrer Ähnlichkeit mit den Gesteinen dieser beiden Formationen.

Unteres Oligozän

Obwohl die Mikrofossilien keine genaue Grenzbestimmung zwischen dem oberen Eozän und dem unteren Oligozän zulassen, besteht doch eine markierte Trennung teils durch ein Konglomerat, teils durch eine betonte Diskordanz an der Basis des unteren Oligozäns.

Vom Miozän abgesehen, nehmen die Formationen des Oligozäns den größten Teil des Litoral ein, hauptsächlich in den nördlichen Gebieten, wo das untere Oligozän diskordant die Formation Zapallo des oberen Eozäns bedeckt. Dort finden sich transgressive, brackische Überlagerungen. Aus dieser Feststellung geht hervor, daß eine weitgreifende Transgression stattgefunden hat nach den der orogenen Hebung folgenden Senkungen, so daß z. B. im Westgebiet der Provinz Esmeraldas, sogar die Sedimente des unteren Oligozäns fehlen.

Die Hauptformation des Ostens der Provinz Esmeraldas wird **Playa Rica** genannt nach der beim typischen Fundort gelegenen Stelle Playa Rica am Oberlauf des Río Santiago. Die bekannten Aufschlüsse an den Flüssen Río Grande, Zapallo Grande und

Santiago ziehen sich in einem langen NE-SW gerichteten Streifen hin. Nach Süden sind sie durch die auftauchenden Schichten der unterlagernden Formation Zapallo des oberen Eozäns begrenzt, von der sie durch Winkeldiskordanz getrennt sind.

Die Formation Playa Rica besteht wechsellagernd aus Orbitoides-Sandsteinen von groben und kantigen Körnern mit reicher Klippenfauna und dünnschichtigen, dunkelgrünlichen bis schwarzen Lutiten von einer normalen neritischen Fazies und erreicht Mächtigkeiten von nahezu 800 m. Die Schichten fallen nach NW ein.

Im Westgebiet der Provinz Esmeraldas findet sich örtlich ein gut entwickeltes Basalkonglomerat, das diskordant auf den Kalken der Formation San Eduardo auflagert.

Mehr nach Norden hin, an der Küste zwischen den Flüssen Verde und Mate, etwa 30 km östlich von Esmeraldas, stehen Schichten mit neritischer Fazies der Formation Playa Rica an, aber ohne die basalen Schichten mit Riffazies, und zeigen in westlicher Richtung den Einfluß einer Radiolarien-Formation.

In der ganzen nördlichen Zone des Litoral hat die Stufe des unteren Oligozäns die Tendenz zum Übergang in Zusammensetzung von Gesteinen der Radiolarien-Fazies.

Nach Süden an der Küste bei Punta Mal Pasa 4 km westlich von Manta treten ebenfalls Schichten von Riffazies zutage.

Mittleres Oligozän

Die Neigung der neritischen Fazies des frühen Oligozäns, Aspekte des Übergangs zu Radiolarien-Fazies anzunehmen, kulminiert in den lokalen Ablagerungen des mittleren Oligozäns, genannt **Formation Chumundé**. Sie breiten sich zwischen dem Río Chumundé und dem Río Verde nordöstlich von Esmeraldas aus und bestehen aus harten, tuffigen, glänzend graugrünen Schlickschichten (piedra lama) mit unregelmäßigen, an der Oberfläche durch Zersetzung entstandenen Flecken, und außerdem mit Nestern von grauer vulkanischer Asche. Auch Schichten und Streifen vulkanischen Tuffes schieben sich ein. Nach dem Gehalt an fossiler Mikrofauna handelt es sich um eine Radiolarien-Fazies. Die Schichten entsprechen einem kurzen, durch örtliche Diskordanz gekennzeichneten Hiatus in der Sedimentation, der sich an anderen Stellen an der Basis des oberen Oligozäns bemerkbar macht (Formation Angostura).

Im Osten der Provinz Esmeraldas entspricht die **Formation Pambil** ebenfalls dem mittleren Oligozän. Der Streifen ihrer Aufschlüsse lehnt sich an den Streifen der Formation Playa Rica an. Ihre Bezeichnung bezieht sich auf den Río Pambil, der zum Flußsystem Santiago-Cayapas gehört, und an dessen Steilufern Anschnitte der Formation sichtbar werden. Die Schichten von erhärtetem massigen Schlick mit Foraminiferen haben graugrüne Färbung mit unregelmäßigen, sandigen Flecken und schwellen an bis zu Mächtigkeiten von 750 m in der Gegend von Telembí. Sie überdecken konkordant die Formation Playa Rica.

In einer Bohrung der I. E. P. C. bei Borbón wird in der Tiefe von 2269–2246 m Pambil nachgewiesen, was das Fallen der Schichten nach NW bestätigt.

R. M. Stainforth (1948) hatte ebenfalls gefunden, daß die epirogenetische Senkung im Osten des Litoral unterbrochen worden war, durch ein kurzes Hebungsintervall zwischen der oberen Stufe des mittleren Oligozäns und der unteren Stufe des oberen Oligozäns. In diesem Zeitabschnitt sind sublitorale Sedimente über die Ränder des Sedimentbeckens transgrediert, um später von Sandsteinen neritischer Fazies überdeckt zu werden. In der Mitte des oberen Oligozäns wurde ein epirogener Ruhezustand erreicht, so daß im Rest des Oligozäns die Auffüllung des Beckens stattfand, im Fortschreiten von E nach W, d. h. es vollzog sich in dieser Richtung ein schneller Vorstoß der Sedimentations-Zungen, die mit detrischem Material aus den Ausläufern der Westkordillere gespeist wurden.

Die Sedimente der während der zweiten Phase des mittleren Oligozäns einsetzenden Transgression charakterisieren sich durch ziemlich gleichförmige Absätze, die sich vom Norden das Litoral über die Provinzen Esmeraldas und Manabí verbreiten, und zwar als Formationen Viche und Tosagua. Die **Formation Viche** ist weithin in der Provinz Esmeraldas aufgeschlossen. Ihre Schichten liegen diskordant auf den Sedimenten der unteren Stufe des mittleren Oligozäns, d. h. auf dem Pambil in der Senke von Borbón, im Gebiet von Telembí, und auf dem Chumundé in der Gegend zwischen dem Río Ostiones und dem Unterlauf des Río Esmeraldas.

Andere ausgedehnte Aufschlüsse haben die Anschnitte der Flüsse Viche und Esmeraldas (Unterlauf) und ihrer Zuflüsse geliefert. In der Bohrung Borbón wurde die Formation in der Tiefe von 1309–2229 m angetroffen.

Die Transgression ist gekennzeichnet durch zum Teil konglomeratische Sandsteine, die stellenweise Kalkklippen mit Miogypsina und Lithothamnium aufweisen.

Der Gesteinsbestand der Formation zeichnet sich durch grünlichgraue Schichten erhärteter Schlicke mit Foraminiferen-Fauna und durch Zwischenlagerungen von tuffigem Sandstein aus. R. M. Stainforth (1948) hält ihre Fazies für normal neritisch mit reichlicher pelagischer Mikrofauna.

Lithologisch besteht kein Unterschied zwischen den Lutiten von Viche und denen von Tosagua in der Provinz Manabí.

Die **Formation Tosagua** tritt bei Jipijapa und an den Bergen von Hojas und Montecristi zutage, geht von hier aus in die Gegend von Jaramijo an der Küste östlich von Manta über und erstreckt sich weiter als langer Antiklinalstreifen von Tosagua nach Norden in die Provinz Manabí, wo sie mit der Formation Viche zusammentrifft.

Die Stelle des typischen Aufschlusses der Formation Tosagua liegt 31 km südöstlich von Bahía de Caraquez bei dem Ort Tosagua am gleichnamigen Fluß. Ihr lithologischer Bestand ist von den Geologen der I. E. P. C. wie folgt beschrieben: Sehr feinkörniger massiver Sandstein von hell- bis dunkelbrauner Färbung mit Spalten und Rissen (Gips); im nördlichen Gebiet stellen sich dünne linsenförmige Zwischenlagen von Sandstein ein.

Nach H. E. Thalmann (1947) repräsentieren die Foraminiferen der Formation Tosagua an den Steilküsten von Jaramijo eine neritische Fauna des oberen Oligozäns, typisch für die südamerikanische Westküste, im Gegensatz zur Meinung von R. M. Stainforth, der sie zum Teil der oberen Stufe des mittleren Oligozäns, zum Teil dem oberen Oligozän zuweist. Außerdem sind die benthonischen Foraminiferen in beiden Formationen dieselben. Dagegen ist die Formation Viche viel reicher an pelagischen Foraminiferen, die nichtsdestoweniger örtlich in den Lutiten zwischen Manta und Jipijapa (Formation Tosagua) wie in den ähnlichen Lutiten von Viche vorkommen. Diese Eigentümlichkeit zeigt nach R. M. Stainforth an, daß die Zonen von Viche und Jipijapa gegen den für Foraminiferen tödlichen Einfluß der kalten Strömung auf der Westseite geschützt waren. Nach R. M. Stainforth hat die Formation *sublitorale Fazies* und ist mit dem oberen Teil der Formation Angostura vergleichbar.

Miozän

Während des Miozäns breitete sich das Tertiärmeer weit nach Osten aus. Die schon in dem oberen Oligozän begonnenen Transgressionen setzten ihr Vordringen fort und bewirkten zeitweise die Verdrängung der neritischen Fazies, bis sie wieder im oberen Mittelmiozän erscheint. Die Auffüllung der Sedimentbecken dauert an und wird schrittweise vollendet. Im Norden nähert sie sich schon dem Endstadium mit der Sedimentation der **Formation Onzole,** welche in fortgesetzter Transgression die Formation Angostura überdeckt hat.

Die Korngröße des kataklastischen, körnigen Detritus verringert sich mehr und mehr von unten nach oben in den Sedimenten. So hatte die Transgression im oberen Oligozän mit Konglomeraten und groben Sandsteinen der Formation Angostura begonnen und sich mit dem allmählichen Übergang in die Sandsteine, Lutite und Schlicke der Formation Onzole des unteren Miozäns fortgesetzt. Die Grenze beider Formationen ist nicht genau fixiert, so daß nach R. M. Stainforth die Basis des Miozäns örtlich schon innerhalb der unteren Schichten der Formation Onzole (unteres Miozän) liegt oder noch der darunterliegenden Formation Angostura des oberen Oligozäns angehört. J. G. Marks (1956) hält das Alter der fossilen Molluskenreste aus den Angostura-Sandsteinen für untermiozänisch im Gegensatz zu R. M. Stainforth. So macht der ertere Autor den Versuch, das Miozän in drei Stufen zu unterteilen, in unteres, mittleres und oberes Miozän.

Die Formation Onzole erhielt ihren Namen nach dem typischen Aufschluß in den Anschnitten des Oberlaufs des Onzole, eines Nebenflusses des Río Cayapas, etwa 60 km östlich von Esmeraldas.

In der Provinz Esmeraldas bestehen ihre unteren Serien aus an Foraminiferen reichen gestreiften Lutiten, die ihr Aussehen den vielfach zwischengelagerten, dünnen Schichten von vulkanischem, feinen Sand und hartem, graugrünen Schlick verdanken. Nach oben gehen sie in grauen und grünlichen, erhärteten Schlick mit Foraminiferen in sublitoraler Fazies über, die für die nach der Halbinsel Galeras fortschreitende Intrusion charakteristisch ist.

Die an der Oberfläche gemessene Mächtigkeit der Formation liegt zwischen 210 und 400 m. Die Bohrungen von Telembí und Borbón haben Mächtigkeiten von 230 und 300 m ergeben.

Besonders bemerkenswert ist die *Zunahme von vulkanischem Tuff* in den Miozänsedimenten als Anzeichen einer verstärkten vulkanischen Tätigkeit sowohl in den Gebieten des **Litoral,** als auch in der *ganzen Westkordillere.*

Nach R. M. Stainforth stellt sich auf Grund der Bestimmungen der Mikrofauna noch eine bestimmte Grenze heraus zwischen der Radiolarien-Fazies im Westen der Miozän-Formationen Onzole und Charapotó und der Foraminiferen-Fazies im Osten dieser beiden Formationen.

Die Miozän-Formationen nehmen enorme Flächen ein (siehe Geol. Karte) und ziehen sich in ganz breiten Streifen von den Kordilleren Chongón und Colonche ungefähr parallel zur Küste nach Norden. Mehrfach dringen sie zwischen älteren Formationen bis zur Küste vor.

In tektonischer Hinsicht sind die Schichten des Miozäns verhältnismäßig wenig gestört (J. G. Marks 1956), d. h. nur durch leichte Wellung und geringfügige Verwerfungen.

Der Charakter der Mikrofauna ließ die Abtrennung des Mittelmiozäns als besondere Stufe zu, doch ist das Mittelmiozän lithologisch durch ein markantes Konglomerat in zwei Horizonte geteilt: mittleres Miozän untere und obere Stufe.

Unteres Miozän und mittleres Miozän – untere Stufe. In der Provinz Manabí ist die **Formation Charapotó** in der Umgebung des Ortes Charapotó aufgeschlossen, 30 km nordöstlich von Manta, dehnt sie sich bis zur Küste aus und bildet die Westflanke der Tosagua-Antiklinale. Sie verläuft nach Norden mit wenigen Unterbrechungen bis sie sich in der Nähe von Cojimíes kaum mehr von der Formation Onzole unterscheidet, die in der Provinz Esmeraldas als ihr Äquivalent gilt. Sie besteht aus weißen, olivgrünen und braunen dünnschichtigen Lutiten mit Zwischenlagerung von dünnen Sandstein- und Kalkschichten in der ganzen Formation. Die auffällige lithologische Veränderlichkeit der Zusammensetzung der Sedimente zeigt ihre sublitorale Fazies an. Sie breitet sich über der Formation Tosagua aus, was für dieses Gebiet eine lokale Unterbrechung der Senkung bedeutet. In der Nähe von Bahía de Caraques ist Charapotó konkordant der Formation San Agostín aufgelagert. Wie schon erwähnt, wandelt sich nach Westen die Fazies der Formation Charapotó abrupt in Radiolarien-Fazies.

Nach R. M. Stainforth sind die pelagischen Foraminiferen im Überfluß vorhanden in den Lutiten der Gebiete von Jipijapa und Onzole, fehlen aber in der Zone von Tosagua. Dies ist eine Erscheinung, die den Beobachter wegen ihres früheren Auftretens in den Lutiten des Oligozäns an derselben Stelle überrascht hat.

Die untere Stufe des mittleren Miozäns wurde in den Provinzen Manabí und Guayas (nördlicher Teil) in die Formationen Bahía, Progreso und Daule unterteilt.

Die **Formation Daule** (J. G. Marks 1951) ist mit ihrem typischen Aspekt im südöstlichen Winkel der Provinz Manabí einige Kilometer westlich des kleinen Ortes Jerusalén aufgeschlossen. Früher war sie mit der Formation Progreso südlich der Kordilleren Chongón und Colonche zusammengefaßt. Aber wegen ihrer anderen Eigenschaften und ihrer regionalen Bedeutung nördlich der genannten Kordilleren hat sie ihre besondere Bezeichnung erhalten, die sich auf die Daule-Niederung bezieht, wo sie in großen Flächen sichtbar wird.

Sie repräsentiert die reichlich verbreiteten Sedimente der miozänen Haupttransgression und bedeckt mit ihrem Vordringen nach Osten fast die ganze Oberfläche der Plattform Daule, die sich in fortdauernder Senkung befand. Die Formation erscheint in einem sehr breiten Streifen auf der Westseite der Niederung und wird auf der Ostseite durch die teils marinen, teils terrestren Schichten des oberen Miozäns, Pliozäns und Quartärs überdeckt.

Die große, von den Kordilleren Chongón und Colonche auf der Südseite eingefaßte Einbuchtung der Dauleniederung, in der sich die Sedimentation vollzogen hat, war nach Norden während des Miozäns offen geblieben, bis sie im Pliozän, spätestens im Pleistozän, durch die früher erwähnte tektonische Schaukelbewegung und den Einbruch des Ostteils der Plattform Daule untersank. Die Niederung öffnete sich nach Süden, so daß die östliche Verbindung der Kordilleren Chongón und Colonche mit der Westkordillere verschwand.

Die Formation Daule ist Produkt der Sedimentation des Flachmeeres. Ihre Schichten überlagern diskordant die älteren tertiären und kretazischen Formationen der Daule-Plattform. Von unten nach oben erscheinen Kalksandsteine, harter bläulicher Schlick und wieder Sandsteine mit kalkigem Zement.

Die Mächtigkeit beträgt etwa 1000 m. Der Kalkgehalt stammt aus der teilweisen Auflösung fossiler Reste einer reichen Molluskenfauna, in der J. G. Marks 44 Arten hatte bestimmen können.

In der Provinz Manabí erwähnen die Geologen der I. E. P. C. die **Formation Progreso,** die dort der Formation Daule gleichkommt und konkordant die Formation Charapotó überdeckt. Ihr petrologischer Bestand ist von unten nach oben folgender: Grob- und feinkörniger Sandstein, bläulicher, harter Schlick und dünnschichtige Lutite. Die sichtbare Mächtigkeit beträgt ca. 500 m.

In der Umgegend von Bahía de Caraquez (J. G. Marks 1956) entspricht die Serie dem Sandstein und Schlick des Flachmeeres (sublitorale Fazies) der Formation Bahía und überlagert diskordant die Formation Charapotó. Die Formation **Playa grande** im Osten der Provinz Esmeraldas wird von einigen Autoren als oberes Glied der Formation Onzole betrachtet und ist äquivalent der Formation Daule (Progreso) und Bahía der Provinz Manabí.

Die Fläche typischer Aufschlüsse erstreckt sich zwischen den Flüssen Onzole und Cayapas und kreuzt einige km nördlich von San Francisco de Onzole in Richtung E-W den Río Onzole. Die Formation umfaßt ein Schichtenpaket von Sandstein, hartem Schlick, dünnschichtigen Lutiten und vulkanischem Tuff von grauer bis bläulich-grauer Farbe von wechselnder und meist geringer Festigkeit. Die verschiedenen Schichten erscheinen in rhythmischem Wechsel der sublitoralen Fazies des Flachmeeres. Festgestellt wurden Mächtigkeiten zwischen 250 und 300 m. Die Formation überdeckt konkordant das Onzole.

Überfluß an pelagischen Foraminiferen zeigen die Lutite des Aufschlusses am Río Onzole, was für diese litorale Fazies etwas anormal erscheint. R. M. Stainforth (1948) betrachtet die Reste der pelagischen Foraminiferen als Sterbensgemeinschaft am Rand einer marinen Kaltwasser-Provinz, welche das Absterben der an warme Temperaturen gewöhnten pelagischen Foraminiferen verursacht hat.

Charakteristische Anzeichen der Endauffüllung der Sedimentationsbecken machen sich im Norden des Litorals nach den Beobachtungen von R. M. Stainforth bemerkbar durch Schichten brackischer Fazies des Flachmeeres mit den Foraminiferen-Gattungen **Rotalia und Elphidium,** d. h. Schichten, die lithologisch an dem Paket der Onzole-Lutite beteiligt sind. R. M. Stainforth erkennt die Formation Playa grande nicht an, deren Schichten er in den oberen Teil der Formation Onzole stellt. Aufschlüsse bieten sich an den Oberläufen der Flüsse Lagarto und Lagartillo, die 18 km östlich der Punta Ostiones in den Stillen Ozean münden; außerdem am Río Quinindé, 35 km südlich des gleichnamigen Ortes.

Nach Westen nimmt die Mächtigkeit der Formation Playa grande ab und verschwindet im Gebiet der Halbinsel Galeras.

Mittleres Miozän (obere Stufe) und oberes Miozän. Während sich die Auffüllung der marinen Sedimentbecken durch Flachmeerabsätze vollendete, war im Gebiet der Halbinsel Galeras noch eine bemerkenswerte Senkung erfolgt, aus der mächtige marine Sedimente von neritischer Fazies mit Mikrofauna (Foraminiferen) hervorgegangen sind.

Die **Formation Borbón** entfaltete sich weithin mit brackischer Fazies des Flachmeeres als transgressives Sediment in allen Teilen der Endauffüllung. Ihre Aufschlüsse umfassen die Küstenstriche zwischen Charopotó und Jama der Provinz Manabí, die Gebiete der Halbinsel Galeras, der Punta Gorda und der Niederung von Borbón an den Unterläufen des Santiago und Cayapas. In großer Ausdehnung ist die Formation von fast horizontalen Ablagerungen des Quartärs bedeckt. In allen diesen Flächen überlagern ihre Basalkonglomerate diskordant die Sedimente der unterlagernden Formationen Playa grande, Bahía und Daule. Nach oben haben sich Brackwasser-Sedimente abgesetzt mit ihren z. T. tuffigen Sandsteinen von verschiedener Körnung, von bläulich-grauer Tönung und mit reichlichen, in unregelmäßigen Taschen angesammelten Megafossilien, mit grauen Schichten vulkanischer Tuffe und schlickigen Lutiten ähnlicher Färbung.

Allgemein beträgt ihre Mächtigkeit 400 bis 600 m. Nur an einigen Orten nimmt sie bis auf 150 m ab oder schwillt bis zu 800 m an, wie es in der Gegend von Charapotó (Provinz Manabí) der Fall ist. An der Punta Gorda östlich von Esmeraldas erreichen die tuffigen Lutite Mächtigkeiten von verschiedenen hundert Metern. Die Mikrofauna dieser neritischen Serie ähnelt auffallend der vom Karibischen Meer und beweist, daß während des oberen Miozäns die Verbindung des Pazifischen Ozeans mit dem Karibischen Meer noch bestand.

J. G. Marks & R. M. Stainforth (1948) schlagen im besonderen die Formation Punta Gorda und die oberen Schichten der Formation Borbón dem oberen Miozän zu. Ersterer ist der Meinung (Marks 1956), daß kontinentale Absätze des oberen Miozäns möglicherweise teilhaben am Aufbau der unteren Schichten der Sedimente, welche die östlichen Streifen der Formation Daule bedecken.

Außerdem bemerkt R. M. Stainforth, daß ursprünglich das Miozän-Meer sich über dieselben Flächen ausgedehnt zu haben scheint, die vorher vom oberen Oligozän-Meer bedeckt waren. Jedenfalls zeichnen sich die Miozänsedimente des südwestlichen und nördlichen Litoral durch gröberes detritisches Material aus infolge der orogenen Bewegungen der benachbarten Anden, die eine verstärkte Erosionstätigkeit bewirkt haben.

Die Kordilleren Chongón und Colonche haben sich als positives Element bewährt, d. h. sie blieben frei von Überflutungen durch das Oligozän- und Miozänmeer.

Pliozän

Mit dem oberen Miozän begann sich das Meer vom größten Teil des Litoral zurückzuziehen. Nur schmale Streifen empfingen noch Pliozänsedimente entlang der gegenwärtigen Küstenlinie. Während des oberen Pliozäns und des unteren Pleistozäns, also der letzten Periode stärkerer orogener Aktivität der Anden, ist das Litoral über den Meeresspiegel emporgetaucht mit Ausnahme der Fläche am Golf von Guayaquil und ihrer Fortsetzung nach Norden (Marks 1956).

Marine Pliozän-Sedimente treten in der Provinz Manabí in Aufschlüssen des gegenwärtigen Meeresufers südlich von Cabo San Lorenzo auf: 1. als Formation Canoa, 2. in Sedimentserien der Formation Jama, die gut entwickelt sind an den Steilküsten nördlich und südlich vom Cabo Pasado, einige km nördlich von der Mündung des Río Jama bis 1,5 km südlich des Kaps (Sheppard 1937).

An der ersten Stelle treten subhorizontale, 25 m mächtige Schichten der **Formation Canoa** von bläulich-grauer Farbe zutage und bedecken diskordant die schräggestellten und horizontal gekappten Schichten des Eozäns. Sie enthalten eine pliozäne Fauna von Mollusken und Echinodermen. Die Formation Canoa selbst ist teilweise vom Tablazo des marinen Quartärs bedeckt.

Abschnitte von viel umfangreicherer lithologischer Zusammensetzung der **Formation Jama** erscheinen in den Aufschlüssen der Umgebung des Cabo Pasado. Die Sedimentfolgen bestehen aus bläulichen Sandsteinen, z. T. in Kreuzschichtung mit örtlichen, bläulich grünen Konglomeraten und sind besonders reich an Fossilien. Sie enthalten weiter in Wiederholung weiche Sandsteine und geröllreiche Sande mit Megafossilien und zum Abschluß gelbe mit Konglomeratlinsen kieseliger Gerölle wechsellagernde Sande. Die Gesamtmächtigkeit steigt bis zu 100 m an.

Die Untersuchung der Fossilien von 93 verschiedenen marinen Molluskenarten hat das Pliozän der Formation als etwas älter als das der Formation Canoa erwiesen. Am Cabo Pasado lagert die Formation Jama diskordant auf miozänen Sandsteinen.

Plio-Pleistozän

Im Norden des Litoral im Becken von Borbón wird das obere Miozän diskordant von fluvio-lakustren Formationen in Mächtigkeit bis zu 500 m überdeckt. Gegen die Küste zu besteht ein fortlaufender Übergang in kontinentale und sublitorale Anschwemmungen des Quartärs derart, daß es nicht mehr möglich ist, Unterschiede zwischen pliozänen, pleistozänen und holozänen Formationen aufzufinden.

Die **Formation Cachabí** im Osten der Provinz Esmeraldas bedeckt die Oberfläche des Beckens von Borbón, ist aber größtenteils selbst von pleisto- und holozänem Schwemmland überlagert. Die Benennung bezieht sich auf den Aufschluß am Cachabí, einem östlichen Nebenfluß des Río Bogotá, kurz vor der Einmündung des letzteren in den Santiago. Weitere Aufschlüsse haben die Anschnitte der Flüsse Santiago (Unterlauf), Camumbí und Mataje geliefert.

Die Schichten von klastischem, wenig verfestigten Material in eigenartigem hellbläulichen Farbton liegen fast horizontal und bestehen aus Schlick, weichem Sandstein in Kreuzschichtung, vulkanischer Asche, Agglomeraten und Konglomeraten von Vulkaniten, letztere in den unteren Horizonten der Schichtenfolge. Ihrem jungen Alter entsprechend wird die Formation Cachabí zum Pliozän gerechnet, und zwar die unteren Schichten zum Pliozän, die oberen zum Pleistozän.

Bestimmte Schichten der Formation sind als goldführend bekannt. C. F. Mosquera (1949 und 1950) hat festgestellt, daß in der Gegend von Playa de Oro und Playa Rica der Fluß eine Bank von goldführenden Sanden von 2 bis 3 m Mächtigkeit anschneidet, die seit alters her ausgebeutet wird und der Formation Cachabí angehört. Außerdem finden sich nach demselben Autor erhärtete goldhaltige Sande der gleichen Formation an den Flüssen Mira, San Juan und Camumbí an den Stellen des Austritts der Flüsse aus den Ausläufern der Westkordillere ins flachere Land des Litoral.

Am Santiago zeichnen sich die Goldseifen durch ihren Gehalt an gröberen Goldflittern in Begleitung von Platinkörnern aus. C. F. Mosquera fand als „bed rock" eine grünlich-blaue Brekzie von großen Diabasbrocken in schlickartigem Ton und kompaktem Sand zementiert, und nannte sie provisorisch Formation Remarcable, weil auf ihr an sehr vielen Stellen die Goldseifen der Formation Cachabí abgelagert sind, der die Formation Remarcable als Glied zuzuteilen wäre. Das Gold dieser pleistozänen Goldseifen kommt regelmäßig in gröberen Körnern vor im Gegensatz zum feinkörnigen Gold der von der Kordillere weiter entfernten pleistozänen und vor allem holozänen Goldseifen.

Der tertiäre Vulkanismus des Litoral

In den tertiären Sedimenten, besonders vom Miozän ab, erscheinen in immer größerem Umfang die tuffigen Lutite, die vulkanischen Tuffe, Konglomerate und Agglomerate, deren Entstehung auf die zunehmende vulkanische Tätigkeit in der Westkordillere zurückzuführen ist.

Im Litoral selbst ist der Vulkanismus während des Tertiärs schwach gewesen und hat seine Spuren in Form von Gängen und Decken meist basischen Gesteins hinterlassen. Die Gänge kreuzen die tertiären Sedimente vom Paleozän bis zum Oligozän oder bilden Sills in diesen Formationen. G. SHEPPARD (1937) erklärt die verkieselten Lutite, die sogenannten „Cherts" (Chalzedon-Konkretionen) auf der Halbinsel Sta. Elena und der Provinz Manabí als hydrothermale Produkte der aus dem in Abkühlung befindlichen Magma stammenden und ins lutitische Nebengestein eingedrungenen Lösungen.

Derselbe Autor hat die Eruptivgesteine des Litoral mit vielen Einzelheiten beschrieben, vor allem die der südwestlichen Gebiete. So sind die „Necks" der Cerros Montecristi und Bravo kompakte dazitische Vulkanite des Quartärs, während die Gesteine der basischen Gänge und Sills (hypabyssale Dolerite und Diabase) dem Tertiär angehören oder möglicherweise noch älteren Perioden. Viele basische, von SHEPPARD als hypabyssal bezeichnete Vulkanite stammen aus der Formation Piñón, z. B. diejenigen, welche in dem ausgedehnten Gebiet auf der Nordseite der Kordilleren Chongón-Colonche, vom Ort Quisquisale bis in die Nähe von Pascuales aufgeschlossen sind. Es besteht aber kein Zweifel, daß die zahlreichen Doleritgänge der Halbinsel Sta. Elena hypabyssale Bildungen des Tertiärs darstellen, wenn es auch bis jetzt nicht möglich war, ihr Alter durch Beziehung zu den verschiedenen tertiären Stufen festzustellen.

In vielen tertiären Formationen kommen tuffige Schichten vor, die durch äolische Sedimentation vulkanischer Sande und Aschen entstanden sind. Sie erscheinen zum ersten Mal in der nördlichen Zone der Provinz Manabí und in stärkerem Grade in der Provinz Esmeraldas in den Formationen Chumundé, Pambil und Viche des unteren und mittleren Oligozäns.

Auch südlich der Kordilleren Chongón-Colonche zeigen die Formationen Dos Bocas, Rodéo und La Cruz des mittleren Oligozäns vulkanische Aschengehalte durch die Gegenwart von Bentonit. Das gleiche trifft für die Formation Progreso des mittleren Miozäns zu.

Zu Beginn des mittleren Miozäns scheinen sich Lawinen von vulkanischer Asche ins Meer ergossen zu haben, entweder durch die Luft herbeigeführt oder als Suspensionen der kontinentalen, ins Meer mündenden Gewässer, marine Tuffe in regionaler Verbreitung absetzend. Auf diese Weise haben die vulkanischen Ascheschichten des Miozäns und Pliozäns in wiederholten Rhythmen die intensive vulkanische Tätigkeit des Kontinents registriert.

Die untermiozäne Formation Charapotó der Provinz Manabí enthält einige tuffige Lutitschichten. Weiter nach Osten zeigen sich in der ganzen Ausdehnung der Provinz Esmeraldas zwischen den Sedimentfolgen der Formation Onzole häufige Zwischenlagerungen von vulkanischen Ascheschichten. Während des mittleren und oberen Miozäns bis zum Plio-Pleistozän nimmt die Verbreitung vulkanischer Sedimente zu, so daß das Auftreten tuffiger Schichten zwischen den Sedimenten der Formationen Playa grande und Borbón des mittleren und oberen Miozäns und der Formation Cachabí des Plio-Pleistozäns festzustellen ist.

Es ist deutlich, daß die tuffigen Formationen im Norden des Litoral, vor allem in den Provinzen Esmeraldas und Manabí, vorherrschen und sich ihr Erscheinen im Miozän akzentuiert als Folge der geringen Entfernungen zur Westkordillere mit ihrer starken, explosiven vulkanischen Tätigkeit während des Mio-Pliozäns (Auswirkung der letzten Phase der neoandidischen Orogenese).

Wahrscheinlich erstrecken sich nach Süden, dem Fuß der Westkordillere entlang, von quartären Detritus-Anhäufungen überdeckte Miozän-Formationen im Untergrund der Provinzen Pichincha (subandines Gebiet), Los Ríos und Guayas (subandines Gebiet). Sie zeigen in geringerem Grad ähnliche Verhältnisse von überreicher Existenz vulkanisch-tuffiger Schichten, wie sie in der Provinz Esmeraldas anzutreffen sind.

Südlich der Kordilleren Chongón-Colonche fallen die ersten Anzeichen von vulkanischem Sedimentmaterial in das mittlere Oligozän, das tuffige und Bentonit-Schichten der Dos Bocas-Stufe beherbergt, doch in geringer Mächtigkeit wegen der größeren Entfernung von der Westkordillere. Ebenso kommen Bentonit führende Lutite im Progreso vor. Es ist möglich, daß diese Aschensedimente in Beziehung mit der tertiären Vulkantätigkeit der Halbinsel Sta. Elena stehen, wo sich an Brüchen während des mittleren und oberen Tertiärs tektonische Bewegungen vollzogen haben.

b) Tertiär der Sierra

Interandine Region des Südens

Im Miozän hatten die Kordilleren noch nicht die gegenwärtigen Höhen erreicht. Im Gegenteil, vor ihrer grandiosen Hebung im Pleistozän waren sie im Prozeß der Faltung noch so niedrig geblieben und z. T. schon abgetragen worden, daß das Tertiärmeer von Südosten in die südliche innerandine Zone eindringen und sich zwischen den Höhenzügen der rudimentären Kordilleren in Form von langgestreckten, zeitweise vom offenen Meer getrennten Buchten und Becken von brackischem bis süßem Wasser ausbreiten konnte.

Das lang ausgedehnte Sedimentbecken von tertiären Schichten im äußersten Süden des Landes bildet in der Gegenwart, nach seiner Faltung am Ende des Miozäns, einen Gebirgszug von geringer Höhe zwischen dem Río Puyango und der Kordillere von Alamor-Celica von etwa 100 km Länge und ENE-WSW-Richtung. Dort stehen die marinen Lutite und Sandsteine des Miozäns an.

Eingehende geologische und paläontologische Untersuchungen fehlen noch, doch war R. Hoffstetter nach einer Inspektion der fossilen Megafauna der Lutite bei Derrumbe der Meinung, daß es sich wahrscheinlich um miozäne Formen handele.

Auf dem Weg von Alamor zum Río Puyango nach der Derrumbe genannten Stelle liegen, auf einer Hochfläche (1200 m) verstreut, verkieselte Baumstämme als Reste eines fossilen Waldes.

In der geologischen Karte von 1950 ist das **Miozänbecken von Yangana-Malacatos** südlich von Loja nicht genügend groß dargestellt. In Wirklichkeit dehnt es sich weiter aus, und zwar bei Yangana am nördlichen Fuß des Knotens von Sabanilla und in der breiten Niederung des Río Piscobamba zwischen den Kordilleren von Zamora und Quilanga; seine weitere Verbreitung ist in dem Becken von Vilcabamba-Malacatos nachgewiesen, schließlich vereinigt es sich im Tal des Río Arenal mit dem Becken von Catamayo (La Toma).

In letzterer Zone, dem Río Arenal entlang, sind die Sedimente durch gefaltete, gelblichbraune Sandsteine und dunkelgraue Lutite vertreten. Sie schließen unreine Gipsschichten von 1 bis 2 m Mächtigkeit ein, die dünne Schwefellagen zwischen etwas bituminösen Lutiten enthalten.

Etwa 8 km von Malacatos entfernt in Richtung La Toma sind konkordant zwischen Sandsteinen und gips- und schwefelhaltigen Lutiten 2 bis 3 Schichten lignitischer Kohle von 1,50 m Mächtigkeit, stellenweise von feinen Pyritkristallen imprägniert, aufgeschlossen (allgemeines Streichen NE-SW, Fallen 40° nach SE). Alles deutet auf eine Regressionsfazies des Meeres hin aus einer flachen, zeitweise geschlossenen und schließlich trockengelegten Bucht.

Große Gebiete der miozänen Formation der Niederung des Río Piscobamba zwischen Yangana und Vilcabamba sind von ebenen quartären Anschwemmungen überdeckt.

Zum Beckenrand hin, insbesondere auf der Ostseite der Niederung, sind die tertiären Schichten als tektonische Treppe angelegt und zeigen den Einbruch des Beckens an. Hier stehen tuffige Lutite und Konglomerate an, die Gerölle verschiedener Glimmerschiefer enthalten (Streichen N-S, veränderliches Fallen nach Osten). Sie erstrecken sich weit nach beiden Seiten (Ost und West) und treten wegen ihres geringen Widerstands gegen Erosion in vielfältigen Formen von unregelmäßigen Pyramiden, scharfen Kämmen und steilen Hügeln in Erscheinung. Nach Osten und Westen erheben sich die höheren Bergzüge der kristallinen Schiefer, die im Untergrund der Depression die Basis der tertiären Sedimente bilden.

Die kristallinen Schiefer sind ebenfalls aufgeschlossen im Anschnitt des Weges nördlich von Yangana nahe der Mündung des Nebenflusses Masanamaca in den Piscobamba.

Weiter nördlich vereinigt sich das Miozänbecken mit dem Becken von Malacatos, wo sich in ähnlicher Weise leicht gefaltete Sedimente vorfinden in Wechsellagerung mit Konglomeraten, weichen Sandsteinen und Lutiten von detritischem Material der benachbarten Berge.

Während das Becken von Malacatos sich nach Nordwesten hin mit dem Becken des Río Catamayo verbindet, erweitert es sich nach Nordosten, den Río Malacatos aufwärts, nur bis Lantanguí am Anstieg zum Knoten von Cajanuma, wo die Gesteine der Basis des Beckens, d. h. die kristallinen Schiefer, aufgeschlossen sind.

Die mio-pliozänen Sedimente des **Beckens von Catamayo** lehnen sich an die den Ostrand der Depression bildende Kordillere von Villonaco an, die in leicht nach Westen geneigten Terrassen zum Becken abfällt. Seinen Westrand schließt ein Wall aus andesitischen Agglomeraten ab, in den der Río Catamayo einen engen Cañon, genannt El Baquerón, geschnitten hat.

An dieser Seite sank das Becken an einer langen Verwerfung ab. Im Abhang des Villonaco stehen stark mit vulkanischen Zwischenlagerungen durchmischte Schichten an (Streichen NE-SW, Fallen bei der Straße Loja- La Toma etwa 30° nach NW und südlich der Straße nach SE), und bilden die Flanken einer offenen Synklinale, deren Schichten quer gekappt sind von alluvialen Konglomeraten. Sie steigen nach dem Becken zu in Stufen von 20° Neigung ab und werden von jungen horizontalen Anschwemmungen überdeckt.

Diese tektonische Erscheinung bestätigt die Beobachtung, daß, abgesehen von der miozänen Faltung, die tertiären Formationen lokale, vertikale Senkungen in Verbindung mit der allgemeinen pleistozänen Hebung ausgeführt haben.

Andere Beweise der vertikalen Bewegungen in größerem Ausmaß liefert die Morphologie dieser Gebiete Über die eingebrochenen Depressionen und die tiefen, von den

Flüssen entlang tektonischer Bruchlinien erodierten Täler erheben sich ausgedehnte Horste und sind auf ihrer Oberfläche charakterisiert durch die alte, weiche Modellierung reifer Landschaft im Gegensatz zu den jugendlichen jähen, steil abfallenden Formen der Flußerosion in den Tälern und Schluchten der Wildwasser an den Abhängen der gehobenen Blöcke.

Von den Höhen des Villonaco bietet sich nach Osten der gesamte geologisch-tektonische Anblick des **Beckens von Loja.** In langen Reihen gruppieren sich von Norden nach Süden die Kämme und Steilhänge in den aufgebrochenen Falten und abschüssigen Stufen der Miozänschichten.

Der hohe, in Richtung N-S langgestreckte Rücken von Villonaco (2900–3000 m) erhebt sich über dem Becken von Loja und bildet seine Westgrenze. Die Kordillere von Zamora (3200–3400 m) begrenzt es nach Osten, während im Süden der Knoten von Cajanuma den Abschluß bildet. Alle diese Erhebungen und der Grund des Beckens bestehen aus Glimmerschiefern, Gneisen und Graniten. Nach Norden hat der Río Zamora eine Bresche bei Salapa im Streichen der Glimmerschiefer geöffnet und entwässert das Becken (2250–2300 m). Die Längsausdehnung des Beckens in N-S-Richtung beträgt etwa 20 km, wenn man als Grenzen die oberen Ränder der Miozänsedimente annimmt, welche die Abhänge der umgebenden Erhebungen bis zur Höhe von rund 2400 m bedecken. Sogar auf dem Paß von Cajanuma (2880 m) südlich der Stadt Loja steht noch Miozän an.

Die Sedimente des Beckens von Loja sind auf Grund ihrer lithologischen Zusammensetzung und ihres fossilen Inhalts (BERRY 1929) als lakustre Süßwasserabsätze erkennbar. An den Rändern des Beckens herrschen in den Miozänschichten Konglomerate von Metamorphit-Geröllen und toniger Sandstein vor. Nach dem Zentrum des Beckens nehmen die feineren klastischen Sedimente zu: gelblich-graue, weiche Sandsteine und dünngeschichtete Lutite. Stellenweise erreichen die gebankten Sandsteine Mächtigkeiten bis zu 50 m. Ganz allgemein läßt sich Wechsellagerung von Sandsteinen und Lutiten beobachten. T. WOLF (1879 und 1892) hat eine große Veränderlichkeit des Kalkgehaltes der Lutite festgestellt, der häufig ganz verschwindet. Doch kann er auch so stark zunehmen, daß sich fast reine Kalksteine ergeben. An bestimmten Stellen enthalten die Lutite kieselige, unreine Chalcedon-Konkretionen. Auch dünne Einlagerungen von Diatomit (Tripel) kommen vor.

Von lokaler Wichtigkeit für die Töpferei und Kalkbrennerei sind die blättrigen Lignite zwischen dünnschichtigen Lutiten in der Nähe von Loja. Die Reinheit der 0,40 bis 1,00 m dicken Lagen nimmt nach den Rändern hin ab infolge von vielfacher Einschaltung dünner Tonschichten mit gut erhaltenen Blattabdrücken. H. ENGELHARDT (1895) und E. W. BERRY (1929) haben 40 Arten der fossilen Flora bestimmt. Ihr Alter datiert BERRY als unteres Miozän. Später neigte er dazu, diese fossile Flora ins Pliozän zu setzen.

Die miozänen Sedimente des Beckens wurden an vielen Stellen gefaltet und steil aufgerichtet, vor allem an der Ostseite des Beckens. Dort lehnt sich eine Synklinale mit ihrer Ostflanke an den Abfall der Kordillere von Zamora. Weiter nach Westen in tieferer Lage und an einer Längsverwerfung schließt sich die weite Antiklinale an, in deren offenem Scheitel die kleine Ebene mit der Stadt Loja liegt.

In dem Westteil des Beckens lagern die Randkonglomerate und übrigen Sandsteine und Lutite des Beckens in steiler Neigung nach Osten und sind durch vertikale Brüche zu tektonischen Treppen angeordnet. Gegen die Mitte folgen hintereinander die Reihen der Kämme und Steilwände der durch N-S gerichtete Verwerfungen aufgebrochenen Antiklinalen.

Die tonigen Massen der Umgebung von Loja begünstigen – mit Wasser gesättigt – Erdrutsche der geneigten Schichten. So haben die Erschütterungen des Tiefbebens vom 22. 3. 1956 ganze Gebiete toniger Schichten, die durch starke Regenfälle mit Wasser vollgesogen sich in labilem Gleichgewicht befanden, abrutschen lassen, und zwar in der Gegend von Calendaria, Villonaco und Yanacocha. An letzterem Ort hatte sich in langsamem Abgleiten eine wenig geneigte Fläche von 2 Quadratkilometern in Bewegung gesetzt.

Den weitesten Raum nehmen die miozänen Sedimente in den **Becken von Azogues-Cuenca** und dem Nebenbecken von Cañar-Tambo ein mit ihren Fortsetzungen nach Norden und Süden in einer Längserstreckung von 140 km, gemessen von El Tambo im Norden und bis Zaraguro im Süden.

Im Tal von Yunguilla 10 km südlich von Girón werden die Miozänschichten geschnitten und überlagert von andesitischen Gängen und Decken des Pliozän auf einer Breite von einigen Kilometern.

T. Wolf (1879 und 1892) hat die Sedimentformationen dieser Becken irrtümlicherweise als der Kreide zugehörig angesprochen. Trotzdem umfaßt die lithologische und mineralogische Beschreibung eine Unzahl sehr interessanter Einzelheiten.

Vom Südabhang des Knotens von Azuay führt die Straße nach Cuenca in das Nebenbecken (Hoyada) von El Tambo-Cañar, das tiefe, in NW-SE-Richtung gestreckte Tal des Río Cañar. Schon der erste Anblick läßt erkennen, daß die Depression ihre Form dem Einbruch an Verwerfungen von NW-SE-Richtung verdankt. Drei oder vier stufenförmig angeordnete Terrassen bilden eine tektonische Treppe zum Talgrund hinab. Die einzelnen Stufen bestehen aus Paketen von gelblich-grauen, tuffigen Sandsteinen und Konglomeraten des Miozäns in Wechsellagerung (Fallen 25–30° nach NE), deren Oberfläche von hellgrauen, horizontal gelagerten, quartären Sanden und Lehmen bedeckt ist. Die Stufen hat der Río Cañar durchschnitten und sich durch einen tiefen Cañón den Ausweg durch die Westkordillere als Río Naranjal zum Stillen Ozean verschafft. Die obere Grenze der gestuften Miozänschichten läuft mit der Linie Incapirca, El Tambo, Suscal am Beckenrand entlang. Nördlich dieser Linie treten Miozänschichten in den Abschnitten der Flüsse Guagrapungo, Incapirca und Culebrilla zutage in einer Landschaft von reifer Oberflächenmodellierung, in die die Flüsse und Bäche ihre modernen Einschnitte gemacht haben, nachdem ihre Erosionsbasis um Hunderte von Metern durch die pleistozäne Absenkung des Beckens von Cañar tiefer gelegt worden war.

Im Aufschluß des Río Incapirca wurden die Konglomerate und grünlich-rötlichen, tuffigen Schichten von einer Serie wechsellagernder Sandsteine und Konglomerate (Quarz, schiefrige und porphyritische Gerölle) mit Streichen E-W und Fallen von 45° nach Süden überlagert; es scheint, daß sich ihr Fallen der Neigung des Abfalls des Knotens von Azuay angepaßt hat.

Der Sockel der alten Festung der Inca, Incapirca (3140 m) und des Ingachungana auf dem Vorgebirge zwischen den Flüssen Guagrapungo und Silante besteht aus weichem, hellgelblichen Sandstein mit Basalkonglomerat (Streichen NW-SE, Fallen 30° nach SW). Der Sandstein enthält große, runde Konkretionen mit Aureolen von Eisenhydroxid („Incagesicht").

Nördlich von El Tambo haben die Konglomerate und ihre sandigen Zwischenlagen N-S-Streichen und Fallen von 30 bis 40° nach Westen, so daß am Nordrand des Beckens das Streichen der Miozänschichten stark wechselt zwischen N-S und E-W unter dem Einfluß des Knotens von Azuay.

Zwischen den Höhen Buerán und Pilshún dehnt sich die Niederung des Miozäns des Río Tabacay nach Süden aus, im Übergang zum Becken von Azogues-Cuenca.

Am Westfuß des Pilshún wechseln dünnbankige, harte Sandstein- und Tonschichten (Streichen N 20–30° E und veränderliches steiles Fallen). Das Streichen geht südlich von Biblián bis zur Brücke El Descanso in N-S-Richtung über, von wo ab jedoch die alte Richtung NE-SW wieder vorherrscht bis zum äußersten südlichen Ende des Miozänbeckens in den Tälern der Flüsse Rircay und León. Die morphologischen Richtungen der Westkordillere lassen das tektonische Lineament sichtbar werden durch das Streichen der gefalteten Miozänschichten.

Das am besten untersuchte Gebiet umfaßt das Becken Azogues-Cuenca. In den Jahren 1801 bis 1802 besuchte ALEXANDER VON HUMBOLDT Ecuador (1837–38). Seine Reise zu den Chininwäldern im Süden des Landes führte ihn nach Azogues und Cuenca, wo die Felspartien der berühmten Sandsteine seine Aufmerksamkeit erregten. HUMBOLDT nannte sie Sandsteine von Cuenca und hielt ihr Alter für kretazisch. T. WOLF (1879) fand in der Quebrada von Paccha im Gebiet des Sandsteins große, muschelführende Blöcke der Kreide und hielt sie irrtümlicherweise für diesem Sandstein entstammend. Es gelang aber auf Grund von Vergleichen der entsprechenden fossilen Fauna von Nord- und Südamerika die fraglichen Sandsteine dem oberen Tertiär zuzuweisen.

Fossilien, die später in der Paccha-Schlucht von G. SHEPPARD (1934) und A. A. OLSSON (1942) gesammelt wurden, sind von LIDDLE & K. V. W. PALMER (1941) mit dem Resultat untersucht worden, daß neue Gattungen und Arten von sehr charakteristischen Gastropoden des Miozäns bestimmt werden konnten: *Corbicula (Cyanocyclas) pacchiana*, *Neritina pacchiana*, *Hemisinus (Sheppardiconcha) biblianus*, *Ecuadorea bibliana* M. und B., *Monocodylea pacchiana* n. sp. Nach K. V. W. PALMER stammen die miozänen Fossilien Corbicula (Cyanocyclas) pacchiana und Neritina pacchiana unzweifelhaft vom selben Ort, an dem T. WOLF früher seine Fossilien gesammelt hatte.

T. WOLF schließt in seine Formation „Arenisca de Cuenca“ (Sandstein von Cuenca) zwei Gesteinstypen ein, die Sandsteine selbst und die Lutite (Tone). Dagegen unterscheiden die späteren Autoren verschiedene Formationen außer den Sandsteinen von Azogues. So trennt G. SHEPPARD (1934), nachdem er den ganzen Komplex „Gruppe Azogues“ genannt hatte, drei Unterabteilungen: 1. Sandstein und Konglomerate von Biblián, 2. Lutite von Cuenca und 3. Sandstein vom Río de Azogues.

Das von R. A. LIDDLE aufgestellte stratigraphische Profil des Beckens von Cuenca-Azogues weist klar zwei Phasen des Sedimentations-Zyklus auf. Die erste beginnt unten mit der Sedimentation von grobem Material, d. h. mit den Konglomeraten und Sandsteinen von Biblián, denen in aufeinanderfolgendem Übergang ein Paket von großer Mächtigkeit, die Lutite von Cuenca, folgt, örtlich mit zwischengelagerten schwachen Bänken feinen Sandsteins. In den oberen Horizonten der Lutite liegen auch die Lignite von Biblián. Ohne Übergang schließt sich die zweite Sedimentationsphase an, die Formation des Río de Azogues-Sandsteins, im Gegensatz zu den vorherrschenden feinen und feinsten Detriten der Lutite von Cuenca, infolge eines plötzlichen Wechels der Transport- und Sedimentationsbedingungen. Doch scheinen beide Sedimentations-Phasen einem einzigen Zyklus anzugehören, nach Meinung von WOLF, SHEPPARD, OLSSON und LIDDLE. Schon

Sheppard (1934) versuchte diesen Wechsel zu erklären; er vermutete, daß die große, stille Lagune des Beckens, in der sich die weißen, feingeschichteten Lutite absetzten, durch ein Flußsystem ersetzt worden wäre mit verstärkter Erosion der umgebenden vulkanischen Höhen (Porphyrite und Andesite).

Die Fossilien des Río de Azogues-Sandsteins (G. Sheppard 1934) sind durch Süßwasser-Mollusken vertreten, die nicht jünger als Pliozän, wohl aber älter sein könnten.

A. A. Olsson hat in einer an R. A. Liddle gerichteten Mitteilung geäußert, daß die Lutite von Cuenca, wie auch die Sandsteine und Konglomerate von Biblián, dem oberen Oligozän angehören würden; dagegen entspräche der Río de Azogues-Sandstein schon dem Miozän. Das Meer des oberen Oligozäns wäre zwischen den zu jenen Zeiten noch niedrigen Kordilleren eingedrungen und habe große Salz- und Brackwasserbuchten gebildet. Mit dem Miozän sei der starke Wechsel in der Sedimentation durch tektonische Ereignisse herbeigeführt worden, dadurch wurden die grobkörnigen Sandsteine abgesetzt. Ereignisse, welche die Hebung oder ähnliche Störungen von mehr als lokaler Bedeutung anzeigten. Solange sich keine anderen Fossilien fänden, oder man nicht über andere Beweise verfüge, könne das Alter der Formation Cuenca (Cuenca beds) nicht bestimmt werden. Ob man sie dem Oligozän, Miozän oder vielleicht dem Pliozän zuschreibe, sei für den Augenblick noch eine Sache der persönlichen Meinung.

R. A. Liddle hat hingegen seine Ansicht, daß die ganze Gruppe der drei Formationen dem Miozän angehöre, beibehalten, obwohl er zu der Auffassung von Olsson hinneigt, daß wohl die Sandsteine und Konglomerate von Biblián noch dem oberen Oligozän zuzurechnen seien. Einige Unsicherheit in der Bestimmung des miozänen Alters der den Río von Azogues-Sandsteinen vorangehenden Formation gibt er zu.

Drei Kilometer nordöstlich von Azogues hat der Fluß die ältesten Sedimente des langgestreckten Beckens freigelegt. Südlich der Straße Biblián-Azogues ist die bekannte **Antiklinale von Biblián** (Photo 11) vertikal angeschnitten und steigt über dem Flußbett wie ein Modell einer symmetrischen Falte an mit N-S-Streichen der Faltenachse und 45° Neigung der beiden Flanken nach E und W. Konglomerat-Schichten, Sandsteine und sehr wenige Lutite nehmen am sichtbaren Aufbau der interessanten Struktur teil. Es überwiegen die braungrauen Konglomerate und konglomeratischen Sandsteine mit Geröllen von Eruptivgesteinen und bilden mit den braunen, grobkörnigen Sandsteinen und den weniger vertretenen weichen, gelblich-grauen Lutiten die Formation der *Sandsteine und Konglomerate von Biblián,* deren Mächtigkeit ca. 250 m beträgt. Zwischen die fossilführenden Konglomerate und tonigen Sandsteine schieben sich halbmeterdicke Lagen von Gastropodenschalen ein, von *Hemisinus (Sheppardiconcha) biblianus* Marshall & Bowles, *Pomacea bibliana* M. & B., *Diplodon liddlei* sp. n. und *Unico (Anodondites)* sp. n. einer (?) miozänen Süßwasser-Fazies. Sicherlich sind sie nicht älter als Miozän, und das Überwiegen von vulkanischem Material in den Schichten läßt den Schluß zu, daß sie jünger als Eozän oder Oligozän sind. Mit der stetigen Vermehrung der Lutite vollzieht sich nach oben der Übergang zur Formation der Lutite von Cuenca. Sie sind im Gegensatz zu den eigentlichen Sandsteinen und Konglomeraten von Biblián im Übergangsgebiet leicht salzig. Intermittierende Einflutungen von Salzwasser können den Tod der Mollusken herbeigeführt haben, so daß sich ihre Schalen in den oben angeführten Schichten anhäuften.

Die Fossilfunde in den Kalkblöcken der Quebrada von Paccha bei Cuenca ähneln der Fauna der Formation von Biblián. Obwohl die Schlucht von Paccha im Río des Azogues-Sandstein erodiert ist, meint G. SHEPPARD, daß diese fossilführenden Blöcke von einer anderen, entfernten Stelle in der Schlucht herbeitransportiert sein müßten, und deshalb nicht aus dem Río de Azogues-Sandstein selbst stammten.

Der allmähliche Übergang der Sandsteine und Konglomerate von Biblián zu den überlagernden **Lutiten von Cuenca** bestätigt, daß beide Formationen demselben Sedimentations-Zyclus angehören, trotz des Wechsels ihrer lithologischen und faunistischen Fazies, der durch orogenetische Ereignisse und Einbrüche von Salzwasser entstanden ist.

Die Lutite von Cuenca bedecken weite Flächen vom Cerro Shalal bei Biblián nach Westen auf beiden Seiten des Río Azogues, ebenso zwischen dem Cerro Shalal und der Antiklinale von Biblián, von wo aus sie sich nach Osten bis zum Cerro Abugas ausbreiten. Sie begleiten den Río Azogues nach Süden in Form von schmalen Streifen an seiner Ost- und Westseite bis in die Gegend der Brücke von Descanso, wo die Formation **Río de Azogues-Sandstein** zu überlagern beginnt.

Die Lutite machen sich kenntlich durch monotone Zusammensetzung aus feingeschichteten weichen, hellgelblichen, teils sandigen und tuffigen, teils kohligen Tonen, zwischen die sich wenig mächtige Schichten von graubraunem Sandstein einschieben. Die Lutite sind aufgeschlossen entlang dem Río Azogues, wo die weißen steilen Hügel mit ihrer spärlichen Vegetation ein charakteristisches Landschaftsbild bieten. An anderen Orten wandeln sich die ursprünglich dunklen oder graubraunen Farben der Lutite beim Kontakt mit vulkanistischen Intrusionen oder Decken in lebhaftes Gelbrot. An solchen Stellen finden sich lange, linsenförmige Chertkonkretionen von geringer Dicke in paralleler Lage zur Schichtung. Sehr selten sind die Funde von verkieseltem Holz in der Nähe der Brücke von Descanso. Die Mächtigkeit der Lutite wird auf ungefähr 850 m geschätzt.

Von Wichtigkeit sind die Lignitflöze westlich von Biblián, die sich nach Süden bis in die Nähe des Río Ayancay, Nebenfluß des Río Azogues, erstrecken.

Einen halben Kilometer nordwestlich der Häuser von Unión schwitzen kleine Mengen von Teer durch Spalten im verwitterten Andesit aus. R. A. LIDDLE (1941) meint, daß der Teer in der Zone des Kontakts der andesitischen Intrusion mit den etwas bituminösen Lutiten durch trockene Destillation entstanden sein könnte.

Im oberen Teil der Schlucht (Quebrada) Pishumaza westlich von Biblián treten dünne Schichten und Adern von Asphalt in den Lutiten als mutmaßliche Anzeichen von Petroleumlagern zutage. Aber wie an anderen Stellen, z. B. im Gebiet des Río de Azogues-Sandstein, hat sich auch hier die Hoffnung auf ausbeutbares Petroleum nicht erfüllt.

T. WOLF (1892) umfaßt mit seiner **Formation Azogues** oder **Río de Azogues-Sandstein** alle Sedimentserien, bzw. die der drei Formationen der Azogues-Gruppe, die die späteren Autoren wieder voneinander getrennt haben. Da wir der von R. A. LIDDLE (1941) aufgestellten Einteilung folgen, bezieht sich die Bezeichnung der Formation Río de Azogues-Sandstein nur auf die wirklichen Sandsteine, welche die obere Serie der Gruppe bilden. Die Formation besteht hauptsächlich aus gebankten Sandsteinen von gewöhnlicher Härte und veränderlicher Mächtigkeit. Die massiven Bänke werden 1 bis 4 m dick. Die meist grobe Körnung kann einesteils fein werden oder im Gegenteil bis zur Dicke von Konglomerat-Geröllen anwachsen. Gewöhnlich wiegt die tuffige Abart von grobem Korn vor. Kreuzschichtung hat im ausgedehnten Gebiet südlich des Río Chaullabamba, Unterlauf des Río Machángara (Cuenca), die Bestimmung der Strukturelemente, Streichen und Fallen, verhindert. Es bestehen Übergänge zu tonigen Abarten bis gelblich-tuffigen Lutiten.

Im allgemeinen nimmt der Sandstein, der Witterung ausgesetzt, bräunlich-graue Farbe an, während er am frischen Stück hellgrau ist. In einigen Aufschlüssen wird beobachtet, daß der Sandstein bei der Zersetzung in Kugeln von der Größe von Kanonenkugeln zerfällt.

Auf beiden Seiten des Río Yanuncay enthalten die oberen Partien der Formation Lagen von pyroklastischen Massen mit vulkanischen Bomben von 5 bis 75 cm Durchmesser. Der Sandstein setzt sich zusammen aus Quarz- und in erster Linie Feldspatkörnern und kantigen Partikeln von vulkanischem Sand und Tuff.

Wegen der ungünstigen geographischen Verhältnisse ist es schwierig, den Kontakt des Río de Azogues-Sandsteins mit den unterlagernden Lutiten von Cuenca zu untersuchen. Jedenfalls liegt der Sandstein vollkommen konkordant auf den Lutiten von Cuenca westlich der mächtigen andesitischen Intrusion, die sich vom Cerro Cojitambo bis zum Río Ayancay ausdehnt. Deshalb werden beide Formationen als demselben Sedimentationszyklus angehörig angesehen.

Im Río de Azogues-Sandstein haben sich keine Fossilien gefunden, doch hält R. A. LIDDLE (1941) die Formation für oberes Miozän, weil er im tiefen Flußbett des Oberlaufs des Hunancay den allmählichen Übergang der oberen Stufe der Cuenca-Lutite zur unteren Stufe des Río de Azogues-Sandsteins feststellen konnte.

Die Mächtigkeit der Formation war nicht unmittelbar zu messen; an einigen Stellen stieg sie auf mehr als 650 m an. Da der Sandstein härter und widerstandsfähiger gegen Erosion ist als die Lutite, fallen schon von Ferne seine steilen Kämme auf beiden Seiten des weiten Tales der Flüsse Matadero-Machángara-Chaullabamba auf. Ebenso umgibt er den Keil der Cuenca-Lutite, welche ihrerseits den breiten andesitischen Kern und die Antiklinale der Sandsteine und Konglomerate von Biblián umfassen.

Die Struktur der Formation in großen Zügen ist eine offene, breite **Antiklinale.** In ihrem nördlichen Kern liegen der erwähnte Andesit, der Keil von Cuenca-Lutiten und die Antiklinale von Biblián. Dieser Kern verschwindet aber südlich der Brücke von Descanso unter dem Sandstein. Die Andesite, die einen Teil des Kerns bilden, treten in der Landschaft als die Cerros Cojitambo und Shalal hervor.

Von der offenen Antiklinale sind nur ihre Flanken geblieben, nachdem der Scheitel aufgebrochen und zum Tal der Flüsse Machángara (Cuenca) und Tarqui erodiert worden war.

Im Westteil des Sedimentbeckens von Blián-Azogues-Cuenca stehen die Sandsteine in den Tälern der Flüsse Hunancay, Ayancay und Deleg an und zeigen Schnitte der Westflanke der offenen Antiklinale. Da diese Flüsse genau N-S-Richtung haben, einer durch die Kämme des Shalal östlich von Biblián betonten Richtung, ist zu vermuten, daß ihre Betten den Längsverwerfungen entlang erodiert wurden, die die Westflanke der Antiklinale in lange Streifen zerteilten. Durch relative Senkung wurden diese Streifen in Stufenstellung gebracht, einer neben dem anderen, aber von den erwähnten Flüssen getrennt. Wenn man nicht das Vorhandensein der Brüche und das stufenförmige Absinken der Streifen annehmen würde, ergäbe sich durch die theoretische Berechnung eine wesentlich größere Mächtigkeit des Río de Azogues-Sandsteins als die gemessene von 650 m.

Es fällt auf, daß die Bestandteile der Konglomerate und Sandsteine aus vulkanischen

Geröllen und groben bis feinsten Körnern bestehen, die aus den Eruptionen im Zusammenhang mit den tektonischen Bewegungen am Ende des Tertiärs stammen. Die Gerölle, Sande und Aschen zusammen mit den detritischen Massen wurden aus den benachbarten Höhen von den fluktuierenden Wassern der Flüsse und Wildbäche zur großen Lagune oder Bucht (Sedimentbecken von Biblián-Azogues-Cuenca) gebracht. Im Falle von explosiven Eruptionen lagerten sich die lose in die Atmosphäre ausgestoßenen Pyroklasten unmittelbar in dem süßen oder brackischen Wasser in gut entwickelten Schichten ab. An Stellen von stärkerer Bewegung des Flußwassers oder in den Flußmündungen entstand Kreuzschichtung der Sandsteinbänke.

In der Umgebung von Cuenca sind die Lager eines Travertins von ausgezeichneter Qualität und schönen Farbtönen bekannt als feinkristalline „Marmore von Cuenca". Die Kathedrale, der größte Kirchenbau Südamerikas, ist ganz aus diesem „Marmor" errichtet. Die „Marmor"füllungen der tektonischen Spalten erreichen Mächtigkeiten von 5 bis 10 m. Noch in der Gegenwart werden große Decken und dammartige Anhäufungen von Kalziumbikarbonat entlang den Spalten, die das Thermalwasser mit Temperaturen bis zu 60° zur Oberfläche führen, ausgefällt (Photo 12 und 13). Umfangreiche Travertindecken haben sich außerdem im Tal des Río Gualay und des Río Mangán nordwestlich von Biblián gebildet.

Der sogenannte Kalkstein von Guapán (W. Sauer 1945) nordöstlich von Azogues ist die größte Travertindecke dieses Gebiets und bedeckt eine Fläche von 2 Quadratkilometern mit einer Mächtigkeit von durchschnittlich 3 bis 4 m. Ihre leicht gewinnbaren Reserven liegen zwischen 5 und 8 Millionen Tonnen und werden gegenwärtig mit dem Lignit von Biblián (W. Sauer 1945) zum Betrieb der Zementfabrik von Guapán verwendet.

Die Thermalquellen und Ablagerungen des Travertins in den tektonischen Spalten bestätigen das Vorhandensein eines Systems von Verwerfungen. Die miozänen und übrigen, die Tranvertindecken unterlagernden Formationen sind durch Absenkungen während der einsetzenden ungleichmäßigen, epirogenen Hebung der Anden zerrissen worden. Diese zu Ende des Tertiärs erfolgten tektonischen Ereignisse haben heftigen Vulkanismus ausgelöst, der nicht nur im Süden des Landes seine bedeutenden Spuren hinterlassen hat, sondern auch im ganzen Andengebiet. Doch wurden große Flächen seiner Verbreitung im Norden durch die Produkte des im Quartär wiederauflebenden Vulkanismus überdeckt.

Den Kern des in N-S-Richtung langgestreckten Bergzuges Shalal bei Biblián bildet eine vertikale **Andesitintrusion,** die vom Río Azogues durchbrochen worden ist, aber sich weiter nach Süden bis zum ebenfalls vulkanischen Cerro Cojitambo ausdehnt. Im Anschnitt des Durchbruchs liegt der Kontakt der andesitischen Intrusion mit den anliegenden Lutiten von Cuenca klar zutage und zeigt hier die Verwerfung des Westflügels der Antiklinale von Biblián mit aufwärts bzw. abwärts geschleppten Flanken, zwischen die das andesitische Magma infolge der tektonischen Zerrung dringen und in den anliegenden lutitischen Schichten Wirkungen thermischer Metamorphose erzeugen konnte. Die Intrusion ist 600 bis 800 m mächtig und auf der Ostseite als Reibungsbrekzie, durch Mischung mit vulkanischem Material von Lava und Tuff, z. T. als Schlotbrekzie, entwickelt.

Ein Kilometer südlich des Río Azogues verschwindet der Andesit aus dem Bereich der Cuenca-Lutite, um aber südlich des Cerro de Cojitambo von neuem ausgedehnte Decken bis zum Río Ayancay zu bilden. Der Westrand der Intrusion entspricht der Westlippe der Verwerfung, wo die Lutite von Cuenca dem Río Hunancay entlang intensive Kontaktmetamorphose erlitten haben.

Auf der Ostseite des Andesitkörpers kann mit Bestimmtheit keine Kontaktwirkung festgestellt werden, so daß es sich hier um einen falschen, durch Verwerfung herbeigeführten Kontakt handelt.

Am nördlichen Ende erhebt sich der Neck des Cerro Cojitambo, der Rest einer späteren Andesiteruption. Seine nordöstliche Seite ist zusammengestürzt und hat mitten in dem flachen Gebiet einen einseitig steilen Obelisken zurückgelassen. Die Blöcke des Abbruchs und eine Decke des Hornblendeandesits haben sich nach Südosten bis zur Straße Azogues-Cuenca bei Chuquipata vorgeschoben.

Wenige Kilometer nordöstlich von Azogues ragt der **Berg Abuga** über der Verwerfung empor, welche das große Becken von Azogues-Cuenca nach Osten abschließt. Er wird von vielen Autoren als relativ moderner Vulkanberg mit gut erhaltenem Krater angesehen und besteht aus Laven von Hornblendeandesit, ähnlich denen des Cojitambo. G. Sheppard (1934) meint, daß beide Extrusionen derselben vulkanischen Phase einer nachtertiären Periode angehören.

T. Wolf (1879) erwähnt, daß wenige Kilometer westlich des Cojitambo eine weiße Schicht von pulvrigem, reinen Silex zwischen den Río de Azogues-Sandsteinen ansteht. Liddle (1941) hält diese pulvrige Masse von amorphem Silex mit kleinen Quarzkriställchen für ein Produkt kieseliger Thermalwasser-Lösungen.

Im Bereich des Río de Azogues-Sandsteins kappen die Decken von tuffigen, vulkanischen Agglomeraten und Konglomeraten horizontal die schrägstehenden bis vertikalen Schichten des Sandsteins, wie z. B. zwischen den Oberläufen der Flüsse Nunancay, Alancay und Deleg, und bilden Meseten auf den zur Fastebene abgetragenen und eingeebneten Miozänformationen, auf denen die klastischen vulkanischen Decken zur Ablagerung kamen. Unter diesen Decken konnten sich Teilflächen der postmiozänen *Peneplain* erhalten. Weiter nach Norden hat die der Erosion unmittelbar ausgesetzte Fastebene ihren charakteristischen Anblick verloren.

Südwestlich von Cuenca breiten sich die Miozänformationen dem Río Tarqui entlang aus, in erster Linie der Río de Azogues-Sandstein mit Zwischenlagen von wenige Meter mächtigen Konglomeraten in N-S-Streichen, das aber bald nach SW wendet. Das Tal verbreitert sich in der Nähe von Tarqui und ist beiderseits von den langgestreckten Sandstein-Höhenzügen begrenzt (Fallen 30–40° nach den Außenseiten des Tales), welche die antiklinale Struktur anzeigen.

Die Erhebungen der Ostseite des Tales sind eingeebnet (Peneplain) und mit der eigenartig rötlichen, vulkanischen Decke überzogen.

Kurz nach Passieren des Ortes Tarqui biegt die panamerikanische Straße nach Osten ab, überquert die Ebene von Tarqui und tritt in das Tal des Río Cumbe ein, eines östlichen Nebenflusses des Río Tarqui. Auf beiden Seiten steigen die steilen vulkanischen Felsen einer dazitisch-rhyolithischen Intrusion auf. Der Rhyolith auf der Nordseite der Straße hat eine stark fluidal ausgeprägte Textur. Gegenüber springen die weißen Rhyolithfelsen in die Augen. Sie finden Verwendung in der Makadamisierung der Straße.

Flußaufwärts stehen auf beiden Seiten, von einigen vulkanischen Gängen unterbrochen, die Lutite und ebenso die Sandsteine wieder an. Gelblich-braune, gebankte aber wenig mächtige Sandsteine herrschen vor im Wechsel mit dünnen, dunklen Lutiten (Streichen NE-SW, Fallen 50° nach NW). Nach und nach bedecken die vulkanischen Ablagerungen das ganze Gelände und lassen nur stellenweise die miozänen Sedimente auftauchen, bis sich die vulkanische Decke wieder vollkommen geschlossen hat in Entfernung von 10 km von Cumbe und sich in Höhen von ca. 3000 m Höhe ununterbrochen nach Süden ausdehnt, dem Cañón des Río León entlang und weiterhin bis Zaraguro und noch darüber hinaus.

Um einen Begriff von der Gesamtausdehnung der Vulkanitdecke zu bekommen, muß dem Gebiet von Cuenca ein großer Teil der Kordillere von Chilla mit einer zusammenhängenden Vulkanitdecke zugefügt werden und weiter nach Osten noch ausgedehnte Flächen der Ostkordillere, von Paute ab über Sigsig bis Zaraguro (C. Stueby 1945). Auf diese Weise vergrößert sich die Fläche der vulkanischen Decke über der Fastebene auf eine Länge von 120 km, mit einer Maximalbreite von 40 km.

Nachdem die Höhe des Knotens von Portete mit dem Monument zur Erinnerung an den glorreichen Sieg des Marschalls Sucre über die Spanier überschritten ist, gelangt man in das **Tal von Girón.** An den Umrissen der Höhen erscheinen die Ränder von dazitisch-andesitischen Laven und Pyroklasten der vulkanischen Decke. Nordwestlich von Girón bietet ein Wasserfall, der vom oberen Rand der Meseta aus einer Höhe von 3160 m (1100 m höher als die Stadt Girón) herabstürzt, einen eigenartigen Anblick. Mit derselben NE-SW-Richtung des Tales erhebt sich aus dem ebenen Talgrund ein langer Rücken eines Andesitganges, der mit seiner Härte der Erosion standgehalten hat.

Es überrascht, daß in diesem verhältnismäßig wenig hohen Gebiet von 1800 bis 2900 m der rundlich U-förmige Querschnitt des weit offenen Tales seine Form der pleistozänen Vergletscherung verdankt. Eine mächtige Grundmoräne liegt in dem flachen, breiten Talgrund, auf der die Stadt Girón erbaut ist.

Die gelblichgrauen, arkoseartigen Sandsteine entlang der Straße sind wenig konsolidiert, bestehen aus detritischen Partikeln von andesitischem Material und wechsellagern mit gebankten, sandigen Lutiten (1 bis 8 m Mächtigkeit) derselben Färbung und Arkosen mit kugeligen Konzentrationen von 10 bis 20 cm Durchmesser, ebenso mit andesitischen und dioritischen Konglomeraten und Brekzien.

Die größte Mächtigkeit erlangen die Sandsteinschichten, die sich durch Kreuzschichtung auszeichnen oder durch kugelige Gebilde als Gleiterscheinungen während oder kurz nach der Sedimentation. Die Konglomeratschichten mit großen bis feinen Geröllen bis zum Übergang zu Sandstein sind bis 3 m mächtig, während die Lutitschichten nicht dicker als 1 m werden und an ihrer Basis dünne Schichten sandigen Tons mit Baumblattabdrücken enthalten, ähnlich denen des Loja-Beckens. Die verschiedenen Serien wiederholen sich rhythmisch von unten nach oben wie folgt: Konglomerat, Sandstein, Lutit; oder weniger entwickelt beim Fehlen des Konglomerats: Sandstein, Lutit. Die Konglomerate und Sandsteine mit Kreuzschichtung und fossiler Vegetation deuten darauf hin, daß diese Sedimente die Schlußfüllung des Beckens der fluvio-lakustren Sedimentation sind und daß eine Unterbrechung der Verbindung mit dem offenen Meer stattgefunden hat. Diese Serien müssen daher als miozän oder sogar pliozän angesehen werden, aber als jünger als die Río de Azogues-Sandsteine. Auch ihre tektonische Beanspruchung ist geringer als die des Cuenca-Azogues-Gebiets. Augenscheinlich ist das Tal von Girón im aufgebrochenen Scheitel einer weiten, flachen Antiklinale erodiert worden.

Der Río Girón hat auf der Südostseite der Stadt einen 20 m tiefen Cañón in die Grundmoräne geschnitten und das charakteristische Bild der unregelmäßigen Anhäufung von gerundeten bis kantigen Andesitblöcken, in sandigem Lutit eingemischt (Blocklehm), freigelegt. Auch die auffälligen **Erdpyramiden von Girón** entstanden, wenn große Blöcke die unmittelbar darunterliegende lehmige Moränenmasse vor der Erosion durch die starken Regenfälle schützten.

Flußabwärts von Girón breitet sich auf dem weiten Talboden die Grundmoräne aus, bedeckt von dünnen Terrassen späterer fluvioglazialer Sedimente. An den seitlichen Hängen sind ab und zu mergelige Lutite von rötlich-gelber Tönung entblößt mit zwischengelagerten miozänen Sandsteinen und Konglomeraten (Streichen N 40° E–S 50° W, Fallen 45° nach NW). Sie gehören zu den Cuenca-Lutiten.

Das Tal verliert flußabwärts seine von der Gletschererosion herrührende Form, dort wo quer über den Talgrund eine Endmoräne von ca. 30 m Höhe liegt. Der Fluß hat das Hindernis an der Westseite umgangen. Am Fuß der Moräne quillt milchig trübes Wasser aus dem Schutt, noch jetzt getrübt von feinsten Suspensionen aus den tonigen Bestandteilen der Moräne.

Auf dem Grund und den seitlichen Abhängen des Tales, 10 km flußabwärts von Girón, treten Gänge, Decken und Brekzien von grauem Andesit in phantastischen Formen von spitzen Felsen, Bastionen und Obelisken zutage, die sogenannten **Gigantones** (Photo 15). Der Fluß hat durch die vulkanischen Anhäufungen einen engen, fast 100 m tiefen Cañón brechen müssen und heißt von hier ab Río Rircay. Die breite Niederung nennt man das Tal von Yunguilla, das sich westlich an die Kordilleren von Pucará und Minas, Ausläufer der Westkordillere, anschmiegt. Auf dieser Seite fehlt den wenig widerstandsfähigen Lutiten die andesitische Decke, im Gegensatz zu den gegenüberliegenden, östlichen Talseiten, an denen die rötlichen, vulkanischen Massen die Steilabhänge bilden. Die Lutite fallen hier nach Südosten. Weiter talabwärts formt eine längsgerichtete Andesitintrusion einen weniger steilen Hang von 8 km Länge, den „Tablón" (große Tafel). Zwischen dem kleinen Ort Abdón Calderón und der Einmündung des Rircay in den Río Jubones treten im ganzen Tal wieder die Lutite zutage (Streichen NE-SW, Fallen 30° nach SE).

Die sandig-tonigen Schichten sind von lebhafter roter und gelber Farbe. In ihren Rissen haben sich dünne Gipsblättchen ausgeschieden und erinnern an die ähnliche Erscheinung in der Gegend von Cuenca-Azogues. Das aride Klima hat die Vegetation und den Anbau von Kulturpflanzen auf den Talgrund und auf geringe Höhe der Abhänge beschränkt, soweit künstliche Bewässerung möglich ist. Darüber hinaus bleiben die gerundeten Formen der sterilen Lutite mit ihren wenigen Sandsteinschichten frei von Vegetation.

Den Río Léon (Río Jubones) aufwärts, von seiner Vereinigung mit dem Rircay ab, folgen weiterhin die Aufschlüsse der miozänen Lutite und Sandsteine auf beiden Seiten des Léon (der weiter abwärts Jubones heißt), bis sie wenige Kilometer entfernt von Zaraguro von den Vulkaniten verdeckt werden. In dem engen Cañón des Flusses hat sich ein Lagergang von Biotitandesit zwischen die Lutite (Streichen NE-SW) eingeschoben und die tonigen Schichten in kaustischem Kontakt rot gebrannt.

Nahe bei Corralbamba (2080 m) ändert sich das Streichen von NE-SW auf NS, ebenso das Fallen auf 10° nach Osten. Zwischen den etwas kohligen Schichten finden sich dünne Lignitlagen (Streichen N-S, Fallen 10° nach E).

Auf der der Ortschaft gegenüberliegenden Talseite zeichnen sich karförmige Vertiefungen ab in Höhenlagen zwischen 1900 und 2300 m mit moränenartigen Anhäufungen an ihren unteren Enden, durch die ein Bach in einer Schlucht die Vertiefungen entwässert. Da es nicht möglich war, die Erscheinungen aus der Nähe zu beobachten, könnten sie auch als Erdrutsche gedeutet werden. Die Ähnlichkeit mit Karen von kleinen Hängegletschern ist sehr groß und würde die frühere Nähe der Schneegrenze andeuten.

Die mächtigen, gangartigen Intrusionen wiederholen sich ebenso wie die Vulkanitdecken, die stellenweise die Höhen bedecken und Teile der alten Fastebene erhalten haben.

Der **Río Tablayacu,** östlicher Zufluß des Río León, dessen Oberlauf Río Shiña heißt, hat seinen tiefen Cañón zwischen Nabón und Cochapata in Miozänlutite geschnitten, die unter der Vulkanitdecke anstehen. Die fossilen Pflanzenreste ähneln denen des Oberlaufs des Río Girón.

Das Auftreten der Miozän-Formationen in diesem Gebiet beweist ihre Verbreitung auch östlich des Río León als eingeebnete Basis (Peneplain) der Meseten der vulkanischen, durch die Nebenflüsse des León (Shiña) abgetrennten Deckenstücke. Nabón (2813 m), Cochapata (2710 m) und Oña (2867 m) liegen je auf einer dieser Meseten und sind wegen der Produktion eines ausgezeichneten Weizens bekannt.

Die Meseten stellen die Reste der östlichen Verbreiterung der enormen Vulkanitdecke dar. Zwischen den Flüssen Tarqui, Girón und Rircay auf der westlichen, Gualaceo, Pomar, Shiña und León auf der östlichen Seite dehnen sich die Páramos von El Verde, Tinajillas, Silván und Allpachaca über ein weites in NE-SW-Richtung langgestrecktes Gebiet als eine wahre Hochebene aus auf Höhen, die meist 3000 m übersteigen. Ihre leicht gewellte Oberfläche ist die erwähnte Vulkanitdecke, welche die Fastebene überzieht und aus andesitischen Laven und Pyroklasten, Daziten und häufigen, tief verwitterten Rhyolithen besteht. Nur in den Anschnitten der panamerikanischen Straße enthüllen sich die Gesteine in frischem Zustand und in den ursprünglich hellgrauen Farbtönen der Andesite und im Weiß der Rhyolithe.

Auf diesen Höhen von 3000 bis 3700 m lassen sich sehr interessante Verhältnisse der angeschnittenen Profile beobachten, und zwar von unten nach oben, vom frischen Gestein ab aufwärts, die verschiedenen Böden, die sich im Verlauf der langen Zeiten gebildet haben. So liegen an der Basis die noch nicht veränderten Gesteine der Vulkanitdecke in der hellgrauen und weißen Originalfarbe mit einer dem früheren Relief entsprechenden mächtigen Oberflächenzone von roter lateritischer Verwitterung. In den Niederungen dieser alten Oberfläche hat sich fossiler Boden von roter Erde gebildet mit den charakteristischen Farben, welche die Wirkung des tropischen Klimas einer früheren Zeit widerspiegeln in lebhaftem Kontrast zu dem Originalgestein von hellgrauer Farbe. Über diese roten Zonen lagern sich die Schichten eines braunen Bodens, der ein gemäßigtes Klima repräsentiert, und darüber schließlich die schwarzen Böden des pleistozänen, modernen und gegenwärtigen kalten, humiden Klimas. Die angeführten Klimaänderungen bilden den starken Wechsel der Höhenunterschiede dieses Gebietes ab, welcher seinerseits die Umbildung des tropischen Klimas in kaltes, feuchtes Klima verursacht hat. Oder mit anderen Worten: Unmittelbar nach der Entstehung der mio-pliozänen Vulkanitdecke lag das Gebiet noch sehr tief, wahrscheinlich wenig über Meereshöhe. Auf dem Weg der etappenweisen, schnell erfolgten Hebung während des Pleistozäns hat es das Gepräge der Klimazonen der verschiedenen, immer höheren und kälteren Lagen erhalten. So ist von neuem erwiesen, daß die *Kordilleren am Ende des Tertiärs noch sehr niedrig* waren und *erst während des Pleistozäns die gegenwärtigen Höhen erreicht* haben.

In den höheren Lagen, z. B. im Páramo von Tinajillas (3488 m), haben sich über dem schwarzen, pleistozänen Boden kleinere Flächen von gering mächtigen Gletschermoränen entfaltet, die wiederum vom schwarzen Humus des derzeitigen Bodens bedeckt sind. Ab und zu fehlt der eine oder andere fossile Boden, ohne Zweifel durch Erosion weggeschafft. Auf alle Fälle hat diese Folge von Böden eines immer kälteren Klimas die schon erwähnte Erscheinung bekräftigt, daß am Ende des Tertiärs dieser Teil der Kordillere keine höheren Lagen eingenommen hat als die einem tropischen Klima entsprechenden und wahrscheinlich nicht über 1000 m hinaus. Das Maß der **pleistozänen Hebung** dürfte also wenigstens **2500 m** betragen.

Die mittlere Höhe der Meseten von Nabón, Cochapata und Oña bleibt um einige hundert Meter unter der Höhe des Páramos von Tinajillas-Silván-Allchapaca. Dies erklärt sich durch die große Verwerfung entlang den Flüssen Léon-Shiña. Östlich der Abschiebung erfolgte das relative Absinken des Geländes zwischen Nabón, Oña und Zuraguro, eines Streifens also, der die genannten Meseten einschließt und damit eine Vostufe der östlichen höheren Berge darstellt (T. Wolf 1892). T. Wolf nannte Hoya de Jubones diejenige Gegend, die im Süden durch diese Berge und z. T. durch den Bergzug Condorcillo, im Südwesten durch die Kordilleren Mullepungu und Chanchán mit Minas (Teile der Westkordillere) und im Norden durch den Knoten von Portete-Tinajillas begrenzt wird. Zum besseren Verständnis soll der Name des **Beckens** zu **Jubones-León** erweitert werden, da ja der León den Oberlauf des Jubones bildet.

Die Tatsache, daß das Becken Cañar-Cuenca ein zusammenhängendes miozänes Sedimentbecken darstellt, scheint auch im selben Sinn für das Becken Jubones-León zu gelten, allerdings mit dem Unterschied, daß in dem letzteren sich der Vulkanismus am Ende des Tertiärs in viel stärkerem Maße entfaltet hat als in dem Becken Cañar-Cuenca. Die ausgedehnte Vulkanitdecke hat den vollständigeren Aspekt der weiten Fastebene konserviert mit ihrer durch die vulkanischen Anhäufungen nur wenig gewellten Oberfläche.

Ein westlicher Teil der Fastebene hat sich auch über einen Höhenzug der späteren Westkordillere vor ihrer pleistozänen Hebung erstreckt, wo sie sich in den Höhen der monotonen Páramos ausbreitet: von Narahuiña und Minas zu den Teilkordilleren Chanchán, Soldados, Cajas, Puruving und Patul, die in ihrer ganzen Ausdehnung die charakteristische Oberfläche der Vulkanitdecke aufweisen. Außerdem bedecken südlich des Beckens von Jubones-León die vulkanischen Produkte des Pliozäns Flächen der Kordillere von Chilla-Fierroúrcu und Zonen entlang der Bergzüge zwischen den Flüssen Catamayo, Mambacola und Colaiza.

Während der Vergletscherungen war dieses weite Gebiet mit einer Eisdecke überzogen, ohne daß das Gletschereis tiefgehende Erosionswirkungen erzeugt hätte; umso mehr als die Erosion des großen Eispanzers die Modellierung der Landschift eher ausgeglichen als vertieft hätte. Die vielen Seen des öden Páramos von rund 4000 m Durchschnittshöhe sind die Zeugen der früheren Anwesenheit des Eises.

Der Vulkanismus des Mio-Pliozäns im Norden des Landes

In der nördlichen Hälfte der Sierra, der interandinen Depression entlang, nehmen vulkanische Decken vom Azuay ab bis zur Nordgrenze des Landes größere Flächen ein.

Andesitische und dazitische Effusionen, die sich aus langen tektonischen Spalten ergossen hatten, waren in Form von Decken, Strömen und Gängen manchmal in wiederholter Übereinanderfolge erstarrt mit charakteristischen Zwischenlagen von Tuffen, Brekzien und Agglomeraten.

Große Flächen der mio-pliozänen vulkanischen Massen sind in den interandinen Depressionen von dem Eruptionsmaterial des pleistozänen und rezenten Vulkanismus verdeckt. Doch bilden die pliozänen Vulkanite regelmäßig die noch nicht sichtbaren Sockel der pleisto- und holozänen Vulkane, die sich an den hohen Rändern der interandinen Becken anordnen.

Der pleistozäne und rezente Vulkanismus hat zu Beginn der Hebungs- und relativen Senkungsbewegungen die Wege zur Oberfläche den Bruchspalten entlang wieder geöffnet, die vorher dem Aufstieg des Magmas während des Mio-Pliozäns dienten: aber beschränkt auf einzelne Kanäle, wogegen im Pliozän sich die Eruptionen meist durch längere Abschnitte der tektonischen Spalten ereigneten.

Obwohl die von vulkanischem Material bedeckten Flächen des Pleisto- und des Holozäns an Ausdehnung den Mio-pliozänen gleichkommen oder sie zu übertreffen scheinen, muß doch in Betracht gezogen werden, daß die letzteren fast ausschließlich noch aus kompakten Laven oder erhärteten Tuffen bestehen, und der größte Teil der mio-pliozänen, lockeren Pyroklasten in verhältnismäßig kurzer Zeit nach ihrer hauptsächlich äolischen Absetzung der Erosion und Denudation anheim gefallen ist. Nur in den Fällen, in denen sie gegen Abtragung durch Überlagerung von Strömen oder Decken kompakter Lava geschützt waren, haben sie sich erhalten und diagenetisch in massive, harte Tuffsteine, Agglomerate und Brekzien umgewandelt. Solche werden an vielen Orten als Bausteine verwendet, z. B. ist die „Piedra de Pishilata“ in Latacunga bekannt, die das Baumaterial für die Häuser und das Gebäude der städtischen Verwaltung geliefert hat. Aus dem harten Tuff der Gegend von Cuenca werden Pflastersteine für die Straßen der Stadt gewonnen.

Dagegen bestehen die ausgedehnten vulkanischen Decken des Pleisto- und Holozäns aus wenig konsolidiertem feinen und groben Lockermaterial und aus Tuffen, die höchstens die Konsistenz des Lösses erreicht haben, dem sie in vielfacher Hinsicht ähneln. Nur in beschränktem Umfang breiten sich in der Umgebung der Vulkane Ströme und Decken von kompakter Lava aus.

Die bekannten **Obsidiane und Perlite von Filocorrales** in der Cordillera Real östlich von Quito, gehören zu einem in NNE-SSW-Richtung verlaufenden, mächtigen Gang, der die Kette der Kordillere krönt.

Das **Becken von Latacunga-Ambato** zeigt in den seitlichen, hohen Anschnitten starke Dislokationen der Schichten seiner Füllung. Die lakustren Sedimente beider Seiten fallen nach dem Innern des zwischen beiden Kordilleren eingesenkten Beckens ein. Infolge der epirogenetischen, vertikalen Bewegungen hat sich auf der Ostseite eine Längsflexur gebildet, der entlang das Becken abgesunken ist. Die von der Flexur betroffenen Schichten wurden in steile Stellung gebracht, und haben die Illusion einer miozänen Faltung hervorgerufen, so daß H. J. Tschopp (1948) die Entstehung des Beckens dem Tertiär (Mio-Pliozän) zuschreibt (Photo 16).

Die Untersuchung hat ergeben, daß die obere, gut geschichtete und dislozierte Serie Lagen von Diatomit (Tripoli) enthält, die im Süßwasser eines flachen Sees oder in Ufernähe eines großen tiefen Sees unter den Verhältnissen eines kalten oder gemäßigten Klimas abgesetzt wurden. Das Alter der Diatomeen ist mit größter Wahrscheinlichkeit als pleistozän angesetzt worden, jedenfalls als nachmiozän (G. E. LEWIS 1956).

Im tiefen **Canón des Río Patate** und seines Nebenflusses Culapachán, westlich von Pillaro, ist ein Abschnitt von Gesteinen von 400 m Mächtigkeit angeschnitten, der fluviale, fluviolakustre und glaziolakustre Sedimente umfaßt. Von unten nach oben sind abgesetzt: Konglomerate und Pyroklasten von in erster Linie andesitischem Material; Tuffe und Lutite von verschiedener Färbung, in den oberen Schichten mit Einschaltungen von Diatomit. Außerdem finden sich lokal zwischengelagerte Andesitdecken und -Ströme von erheblicher Mächtigkeit.

Abgesehen von der Gegend von Ambato wird quartärer Vulkanismus nur auf der Westseite des Beckens von Latacunga-Ambato festgestellt und dazu nur in beschränktem Ausmaß. Aus diesem Grund finden sich hier nicht die ungeheuren Anhäufungen der quartären vulkanischen Massen wie in den übrigen interandinen Depressionen.

Auf der Westseite des Beckens fallen die hohen Steilufer des in die Öffnung einer Längsspalte eingeengten Sees von Yambo auf. Im Profil erscheinen von unten nach oben fluviolakustre Schichten in auskeilender Wechsellagerung mit fluvialen Lutiten und vulkanischen Tuffen (Cangagua lacustre). In weniger komplizierter Schichtung folgen dünne Lutite und Diatomeen-Erde von ungleichmäßiger Dicke. Der ganze Komplex ist überlagert von verfestigten vulkanischen Tuffen und Aschen der Cangagua eólica mit Einschaltung von Bimssteinschichten.

Die interessante Tektonik wurde eingehend von A. D. SEMANATE (1944) studiert und beschrieben. Die relative Absenkung des Beckens geschah an einem Längsbruch der Ostseite, derart, daß der abgesenkte Sedimentstapel eine Drehbewegung um die Achse an der Westseite ausführte und sich nach Osten neigte, wobei sich am Westrand die keilförmige Spalte öffnete, die über ihrem aufgefüllten Grund den erwähnten Yambo-See einschließt.

Augenscheinlich bestehen die tieferen Lagen des Beckens aus groben Pyroklasten des Pliozäns, die von Wildbächen und Flüssen aus den Abhängen der beiden Kordilleren, welche nach Ost und West das Becken abschließen, angeschwemmt wurden. Dagegen repräsentieren die Schichten des feinen und weniger groben detritischen Materials, einschließlich der Moränen, die Auffüllung der riesigen Lagune, welche während langer Zeit des Pleistozäns in der ganzen Ausdehnung des Beckens aufgestaut war.

c) Tertiär des Oriente

Im Kapitel über die Kreide wurde gezeigt, daß die jüngste Formation der Kreide, die Formation Tena im Oriente, den Übergang zum Paleozän vermittelt, d. h. zu Brackwasser- und Süßwasser-Sedimenten.

Gegen Ende der Kreide beginnt sich in den neoandidischen Geosynklinalen der Wechsel der Sedimentations-Periode zur eigentlichen orogenen Phase abzuzeichnen, derart, daß in der Geosynklinale der künftigen Westkordillere durch die von Westen wirkenden Horizontalkräfte starke Faltung eintritt, wobei die alte Cordillera Real als Widerlager gedient hat und dabei Pressungen erlitt, die zu stärkerer Metamorphose der Schiefer führten. In der östlichen Geosynklinale, die die Cordillera Real und das mesozoische Sedimentationsbecken des Oriente umfaßt, setzte Hebungsbewegung ein. Sie bewirkte die Regression des Tertiärmeeres nach Osten mit periodischen Unterbrechungen durch kurze Stillstände und Rückfluten. Erst im Miozän wurden die Kreide- und Tertiär-Ablagerungen vom orogenen Horizontaldruck erfaßt und in weite Wellen gelegt, die aber in der Nähe der Cordillera Real beträchtlichen Dislokationen als Rückwirkung einer der letzten Phasen der neoandidischen Ära ausgesetzt waren.

Im Litoral entstand zur selben Zeit die Rücktiefe der neoandidischen Orogenzone und damit zusammenhängend eine typische Sedimentation. So ergaben sich die großen Kontraste zwischen den Fazies der Tertiärsedimente des Ostens (Oriente) und des Westens (Litoral). Im Oriente herrschen die kontinentale und sublitorale Fazies von Süß- und Brackwasser des zurückweichenden Meeres vor; im Litoral die neritische Riffazies und schließlich die sublitorale Fazies des offenen und transgredierenden Meeres, kuliminierend im Schlußakt der Auffüllung der parageosynklinalen Depressionen (Geosynklinale „Bolívar") der Küstenzonen (Schelf) und ihrer Einbuchtungen.

Die tertiären Formationen der **Post-Tenaperiode** des Oriente sind gekennzeichnet durch Faziesbildungen der Sedimentationsvorgänge im Brack- und Süßwasser, die sich unter Mitwirkung der Kontinentalgewässer in dem litoralen und sublitoralen Küstenbereich des in Regression befindlichen Flachmeeres vollzogen.

Sedimente dieser Art schwanken auf kurzer horizontaler und vertikaler Entfernung außerordentlich in ihrer lithologischen Zusammensetzung von groben Konglomeraten, Sandsteinen und Lutiten von feinstem Korn. Sie stammen aus Absätzen in den Deltas, Flußterrassen, küstennahen Seen und Sümpfen, Dünen und flachen Stränden oder Untiefen der Buchten, je nach den paläogeographischen Verhältnissen.

Auch sind die Elemente zur Bestimmung der fossilen Fauna sehr spärlich, wodurch den Geologen der Shell sehr erschwert wurde, Leithorizonte oder Stufen für die chronologische Einreihung der vielfachen, in Beziehung auf die einzelnen charakteristischen Gebietsabschnitte aufgestellten Formationen zu finden. Schließlich konnten zwei verschiedene fossile Faunen von Ammobaculites-Foraminiferen bestimmt werden, von H. J. Tschopp (1953) Fauna A- und B-Ammobaculites genannt.

Die Fauna A wurde in der Quebrada Utayacu, in der Nähe von Santa Rosa am Río Napo an der Ostflanke der Napo-Galeras-Aufwölbung gefunden, an bestimmten Stellen der Flüsse Coca und Aguarico und im Osten des Gebiets in den Kernen der Bohrung Tiputini in 800 m Tiefe. Damit war es möglich, einen Horizont der Formation Tiuyacu, der an den Osträndern der Kordillere Napo-Galeras zutage tritt, mit den entsprechenden Schichten der Bohrung Tiputini über die Entfernung von 200 km in Korrelation zu bringen.

Die Entdeckung der Ammobaculites-Faunen hatte eine sehr wertvolle Grundlage geschaffen, um die westlichen und östlichen Formationen des Eozäns und Oligozäns trotz ihrer großen Entfernung in Beziehung zueinander zu bringen. Die Deutung wechselseitiger stratigraphischer Verwandtschaft in ihrer N-S-Verbreitung blieb den Versuchen der Geologen der Shell Co. vorbehalten.

H. J. Tschopp (1953 und 1956) teilt die tertiären Formationen des Oriente in Gruppen der Fazies Norden und Fazies Süden mit einer zwischen beiden eingefügten Fazies Zentral Ost ein. Die letztere entspricht den Ergebnissen der Bohrung Tiputini.

Folgendes Schema zeigt diese Gruppierung der Formation in den Richtungen N-S und E-W.

	Osten		Westen		
Facies	Eozän-Oligozän	Oligozän	Miozän	Pliozän	Bohrung Tiputini
Norden	Tiuyacu	Chalcana	Arajuno	Chambira	
Central Osten				Curaray	Curaray Mittleres und unteres Chalcana Tiuyacu
Süden	Cuzutca	Pastaza	Ushpa		

Die Beschreibung der verschiedenen Formationen folgt den Darlegungen von H. J. Tschopp (1953 und 1956).

Fazies Norden

Formation Tiuyacu: Die Aufschlüsse der Formation umranden die Napo-Galeras-Aufwölbung im Süden, Osten und Norden. Sie erhielt ihren Namen nach ihrem typischen Aufschluß in der Quebrada Tiuyacu, 8 km ostsüdöstlich des Ortes Napo. Ihre Basis besteht aus einem ein bis mehrere Meter mächtigen Konglomerat von Geröllen und runden bis leicht kantigen Blöcken. Im Gebiet der Flüsse Aguarico und San Miguel neigt das Konglomerat örtlich zur Wandlung in grobe Brekzien. Die konglomerat- oder brekzienartige Schicht wird von weißen, tuffigen Lutiten bedeckt. Nach oben folgen feinkörnige bis grobe, konglomeratische Sandsteine mit gelegentlichen Einlagerungen von grauen, grünlichen und rötlichen Lutiten.

Am südlichen Abhang der Aufwölbung mißt die Mächtigkeit der Formation Tiuyacu rund 250 m, im Gebiet der Flüsse Aguarico und Coca bis zu 500 m und weiter nördlich nach fotogeologischen Studien nahe an 700 m. Diese Mächtigkeitszunahme fällt mit dem Erscheinen dunkelbläulich grauer, rissiger, meist pyrithaltiger und dunkler, sandiger Lutite in der oberen Hälfte der Formation (oberes Tiuyacu) zusammen. Der lithologische Charakter der unteren Partie (unteres Tiuyacu) ist identisch mit dem des typischen Fundortes.

In den Bohrungen Vuano, Oglán und Villano kommen bentonitische Lutite im mittleren Teil des Tiuyacu vor; sie trennen die sandige und konglomeratische untere Stufe von der tonigeren und dünnschichtigen oberen Stufe. In der Bohrung Tiputini, im äußersten Osten des Gebiets, hat die Formation viel von ihrem sandig-konglomeratischen Aspekt verloren.

Auf Grund der Untersuchungen von Foraminiferen wurde das Alter der Formation als eozän (Basalkonglomerat) bis oligozän bestimmt.

Nach Osten, von der Aufwölbung Galeras ab, verringert sich die Mächtigkeit der unteren Stufe von 250 auf 145 m in der Bohrung Villano und auf 81 m in der Bohrung Tiputini. Die Abnahme der Größe der Gerölle und Körner und der Mächtigkeit von Westen nach Osten beweist, daß die klastischen Massen der Formation an den verschiedenen Stellen von einer schon im Frühtertiär existierenden Cordillera Real stammen.

Formation Chalcana (Oligozän): Nach oben geht die Formation Tiuyacu stufenweise in eine mächtige Serie monotoner roter Lutite der Formation Chalcana über am Nebenfluß Chalcana des Río Tiuyacu in der Nähe des Ortes Napo. In verschiedenem Maße sind feinkörnige Sandsteine und sporadische Bentonitschichten mit Gipsadern zwischengelagert. Die Foraminiferenfunde besonders von Ammobaculites A und B im Bohrloch Tiputini und in den Aufschlüssen der westlichen Regionen haben erlaubt, die Formation dem Oligozän zuzuteilen.

Die Sequenz Tiuyacu-Chalcana kann litho- und chronologisch der Formation Gualanday mit den Konglomeraten und Redbeds am Oberlauf des Magdalenenstroms in Kolumbien gleichgesetzt werden.

Formation Arajuno (Miozän): Die Formation hat ihren Namen von ihrem typischen Aufschluß am Río Arajuno, einem südlichen Nebenfluß des Napo, 15 km südöstlich von Puerto de Napo erhalten.

Die vorherrschenden Sandsteine und Lutite überdecken die Chalcana-Redbeds an der Napo-Galeras-Aufwölbung und ihren nördlichen Ausläufern entlang. Die untere Stufe (unteres Arajuno) besteht aus Sandsteinen mit Reihen linsenförmiger Ansammlungen von Geröllen, sporadischen Konglomeraten und Zwischenlagerung zusammenhängender bentonitischer Lutite mit Gehalt an Kristallfragmenten von Hornblende unter den Schwermineral-Komponenten der Lutite.

Die roten Lutite der Mittelstufe (mittleres Arajuno) überwiegen in der Bohrung Villano und im Canelos-Gebiet nach unten zur Basis der Formation hin, wo sie sich mit den roten Lutiten der Formationen Chalcana und Pastaza vereinigen.

In der Zone von Vuano keilen die roten Lutite des mittleren Arajuno nach Norden aus. Die Oberstufe des Arajuno, wie auch die des oberen Pastaza, enthält Lignite und lignitische Tone, außer den Schichten des autochtonen Lignits. Das Paläoklima hatte die Entwicklung einer reichen Vegetation gefördert; in den Flüssen und Sümpfen lebten Krokodile, Schildkröten, Fische und Mollusken, wie die fossilen Reste bezeugt haben.

Auf Grund der stratigraphischen Verhältnisse wurde die Formation Arajuno dem Miozän zugeteilt und chronologisch mit der Formation Curaray und der Oberstufe der Formation Pastaza in Beziehung gesetzt.

Formation Chambira (Miozän-Pliozän): Ungefähr 13 km östlich von Canelos in der Nähe von Chambira am Río Bobonaza ruhen auf der Sequenz von roten und braunroten Sanden und Tonen mächtige klastische, sehr grobkörnige Serien ohne rote Färbung, die Formation Chambira genannt wurden. Ihre unteren 400 m bestehen in erster Linie aus Sandsteinen von sehr grobem bis konglomeratischen Korn mit unzähligen Horizonten toniger Gerölle und zarten Zwischenlagen dünnschichtiger, z. T. glimmeriger und sandiger Lutite mit fein verteiltem Gehalt an Magnetitkriställchen und außerdem aus Konglomeraten mit eingeschalteten bentonitischen Lutiten mit Blattabdrücken. Im oberen Abschnitt der Formation erscheinen Konglomerate grober Gerölle und Sandschichten, die nach Süden bis auf 400 m anschwellen.

Blöcke und Bruchstücke verkieselten lignitischen Holzes finden sich als sporadische Bestandteile der Formation, die sich nach Süden der Ostflanke der subandinen Bergzüge entlang fortsetzt und eine auffällige Böschung (Steilzone der Geologischen Karte) bildet, sich aber allmählich nach Süden in den Bergen des Flusses Cangaime verliert.

Vom Río Bobonaza ab, östlich des Río Cangaime, wächst die Formation auf 1000 bis 1500 m an. Nördlich vom Bobonaza haben die Sandsteine wieder feine Körnung, und die Mächtigkeit der Konglomerate verringert sich zu Gunsten der Lutite derart, daß in der Zone von Villano und weiter nach Norden die Unterscheidung der Formation Chambira und Arajuno immer schwieriger wird.

Die Formation Chambira und die ihr äquivalente Formation Ushpa der Fazies Süden gehen in ausgedehnte Fächer gestörter tuffiger und pyroklastischer Ablagerungen über als Auswirkungen verstärkter tektonischer Bewegungen des Vulkanismus und der Erosion in der benachbarten Kordillere. Beide Formationen sind nach photographischen Luftaufnahmen jünger als die Formationen Arajuna und Pastaza und auch jünger als die Formation Curaray, weshalb sie als dem oberen Miozän und Pliozän zugehörig betrachtet werden.

Formation Tiuyacu (? Eozän bis Oligozän): Die stratigraphischen Beziehungen der Formation Tiuyacu von Napo-Galeras quer durch den Oriente zu entsprechenden Schichten der Bohrung Tiputini wurden mittels der Fauna A der Foraminifere Ammobaculites hergestellt.

Da das ganze Tertiär mit zunehmender Entfernung von der Sierra an Mächtigkeit abnimmt und die Fazies nach Osten wechselt, verringert sich auch die Gesamtmächtigkeit der Formationen Tiuyacu und Chalcana in Richtung Tiputini bis auf 475 m, wo die Konglomerate vollständig verschwunden sind und Sandsteine und Lutite vorherrschen.

Zentrale Fazies Osten

Formation Curaray (Miozän-Pliozän): Durch das ausgedehnte ebene Flußgebiet nimmt der stille Curaray seinen vielfältig mäandrierenden Verlauf, während die Flüsse nördlich und südlich sich durch rasche Strömung auszeichnen. Ebenso haben die lithologischen Verhältnisse der hydrographischen Depression des Curaray zwischen den Flüssen Napo und Conambo besondere stratigraphische Eigentümlichkeiten. Längs des Flusses selbst treten die Aufschlüsse der typischen Schichten der Formation Curaray zutage, die im allgemeinen aus hellgrauen bis bläulich-grünen und rötlichen, gut geschichteten Lutiten bestehen, an einigen Stellen mit gipshaltigen Tonen in Wechsellagerung mit fein- bis mittelkörnigen Sandsteinen. Im oberen Teil gesellen sich Tuffschichten, lignitische Lagen und schwarze, kohlige Lutite dazu. Eine charakteristische fossile Fauna wurde aus Resten von Crustaceen, Fischen, Zähnen und Knochen von Krokodilen und anderen Wirbeltieren bestimmt, abgesehen von Mollusken und Foraminiferen. Die Bohrung Tiputini hat die Formation bis zu einer Tiefe von 783 m aufgeschlossen. Verschiedene Horizonte von Mollusken wurden angemerkt und die gleichen Ostracoden, Charaphytes und Foraminiferen gefunden, wie in den Aufschlüssen an Río Curaray, Tiputini und Conambo.

In der Gegend von Tiputini und in der Bohrung selbst wurde die Fauna B von Ammobaculites festgestellt, die aber im westlichen Teil des Oriente nicht auftauchte, weder an der Oberfläche noch in den Bohrkernen, mit Ausnahme der einzigen Gattung *Sigmoilina* sp.

Die Fauna der Formation Curaray (Miozän-Pliozän) als Süßwasser-Fazies mit zeitweisen Salzwassereinbrüchen beweist ein nicht höheres Alter als Miozän. Es bestehen chronologische Beziehungen zu den Miozänformationen von Kolumbien.

Fazies Süden

Formation Cuzutca (? Eozän bis Oligozän): Die Formation ist nur im Süden des Pastaza verbreitet entlang der Ostflanke der Kordillere von Cutucú in den Strukturen von Macuma und Cangaime. Ihr typischer Aufschluß liegt im Tal des Flüßchens Cuzutca, an der Stelle, an der die Westseite der Erhebung vom Río Macuma angeschnitten ist.

Wie in der ihr äquivalenten Formation Tiuyacu der Fazies Norden tritt an ihrer Basis ein Konglomerat auf mit einer Decke von weißem Ton, der als bentonitisch angesehen wird. Es folgen nach oben graugrünliche, örtlich konglomeratische, im allgemeinen glaukonitische und pyrithaltige Sandsteine mit sandigen und glimmerigen, bläulich-grünen und rotfleckigen Lutiten im unteren und mit ähnlichen Lutiten, aber ohne Rotfärbung, im oberen Drittel. Im mittleren Teil überwiegen massive oder grobbankige Quarzsandsteine. Kalkige Schichten finden sich in der ganzen Formation als Zwischenlagerungen.

Reste von Fischen, wenige sandige Foraminiferen und Ostracoden, hauptsächlich von der Gattung Candona, wurden als Fossilien festgestellt.

Die Formation Cuzutca wurde der Formation Tiuyacu der Fazies Norden wegen ihrer lithologischen Zusammensetzung und ihrer stratigraphischen Stellung versuchsweise gleichgesetzt.

Formation Pastaza (Oligozän bis Miozän): Die Formation Cuzutca wird nach Osten hin überlagert von der Formation Pastaza mit ihren rötlichen bis grünen Sandsteinen von grober bis konglomeratischer Körnung, die nach oben in eine Sequenz von beträchtlicher Mächtigkeit von rötlichen, gewöhnlich lignitischen Lutiten übergeht, manchmal mit dünnen Schichten von lignitischer Kohle in der oberen Stufe.

Die untere Stufe scheint der oberen der Formation Tiuyacu zu entsprechen. Unbestimmbare Reste von Pflanzen und Bathysiphon sind die einzig erkennbaren Fossilien. Ebensowenig erscheinen die Foraminiferen Ammobaculites A und B der oberen Stufe der Formation Tiuyacu und der unteren Stufe der Formation Chalcana in irgendeinem Teil der Formation Pastaza. Wegen stratigraphischer Ähnlichkeit wurde versuchsweise eine Beziehung der unteren und mittleren Teile der Formation Pastaza mit dem oberen Teil der Formation Tiuyacu angenommen.

Oligozänes Alter scheint mit großer Wahrscheinlichkeit der Formation Pastaza zuzukommen, wenn man annimmt, daß ihr oberer Teil dem Miozän angehört.

Formation Ushpa (oberes Miozän bis Pliozän): Südlich des Pastaza wurde eine Sequenz fluvio-lakustrer Sedimente Formation Ushpa genannt als lithologisches und chronologisches Äquivalent der Formation Chambira im Norden. Beide Formationen scheinen wirre Ablagerungen zu sein von großen Schuttfächern aus feinen Pyroklasten, die aus den benachbarten Kordilleren stammen.

Beziehungen zu Nachbargebieten: Die Konglomerate von Gualanday und die Redbeds des oberen Magdalenenstroms in **Kolumbien** wurden von H. J. Tschopp (1956) mit der Sequenz Tiuyacu-Chalcana und ihren äquivalenten Formationen Cuzutca und unterem und mittlerem Pastaza bezüglich ihres Alters und lithologischen Bestandes in Beziehung gesetzt. Letztere kann auch dem unteren Glied der Gruppe Contanamá des östlichen Perú entsprechen.

Die dunkelgrünen Lutite der Formation Tiuyacu markieren den Einbruch von Meerwasser und entsprechen wahrscheinlich der Formation Pozo des **peruanischen Oriente.**

Die Formation Onda in der Depression des Magdalenenstroms von Kolumbien ist vergleichbar mit den Formationen Arajuno und dem oberen Pastaza, denen auch die peruanische Formation Chambira der Gruppe Contanamá entspricht (B. KUMMEL 1948).

Das Miozän des kolumbianischen Oriente zeigt große Ähnlichkeit mit der Formation Curaray des ecuadorianischen Oriente.

Einen großen Teil des Oriente bedecken fluvio-lakustre Schuttfächer als riesige quartäre, mehr oder weniger mächtige Decken über den tertiären Formationen im subandinen Gebiet.

2. Quartär

Mit dem Ende des Tertiärs erlöschen die mächtigen orogenen Beanspruchungen der neoandidischen Ära. Ihre letzten großen Wirkungen haben sich in den Faltungen der miozänen Formationen kundgetan, z. B. in den zwischenandinen Becken von Cañar und Cuenca. Dort wurden die tertiären Schichten in regelmäßige, selten auch stark gestörte Falten gelegt. Im Litoral sind die miozänen Schichten oft nur leicht gebogen. Im Oriente dagegen haben die Ergebnisse der seismologischen Untersuchungen und der Bohrungen beträchtliche Wirkungen der horizontalen, orogenen Kräfte nachgewiesen, besonders der mio-pliozänen Phase (Cascadian Orogeny von Nordamerika, Geol. Karte) der neoidischen Ära. Die geophysikalische Untersuchung des Untergrunds (Abb. 4) hat unter den quartären Schuttfächern und jungtertiären Formationen des Oriente (H. J. TSCHOPP 1953) in der subandinen Zone östlich der Aufwölbungen Napo-Galeras und Cutucú asymmetrische Antiklinalen nachgewiesen, gruppiert in einem Streifen von angenähert paralleler Richtung zum Steilabfall der Cordillera Real.

Die Ostflanken der Falten sind asymmetrisch aufgerichtet und leicht nach Osten in Richtung der orogenetischen Kräfte überschoben.

Im Gegensatz zu diesen relativ schwachen orogenen Bewegungen wurden die miozänen Formationen der östlichen Gebiete Kolumbiens und Perús starker Zusammenpressung unterworfen mit dem Ergebnis der Auffaltung großer Gebirge wie der kolumbianischen und peruanischen Ostkordilleren.

Zu Beginn des Quartärs hatten die orogenen Pressungen zum größten Teil aufgehört. Das morphologische Aussehen des Landes war noch weit entfernt von dem gegenwärtigen Anblick, weil erst im Pleistozän sich die Hebung der beiden Hauptkordilleren verwirklichte, zusammen mit dem wiederbelebten pleistozänen und mit dem rezenten Vulkanismus, den Wirkungen der eiszeitlichen Vergletscherungen und der übrigen aufbauenden und zerstörenden Kräfte. Nicht nur die Höhen der Gebirge waren enorm gewachsen, sondern auch die Modellierung aller Gebiete fing an sich zu ändern und zu komplizieren bis zu der überaus mannigfaltigen Differenzierung des jetzigen Zustands.

Im Litoral stiegen, infolge einer tektonischen Schaukel- oder Drehbewegung der Daule-Plattform um eine horizontale Achse, an der westlichen Seite die Küstenkordilleren und

Berge aus dem Meer auf, während auf der östlichen Seite am Fuß der Westkordillere ein langgestreckter Streifen einsank. Die gehobene Seite umfaßt den westlichen Teil der Plattform und das Zentralgebiet der Halbinsel Sta. Elena.

Der abgesunkene Streifen stellt einen Teil der sogenannten Geosynklinale Bolívar dar (W. E. NYGREN 1950) und wird von den Flußbecken des Daule, Quevedo und Bagahoyo nach Norden hin bis zu den Flüssen Quinindé, Blanco und Guallabamba eingenommen; er dehnt sich nach Süden als das Küstenland der Provinz El Oro aus. Insgesamt ist dies der lange, breite Streifen der Quartärauffüllungen und Anschwemmungen am Steilabfall der Westkordillere und hat als das ausgedehnte, fruchtbare Flachland des Occidente besondere Bedeutung.

Ein anderes großes Gebiet quartärer Sedimentation breitet sich in der interandinen Depression der Sierra zwischen der Westkordillere und der Cordillera Real von der Nordgrenze mit Kolumbien bis nach Süden der Gegend von Guamote.

In den verschiedenen Hoyas (Becken) und auf den Hängen der angrenzenden Berge haben sich die kompliziertesten quartären Formationen unter dem wechselseitigen Einfluß des Vulkanismus, der Vergletscherung und der epirogenen Vertikalbwegungen gebildet. Nach der Geologischen Karte handelt es sich um Anhäufungen vulkanischer Produkte in Form von aquatischen und äolischen Sedimenten vulkanischer Lockermassen.

a) Die Sierra – Das nördliche andine Gebiet

Im andinen Gebiet des Nordens des Landes war es möglich, eine gewisse Ordnung in die Quartärsedimente zu bringen. Trotz ihres chaotischen Aspekts (W. SAUER 1940 und 1950) konnten verschiedene Stufen und Horizonte nach ihrem geologischen Alter unterschieden werden, zu deren Bildung dreifache geologische Tätigkeit beigetragen hat: Die epirogenen Vertikalbewegungen, der Vulkanismus und die pleistozänen Vergletscherungen.

Ihre Wirkungen vollzogen sich im allgemeinen gleichzeitig, so daß ihre Produkte sich gegenseitig in großer Unregelmäßigkeit ihrer Mächtigkeit und der Art ihrer Zusammensetzung bedecken und verzahnen. Sie bilden ein Chaos der verschiedensten vulkanischen Materialien in den fluvio-lakustren und glaziogenen Anhäufungen, deren Entwirrung auf den ersten Blick unmöglich erscheint.

Von den drei geologischen Agentien, welche in der Entstehung der quartären Formationen im Norden des Landes zusammengewirkt haben, beeindruckt vor allem der Vulkanismus. Seine Produkte nehmen die ausgedehntesten Gebiete der Sierra in Anspruch, obwohl der Vulkanismus nur als eine sekundäre Erscheinung in Abhängigkeit von der Tektonik auftritt als Folge der ungleichmäßigen, zu bedeutenden Verwürfen führenden epirogenen Hebungen und Senkungen. Dort wo diese Bruchbewegungen, wie z. B. im Süden des Landes, fehlen, ist die vulkanische Tätigkeit äußerst gering geblieben.

Die epirogenen Vertikalbewegungen

Sowohl der Umfang der vulkanischen Tätigkeit wie auch das Ausmaß der Vergletscherungen (Eiszeiten) im Gebiet der Sierra haben in der morphologischen Gestaltung des Geländes unter dem Einfluß der Bruchsenkungen und -hebungen gestanden.

Der unmittelbare Beweis der Hebung des Kontinents ist durch die marine Terrassenbildung der sogenannten **Tablazos** gegeben, die während des Pleistozäns an verschiedenen Stellen der Küste stufenweise aus dem Wasser aufgetaucht sind. Andrerseits befinden sich marine Miozänsedimente an vielen Orten des Litoral, in großer Entfernung von der Küste in ihrer ursprünglichen horizontalen, oder nur wenig geneigten Stellung, aber 200–300 m über dem Meeresspiegel. Diese Höhenlage bestätigt ihre vertikale Hebung nach ihrer Sedimentation auf dem Meeresgrund am Ende des Tertiärs. Trotzdem ist zu beachten, daß nicht alle Teile des Tieflands Hebungen erfahren haben. An den Steilküsten zeigen sich auch die Merkmale von Senkungen, nachdem aus dem Meer marine tertiäre Formationen aufgetaucht waren, d. h. wechselnde Hebung und Senkung, wie z. B. in der Gegend von Bahía de Caraquez.

Eine besondere tektonische Erscheinung bedingt den radikalen Unterschied zwischen der Nord- und der Südhälfte des Landes und besteht in dem verschiedenen Ausmaß der vulkanischen Tätigkeit. Im Norden wurden während des Pleistozäns in N-S-Richtung langgestreckte Kerne der Kordilleren stärker gehoben als die Flanken. Den entstandenen Längsbrüchen entlang hat das unter Spannung stehende Magma den Weg zur Oberfläche gefunden.

Alexander von Humboldt (1837–1853) beschäftigte sich während seines Aufenthaltes in Ecuador (1801–02) intensiv mit vulkanologischen Studien. Die charakteristische Gruppierung der Vulkane in langen Reihen, wie er sie zum ersten Mal auf den Bergen der Ost- und Westränder der interandinen Depression beobachten konnte, ließ ihn den Gedanken fassen, daß die geographische Anordnung der Vulkane von geologischen Bedingungen in größerer Tiefe abhänge. So kam er der modernen Auffassung der Entstehung der Vulkane nahe, nach welcher Brüche der Erdkruste in erster Linie für das aufsteigende Magma die nötigen Vorbedingungen zu ihrer linearen Gruppierung schaffen.

Die Systeme von Verwerfungen in Längs- und Querrichtung der Kordillere begrenzen die interandinen Becken und sind gleichzeitig die schwachen Stellen der Erdkruste, in denen sich die Kanäle zur Förderung des Magmas an die Oberfläche bilden konnten, um die vulkanische Tätigkeit während des Quartärs wieder aufleben zu lassen. So öffneten sich auch zentrale Längsbrüche in der Mittelachse der Becken, auf denen sich Vulkane aufgebaut haben, wie im Fall des Vulkans Imbabura in der Provinz gleichen Namens und der Vulkane Ilaló und Pasachoa der Provinz Pichincha.

Subsequenter Vulkanismus

Gemäß ihrer petrologischen Zusammensetzung nehmen die Gesteine des neozoischen Andenmagmatismus teil an der großen Gruppe der sogenannten „Andeneruptiva" (Andenbatholith), die zur petrographischen Familie des **pazifischen Typs** gehören und sich durch ihre chemisch-mineralogische Zusammensetzung von Kalkalkali-Charakter (lithogen-salisch) von der **atlantischen Familie** mit Alkali-Charakter (hypogen-simisch) unterscheiden. Als Beispiel der letzteren Familie tritt der **Vulkan Sumaco** hervor. Er erhebt sich in der östlichen subandinen Region über den Kreideformationen der Napo-Galeras-Aufwölbung, die ihre Entstehung der epirogenen Hebung eines Blocks des alten kratonischen Basaments verdankt, auf dem als Fundament sich die mesozoischen Sedimente abgesetzt haben. Dieser Prozeß hatte sich ohne vorhergehende Faltung durch Kompression und deshalb ohne Entwicklung von sialischem (lithogen-paligenetischem) Magma abgespielt und charakterisiert die Zonen des finalen Vulkanismus in den bereits konsolidierten Gebieten der Geosynklinale oder ihrer unmittelbaren Nachbarschaft. Die Andesite der großen pazifischen Gruppe (Andenbatholith) stammen aus der Schmelzung von sialischem Material. Sie erreichen als Produkte des subsequenten Vulkanismus der neoandidischen Orogenese die Oberfläche und repräsentieren lithogen-sialische Laven des pazifischen Typs wie im Andenraum. Diese Laven bilden, abgesehen von den eigentlichen Andesiten, saurere und basischere Differenziate in großer Vielfalt, von Daziten und Rhyolithen ab bis zu basaltischen Andesiten und selteneren Basalten.

Die Laven des Vulkans Sumaco dagegen (R. J. Colony & J. Synclair 1928) sind nephelinitische Tephrite der atlantischen Familie mit oder ohne Einsprenglingen von Hauyn im Übergang zu Nephelinbasaniten, die den finalen Magmatismus (Vulkanismus) der schon in kratonischen Zustand übergeführten orogenen Zonen der Sierra charakterisieren. An die Ostseite der Aufwölbung Napo-Galeras, dem Einfluß des einseitig von Westen kommenden Horizontalschubs entzogen, lehnt sich ein von Antiklinalen im Untergrund freier Streifen an, wogegen, wie schon erwähnt, weiter im Süden eine weiträumige miozäne Faltung festgestellt wurde.

Vielfach sind die mio-pliozänen Lava- und Tuffdecken im Norden des Landes in den Gebieten der reich gegliederten Gebirgslandschaft der Sierra durch Erosion und Denudation in großem Maße abgetragen worden. Sie finden sich häufig nur noch an Stellen, wo sie durch spätere pleistozäne Lavaergüsse und vor allem durch die aufgesetzten Vulkanbauten geschützt waren.

Im Süden des Landes zeigen sie sich in bestimmten Gebieten als ausgedehnte, zusammenhängende Decken (miozäner Vulkanismus der südlichen Sierra).

Die mio-pliozänen Gesteine des Nordens werden zusammen mit den Vulkaniten des Pleisto- und Holozäns beschrieben, weil sie nicht als Sockel der Quartärvulkane erscheinen, aber im allgemeinen von den Vulkaniten und Pyroklasten des quartären Vulkanismus bedeckt sind.

Für den Süden des Landes waren die den pliozänen Vulkanismus betreffenden Erläuterungen in den verschiedenen Abschnitten über das Mio-Pliozän des Beckens von Azogues-Cuenca und der vulkanischen Decke des Südwestens der Provinz Azuay gegeben worden.

Pleistozäner und rezenter Vulkanismus

Im Quartär öffneten die vertikalen epirogenen Bruchbewegungen nur einzelne Kanäle und Eruptionsschlote in den Längs- und Querverwerfungen der Sierra, und fast ausschließlich nur in der Nordhälfte des Landes. Dagegen ist das Gebiet des Südens von der Wiederbelebung des pleistozänen Vulkanismus mit ganz wenigen Ausnahmen verschont geblieben.

Pliozäne Vulkanite bilden im Norden sichtbare Sockel der quartären Vulkane, die sich entlang den hohen Rändern der zwischenandinen Senken aufreihen. So konnte der pleistozäne und rezente Vulkanismus mit dem Eintreten der epirogenen Vertikalbewegungen wieder einzelne Kanäle in den Spalten öffnen, durch die früher im Pliozän das Magma an die Oberfläche gelangte.

Im Verlauf des Quartärs hat sich die vulkanische Tätigkeit allmählich nach Osten verlagert, von der Westkordillere nach der Cordillera Real und der subandinen Zone zu den 4 tätigen Vulkanen Reventador im Norden, Cotopaxi, Tunguragua und Sangay im Süden. Nach Osten tritt eine petrologische Änderung des Magmas ein mit der Tendenz zu einer mehr basischen Zusammensetzung, wie die in simische (hypogene) Zusammensetzung übergehende limburgitische Lava des Reventador zeigt.

Der **Vulkan Reventador** muß wegen seiner basischen (Alkali) Zusammensetzung dem atlantischen Typ sich nähernden Laven dem finalen Magmatismus zugerechnet werden. Dagegen produzieren die übrigen der aufgezählten Vulkane noch charakteristische intermediäre Laven der sehr differenzierten Andesitgruppe. Auch die schwarzen Laven des Tunguragua sind trotz ihres äußerlich dem des Basalts gleichenden Aspekts der säulig abgesonderten Ströme bei Baños und Agoyán als wahre, wenn auch etwas basaltische Andesite anzusehen, gemäß ihrer chemisch-mineralogischen Zusammensetzung.

Nachdem schon A. von HUMBOLDT (1837–38 und 1853) und andere Autoren wie H. KARSTEN (1873) und M. VILLAVICENCIO (1858) sich der Beschreibung und Erforschung der vulkanischen Erscheinungen der nördlichen ecuadorianischen Anden gewidmet hatten, ist das gleiche vulkanische Gebiet von den Geologen W. REISS (1901–04) und A. STÜBEL (1892–98 und 1896–1902) eingehend während der Jahre 1870–74 durchforscht worden.

Der ecuadorianische Künstler RAFAEL TROYA von Ibarra begleitete die deutschen Wissenschaftler und malte 64 vorzügliche Landschaften zur bildlichen Erläuterung der vulkanischen Gebiete und ihrer geologisch interessanten Einzelheiten. In der Abteilung der vergleichenden Geographie des ethnographischen Museums von Leipzig vervollständigen diese Gemälde in einzigartiger Weise die umfangreichen, von REISS und STÜBEL zusammengebrachten Sammlungen vulkanischer Gesteine von Ecuador und geben einen vollkommenen Begriff der Mannigfaltigkeit und großartigen Erscheinung der vulkanischen Szenerie und erleichtern zugleich das wissenschaftliche Verständnis der Ausstellung.

Hunderte von Gesteinsmustern der vulkanischen Formation des Plio-Pleistozäns und Holozäns sind in der Universität von Berlin systematisch untersucht worden. Es entstand eine Folge von Spezialarbeiten über den petrographischen Charakter der Gesteine, welche die Vulkane und vulkanitischen Bergzüge des nördlichen andinen Gebiets von Ecuador aufbauen: BELOWSKY 1892; BERGT 1914; ELICH 1893 und 1901; ESCH 1896, HERZ 1892; KLAUTSCH 1893 und 1898; TANNHAUSER 1904; THALMANN 1943. Kurze geologische Erläuterungen von W. REISS führen jede der Abhandlungen ein.

Ein Kapitel seiner Geología y Geografía del Ecuador widmete T. WOLF (1892) der Beschreibung der vulkanischen Landschaften Ecuadors. AUG. N. MARTINEZ verdanken wir wertvolle Untersuchungen und Beobachtungen vulkanischer Vorgänge in Ecuador (1902, 1903–05 und 1929–33). W. SAUER trug mit zahlreichen Studien und Beobachtungen zur Bestimmung des geologischen Alters der Vulkane und ihrer Produkte bei (1940, 1943, 1950, 1957).

Die folgende kurzgefaßte Beschreibung soll genügen, um eine allgemeine Orientierung über die vulkanischen Formationen des andinen Nordens des Landes zu geben. Einzelheiten kann die erwähnte reiche Literatur liefern. Es ist hier auch nicht der Ort, um in Diskussion der verschiedenen Theorien zur Erklärung des Vulkanismus einzugehen, Theorien, die fundamentale Änderungen in weitestem Rahmen während des letzten Jahrhunderts erlitten haben.

Äußere Gestaltung der Vulkane

Die Formen der Vulkanberge im Lande sind von so erstaunlicher Verschiedenheit, daß sich A. Stübel (1897, Die Vulkanberge Ecuadors) veranlaßt sah, in den Unterschieden der äußeren Formen der Vulkane allgemeine Aufschlüsse über ihren Entstehungsprozeß zu suchen. Diese Deutung ist aber nur in ganz beschränktem Maße zulässig, da die ursprünglichen Formen nachträglich durch Erosion und Verfall große Änderungen erlitten haben. Stübels System hat immerhin einige Ergebnisse von Interesse geliefert, nämlich daß die Vulkanberge nach dem äußeren Anblick und ihrer gegenwärtigen Form in typische Gruppen mit charakteristischen Unterscheidungsmerkmalen eingeteilt werden können. Doch geben ihre gegenwärtigen Formen keine entscheidenden Deutungen über ihren Aufbau.

Dagegen hat W. Reiss (1896–1902) erkannt, daß in Ecuador die Form der Vulkane großenteils nachträglich durch äußere, destruktive geologische Einwirkung verändert wurde. In erster Linie hat die pleistozäne und holozäne Gletschererosion verheerende Zerstörungen an den älteren Vulkanen angerichtet. Auf diese Weise erscheinen in Beziehung auf das Alter der Berge bestimmte Typen von Formen. Sie wurden im Verhältnis zur jeweiligen Dauer ihrer Existenz von einer oder mehreren Vergletscherungen verändert; entsprechend ihrer Höhenlage und ihrer eigenen Höhe kann die Intensität der Gletschererosion zwischen dem höchsten Grad und Null variiert haben. Außerdem hat die Kompaktheit und Härte des aufbauenden Gesteins eine Rolle in der Widerstandsfähigkeit gegen jede Art von Zerstörung gespielt, an der vor allem Wasser oder Eis teilnahm.

Legende zu Abb. 6

Nach Hans Meyer 1903

G. M. Gletscher: Garcia Moreno
T. W. Gletscher: Theodoro Wolf

Rr. Gletscher: Reschreiter
H. M. Gletscher: Hans Meyer
Abr. Gletscher: Abraspungo
Sp. Gletscher: Spruce
Re. Gletscher: Reiß

St. Gletscher: Stuebel
Th. Gletscher: Thielmann
Trü. Gletscher: Trümmergletscher
To. Gletscher: Totorillas

Bou. Gletscher: Boussingault

Nach Walther Sauer 1950

G. M. Gletscher: Garcia Moreno
T. W. Gletscher: Theodoro Wolf
C. Z. Gletscher: Carlos Zambrano
Rr. Gletscher: Reschreiter
H. M. Gletscher: Hans Meyer
Abr. Gletscher: Abraspungo
Sp. Gletscher: Spruce
Re. Gletscher: Reiß
L. H. Gletscher: Lea Hearn
St. Gletscher: Stuebel
Th. Gletscher: Thielmann
Trü. Trümmergletscher
To. Gletscher: Totorillas
W. S. Gletscher: Walther Sauer
Hu. Gletscher: Humboldt
C. P. Gletscher: Carlos Pinto
N. M. Gletscher: Nicolás Martinez
Bou. Gletscher: Boussingault
N, Oe, S, M, E: Gipfel Nord-, West-, Süd-, Mittel-, Ost-.
P. Piedra Negra (Schwarzer Fels)
C. Catedral (Kathedral-Felsen)
M. A. M. Murallas Augusto Martinez (Augusto-Martinez-Wände)

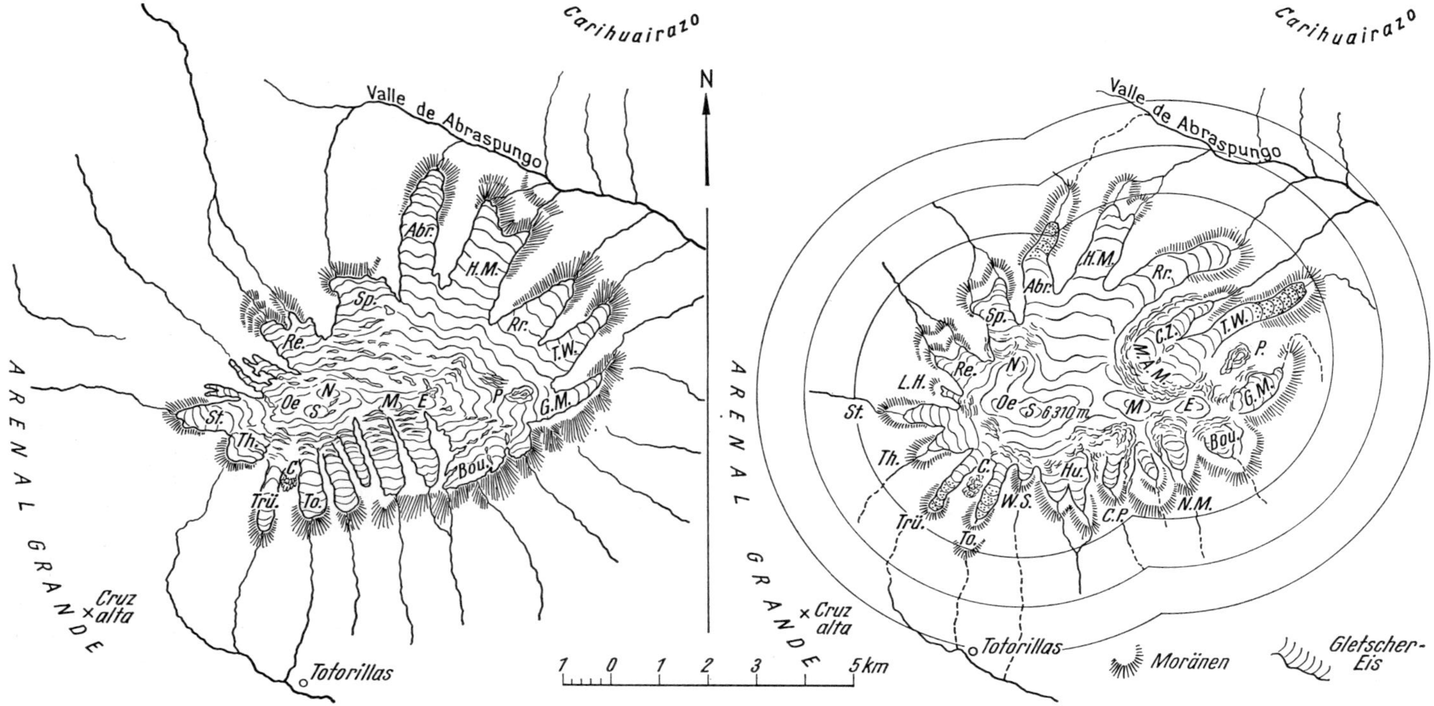

Abb. 6. Doppelvulkan Chimborazo. Gletscher des Chimborazo. Zeichn. W. SAUER 1950

Unter Berücksichtigung der geologischen und geographischen Einflüsse auf die äußere Gestaltung der Vulkanberge hat W. Reiss eine mustergültige Folge der typischen Formen aufgestellt, welche die fortschreitende Umformung der vulkanischen Bauten durch die Erosionstätigkeit der geologischen Agentien zum Ausdruck bringt.

Von den vier **aktiven** Vulkanen Cotopaxi, Tunguragua, Sangay und Reventador, die noch im Begriff sind, ihren Aufbau zu vervollständigen, sind die ersten drei um einige hundert Meter höher als die Grenze des ewigen Schnees. Obwohl eine Kapuze von Firn und Gletschereis ihren oberen Teil umgibt, zeigen sie noch ihre vollkommene Form des ursprünglichen Kegels. Die Gletscher gleiten an der Oberfläche der Abhänge des Kegels hinab, ohne Betten von nennenswerter Tiefe ausgekolkt zu haben, da ihre Eismassen nur gering entwickelt sind.

Der **Cayambe** weist schon eine fortgeschrittene Zerstörung seines Kegels auf. Die großen Gletscher haben sich in die Oberfläche des Kegelmantels eingeschnitten und mächtige Endmoränen als Zeugen ihrer Erosionstätigkeit aufgeschüttet.

Der **Vulkan Chimborazo** befindet sich im Zustand einer schon weit fortgeschrittenen Zerstörung durch Erosion, besonders sein östlicher, älterer Teil. Tiefe, von den Gletschern ausgehöhlte Nischen haben die innere Struktur seiner Flanken aufgedeckt. Die Umwallung des östlichen, älteren Kraters ist teilweise zerstört und abgetragen. Aus der so geöffneten Caldera treten zwei Gletscher aus (Abb. 6, Photo 17, 18 und 19). Der äußerste Zustand in der Zerstörungsfolge wurde durch die Formen wiedergegeben, die denen der **Vulkane Cotacachi** und **Quilindaña** gleichen. Die Gletschererosion hat als Rest des Kegels nur eine steile Pyramide auf dem von ihr rundlich geschliffenen Sockel übriggelassen. Auf der reduzierten Oberfläche der Pyramide fehlt der Raum für Entwicklung mächtiger Eismassen, so daß sich die Zerstörung auf ein Minimum beschränkt.

Die zwei Spitzen des **Iliniza** sind die Reste der Umwallung einer großen Caldera.

Am Nord- und Südende der weiten Caldera des Vulkans **El Altar** flankieren zwei riesige Felstürme eine nach Westen geöffnete Bresche der Umwallung und zeigen damit einen Zustand der Zerstörung, der unmittelbar dem gegenwärtigen Zustand des Iliniza vorangeht.

Petrographische Charakteristik und regionale Verbreitung der Vulkanite

Die chemische Zusammensetzung der vulkanischen Massen des subsequenten Magmatismus ist gekennzeichnet durch einen mittleren Kieselsäuregehalt. Demnach umfaßt diese große Gruppe die intermediären Typen der Andesite, die je nach den Umständen zwischen akzentuiert sauren und basischen Typen variieren, d. h. von den *Daziten bis zu basaltischen Andesiten.* Die ganze Gruppe entspricht dem sialischen Magma. Dem stärkeren Viskositätsgrad entsprechend sind die Effusionen des sauren bis intermediären Magmas der Dazite (Rhyolithe) und Andesite meist von explosionsartigen Eruptionen begleitet, welche enorme Lockermassen in die Atmosphäre schleudern und ausgedehnte Lagen und Anhäufungen von Pyroklasten an Bimsstein, vulkanischen Bomben, Lapillin, Sanden und feinen Aschen liefern. Aschen dieser Art haben die weitverbreiteten vulkanischen Tuffe ergeben, insbesondere die „Cangagua“ des nördlichen Andengebiets des Landes.

Die Andesite und Dazite haben einen geringen Gehalt an dunklen Mineralkomponenten, wie Biotit, Amphibol und Augit. In den basischeren Andesiten wiegt Augit vor, während in den saureren Hornblende neben Biotit vorkommen kann.

Die Páramos von El Angel und San Gabriel zwischen Tulcán und dem Río Chota:

In diesen nördlichen Zonen des Landes herrschen dunkle bis schwarze augitische Andesite vor.

Der Pucará (3147 m) weist in den Andesiten etwas Olivin auf. Auch fehlen nicht an verschiedenen Stellen des Berges feine Amphibol-Kristalle in der Zusammensetzung dieser Andesite. Bei der Brücke über den Río Chota steht ein dunkler, weniger basischer Hornblendeandesit an.

Das Becken von Ibarra und seine Umgebung

Die Páramos von Piñán in der nördlichen Westkordillere werden von Ergüssen und vulkanischen Decken des Pliozäns gebildet. Ihnen sitzen die erloschenen Vulkane Yanaúrcu und Cotacachi auf. In den welligen Páramos von hunderten von Quadratkilometern hat das mächtige pleistozäne Inlandeis unzählige Spuren der Gletschertätigkeit hinterlassen. Die abgerundeten Geländeformen sind von den ausgedehnten Eisdecken geglättet worden. In flachen länglichen, ovalen oder runden Niederungen liegen die ebenen Sedimente ausgetrockneter Seen oder die blauen Flächen von kristallklarem Seewasser. Der größte der Seen, der Cristacocha, findet sich wenige Kilometer westlich der Hacienda Piñán, die selbst auf dem ebenen Grund eines früheren Sees liegt.

Mit großer Deutlichkeit treten einige Rücken in N-S-Richtung hervor und andere weniger markante in E-W-Richtung. Ohne Zweifel handelt es sich um langgestreckte Anhäufungen von andesitischen Eruptionen aus Längs- und Querspalten der Kordillere. Stellenweise leuchten entlang dem Fuß einiger Rücken (Lomas) die roten, tonigen Lutite des kretazischen Untergrunds auf, welche leichte thermische Metamorphose im Kontakt mit den Andesiten erlitten haben. Die Laven des Pliozäns sind hornblende-biotitische Andesite.

Trotz seines Namens („Schwarzer Berg") gehören die Gesteine der Spitze des **Yanaúrcu** (4538 m) einem hornblende-biotitischen Andesit von relativ heller Farbe an, ähnlich dem Andesit der Hacienda Hospital. Der Berg ist ein Neck eines alten Vulkanschlots von nicht geringerem als pliözänem Alter. Der Pucará (3147 m), ein steiler Felsen (Fluchtberg) des Ostabhangs der Westkordillere bei dem Ort Urcuquí ist hier als Zeuge einer Lavadecke geblieben und besteht aus Hornblende-Biotit-Andesit.

Der alte Vulkan **Cotacachi** (4939 m) von pleistozänem Alter und schon stark von der Glazialerosion zerstört, bietet in seinen verschiedenen Teilen eine Mannigfaltigkeit von hauptsächlich Augitandesit, in geringerem Maße von Hornblende-Andesit und untergeordnet Hornblende-Dazit von grauen bis rötlichen Farbtönen. Der veränderliche Mineralbestand spiegelt die Differentation der Laven wieder, die den verschiedenen Eruptions-Perioden des Vulkans entsprechen.

Auf seiner Südseite ist als letzte Äußerung seiner Tätigkeit der Krater Cuicocha (3100–3400 m) durch einen Ausbruch entstanden (Photo 14). Der Explosionstrichter (Sauer 1955b) hat sich im Fuß des Südabhangs geöffnet auf derselben Spalte, welche auch die Vulkane Cotacachi und Yanaúrcu entstehen ließ. So haben sich diese zentralen Eruptionen auf einer Longitudinalspalte angeordnet, die schon im Pliozän das Magma in Lineareruptionen zur Oberfläche geführt hat.

Mit dem Erlöschen der explosiven Eruptionen des Kraters von Cuicocha stieg durch den Kraterschlot viskose Andesitlava auf und erstarrte als gespaltener Pfropfen in Form der beiden Inseln, nachdem sich im Laufe der Zeiten im Grund des Explosionstrichters die kristallinen Wasser des malerischen Sees angesammelt hatten.

Die Berge von Escalera. Der Knoten von Cajas trennt das Becken von Ibarra von dem Becken von Quito. Sein westlicher Teil wird von den pliozänen Anhäufungen der Vulkanite und Pyroklasten der Berge von Escalera (Sigsigcunga, Chantzagarán und Cushnirumi) gebildet. Auch dort herrschen die etwas basischen Augitandesite im Übergang zu mehr Hornblende-Typen vor.

Mit diesen Bergen vereinigen sich nach Osten die erloschenen Vulkane **Mojanda und Cusín** und nehmen auf diese Weise an der Struktur des Knotens von Cajas teil. Der alte Vulkan Mojanda (4260 m) repräsentiert einen sehr breiten und niedrigen Kegel im Vergleich zu seiner Basis von annähernd 20 km Durchmesser. Anscheinend überlagert er vulkanische Decken des Pliozäns, welche teilweise den Untergrund bilden. Seine riesige Caldera beherbergt auf ihrem Grund einen großen See von klarem, kalten Wasser (3716 m) von rhombischer Fläche mit Durchmessern von 2,15 (N-S) und 2,75 (E-W) km. Die horizontale Maximal-Entfernung zwischen den oberen Kraterrändern beträgt etwa 4,5 km. Das Innere der Caldera zeigt nicht die gewöhnliche Kreisform, sondern ist durch spätere sekundäre Eruptionen rhombisch. Neben der großen Lagune finden sich in einem seitlichen Winkel des Kraters zwei kleine Seen in etwas höherer Lage (3734 und 3873 m) und entsprechen den Mündungen der sekundären Eruptionen. Ein vierter kleiner See hat sich in der südlichen Öffnung der Kraterumwallung angestaut. Durch die nordwestliche Bresche entwässert sich der große See. Gegenüber dem höchsten Punkt der Umwallung (Fuya-fuya 4260 m) erhebt sich die schwarze Pyramide **Yanaúrcu** (4538 m).

Das Innere des weiten Kraters bietet einen eindrucksvollen Anblick durch die hohen steilen Wände von phantastischen Proportionen und die dunklen zerklüfteten Felsmassen des Fuya-fuya und Yanaúrcu, die sich auf dem stillen blauen Wasser spiegeln. Der vorwaltende Typ des Gesteinsbestands ist Augitandisit. Der Gipfel des Fuya-fuya und eine Lavamasse an seinem südlichen Fuß setzen sich aus etwas saurerem Amphibol-Pyroxenandesit zusammen. Wahrscheinlich gehören die Gesteine dieses Aufschlusses der Schlußphase der Eruptionen an.

Der Ostfuß des **Mojanda** berührt auf dem Paß von Cajas die westlichen Abhänge des Vulkans **Cusín** (3990 m), dessen Caldera durch Gletschererosion nach Nordwesten aufgebrochen ist als eine tiefe Doppelbresche auf der nordwestlichen Seite des breit aufgewölbten Kegels. Die zwei Glazialtäler sind durch den Rücken der steilen Chincheloma getrennt. Von hier aus nach Nordwesten breitet sich am Fuß des alten einzelstehenden Vulkans **Imbabura** die Ebene von San Paulo mit dem gleichnamigen See aus.

Die vulkanischen Gesteine des Cusín zeigen in steter Wiederholung Augit-Andesite.

Die Kordillere von Angochahua

Dieser vulkanische Bergzug von N-S-Richtung stellt eine lange westliche Vorstufe der Cordillera Real dar und begrenzt das Becken von Ibarra nach Osten. Seine Verbindung nach Norden mit dem Páramo von El Angel ist durch das tiefe Tal des Río Chota unterbrochen. Die Kordillere von Angochahua verdankt ihre Bildung einer pliozänen Lineareruption entlang einem tektonischen Längsbruch. Die summarischen Untersuchungen weisen auf Augitandesit hin als typischer Gesteinskomponente.

Nördlich vom Cerro Cusín auf einer tektonischen, der Kordillere von Angochahua parallelen Spalte (N-S) hat der große Vulkan **Imbabura** (4582 m) im Zentrum des Beckens von Ibarra seinen mächtigen Kegel errichtet. Der Krater im Gipfel ist nach Osten geöffnet. Mehrere Parasitvulkane haben sich im Halbkreis als Verlängerung der Südflanke um den Fuß des Kegels gruppiert. Die wichtigsten von ihnen sind: Huarmi Imbabura (Frau Imbabura), Asaya, Cuviche und Cunru. Wie der Hauptkegel bestehen sie aus Pyroxenandesiten, die lokal in Amphibolandesite übergehen.

Das Becken von Quito

Auf die Kreideformationen der Westkordillere, zwischen dem Cañón des Río Guallabamba im Norden und dem Knoten von Tiupullo im Süden des Beckens, türmen sich nicht nur die Vulkanite des Pliozäns auf, sondern auch die Laven und Pyroklasten des pleistozänen und rezenten Vulkanismus mit dem breiten Vulkankrater Pululagua im Süden, dem Doppelvulkan Pichincha, dem Atacazo, Corazón und Iliniza im Norden.

Der südöstliche Gipfel und die Ventanillas (Fensterchen, 3330 m) der Umwallung des enormen **Kraters Pululagua** bestehen aus grünlich-grauen Augitandesiten, ebenso wie die Vulkanite bei der Brücke über den Guallabamba unterhalb des Ortes Tanlagua. In den Felsen der südlichen Umwallung mit dem Gipfel Talal erscheinen Hornblendeandesite. Über dem ebenen Grund des weiten Kraters, auf dem sich die Felder der Hacienda Pululagua ausbreiten, steigt der alte Eruptionskegel Pondoa (2940 m) aus hornblende-augitischen Andesiten auf.

Das Vulkanmassiv des **Pichincha** an dessen Ostfuß sich Quito, die Hauptstadt von Ecuador, anschmiegt, ist ein Doppelvulkan: Rucupichincha (Alter Pichincha, 4698 m) und Guaguapichincha (Pichincha Kind, 4784 m).

Der Rucupichincha baut sich vorwiegend aus Augitandesit und seinen Derivaten auf, während einer seiner südlichen Ausläufer, der Cerro Ungüi und die Parasitquellkuppe an seinem Ostfuß, der Panecillo (Brötchen) von Quito etwas saurere Laven von Hornblende-Augit-Andesiten aufweisen. Der Guaguapichincha zeigt noch Fumarolentätigkeit. Sein Hauptgestein ist Hornblende-Augit-Andesit ähnlich dem Andesit des Ungüi und Panecillo, und entspricht den Lavaergüssen der letzten Eruptionsphase. Die Quellkuppe des Panecillo ist frei von stärkeren Erosionsspuren und hüllt sich in eine Decke von äolischem Tuff, der Cangagua der dritten Zwischeneiszeit ein. Spezielle Untersuchungen der Andesite der Umgebung von Quito (W. Sauer 1943) haben ergeben, daß der basische, augitische Typ mit Olivin (Typ Mulán) den Effusionen der ersten pleistozänen Eruptionsphasen entspricht, z. B. am östlichen Abhang des Rucupichincha zwischen Mulán und Miraflores ansteht. Außerdem kommt er vor an den Talseiten des Río Machangara, in der Quebrada Molinohuaicu, an den Osthängen des Guanguiltagua in Form von Decken und in den zwischen die älteren Pleistozän-Formationen eingeschalteten Lavaströmen.

Der sauerste und jüngste Andesit (Typ Cantera) erscheint in seinem Hauptaufschluß im Steinbruch des Panoptikums (Gefängnis Quito), als mächtige Gesteinsmasse am Fuß des Cruzloma, am Panecillo und an der südwestlichen Abdachung des Ichimbía. Sein Alter entspricht dem Beginn der dritten Zwischeneiszeit. Die Tätigkeit des Rucupichincha hat nach diesen Untersuchungen während der zweiten Eiszeit eingesetzt und am Schluß der dritten geendet, in der die Tätigkeit des Guaguapichincha begann (Sauer 1940).

Atacazo, Corazón, Iliniza und die Berge von Chaupi

Die drei erloschenen Vulkane setzen nach Süden die Reihe der Vulkane der Westkordillere fort und sind mit dem **Knoten von Tiupullo** durch die südliche Gruppe der Berge von Chaupi verbunden, welche die Wasserscheide zwischen dem Río San Pedro des Beckens von Quito und dem Río Cutuchi des Beckens von Latacunga-Ambato bilden. An den Westhängen der genannten Vulkane tauchen die alten basischen Gesteine der kretazischen Diabas-Porphyrit-Formation (Geol. Karte) auf. Anscheinend fehlen hier die Ergüsse des pliozänen Vulkanismus oder sind in nur beschränktem Ausmaß unter den pleistozänen Formationen verborgen.

Der **Vulkankegel des Atacazo** (4457 m) wurde durch Gletschererosion zu einer Felspyramide auf dem Rest seines von den Gletschern zerstörten Sockels umgeformt. Die Nord- und Westseite des vulkanischen Unterbaus bieten den Anblick weitgehender Zerstörung, denn die Wirkung der Gletschererosion wurde von der Auswaschung durch Wildwässer vervollständigt, so daß die Caldera in einen tiefen nach Westen offenen Cañón verwandelt wurde. Nur Reste der nördlichen und südlichen Umwallung haben die pleistozäne Zerstörung überlebt. Der Vulkan stammt aus der ersten Zeit des Pleistozäns. Auch der petrologische Charakter der Laven neigt zu den basischen Typen der olivinhaltigen Andesite. In allen Teilen des Berges stehen Pyroxenandesite an mit sporadischem Gehalt an Olivin, in geringerem Maße auch saurere Hornblende-Augit-Andesite von hell- bis dunkelgrauer Farbe in den Resten der Caldera-Umwallung, sekundär auch Dazite.

Vom Atacazo durch eine flache Depression in der Kordillere getrennt, erhebt sich isoliert, aber schon nahe dem Knoten von Tiupullo der **Vulkan Corazón** (4786 m) als oben abgerundetes Massiv mit steilen Hängen. In seinem Sockel haben die Gletscher ihre Betten eingeschnitten und so die besondere Form des Berges hergestellt. Nach W. Reiss (1892–98) öffnet sich auf der Westseite eine tiefe Caldera, die nach Durchbruch der Umwallung zu einer tief eingerissenen Schlucht erodiert worden ist.

Infolge des starken westlichen Abfalls der Westkordillere kann die Erosion die Berge auf dieser Seite besonders wirkungsvoll angreifen; ähnlich wie auch die Ostseite der Cordillera Real der intensiveren Zerstörung durch die Erosion des fließenden Wassers ausgesetzt ist.

Vorwiegend nehmen an dem Gesteinsbestand des Corazón einschließlich des kleinen Parasitvulkans am Fuß des Berges, dunkelgraue Augitandesite teil, ohne die weniger basischen Hornblendeandesite.

Der **Iliniza** mit seinen zwei steilen Spitzen bildet als die Ruine eines großen, zerstörten Vulkans die westliche Bastion des Knotens von Tiupullo. Fast die ganze Umwallung der Caldera ist zertrümmert mit Ausnahme der zwei abschüssigen Gipfel, von denen der südliche (5266 m) sich beträchtlich über die gegenwärtige Schneegrenze erhebt; er ist daher im oberen Teil von Firn- und Eismassen bedeckt und zeigt eigenartig variierte Formen des Gletschereises. Der petrographische Charakter seines Gesteinsbestandes ähnelt dem des Corazón und Atacazo: Augitandesite, manchmal vitrophyrisch, herrschen vor, mit Übergängen zu etwas saureren Hornblendeandesiten. Auf der Westseite der nördlichen Spitze (4565 m), am nordwestlichen Abfall der südlichen Spitze und in der Niederung von Cutucú, sind mächtige Lavaströme ausgeflossen, die offenbar den letzten Eruptionsphasen angehören. Es sind verschiedene saure Typen von bläulichgrauen Daziten.

Die Berge von Chaupi. Südwestlich vom Iliniza ist am Gipfel des Tisiche Augitandesit aufgeschlossen. Ebenso gehören die Gesteine der Gipfelpartie des Pupuntío (3997 m), der höchsten Erhebung der Berge von Chaupi, kompakten oder schlackigen Abarten von dunkelgrauem Augitandesit an. Die Richtung des Bergzugs zielt zum erloschenen Vulkan Rumiñahui hin. Die Einsattlung zwischen beiden bildet der Paß (3504 m) des Knotens von Tiupullo, der nördlichen Begrenzung des großen Beckens von Latacunga-Ambato.

Cayambe, Pambamerca, Filocorrales und Antisana (Cordillera Real)

Die vulkanischen Formationen des Plio-Pleistozäns haben sich den westlichen Höhen der Cordillera Real aufgelagert als Ostgrenze des Beckens von Quito.

Der grandiose, malerisch zerrüttete Kegel des erloschenen Vulkans **Cayambe** (5790 m) hatte sich über einem Längsbruch und der südlichen Verlängerung der tektonischen Spalte der Kordillera von Angochagua aufgebaut. Seine Höhe erreicht fast die des Chimborazo. Das breite Massiv ist in den oberen Regionen von Firn- und Gletschereis bedeckt, von dem die großen Gletscher gespeist werden, die besonders an der Ostseite bis zu Tiefenlagen nahe bei 4500 m hinabdringen.

Wie bei anderen Vulkanen war der steile, abgestumpfte Kegel der starken Gletschererosion des Pleistozäns ausgesetzt. Sein Sockel besteht aus einem breiten pliozänen, vulkanischen Massiv, dessen charakteristisch gerundete Formen von der Erosion der pleistozänen und rezenten Gletscher modelliert wurden. Die Vulkanite des Cayambe scheinen sich auf Hornblendeandesite zu beschränken, die in allen Aufschlüssen der vulkanischen Formationen des Berges vorherrschen, wie auch in den Geröllen der Moränen, die das unter dem Eis verborgene Gestein der oberen Teile des Kegels herabtransportieren. Übergänge zu Hornblende-Augit-Andesiten kommen vor, während Dazite fehlen.

Die alten Lavaströme des Cayambe unter den pyroklastischen Anhäufungen werden von den Flußläufen angeschnitten. Sie reichen bis in die Nähe der Stadt Cayambe.

Im Südwesten des Vulkans liegt vor der Cordillera Real der flache Kegel des **Pambamarca** (4075 m), auch Frances-Urcu (Franzosenberg) genannt, durch den Río Pisque und seinen Nebenfluß, den Río Guachalá, vom Cayambe getrennt. Den Gipfel und die oberen Partien krönen die Reste einer alten Indo-Befestigung, Pucará (Fluchtburg).

Da der Berg fast ganz von äolischer Cangagua (vulkanischer Tuff) der letzten Zwischeneiszeit bedeckt ist, konnten nur wenige Aufschlüsse von Vulkaniten Untersuchungsmaterial liefern. Es scheint sich vor allem um Augitandesite mit Übergängen zu saureren Biotitandesiten zu handeln. Der Parasitvulkan Cuniburo (3353 m) auf der Nordostseite besteht ebenfalls aus Augitandesit. Einige Proben des Gipfels der Ostseite enthalten mehr als 73 % Kieselsäure und sind als Dazite anzusprechen.

Vom Pambamarca nach Süden haben sich auf dem Rand der Cordillera Real die ursprünglichen Pliozänlaven aus Längsspalten ergossen. Z. T. von pleistozänen vulkanischen Formationen überdeckt, ziehen sich auf den Höhen der Cordillera Real unter dem erloschenen Vulkan Antisana hindurch pliozäne dazitische Perlitdecken bis zum tätigen Vulkan Cotopaxi und zum Cerro de Cimarrones am Río Tinajillas hin.

Zwischen dem Pambamarca und dem Antisana bietet die Cordillera Real an ihren westlichen Rändern und Abhängen eine sehr interessante vulkanische Zone der gezackten Felsen der Berge **Las Puntas, Filocorales, Tushimbiro** und der **Páramos von Guamaní,** welche alle mit Ausnahme von Las Puntas Teile der über den Erhebungen der alten kristallinen Kordillere ausgeflossenen, dazitischen Lava bilden. Besonders fallen die Ergüsse von Perliten und Obsidianen von kompakter bis schaumiger (Bimsstein) Konsistenz auf. Die meisten dieser Gesteine repräsentieren unterschiedliche Typen von Hornblendedaziten.

Von diesen alten vulkanischen Stellen sind die jungen dazitischen **Lavaströme von Paluguillo und Pintaná** ausgegangen, haben die Abhänge von Filocorrales und Guamaní bedeckt und den Grund der von der pleistozänen Gletschererosion ausgekolkten Täler ausgefüllt.

Der Berg Las Puntas (4452 m) hat sich der alten dazitischen Decke in Form einer zentralen Eruption aufgesetzt, die durch einen wieder geöffneten Kanal in der älteren Spalte erfolgt ist, nachdem sich durch diese Längsspalte die paleozänen Dazitlaven als Deckenergüsse Bahn gebrochen hatten. Die Umwallung des Kraters wird von vielen spitzen Felsgebilden gekrönt, besteht aus Anhäufung agglomeratischen Augitandesits und wurde nach Südosten durch Gletschererosion aufgeschnitten.

Die dazitischen Formationen des Pliozäns ziehen sich noch weiter nach Süden hin und bilden die vulkanischen Ketten und Rücken der **Páramos und der Berge von Chacana,** in denen die Biotitdazite die Hornblende-Augitdazite überwiegen. Der Urcucuy, 14 km westlich des Antisana, läßt in seinen Aufschlüssen dazitische Obsidian- und Perlit-Laven erkennen. Die Dazite erstrecken sich auch hier unter dem Antisana hindurch und bilden so dessen Sockel. Stellenweise treten auf den Höhen der Berge von Chacana (4641 m) und in der Umrandung der tiefen Einsenkung von San Clemente graue biotitische Hornblende-Augit-Andesite mit viel Pyrit zutage. Ebenso weisen die Umwallung des Muerte Pungu, die Pumaloma und der Lavaausbruch von Cuscungu nordwestlich des Antisana den Bestand aus Augit-Andesit auf.

Antisana (5705 m)

Das riesige Massiv des erloschenen **Vulkans Antisana** dehnt sich in N-S-Richtung aus und mißt an seiner Basis 14 km Länge vom Cerro Medialuna im Norden zum Chulcupaillana im Süden. Über die Höhen des Vulkans breiten sich ausgedehnte Decken von Firn und Eis als Nährgebiete der in radialen Richtungen zum Sockel abfließenden Gletscher, an deren Ende sich Moränen in durchschnittlichen Höhenlagen von 4800 m anhäufen.

Von Nordwesten gesehen bietet der Berg einen charakteristischen Anblick. Der breite höchste, nördliche Gipfel (5705 m) gehört zu einem perfekten Kegel, während der niedrigere südliche Gipfel (5570 m) den Oberteil eines durch Gletschererosion stark zerstörten Kegels bildet. Beide Kegel sind eng durch eine wenig tiefe Einsattlung verbunden, und der ganze Komplex ist eingehüllt von den gewaltigen Eismassen, welche die Entzifferung des Aufbaus des Massivs erschweren.

Die zwei Kegel stellen einen Doppelvulkan dar, wie sich mit größerer Klarheit am Chimborazo erkennen läßt, mit einem hohen und sehr gut erhaltenen Westkegel und dem alten niedrigeren, stark von der Gletschererosion mitgenommenen Ostkegel. Der Südkegel des Antisana war während langer Perioden des Pleistozäns der Gletschererosion ausgesetzt. Die Umwallung der Caldera ist nach Süden aufgebrochen und die entstehende Bresche hat sich durch die Erosion der Schmelzwasser vertieft und zur gegenwärtigen Quebrada de Azufre ausgestaltet, aus der die durch schweflige Fumarolen angesäuerten

Wasser entspringen. In gleicher Weise wurde auch die Außenseite des Kegelmantels von der Erosion angegriffen. Die zahlreichen „cuchus" (tief ausgehöhlte Winkel und Nischen) der äußeren Abhänge des Südkegels gleichen den Gletschernischen vom Typ der Kare.

Der Sockel des Antisana zeigt eine sehr vertiefte Modellierung, denn Gletschererosion wie auch der Vulkanismus haben hier ihre eindrucksvollen Spuren hinterlassen: Die erstere hat Eintiefungen und weite Furchen ausgekolkt und die Rauheiten der Oberfläche geglättet; der Vulkanismus setzte kapriziöse Krater und vulkanische Felsrücken überall in die Landschaft und füllte mit seinen schwarzen, an der Oberfläche schlackigen Lavaströmen den weiten Grund der alten Glazialtäler. Die Wasser wurden in den glazial erodierten Vertiefungen und von Lavadämmen gestaut und haben zahlreiche malerische Seen geschaffen, wie die Micacocha (Glimmersee) am Südwestfuß des Antisana.

Aus den oberen Abhängen des Antisana, manchmal unmittelbar unter den die Gipfelpartien bedeckenden Eis hervor, sind Lavaströme von sehr frischem Aussehen ausgebrochen: am Westhang der Sarahuasi-Volcán (Volcán hier = Lavastrom), Guagrayalina-Volcán, auf der Nordseite der Yana-Volcán und der Mauramachai-Volcán.

Im petrologischen Bestand der Kegel des Antisana herrscht fast ausschließlich der schwarze basische Pyroxen-Andesit mit Olivin und Hypersthen vor. Demselben Typ gehören die eben erwähnten, jüngeren Lavaströme des oberen Kegelmatels an. Nur an der Ostseite der Kegel finden sich saurere amphibol-biotitische Andesite.

Dazite werden durch die jungen Eruptionen der Krater im Sockel des Antisana produziert, so auf der Nordseite des großen Vulkans der lange Dazitstrom von Potrerillos mit dem frischen Aussehen seiner fast unveränderten Oberfläche von Blocklava. Er hat das alte Glazialtal des Río Papallacta zum Teil angefüllt und die lange Papallacta-Cocha (Papallacta-See) angestaut. Die Lava ist Amphibol-Biotit-Dazit, wie auch die des nördlichen Teils des Cerro Medialuna (Halbmond) westlich von Muertepungu.

Der schwarze, sehr frische **Lavastrom Antisanilla** füllt, aus dem Sockel des Antisana herausgequollen, den Grund des früheren Gletschertals von Guapal auf eine Länge von 15 km. Ungefähr vor 300 Jahren hatte sich auf der Nordwestflanke der Pumaloma, nordwestlich vom Antisana, eine Caldera von 500 bis 600 m Durchmesser geöffnet, der sogenannte Muertepungu, und in ruhiger Effusion die Lava ergossen, die den Talgrund füllend bis nahe zur Hacienda Pinantura vorgedrungen war. Die Oberfläche der erstarrten Lava zeigt Formen, wie sie die viskose Lava noch im Fluß zu bilden pflegt und im Prozeß der Erstarrung annimmt; hier ist sie in kantige Stücke zu Blocklava zerborsten. Mit einem Gehalt von 64,4 % Kieselsäure und der Gegenwart von Quarz und Olivin wird dieser Amphibol-Pyroxen-Andesit als eigenartiger Quarz-Olivintyp klassifiziert, ähnlich der Varietät des Cerro Negro von Mayasquér in Kolumbien (H. Rosenbusch 1898).

Sincholagua, Cotopaxi und Quilindaña

Alte kristalline Schiefer bilden den Cerro Cubillán südwestlich vom Antisana und bezeichnen zwischen dem Río Tinajillas (auch Río Antisana genannt) und dem Río Vallevicioso das westliche Ende des Gebiets der Cordillera Real, das frei von den vulkanischen Formationen des Plio-Pleistozäns geblieben ist.

Unmittelbar südsüdwestlich vom Cerro Cubillán, ausgehend von der Südseite des Vallevicioso, dehnen sich die kristallinen Schiefer über den Kamm der Berge von Carrera

Nueva aus, langgestreckt von Nord nach Süd mit dem Gipfel des Predicador an ihrem Nordende, und begrenzen in dieser Zone die vulkanischen Decken nach Osten.

Während die Berge von Chacana, insbesondere der Urcucuy (Obsidian), sich durch ihre Dazite auszeichnen, verlieren nach Süden die pliozänen Vulkanite diese Eigenschaft, wie die Aufschlüsse in den Bergen des Vallevicioso zeigen. Am Fuß der Carrera Nueva steht noch Amphibolandesit an. Doch nach Westen an der Plaza de Armas geht er in Amphibol-Pyroxen-Andesit über und in den Aufschlüssen der Loma de Salazar in basischere Pyroxenandesite. Nordwestlich und südöstlich des Cubillán haben die pliozänen Formationen die Tendenz, saure Typen zu entwickeln in der Zusammensetzung der Sockel des Sincholagua, Cotopaxi und Quilindaña.

Der Sockel des **Vulkans Sincholagua** (4898 m) ist nach Nordosten mit dem Sockel des Antisana durch die Berge Curiquinque und Maurarodéo verbunden und besteht aus Pyroxenandesit, der trotz seines Gehalts an Pyroxen einen relativ sauren Typ mit 58,8 % Kieselsäure repräsentiert.

Durch die pleistozäne Gletschererosion hat der Sincholagua seine konische Form vollständig verloren. In seinem Mantel haben Hängegletscher während des Pleistozäns tiefe Nischen (Kare) ausgehöhlt, von denen die Nische auf der Nordseite als die alte deformierte Caldera (Yahuil) gehalten werden könnte.

Im petrologischen Bestand seiner oberen Teile nehmen die erste Stelle die Pyroxenandesite ein mit Übergängen zu Pyroxen-Amphibol- oder Biotitandesiten. Die von der Westseite der Umwallung stammenden Dazitblöcke in der Caldera bestätigen, daß die letzte Phase seiner Tätigkeit auch saurere Laven geliefert hat. Die Herkunft olivinbasaltischer Blöcke als basisches Extrem der Differenzierung des Andesitmagmas war nicht zu klären. Möglicherweise zeigen sie die Existenz eines Basaltganges an, der den Bau des Kegels durchschneidet.

Cotopaxi

Der **Cotopaxi** (5897 m) ist einer der höchsten, tätigen Vulkane der Erde (Photo 2). Als östliche Bastion des Knotens von Tiupullo bedeckt er eine kreisförmige Basis von rund 20 km Durchmesser. Sein vollkommener Kegel ruht auf einem etwas aufgewölbten Sockel. Die ausgezackte Kapuze aus Firn und Eis reicht vom Gipfel bis zu Höhenlagen von ca. 5000 m herab. Die Schmelzwasser und die reißenden Massen der Eis- und Schneelawinen haben im Kegelmantel tiefe, radial gerichtete Furchen erodiert und die Oberfläche des Kegels in erhöhte, radiale Sektoren zerteilt, auf denen das Eis gegen Erosion geschützt ist und sich als rudimentäre Gletscher zum Fuß des Berges bewegt. Die Gletscherzungen reichen auf den östlichen Hängen in größere Tiefen hinab als auf der westlichen Seite wegen der reicheren, durch die Passatwinde aus der Amazonastiefebene herbeigeführten Niederschläge (W. Reiss und A. Stübel 1896–1902). Die Wirkungen der rezenten Lavaströme, der Schlammlawinen aus pyroklastischen Lockermassen und der beginnenden Gletscher- und Wildwasser-Erosion haben die Grenzen der Oberflächen-Modellierung so verwischt, daß dem Augenschein nach die Umrisse des eleganten Kegels sich von der horizontalen Ebene des Beckens in ununterbrochener Progression zu immer mehr geneigten Hängen erheben, um am Gipfel 40 Grad und noch größere Neigung zu erreichen. Dieser Anblick bietet sich dem Auge von Westen, Südwesten und Süden her.

Nach diesen drei Richtungen haben sich immer wieder die *verheerenden Schlammströme* aus Sand und großen Lavablöcken, gemischt mit den bei Eruption entstehenden Schmelzwassern über die flachen Landstriche des Beckens ergossen und Felder und Ortschaften unter sich begraben.

Die südöstlichen Ausläufer des Cotopaxi berühren das Tal des Río Ambi, den Fuß der Steilhänge des Quilindaña und lassen zwischen Llantaloma und dem kompakten Morro de Chalupas den Paß in das Vallevicioso frei.

Den Sockel des Cotopaxi bilden Formationen von wenig verfestigten Tuffen, Konglomeraten und sauren Laven von Biotitandesit, die unter den pyroklastischen Anhäufungen des Pliozäns und Holozäns zutage treten. Nach W. Reiss (W. Reiss und A. Stübel 1896–(1902) besteht der **Berg Incaloma** am nördlichen Fuß des Kegels aus weißem Bimsstein und kompakter Biotitandesit-Lava, die auch an der Zusammensetzung des Sockels des Cotopaxi beteiligt ist, im Gegensatz zu den dunklen Laven des eigentlichen Kegels. Auch auf der Südwestseite sind die unteren Partien des Sockels von Biotitandesiten und den entsprechenden, nur wenig erhärteten Tuffen gebildet. Westlich von Latacunga zeigen die weißen Bimstuffe **von San Felipe** ähnliche Zusammensetzung. W. Reiss ordnete sie noch dem pliozänen Vulkanismus zu. Doch die wenig fortgeschrittene Verfestigung der Tuffe von San Felipe läßt vermuten, daß es sich hier eher um Anhäufungen des oberen Pleistozäns handelt, im Gefolge der explosiven finalen Eruptionen einer alten Caldera, deren Reste als sogenannter **Picacho** aus den Süd- und Südwesthängen des Cotopaxi herausragen.

Schon bei den ersten Forschern hatte der Picacho besonderes Interesse erregt. Er erhebt sich aus der Südwestseite des Kegels und besteht aus Amphibol-Pyroxen-Andesit im Gegensatz zu den basischeren Pyroxen-Andesiten der Laven und pyroklastischen Lagen des großen Kegels. W. Reiss (W. Reiss und A. Stübel 1896–1902) hat den Cotopaxi in allen Einzelheiten beschrieben. Nach seiner Meinung ist der Picacho der Rest eines alten Vulkankegels, eines Vorläufers des gegenwärtigen. Auch im Norden (Sauer) scheinen bei Salitre einige Hügel und Felsen von eigenartiger Form und der Berg Ambi auf der Westseite des Kegels ähnliche vulkanische Ruinen darzustellen: die äußerst heftigen Explosionen der eruptiven Schlußphase haben den ursprünglichen Kegel in die Luft gesprengt (vgl. Qilotoa), so daß nur einige mächtige Felszacken (picachos) von der zerstörten Caldera übriggeblieben sind. Während einer zweiten Eruptionsphase hat sich wahrscheinlich der ausgedehnte gegenwärtige Kegel zentrisch über den Resten der demolierten Caldera aufgebaut und sie fast ganz überdeckt, mit Ausnahme des Picacho und der anderen Reste des ersten Kegels, so daß der Cotopaxi als ein zusammengesetzter Vulkan betrachtet werden kann, ähnlich dem Vesuv mit den Resten des Monte Somma.

Aus historischer Zeit kennt man 8 neue Lavaströme, die den seit dem Jahr 1534 registrierten Eruptionen entsprechen und sich über den Rand des Kraters ergossen haben. Nur in zwei Fällen wurden Lavaausbrüche aus seitlichen Öffnungen des Kegels beobachtet. Obwohl die Laven über den Kraterrand quollen, scheinen sie doch aus einer seitlichen Öffnung des oberen Kegelteils etwas unter dem äußeren Kraterrand hervorgebrochen zu sein. Diese irrtümliche Beobachtung erklärt sich aus dem Umstand, daß die oberen Teile des Lavastroms am Ende der Effusion sich nicht auf den Steilhängen des Gipfels hatten halten können oder in der Gegenwart unter Firn und Eis verschwunden sind. Ihre unteren Enden hören in Höhen zwischen 4070 und 4360 m auf.

Der Erhaltungszustand der Oberfläche der Lava ist verschieden an den einzelnen Strömen je nach dem höheren oder geringeren Alter, d. h. nach der Dauer, der sie den Wirkungen der Atmosphäre ausgesetzt waren.

Auf der Nordwestseite fällt der mächtige, breite **Yana-sacha-Volcán** von sehr frischem Aussehen in die Augen. Der Lavastrom erstreckt sich von dem Nordwestgipfel zur Einsattelung von Limpiopungu zwischen Cotopaxi und Rumiñahui. Er besteht aus Amphibol-Pyroxenandesit. Direkt nach Norden zieht sich den Abhang herab der Tauripamba-Volcán (Lavastrom) ebenfalls als Amphibol-Pyroxenandesit mit Quarzeinschlüssen von 1 bis mehreren cm Durchmesser, die nach W. Reiss aus dem Detritus der unterlagernden kristallinen Schiefer stammen, nach T. Wolf aus Quarzgängen der Diabas-Porphyrit-Formation im Untergrund. Auf den Ost- und Südosthängen liegen der Diazchalcana-Volcán vom Jahr 1865, der Cirimachai-Volcán von (?) 1858 und der Pucahaicu- oder Minas-Volcán. Letzterer ist in zwei Zungen auseinandergelaufen. Alle gehören dem Pyroxenandesit an mit verschiedenem Gehalt an Olivin. Der Südseite fehlen moderne Lavaströme, während auf der Westseite die Effusionen von 1854 und 1877 große Massen von Pyroxenandesit mit Olivin ergossen haben. Aus dem gleichen Andesit besteht der südwestliche Gipfel des Kraterrandes. Auch die älteren Lavaströme weisen ähnliche Zusammensetzung auf.

Der Cotopaxi ist ein **zusammengesetzter** Vulkan, sein Aufbau erfolgte in **zwei Phasen.** In der ersten Phase wurde in explosionsartigen Eruptionen eine große, weite Caldera geschaffen, und gegen Ende seiner Tätigkeit warf der Vulkan enorme Lockermassen von Aschen, Sanden und Bimssteinen vom Typ saurer Biotitandesite und Daziten aus (Bimsstein von San Felipe). Er zerstörte dabei seine ursprüngliche Form. Reste der weiten Caldera sind der Picacho, der Cerro Ambi und die felsigen Rücken bei Salitre; alle bestehen aus basischem Pyroxen- und Amphibol-Pyroxen-Andesit.

In der zweiten Phase, nach einer Ruhezeit, während der die Glazialerosion die Zerstörung der Caldera fortsetzte, öffnete sich von neuem der Schlot in der Mitte der alten Caldera, um den neuen Kegel aufzubauen, der in Material und Figur seinem Vorläufer entspricht und dessen ganzes Fundament einnimmt. Die abwechselnd übereinander gelagerten Laven und Pyroklasten des modernen Kegels sind von pyroxenandesitischem Typ.

Aus dieser zweiten Phase stammt der Aufbau eines neuen normalen Kegels. Wenn auch nicht bei allen Eruptionen Lavaströme ausflossen, so wurden doch immer enorme Lockermassen in die Luft geschleudert und auf den Abhängen und in der Umgebung der Kegel angehäuft, so daß große Teile der Eis- und Schneekappe schmolzen und mit den vulkanischen Sanden und Blöcken gemischt als Schlammströme (die gefürchteten Avenidas) in die niederen Gebiete hinabflossen und weite Flächen des Landes begruben.

Bei Mulaló, 20 km vom Zentrum des Cotopaxi entfernt, liegt ein wüstes Stück Flachland von einer chaotischen Mischung von Sanden und vulkanischen Blöcken aller Größen bedeckt als Zeuge der Wirkung einer Avenida. An dieser Stelle überrascht der riesige Block von Biotit-Amphibolandesit „Quilindusi", der als Zeuge der gewaltigen Schleppkraft der Schlammströme halb begraben im getrockneten Agglomerat der „Avenida" noch 8,5 m herausragt und 45 m an Umfang (14 m Durchmesser) mißt.

Beim Studium der glazialen Phänomene darf nicht außer acht gelassen werden, daß der Anblick der alten Schlammströme in natürlichen oder künstlichen Anschnitten den

Beobachter täuschen kann wegen ihrer Ähnlichkeit mit der Struktur wahrer Glazialmoränen (Sodiro 1877, Wolf 1878 und 1892).

Am Fuß der **Berge von Chaupi** erhebt sich der **Cerrito de Callo** (Hühnerauge) aus der Ebene (Photo 20), berühmt durch die inkaischen Ruinen der nahegelegenen Hazienda San Agostín. Der kleine Berg ist eine charakteristische vulkanische Quellkuppe von etwa 100 m Höhe und ähnelt der noch größeren des **Panecillo** von Quito. Sein Inneres besteht aus kompakten Andesit. Der Berg ist eingehüllt in einen Mantel von äolischer Cangagua.

Der **Quilindaña** (4877 m) gehört trotz seiner isolierten Stellung im Südosten des Cotopaxi noch zur großen Gruppe, die mit dem Cotopaxi das ausgedehnte vulkanische Massiv des **Knotens von Tiupullo** bildet. Wie der Iliniza ist er stark von Gletschererosion angegriffen. Aus dem Kegel herausgeschnitten ist nur noch eine spitze Pyramide von 900 m Höhe über dem breiten Sockel erhalten.

Ursprünglich hat sich der Vulkan auf dem hohen Rücken von kristallinem Schiefer aufgebaut, der sich von Ost nach West zwischen dem Vallevicioso und dem Río Chalupas erstreckt. Die östlichen Ausläufer der Schiefer berühren den Fuß der kristallinen Kette von Carrera Nueva und sind im Westen durch das alte Andesitmassiv von El Morro begrenzt.

W. Reiss (1896–1902) hat die Einzelheiten der Wirkung der Gletschererosion am Quilindaña studiert und aus dieser Arbeit die Unterlagen gefunden, um seine Theorien über die Vereisung der nördlichen Anden Ecuadors aufzustellen. Er verneint eine allgemeine pleistozäne Vergletscherung und entwickelt seine besondere Ansicht über die tropische Vereisung. Dagegen nimmt H. Meyer (1907) zwei, durch eine Zwischeneiszeit getrennte Glazialperioden des Jungpleistozäns an, die er mit den letzten Eiszeiten von Europa (Riß und Würm) vergleicht. Auf Grund seiner eingehenden Studien hat der Verfasser (1949) 3 pleistozäne Eiszeiten außer einer pluvio-glazialen Periode zu Beginn des Pleistozäns feststellen können.

Die steile Zentralpyramide des Quilindaña wurde wegen ihrer eigenartigen Form von A. Stübel mit dem Matterhorn der Schweizer Alpen verglichen (1897). Die tiefen, radialen Gletschertäler um den Berg herum zerteilen den Sockel. Gegenwärtig hängen in den in die steilen Berghänge der Pyramide eingehöhlten Kare nur Firn- und Eisflecken.

In der petrologischen Zusammensetzung der Pyramide überwiegen Pyroxenandesite über wenig saurere Typen auf den Rücken zwischen den Radialtälern des Sockels.

Die Vulkane Ilaló, Pasochoa und Rumiñahui

Einem longitudinalen Zentralbruch entlang, in der interandinen Depression von der geographischen Breite von Quito ab nach Süden, sind diese drei erloschenen Vulkane gruppiert. Das Bild der Isoseisten (Abb. 7) des Erdbebens des Valle de los Chillos vom 9. August 1938 hat als Hypozentrum des Bebens die tektonische Spalte zwischen Ilaló und Pasachoa bestätigt und damit die Existenz eines noch **aktiven Längsbruches** bewiesen (W. Sauer 1938b).

Die Umwallungen der Calderen der drei Vulkane sind auf ihrer Westseite durch die pleistozäne Gletschererosion zerstört, was sich besonders bei dem Pasochoa und Rumiñahui beobachten läßt. Die Aufschlüsse haben Basaltgänge entblößt, die vertikal und transversal die pseudoparallelen Lagen der Laven und Pyroklasten kreuzen. Es handelt sich

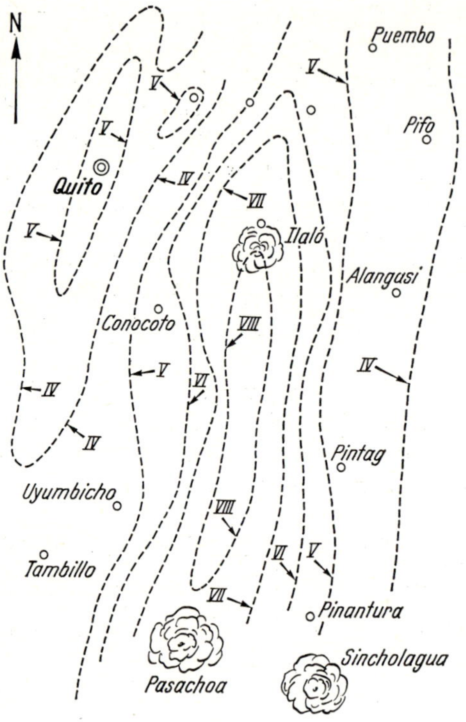

Abb. 7. Isoseisten des Erdbebens des Valle de los Chillos 9. August 1938, Intensitätsgrade VIII–IV (Sieberg). Zeichn. W. SAUER

um normale Feldspatbasalte mit oder ohne geringe Mengen von Olivin. Pyroxenandesit bildet vorwiegend den Bestand der drei Vulkane.

Auf der Ostseite der Cordillera Real sitzt der Kegel des **aktiven Vulkans Reventador** (3485 m) auf der Verwerfungsspalte am Ostabfall der Kordillere zur Topo-Quijos-Senke, zwischen den Flüssen Quijos und Reventador. Die kurzen Eruptionsperioden folgen einander mit kurzen Intervallen von knapp 1 bis 2 Jahrzehnten (letzte Eruptionen: 1926, 1944, 1960). Seine Stellung im äußersten Norden der Depression Topo-Quijos beweist, daß der Reventador seinen Eruptionsschlot in der Verwerfung geöffnet hat, die in nördlicher Richtung die Brüche dieser Depression fortsetzt.

Seine Laven sind Olivinbasalte, manchmal von limburgitischem Typ durch Beschränkung des Gehalts an Feldspat, und zeigen den finalen Vulkanismus der letzten orogenen Phase an. Limburgit kennzeichnet den beginnenden Übergang des pazifischen Magmas zum atlantischen.

Der Petrologe Prof. Dr. G. REIN hat die in Quito gefallenen und vom Direktor des astronomischen und meteorologischen Observatoriums Don EDUARDO MENA während der Eruption des Reventador im Jahr 1960 gesammelten vulkanischen Aschen untersucht und mit Brief vom 3. 12. 1961 die Ergebnisse mitgeteilt: Der Staub von Olivinbasalt mit beträchtlichem Anteil an Plagioklas zeigt nach der halbquantitativen Analyse folgenden Mineralbestand:

Opakes Material (Magnetit oder Glas)	25–30	angenäherte Vol.	%
Glas mit Mikrolithen	45–55	–	%
Plagioklas	15–25	–	%
Olivin	3– 7	–	%
Grüne Hornblende	1	–	%
Rötlich braune Hornblende		–	%

Der Reventador (3485 m) wurde entdeckt und erforscht von L. T. PAZ Y MIÑO im Jahr 1931. Der Durchmesser seiner Caldera beträgt an den oberen Rändern ungefähr 2 km. Von ihrem Grund erhebt sich ein Eruptionskegel zur Höhe von 400 m gleich derjenigen der höchsten Zacken der Umwallung.

Östlich vom Antisana in der subandinen Zone ist der **Vulkan Sumaco** (3828 m) der Napo-Galeras-Aufwölbung aufgesetzt. Nach den Untersuchungen von G. W. DYOTT (1929) erscheint die konische Form des Berges fast ohne Spuren von Erosion. In seinem Oberteil ist ein Krater von nur 274 m Durchmesser eingesenkt. Auf etwa 5 km Entfernung nach Südosten schließt ein Satellitvulkan (2400 m) einen kleinen Kratersee ein. Die alkalischen Laven des Sumaco gehören zu den Tephriten (R. J. COLONY & J. H. SINCLAIR 1928) d. h. der atlantischen Familie der Eruptivgesteine.

Das Becken von Latacunga und Ambato

Wie die geologische Karte ausweist, fehlen dem Ost- und Westrand des Beckens vulkanische Formationen des Quartärs und Vulkanberge auf den Kordillerenketten. Doch sind die Höhen beider Kordilleren und ihre Abhänge nach der Depression des Beckens zu von pliozänen Vulkaniten, wie kompakten Laven und Lockermassen bedeckt, die z. T. von miozänen Vulkaniten unterlagert werden. Vulkanische Schneeberge steigen nur in der Nähe des Knotens von Sanáncajas und Igualata auf.

Westlich von Latacunga verbirgt sich im Tal des Río Toachi zwischen den Kordillerenketten von Guangaje-Isinliví und Sigchos-Chugchillán die **Explosionscaldera Quilotoa** von 3 km Durchmesser (Photo 21). Der Vulkanschlot ist auf der durch das Längstal des Flusses gekennzeichneten Verwerfungsspalte emporgedrungen. Die während der Explosionstätigkeit in die Atmosphäre geschleuderten großen Mengen pyroklastischen Materials von amphibol-biotit-dazitischer Lava und Bimsstein sind in der Umgegend niedergegangen und von Regengüssen und Wildwassern im Talgrund zu mächtigen Terrassen von Hunderten von Metern Höhe angehäuft worden. Der Fluß hat ein tiefes Bett in die enorme Aufschüttung rund um die Umwallung des Kraters geschnitten. In der Tiefe der Caldera hat sich ein grünlich-gelber Salzwassersee von 16° Wärme angesammelt. Die mittlere Jahrestemperatur dieses Gebiets beträgt 8°.

Der höchste Rand des Kraters (4010 m) erreicht nicht die benachbarten Höhen der Kordillere und liegt 440 m höher als der Spiegel des Kratersees. Aus dem trüben gelblichgrünen Wasser brodeln mäßige Mengen von Kohlensäuregas auf. Einzelheiten des interessanten Vulkans haben T. WOLF (1892), W. REISS (1921) und W. BERGT (1914) gegeben.

Die Anhäufungen der Pyroklasten mit Schottern, Bimssanden und Aschen mit vulkanischen Bomben gemischt, dehnen sich flußauf- und -abwärts auf große Entfernung aus in Form ebener Terrassen, die der Fluß in steilwandigen Cañóns durchkreuzt hat in

Tiefen bis zu seinem ursprünglichen, in alten Schiefern und Porphyriten erodierten Bett. Das vulkanische, vom Quilotoa ausgeworfene Lockermaterial entspricht Biotitdaziten und Amphibol-Biotitdaziten. Dieser recht saure Typ weist dem Quilotoa junges Alter zu und reiht ihn in die letzte Explosionsphase des pleistozänen Vulkanismus ein. Die Dazite zeigen allgemein normale Textur und kompakte porphyrische Struktur. Es treten aber auch lokal eigenartige, anscheinend schiefrige Texturen auf, wobei es sich nicht um Fluidaltextur handelt, ebenso wenig um Druckwirkungen nach der Erstarrung der Lava, sondern um Zerquetschung von Mineralkomponenten, vor allem der großen Einsprenglinge von Feldspat und Quarz. Die mikroskopische Beobachtung läßt erkennen, daß durch die Fließbewegung der erstarrenden viskosen Lava die Fenokristalle nicht nur zerkleinert, sondern daß die entstandenen Partikel im Fluß der Bewegung längsgestellt wurden und so eine augenscheinliche Schieferung entstehen ließen (Klautsch 1893, Bergt 1914).

Die Kordilleren von Sigchos und Chugchillán, von Isinliví und Guangaje säumen die West- und Ostseiten des **Toachitales.** Sie bestehen aus aufgerichteten, gefalteten Sedimentschichten der Kreide und alten Vulkaniten der Diabas-Porphyrit-Formation, die von Dioritplutoniten (Andenbatholith) durchbrochen werden. Die Kordillere von Isinliví war ursprünglich von pliozänen Andesitergüssen überdeckt. Die spätere Gletschererosion hat Teile der vulkanischen Decken abgetragen. Zu Ende des Pleistozäns haben die Eruptionen des Quilotoa neue Lockermassen produziert und zumeist im Talgrund des Toachi angehäuft. Reste davon blieben auch auf den Höhen der Kordilleren liegen.

Die pliozänen Laven sind Pyroxen-Amphibolandesite und Übergangstypen und finden sich in erster Linie in Aufschlüssen der Kordillere von Isinliví-Guangaje in der Umgebung von Pujilí. Ihre Verbreitung in der Kordillere von Sigchos-Chugchillán nimmt dagegen stark ab. Nach Süden ändert sich der geologisch-petrologische Aspekt nicht wesentlich, bis sich die großen erloschenen Vulkane Carihuairazo und Chimborazo steil über die Ketten der Westkordillere erheben.

Die **Kordilleren Zumbahua** und **Angamarca** sind Teile der Westkordillere zwischen dem Quilotoa und dem Chimborazo und weisen große Flächen von pliozänen Andesiten auf wie die Pyroxenandesite von Mulacorral (3774 m) und Quillu-urcu (Sonnenberg 4530 m), ebenso Amphibolandesite und Übergänge zu Pyroxenandesiten am Quillu-urcu und am Pucayacu über der Hazienda Tigua.

Auch die Verlängerung der Kordillere Angamarca (de Leigua) weist Pliozändecken von Pyroxenandesit auf, wie sie ebenfalls in der Quebrada Quinoacorral und am Río Moya auf der Westseite des Cerro Capadia westlich vom Chimborazo anzutreffen sind.

Vor die Kordillere von Angamarca ist in der Nähe von Ambato die vulkanitische Gruppe mit dem Quispicasha (4530 m), dem Casahuala und dem charakteristischen Vulkan-Kegel Sagatoa (4153 m) geschoben. Letzterer liegt bereits am Westrand der interandinen Senke. Sie scheinen dem pliozänen Vulkanismus anzugehören; der Sagatoa könnte mit seiner kaum veränderten Kegelform jüngeres Alter haben. Pyroxen- und Amphibol-Pyroxen-Andesite bestimmen die petrologische Zusammensetzung des Quispicasha und Casahuala. Am Sagatoa und an seinem kleinen Satelliten Unamunchu sind Pyroxenandesite aufgeschlossen, die sich in Form eines Lavastroms auf der Südseite bei der Hazienda Tilulán (2800 m) ergossen haben.

In der **Umgebung von Ambato** lagern ausgedehnte Massen verfestigter vulkanischer Tuffe und Bimssteinbrekzien, unter welchen vor allem der erhärtete, brekzienartige Bimsstein, die **Piedra de Pishilata** bekannt ist. Sie entspricht dem Pyroxenandesit und wird in dieser Gegend als leicht bearbeitbarer Baustein benutzt.

Ein ausgedehnter vulkanischer Komplex umgibt den **Knoten von Sanancajas** und begrenzt das Becken von Latagunga und Ambato nach Süden. Es erheben sich dort in der Westkordillere die großartigen erloschenen Vulkane Chimborazo und Carihuairazo. Die interandine Senke selbst wird nach Süden von den quer angeordneten Vulkanen Igualata, Mulmul und Llimpi geschlossen, denen gegenüber, durch das Tal des Río Chambo getrennt, sich der aktive Vulkan Tungurahua auf dem Westrand der Cordillera Real erhebt.

Der Doppelvulkan Chimborazo (6267 m)

Der Chimborazo, König der ecuadorianischen Anden, übertrifft an Höhe alle anderen Berge und Vulkane. Seine Basis hat einen Durchmesser von angenähert 20 km, gemessen zwischen den Hazienden Chuquipoggio und Cunucyacu. Das riesige Massiv streckt sich in Ost-West-Richtung und läßt in prächtigen Aufschlüssen die Einzelheiten seines Aufbaus gut erkennen.

Südlich des Kolosses weist der Bergzug von La Calera und seine südliche Fortsetzung, der Páramo von Puyal, fast keine Andesite des Pliozäns auf. Am auffälligen Schwarzen Berg Yanarumi (4156 m) treten trotz der Nachbarschaft des Chimborazo Konglomerate der oberen Kreide zutage und bilden das Nordende des genannten Páramos. Ebenso erscheinen im Grund des Tales Totorillas zwischen Chimborazo und Yanarumi Schiefer und Sandsteine der Kreide. Dagegen bedecken im Norden des Chimborazo und Carihuairazo vulkanische Decken des Pliozäns in verschiedener Ausdehnung die Höhen der Westkordillere als Ergüsse aus Längsspalten wie in den übrigen vulkanischen Gebieten der Westkordillere.

Eine andere Bruchzone, die des Knotens von Sanancajas-Igualata, durchquert die interandine Senke. Wo beide Spaltensysteme sich kreuzen, lebte mit neuer Heftigkeit die vulkanische Tätigkeit des Pleistozäns auf und schuf den **Vulkankomplex des Chimborazo und Carihuairazo.**

Beide Vulkane sind auf einem pliozänen Sockel aufgebaut. Ihre Schlote hatten sie im Pliozän bis zur Oberfläche getrieben, als während des Pleistozäns sich neue vertikale Dislokationen in den präexistenten Spalten ereigneten und das Aufsteigen des andesitischen Magmas erleichterten. Obwohl zwischen der petrographischen Zusammensetzung der pliozänen und der pleistozänen Andesite keine bemerkenswerten Unterschiede bestehen, bestätigt doch die geologisch-tektonische Anordnung das Vorhandensein eines pliozänen Andesitsockels für beide Vulkane, wie er tatsächlich auch im Norden und Nordwesten der Vulkane zutage tritt.

Gewöhnlich bietet sich die Südseite des Chimborazo dem Beobachter von der interandinen Senke aus dar, während die Nordseite fast immer hinter Nebel und Wolken verborgen bleibt. Außerdem ist der Zugang zu den vielartig geformten Flanken des ostwestlich langgestreckten Berges erschwert, weil erkennbare Wege fehlen und auf den Höhen ein sehr rauhes Klima herrscht.

Dem Geographen Hans Meyer (1907) unterlief der irrtümliche Schluß, daß das ganze vulkanische Massiv Zerstörungen durch Erosion in allen seinen Teilen mit gleicher Wirkung erlitten hätte, und daß seiner Ansicht nach der ganze Chimborazo als einfacher, homogener Vulkan angesehen werden müsse, aufgebaut in einer einzigen Folge verschiedener Eruptionen des pleistozänen Vulkanismus.

Doch der Chimborazo zeigt schon von Süden her gesehen beträchtliche Verschiedenheiten in seinen Formen zwischen dem niederen östlichen Teil mit tiefen Nischen und Karen und seiner höheren westlichen Masse mit den kaum durch Gletscher gefurchten Hängen. Unglücklicherweise konnte Hans Meyer wegen des überaus schlechten Wetters nicht die nordöstlichen Flanken des Berges genau erkennen. Auf dieser Seite sah er nur die unteren Enden einiger großer Gletscher, die unter den Wolken sichtbar wurden, ohne daß es ihm möglich war, die Gestaltung des Berges am Ursprung der riesigen Gletscher festzustellen.

In Wirklichkeit enthüllt der freie Anblick der Nordseite fundamentale Unterschiede zwischen dem niederen Ostteil und dem höheren Westteil des Massivs, und zwar in weit beträchtlicherem Maße als auf der Südseite, umso mehr als die Zerstörung auf der Nordflanke aus klimatischen Gründen weiter fortgeschritten ist als auf der Südseite.

So fängt im höheren westlichen Teil der Nordseite die Gletschererosion erst an sich auszuwirken, während der niedere östliche Teil schon halb zerstört ist. Diese Verhältnisse deuten darauf hin, daß sich der Chimborazo aus zwei verschiedenaltrigen, aber eng mitenander verbundenen Vulkanen zusammensetzt. Der Chimborazo ist ein **Doppelvulkan,** bestehend aus einem alten östlichen, durch Gletschererosion zur Ruine reduzierten Vulkan und einem jungen zweiten, westlichen Vulkan von gut erhaltener Kegelform, beide so dicht nebeneinander, daß die Schlote nur 3,5 km Abstand haben. Die Eisdecke verschleiert diesen Aufbau, deshalb bietet die Südseite auf den ersten Blick den Aspekt eines verhältnismäßig einheitlichen Berges.

Der jüngere Westvulkan hat sich bei seinem Aufbau mit dem schon bestehenden Ostvulkan so eng verkoppelt, daß zwischen beiden schließlich nur eine wenig tiefe Einsattlung verblieb, die unter dem Firn und Gletschereis gut wahrnehmbar ist als Senke zwischen dem Mittel- und Südgipfel (Abb. 6, W. Sauer 1950).

Auf der Südseite heben sich folgende morphologische Erscheinungen ab: In der Naht zwischen beiden Vulkanen ist durch Gletschererosion eine tiefe Nische (Kar) ausgehöhlt worden und birgt auf ihrem Grund den regenerierten Gletscher Carlos Pinto. Östlich davon war durch den Hängegletscher Nicolas Martinez ein anderes Kar tief in den Körper des Ostkegels eingeschnitten worden, so daß zwischen beiden Nischen einer der sogenannten „Strebepfeiler" blieb, die in der Klassifizierung der äußeren vulkanischen Formen des Systems von A. Stübel (1897) bezeichnend sind. Vom Ostgipfel fließen nach Süden die Gletscher Boussingault und Garcia Moreno ab. Während sich letzterer von einem ausgedehnten Firnfeld nährt, ist der vorher genannte Gletscher ein regenerierter: Eisblöcke die vom Mittel- und Ostgipfel herabstürzen, wachsen auf dem Boden der Nische zusammen und verwandeln sich durch Regelation in kompakte Eismassen, die sich im Kar zum regenerierten Gletscher konsolidieren. Auf der Ostseite bildet die Piedra Negra den Rest eines Strebepfeilers.

Die Umwallung der weiten Caldera des alten Ostvulkans haben die Gletscher T. Wolf und Carlos Zambrano nach Nordosten durch eine breite Bresche geöffnet. Der Mittelgipfel, der Ostgipfel und die Piedra Negra sind die höchsten Erhebungen des noch übriggebliebenen Teils des alten Kraterrandes. Die Steilabfälle der Innenseite der Caldera wurden Augusto-Martinez-Wände genannt.

Mit großer Klarheit stellt sich in den Anschnitten der Aufbau des Ostvulkans dar. Die voneinander durch vulkanische Sand- und Aschenschichten getrennten Lavalagen des Ostvulkans fallen nach Westen und Südwesten ab mit einer dem Hang des Westvulkans entgegengesetzten Neigung.

Die Gipfel „Nord“, „West“ (Whymper) und „Süd“ (Veintimilla) des Westvulkans sind die Erhebungen des Kraterrandes. Sie werden von der mächtigen Eishaube verdeckt und umgeben das Nährgebiet des riesigen Reschreiter-Gletschers, der mit 8 km Gesamtlänge nach Nordosten biegend die Außenseite des Ostvulkans umfließt. Aus demselben Nährgebiet kommen zwei andere mächtige Gletscher: Hans Meyer und Abraspungo. Je weiter sich die Gletscher der West- und Südwestseite des Chimborazo vom Abraspungo-Paß entfernen, umso mehr nimmt ihre Ausdehnung ab aus mangelnder Ernährung, die von den Niederschlägen der aus dem Abraspungo-Tal nördlich vom Chimborazo aufsteigenden Nebelmassen geliefert wird.

Die **Gletscher der Südseite** sind den **trockenen,** aus südöstlicher Richtung von den Höhen der Cordillera Real herabwehenden, *kalten Passatwinden ausgesetzt* und erhalten nur *wenig Niederschlagswasser.* Sie bleiben deshalb *fast ohne Bewegung* und liefern nur ganz geringe Mengen Schmelzwasser, wobei noch zu berücksichtigen ist, daß das meiste Wasser im durchlässigen Grund der Moränen und pyroklastischen Lockermassen versickert. Im Untergrund sammelt sich das versickerte Wasser in den zerklüfteten Lavaströmen und Decken, um schließlich in den tieferen Lagen als die wasserreichen Quellen von Chuquipoggio und San Andres und an noch anderen Stellen zutage zu treten. Die vulkanischen Gesteine des Chimborazo gehören den Typen der reinen **Pyroxen- und Amphibol-Andesite** und der Übergänge zu Pyroxen-Amphibol-Andesiten an. Anscheinend überwiegen im Ostvulkan die pyroxenischen Typen, die ganz allgemein den größten Anteil an der Zusammensetzung beider Vulkane und der Lavaströme haben, die sich auf weite Entfernungen hin um das Vulkanmassiv ergossen.

Der erloschene Vulkan Carihuairazo (4990 m)

Er erhebt sich etwa 8 km nordöstlich vom Chimborazo. Die Umwallung seiner Caldera von 2 km Durchmesser ist im Pleistozän von den Gletschern stark zerstört worden durch eine breite, sich nach Nordosten öffnende Bresche. Die unregelmäßigen Felsgipfel und -zacken sind an den weniger steilen Stellen von Firneis bedeckt. Von der Einsattlung zwischen zwei Spitzen der Südwestseite tritt ein Gletscher zum Abraspungo-Tal heraus. Ursprünglich hatten sich im Pleistozän alle Gletscher der Südseite des Carihuairazo und insbesondere der Nordseite des Chimborazo im Abraspungo-Tal vereinigt und einen riesigen Gletscher gebildet, der das Tal in seiner ganzen Weite erfüllte und sich, durch die hinterlassenen charakteristischen Spuren erkennbar, bis zur interandinen Senke auf eine Länge von annähernd 30 km ausgedehnt hatte.

In dem Gesteinsbestand des **Carihuairazo** herrscht eine gewisse Regelmäßigkeit insofern, als die Laven der äußeren Hänge des zerstörten Kegels, die den letzten Eruptionen entsprechen, basische Pyroxenandesite sind, wogegen in den Andesiten der Breschen dem Innern des Kraters zu, zwischen den basischen Typen saurere Amphibol-Pyroxen- und reine Amphibol-Andesite auftreten.

Am Ostfuß des Carihuairazo brach der kleine Olivin-Feldspatbasalt-Kegel des Satellitvulkans Puñalica (3996 m) als Erscheinung der letzten Eruptionsphase aus. Einen ähnlichen Fall stellt der Yanaúrcu (4538 m) bei Calpi dar als ein vom vulkanischen Zentrum des Chimborazo abhängiger Satellit. Beide weisen auf finalen Vulkanismus hin.

Der Knoten von Sanancajas-Igualata

Dem Chimborazo und dem Carihuairazo gegenüber, von ihnen durch die Einsattlung von Sanancajas und das Tal des Río Mocha getrennt, breitet sich der vulkanische Höhenkomplex des Knotens (nudo) von Sanancajas-Igualata aus. Er wird beherrscht vom flachen, breiten Kegel des erloschenen **Vulkans Igualata** (4432 m), der sich nach Nordosten durch die Meseta von Savanag (4343 m) mit dem Mulmul (3836 m) und dem Llimpi (3744 m) verbindet.

Die äolische Cangaguadecke des Gipfels und der flachen Hänge des Igualata überdeckt die Gesteine des Berges; nur einige Talfurchen, die vom Gipfel radial nach allen Seiten auslaufen, liefern Aufschlüsse von Pyroxenandesit.

Auch im **Llimpi** und vorzugsweise im **Mulmul** stehen Andesite von diesem Typ an mit Übergängen zu reinen Pyroxen- und Amphiboltypen. Letztere scheinen sich auf Rollsteine der Quebrada von Ilapo auf der Südostseite dieser Berge zu beschränken. Südlich des Igualata breiten sich auf dem Grund des Beckens von Riobamba selbst an vielen Stellen Andesitlaven aus, sei es in den Anschnitten der Flüsse, sei es auf den Rücken der kleinen Berge, die aus der Ebene hervorragen und durch Wildwasser und fluvio-lakustre Sedimentation von Lockermaterial aller Korngrößen (Bomben, Blöcke, Gerölle, Sande und Aschen) und vielfältiger Bimssteinmassen angeschwemmt wurden. In der Umgegend der Orte San Andres, San Antonio und Calpi liegen Lavaströme und -decken von Pyroxenandesit; auch in Riobamba besteht der Hügel von Taita Pareja aus ähnlichem Andesit.

In der Quebrada von Pucahuaicu bei San Luis und außerdem in der Umgebung von Licán sind Amphibol-Pyroxen-Andesite aufgeschlossen.

Auf dem Ostrand des **Beckens Latagunga-Ambato** sind zwischen dem Cotopaxi im Norden und dem Tungurahua im Süden keine Produkte der pleistozänen Vulkantätigkeit vorhanden. Dagegen sind der Weststreifen der Cordillera Real und ihre Abhänge zum Becken von vulkanischem Material des Pliozäns bedeckt, in erster Linie von unterschiedlich sich ausdehnenden Lavadecken, die von enormer Dicke sein können, wenn sich die Ströme und Decken wiederholter Eruptionen übereinander gelagert haben. Alle diese vulkanischen Formationen waren das Ergebnis linearer Eruptionen durch längsgerichtete Bruchspalten den Westketten der Cordillera Real entlang.

Die **Kordilleren von Pansache, Pisayambo und Píllaro** begrenzen als Teile der Cordillera Real das Becken im Osten und bedecken die kristallinen Schiefer der westlichen Höhen der Hauptkordillere mit ihren schon erwähnten vulkanischen Anhäufungen des Pliozäns vom Typ der basischen Olivin-Pyroxen-Andesite. In viel geringerem Grade beteiligen sich etwas saurere Typen wie die Übergänge zu den Amphibol-Biotit-Andesiten.

Der aktive Vulkan Tungurahua (5019 m) und seine Umgebung

Der Kegel des **Tungurahua** sitzt auf dem Südrand des tiefen Quertals, das der Río Pastaza transversal durch die Cordillera Real bei Baños gebrochen hat. Es scheint, daß der Vulkan unmittelbar auf den kristallinen Schiefern der Kordillere aufgebaut ist in einer nordsüdlichen Bruchzone, aus der das Magma zur Oberfläche durchgebrochen ist und die zwischen Lligua und Baños das Pastazatal kreuzt (W. Sauer 1946).

Notizen über die historischen Eruptionen des Vulkans sind von N. A. Martinez (1938) gesammelt worden, der auch über den geologischen Aspekt des Tungurahua berichtet hat (1903 bis 1905). Ein langer Lavastrom hat in prähistorischer Zeit den Grund des Pastazatals angefüllt; er war von der Nordseite des Tungurahua am Fuß des Kegels aus dem Reventazón von Pondoa ausgebrochen und hatte eine Lava-Terrasse gebildet, auf der jetzt der Ort Baños liegt. Er ergoß sich weiter talabwärts bis in die Nähe des linken Nebenflusses Río Verde Grande in einer Gesamtlänge von 20 km. Obwohl es sich um kompakte, widerstandsfähige pyroxen-andesitische Laven handelt, manchmal von sehr großer Mächtigkeit, wurde doch der größte Teil der im Talgrund abgesetzten Laven durch den Fluß fortgeräumt, bis nur noch Reste des langen, mächtigen Lavastroms in den Winkeln der Einmündungen von Seitentälern sich erhalten haben, wo sie massive Plattformen bis zu 80 m Höhe über dem Pastaza bilden, von deren hohen Rändern die Nebenflüsse in Kaskaden herabfallen.

Der Schutt des zerstückelten Lavastroms wurde vom Fluß als Blöcke und Gerölle mit anderen detritischen Massen zu den Flußterrassen und Schotterfächern am Fuße der Kordillere transportiert, wo sie als die weit ausgebreiteten, flachen Mesas der subandinen Region des Oriente in Erscheinung treten. Pyroxenandesite formen auch den Kegel des Tungurahua. Gelegentlich wird untergeordneter Gehalt an Olivin beobachtet. Einige Laven haben die Tendenz, in Basalte überzugehen.

Südlich des Tungurahua sind die westlichen Höhen der Cordillera Real von pliozänen vulkanischen Decken von Pyroxenandesit überlagert, die auch den Sockel des erloschenen Vulkans El Altar ausmachen, sich über die Kette des Cubillín bis zu den Páramos von Alao und Cebadas fortsetzen, um schließlich in die Amphibolandesite des Azuay überzugehen. In den Kordilleren von Alao und Cebadas finden sich außer Andesiten auch alte, kristalline Gesteine in großer Ausdehnung aufgeschlossen.

Einige 20 km südlich des Tungurahua krönt der pleistozäne Vulkan **El Altar** (5321 m) die westlichen Randberge der Cordillera Real. Die Umwallung seiner außerordentlich weiten Caldera ist zum größten Teil zerstört und nach Westen aufgebrochen von einem Gletscher, der von dem in der ehemaligen Caldera sich sammelnden Firn und Eis genährt wird. Der Vulkan besteht aus Pyroxenandesit, teilweise in Gangform, mit Übergängen zu Basalten.

Der aktive Vulkan Sangay (5230 m)

Vierzig Kilometer weiter nach Süden, der Kordillere östlich vorgesetzt, baut der große **Vulkan Sangay** seinen hohen Kegel auf. Nach dem Erdbeben von 1949, das große Gebiete der Provinz Tungurahua verheert hatte, war seine früher kontinuierliche Tätigkeit unterbrochen worden. Danach begann er wieder in fast ununterbrochener Tätigkeit außer grobem Material große Mengen von feinem Sand und Staub auszustoßen, die von den Passatwinden bis in das hochgelegene, flache Gebiet von Palmira getragen, sich als Wanderdünen im Windschatten der Berge auf der Westseite des Río Cevadas absetzen.

Der an seinem Fuß aufgeschlossene Amphibolandesit (in der Quebrada des Río Volcán) gehört noch zur Pliozändecke. Im allgemeinen hat der Sangay olivinhaltige Pyroxenandesite des finalen Vulkanismus produziert. Der Kieselsäuregehalt geht in den jüngsten Laven auf 51,41 % herunter.

Das Becken von Riobamba ist nach Süden von den **Cerros de Yaruquíes** begrenzt mit den Bergen Tulabug und Aulabug. Südlich der nur leicht welligen Niederung des Río Guamote steigt das Gelände zu den Páramos des Knotens von Tiocajas an und fällt steil in das tiefe Tal von Alausí. Weiter südlich folgen die Páramos von Achupallas und Zula und schließlich das Massiv des Azuay. Diese Gebiete zeichnen sich durch saure Varietäten von Andesiten aus, die bei Punín als Biotitandesite auftreten.

Amphibolandesite sind nach dem Río Guamote hin aufgeschlossen, wo an verschiedenen Stellen auch basische Pyroxenandesite zutage treten. Dieselben Andesittypen bilden die **Berge von Tulabug und Aulabug** am Westufer des Río Chambo bei Licto, im Übergang zu wahren Basalten. Wahrscheinlich handelt es sich im letzteren Fall um spätere Eruptionen als die der vulkanischen Pliozänphase. Amphiboldazit charakterisiert die Gegend von Palmira; Amphibolandesite sind weit verbreitet in den Gebieten von Tixán und Alausí bis Chunchi im Knoten von Azuay, von Tambo und dem Río Molobog und in der Zone der berühmten Inkaruinen von Incapirca und Paredones. Die Umwallung des alten und in seinem größten Teil zerstörten **Kraters von Tixán** mit den Schwefelminen besteht aus Pyroxenandesiten.

Zwischen Riobamba und Azogues verengen sich die Anden so stark, daß sich keine Einbruchsenke bilden konnte, welche die Westkordillere von der Cordillera Real trennt. Hier stehen vulkanische Formationen des Pliozäns an, die teilweise von vulkanischen Tuffen, fluvio-lakustren und glazialen Sedimenten des Pleisto- und Oligozäns bedeckt sind. Das Gebiet zwischen dem Becken von Riobamba im Norden und dem Tal der Flüsse Alausí und Chanchán im Süden bildet einen sehr interessanten Anblick der morphologischen Modellierung einer reifen Landschaft. Obwohl Magma aufgestiegen ist und während des Pliozäns vulkanische Decken ausgebreitet hat, entstanden keine oder nur in unbeträchtlichem Ausmaß Bruchsenkungen. So hat sich die alte, wenig gegliederte Landschaft wie ein mit beiden Kordilleren zusammenhängender Block während des Aufstiegs der gesamten Sierra gehoben, ohne tektonischen Dislokationen ausgesetzt zu werden wie die übrigen zwischenandinen Zonen des Nordens.

Südlich des Knotens von Azuay fehlen pleisto-holozäne Vulkane. Die Lage dieser Zone im inneren Winkel des tektonischen Knies der Sierra, in welchem die Erdkruste Zusammenpressung erlitten hat, ist für das Fehlen der Vulkantätigkeit verantwortlich.

Subsequenter und finaler Magmatismus

Die Studien über den Vulkanismus des Pliozäns und Pleistozäns und der Gegenwart in Ecuador stimmen mit den Schlußfolgerungen von H. Stille überein (1924) bezüglich der verschiedenen Phasen des Magmatismus in orogenen Perioden.

Die Andesite und Dazite des Pliozäns sind die Erzeugnisse des subsequenten Vulkanismus, welcher den Orogenesen des Eozäns und Miozäns gefolgt ist. Diese Gesteine sind im Gegensatz zum basischen initialen Magmatismus der Diabas-Porphyrit-Formation von saurem bis intermediärem Typ und gehen schließlich in Basalt über, indem sie sich in Produkte des finalen Magmatismus von atlantischem Typ wandeln.

Der wiederbelebte pleistozäne und holozäne Vulkanismus in Ecuador entspricht unmittelbar keiner orogenen Phase. Nach H. Stille (1958) muß sein Ursprung von der

Unterschiebungspalingenese hergeleitet werden, deren Wirkungen bis in die Gegenwart fortdauern. Die Entwicklung dieser Palingenese erlaubt auch die Sonderfälle des pleistozänen Vulkanismus zu erklären, bei denen die Vulkane auf dem Weg des Erlöschens gelegentlich saure Laven hervorbringen gegen die Regel, die vulkanische Tätigkeit durch basisches Magma zu beschließen. Die Vulkane erumpieren saures, dazitisches Magma und schließen ihre Tätigkeit mit so ungeheuren Explosionen, daß meist der größte Teil ihrer Kegel in die Luft gesprengt wird (Mojanda, Pululagua, Quilotoa), oder außerordentlich weite Calderas entstehen (Pichincha, Atacazo, Rumiñahui und viele andere). Hierbei haben die Vulkane auch seitliche Ergüsse von saurem Dazitmagma geliefert, indem entweder durch Verstopfung des ursprünglichen Schlotes sich ein sekundärer Kanal geöffnet und einen Explosionstrichter geschaffen hat, z. B. **Cuicocha** (Photo 14) am Fuß des Cotacachi, oder durch eine seitliche Öffnung ein dazitischer Lavastrom ergossen wurde (Antisanilla am Fuß des Antisana).

Nicht an allen erloschenen Vulkanen sind Produkte der sauren Endphase beobachtet worden. Am Pasachoa, Rumiñahui und wenigen anderen, kreuzen basaltische Gänge die pyroxenischen Andesitlagen des Kegels, die in den inneren Anschnitten der Caldera in pseudoparalleler Lagerung sichtbar werden. Ohne Zweifel handelt es sich um basaltische Intrusionen auf Spalten, die sich erst gegen Ende der Tätigkeit des Vulkans geöffnet hatten. So kam es in den verschiedenen Fällen zu einer Schlußdifferentiation von saurem oder basischem Typ.

Der **Reventador** liegt nahe am Osthang der Cordillera Real und repräsentiert den Fall des Übergangs zum basischen finalen Magmatismus. Trotz seiner angedeuteten petrographischen Verwandtschaft mit limburgischen Basalten gehören seine Laven olivinhaltigen Feldspatbasalts noch zum pazifischen Typ des andinen Magmatismus (Andenbatholith), wie alle vorher erwähnten vulkanischen Erscheinungen, deren Gesteine sich auffällig durch ihren Gehalt an kalkalkalinischen Feldspaten auszeichnen und Abkömmlinge eines akzentuiert kalkigen Magmas der pazifischen Familie sind.

Dagegen unterscheidet sich in der subandinen Region der Vulkan **Sumaco** der Napo-Galeras-Aufwölbung wesentlich vom pazifischen Typ. Seine alkalinischen Laven mit Alkali-Feldspatoiden gehören der atlantischen simischen Familie an und bilden deshalb ein **außerandines** Element des kratonischen Untergrunds.

Nach H. Cloos (1936) ist das pazifische Magma charakteristisch für Faltungsorogenese auf Grund von horizontalen Druckbewegungen, d. h. verbunden mit Paligenese, während die Eruptionen des atlantischen Magmas die Gebirgsbildung, die durch tektonische Vertikalbewegung erfolgt, begleiten und nicht erst durch spätere epirogene Hebungsbewegungen hervorgerufen werden.

Tatsächlich ist die Aufwölbung von Napo-Galeras frei von Anzeichen horizontaler Beanspruchung. Ihre Entstehung wurzelt in tektonischen Vertikalbewegungen. Nach den Profilen (Abb. 4, Sektion 1 bis 10) von H. Tschopp (1953) fehlen Faltungen und Verbiegungen im Osten der Aufwölbung. Unter den vom regenerierten brasilianischen Schild gebildeten, mesozoischen Meeresgrund war das atlantische Magma eingedrungen und hatte die Gesteine aufgewölbt, Laven ergossen und den Vulkan Sumaco entstehen lassen.

In der **Westkordillere** gehören alle Vulkane petrologisch zum Magma der **pazifischen Familie** und sind erloschen mit der einzigen Ausnahme des Guagua-Pichincha, der noch eine schwache Fumarolentätigkeit aufweist.

Auch die Vulkane der Ostkordillere sind petrologisch eng mit der pazifischen Familie verwandt, unter ihnen die **aktiven Vulkane** Cotopaxi, Tungurahua, Sangay und in geringerem Grade der Reventador, letzterer anscheinend noch im Übergang zur atlantischen Familie des finalen Vulkanismus.

In der Westkordillere endeten die Faltungsvorgänge der neoidischen Ära schon zu Beginn des Tertiärs (Eozän-Oligozän). Es fehlen Tertiärschichten im gefalteten Komplex

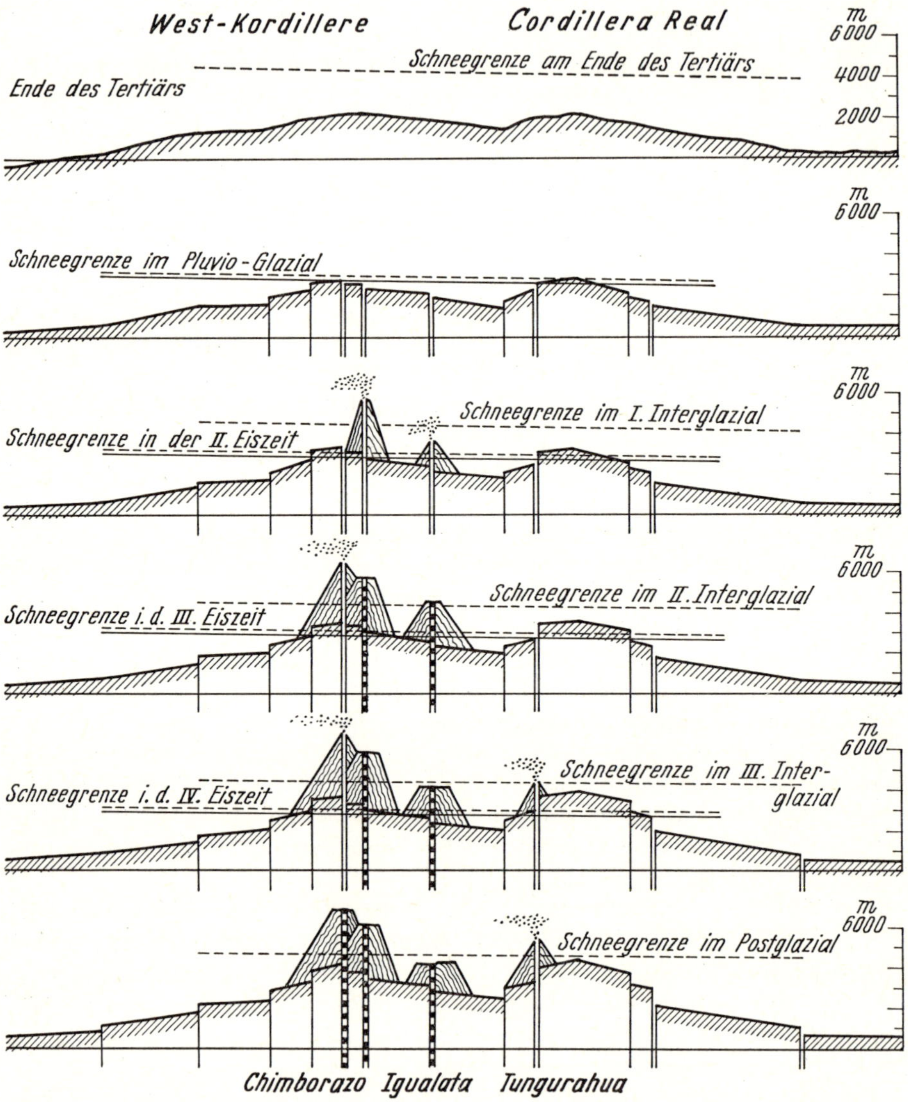

Abb. 8. Schematisches Profil des Einflusses der epirogenetischen Bruchbewegungen in der Entwicklung des Vulkanismus und der Nährgebiete der pleistozänen Gletscher. Zeichn. W. SAUER

der Westkordillere im Norden des Landes. Dagegen verursachten noch während des Miozäns die Druck-Beanspruchung und Dislokationen in den zwischenandinen Gebieten im Süden beträchtliche Faltungen (Provinz Cañar und Cuenca), die im Oriente bis ins Mio-Pliozän fortdauerten.

Die pleistozänen Eiszeiten

Von größter Bedeutung für die chronologische Einreihung der Quartärformationen ist die Altersbestimmung der verschiedenen Glazialperioden, die ihrerseits von epirogenen Hebungen und Senkungen der Anden beeinflußt werden. Die Entzifferung der Spuren der verschiedenen Eiszeiten, wie Sedimentationen und Erosionen, war schwierig (W. Sauer 1950). Infolge der quartären klimatischen Oszillationen sank die Grenze des ewigen Schnees während der Eiszeiten und stieg während der Zwischeneiszeiten wieder an. Die Wirkung der oszillierenden Höhenlagen der Schneegrenze wurde verstärkt oder abgeschwächt durch die epirogenen Hebungen und Senkungen der andinen Region (schematisches Profil Abb. 8).

Zu Beginn des Quartärs erreichten die höchsten Ketten der Kordillere Höhen nicht viel über 3000 m, so daß sie nur in ganz geringem Maße die Schneegrenze überschritten, die sich erst im Pleistozän durch die Änderung des Klimas weiter absenkte. So verursachte das allgemeine Sinken der Temperatur auf den noch verhältnismäßig geringen Erhebungen eine Periode erhöhter Regenmengen ohne bedeutende Vergletscherungen. Dagegen treten die Spuren von pleistozäner Vergletscherung immer deutlicher in den folgenden Eiszeiten hervor. Durch die *zunehmende Hebung der Kordilleren* und das damit verbundene relativ tiefere Absinken der Schneegrenze wurde die Möglichkeit zu weiterer Ausdehnung der Schnee- und Firneisflächen der Nährgebiete gewonnen. Es handelte sich um **Hochgebirgsvereisung.**

Die Entwicklung der verschiedenen Vergletscherungen wird noch mehr variiert, weil als dritter Faktor der wiederaufgelebte Vulkanismus des Pleistozäns erscheint. Auf den zu Beginn der quartären Hebung noch wenig hervorgehobenen Bergzügen haben sich nacheinander die mächtigen Vulkanmassive aufgebaut und damit weitere Höhenzonen der Vereisung unterworfen.

Die von den Gletschern hervorgebrachten Wirkungen: Anhäufung der Moränen, Erosion der typischen U-Täler und anderes mehr, dazu die fluvio-glaziale Sedimentation, ermöglichen die Grenzen der Flächenausdehnung der verschiedenen Vergletscherungen festzustellen. Die Untersuchungen haben die Wirkungen von **vier** glazialen Hauptperioden (Eiszeiten), mit Einschluß der ersten Pluvio-Glazialperiode, und von drei Zwischeneiszeiten (W. Sauer) ergeben. Die Pluvio-Glazialperiode soll im folgenden abgekürzt erste Eiszeit genannt werden.

Petrologischer Bestand der pleistozänen Sedimente

Das Gesteinsmaterial der quartären Formationen besteht im nördlichen Andengebiet des Landes fast vollständig aus vulkanischen Produkten, da in dieser Region *im Quartär eine heftige vulkanische Tätigkeit* eingesetzt hatte.

In den zwischenandinen Beckenlandschaften erreichten die lakustren und fluvialen Ablagerungen, mit vereinzelten Einschaltungen von kompakter Lava, größere Mächtigkeiten. Nach den Gebirgen hin und an ihren Flanken selbst nimmt die Mächtigkeit der

Sedimente ab, sie verschwinden an den stark geneigten Abhängen als Stellen vorherrschender Erosion.

Die tiefsten Teile der Depressionen sind von lakustren, fluviolakustren, glaziolakustren Ablagerungen und Moränenschutt des Altquartärs gefüllt. Erst in den oberen Partien der Sedimente finden sich äolische Zwischenlagerungen, die beweisen, daß zeitweise während gewisser Interglazialperioden die Becken trockengelegt waren und sich terrestre Sedimente auf den aquatischen Ablagerungen absetzen konnten. Die fortdauernden Hebungen der Sierra haben jedoch die an den Außenseiten der Kordilleren liegenden Erosionsbasen der interandinen Becken und damit auch die Flußläufe vertieft, durch welche die Entwässerung der Becken erfolgte. So konnte die periodische Trockenlegung der interandinen Niederungen stattfinden.

Die wiederholten Bruchsenkungen der zwischenandinen Gebiete haben wiederholt zu ausgedehnten Aufstauungen großer Seen geführt, in denen mächtige aquatische Sedimente abgesetzt wurden. Doch besteht die klare Tendenz, daß die Mächtigkeit der lakustren Formationen nach oben in den Quartär-Profilen abnimmt und die äolischen Zwischenlagen anwachsen bis zu einem derartigen Ausmaß in der 3. Zwischen-Eiszeit, daß die folgenden lakustren und Gletscher-Sedimente der 4. Eiszeit nur noch wenig Bedeutung haben. Besondere Verhältnisse erschweren die Aufgabe, die verschiedenen pleistozänen Formationen zueinander in Beziehung zu bringen und chronologisch zu ordnen: Von Stelle zu Stelle differieren die vulkanischen Anhäufungen in ihrem petrologischen Bestand, in ihrer Ausbreitung und geologischen Stellung je nach dem Umfang der vulkanischen Tätigkeit, dem Charakter des Magmas, ihrer Entfernung vom liefernden Vulkan, der Stärke und Richtung der Winde. Hierzu kommt noch das Fehlen jeglicher Niveaubeständigkeit der periklinal abgelagerten äolischen Sedimente, um das augenscheinliche Chaos zu vervollständigen.

Leitschichten

Glücklicherweise sind bestimmte Schichten durch ihren Gesteinsbestand oder ihre Fossilführung so charakterisiert, daß sie als Leithorizonte dienen können. In erster Linie kommen hierfür die Gletschermoränen in Betracht, besonders die Grundmoränen. Doch haben sie den Nachteil einer großen Veränderlichkeit der Mächtigkeit, Erscheinungsweise und Flächenausdehnung. Ihre Verlängerungen bestehen aus fluvio-glazialen, lakustren und glaziolakustren Ablagerungen.

Die enormen Anhäufungen von Hunderten von Metern Mächtigkeit der Sedimente in den interandinen Depressionen sind das Ergebnis des Transports und der sammelnden Wirkung der Wildwasser, Flüsse und Seen, welche die von den Vulkanen fast unaufhörlich ausgestoßenen Lockermassen und den klastischen Schutt in den Depressionen konzentriert haben. Gletschermoränen von umfangreicher Ausdehnung wurden am Fuße, besonders der inneren Abhänge der Kordilleren abgesetzt.

Die Gletscher der 3. Eiszeit haben in dieser Periode der größten glazialen Intensität die stärksten Erosionswirkungen hervorgebracht und ausgedehnte Glazialtäler ausgekolkt, die gegenwärtig noch durch ihre topographischen Formen in Erscheinung treten. Erst mit dem Abklingen der 4. Eiszeit und bis ins Postglazial hinein erodierte das fließende Wasser in größerem Umfang tiefe Täler auf dem Grund der trockengelegten interandinen Depressionen als typische, tief eingeschnittene Cañóns. An ihren steilen Wänden stehen die vollständigen Profile der aufgestapelten Sedimente an.

Natürlich fehlen im Süden des Landes diese Cañóns, weil dort sich keine derart mächtigen, quartären Ablagerungen hatten anhäufen können, wie im Norden mit seinem überreichen vulkanischen Material.

Andere charakteristische Schichten der zweiten und dritten Zwischeneiszeit bildet die **äolische Cangagua** (alte und junge Cangagua), entstanden aus feinen vulkanischen Aschen und Sanden als die mehr oder weniger erhärteten vulkanischen Tuffe mit Leithorizonten von Cangagua-Kugeln. Fossile Mammiferen-Reste finden sich hauptsächlich in den Schichten des dritten Interglazials, beziehungsweise oberen Pleistozäns (Tabelle 4).

Tabelle 4. Die Pleistozänen Säugetiere von Ecuador nach ROBERT HOFFSTETTER (1952)

	Pazifisches Gebiet		Andines Gebiet			Amazonas-Gebiet
Säugetierfauna des Pleistozän von Ecuador	Carolinense (Oberes Pleistozän)	Pleistozän (unbestimmte Horizonte)	Pleistozän (unbestimmte Horizonte)	Chicheense (2. Interglazial)	Puniniense (3. Interglazial)	(unbestimmte Horizonte)
Ordnung Marsupialia ILLIGER 1811						
Superfam. Didelphoidea OSBORN 1910						
Fam. Didelphidae GRAY 1821						
Gen et sp. indet.	x					
Ordnung Edentata CUVIER 1798						
Unterordn. Xenarthra COPE 1889						
Infraordn. Pilosa FLOWER 1883						
Superfam. Megalonychoidea SIMPSON 1931						
Fam. Megalonychidae ZITTEL 1892						
Gen. et sp. indet.	x					
Fam. Megatheriidae OWEN 1843						
Gen. *Eremotherium* SPILLMANN 1948						
E. carolinense SPILLMANN 1948	x	x				
E. elenense (HOFFSTETTER 1949)	x					
E. sp.						x
Gen. et sp. indet.					x	
Fam. Mylodontidae AMEGHINO 1889						
Subfam. Mylodontinae GILL 1872						
Gen. *Glossotherium* OWEN 1840						
Subgen. *Glossotherium* OWEN 1840						
G. *tropicorum* HOFFSTETTER 1952	x					
G. sp.		x				
Subgen. *Oreomylodon* HOFFSTETTER 1949						
wegneri (SPILLMANN 1931)					x	

Säugetierfauna des Pleistozän von Ecuador	Pazifisches Gebiet		Andines Gebiet			Amazonas-Gebiet
	Carolinense (Oberes Pleistozän)	Pleistozän (unbestimmte Horizonte)	Pleistozän (unbestimmte Horizonte)	Chicheense (2. Interglazial)	Puniniense (3. Interglazial)	(unbestimmte Horizonte)
Subfam. Scelidotheriinae AMEGHINO 1904						
Gen. *Scelidotherium* OWEN 1840						
reyesi HOFFSTETTER	x					
Infraordn. Cingulata ILLIGER 1811						
Superfam. Dasypodoidea SIMPSON 1931						
Fam. Dasypodidae BONAPARTE 1838						
Subfam. Dasypodinae GILL 1872						
Gen. *Propraopus* AMEGHINO 1881						
P. magnus (WOLF 1875)					x	
Subfam. Chlamytheriinae HAY 1830						
Gen. *Chlamytherium* LUND 1838						
C. occidentale HOFFSTETTER 1952	x					
Ordnung Rodentia BOWDICH 1821						
Unterordn. Hystrichomorpha BRANDT 1855						
Superfam. Cavioidea KRAGLIEVICH 1930						
Fam. Hydrochoeridae GILL 1872						
Subfam. Hydrochoerinae WEBER 1928						
Gen. *Neochoerus* HAY 1926						
N. sirasakae (SPILLMANN 1941)	x					
Superfam. Octodontoidea SIMPSON 1945						
Fam. Capromyidae SMITH 1842						
Gen. *Drytomomys* ANTHONY 1922						
D. aequatorialis ANTHONY 1922			x			
Fam. Echimyidae MILLER et GIDLEY 1918						
Gen. *Proëchimys* ALLEN 1889						
P. sp.	x					
Ordnung Carnivora BOWDICH 1821						
Unterordn. Fissipeda BLUMENBACH 1792						
Superfam. Canoidea SIMPSON 1931						
Fam. Canidae GRAY 1821						
Subfam. Caninae GILL 1872						
Gen. Dusicyon H. SMITH 1839						
Subgen. *Dusicyon* H. SMITH 1839						
D. culpaeus (MOLINA 1789)						
D. subsp. cf. *riveti* (TROUESSART 1911)				x		
D. sp.			x			
D. sechurae (THOMAS 1900)						
subsp. *elenensis* HOFFSTETTER 1952	x					
Subfam. Simocyoninae ZITTEL 1893						
Gen. *Protocyon* GIEBEL 1855						
P. orcesi HOFFSTETTER 1952	x					

Säugetierfauna des Pleistozän von Ecuador	Pazifisches Gebiet: Carolinense (Oberes Pleistozän)	Pazifisches Gebiet: Pleistozän (unbestimmte Horizonte)	Andines Gebiet: Pleistozän (unbestimmte Horizonte)	Andines Gebiet: Chicheense (2. Interglazial)	Andines Gebiet: Puniniense (3. Interglazial)	Amazonas-Gebiet: (unbestimmte Horizonte
Superfam. Feloidea SIMPSON 1931						
Fam. Felidae GRAY 1821						
Subfam. Felinae TROUESSART 1885						
Gen. *Felis* LINNÉ 1758						
Subgen. *Puma* JARDINE 1834						
P. platensis AMEGHINO 1889	x				x	
Gen. *Panthera* OKEN 1816						
Subgen. *Jaguarius* SEVERZOW 1858						
J. onca LINNÉ 1758 subsp. andina HOFFSTETTER 1952					x	
Subfam. Machairodontinae GILL 1872						
Gen. Smilodon LUND 1842						
S. sp.	x				x	
Ordnung Proboscidea ILLIGER 1811						
Unterordn. Elephantoidea OSBORN 1921						
Fam. Gomphotheriidae CABRERA 1929						
Subfam. Anancinae HAY 1922						
Gen. *Haplomastodon* HOFFSTETTER 1950						
Subgen. *Haplomastodon* HOFFSTETTER 1950						
chimborazi (PROANO 1922)					x	
Subgen. *Aleamastodon* HOFFSTETTER 1952						
A. quayasensis HOFFSTETTER 1952	x					
Gen. et spec. indet.	x					
Gen. et spec. indet.			x			
Gen. et spec. indet.						x
Subfam. Cuvierioninae CABRERA 1929						
Gen. *Cuvieronius* OSBORN 1923						
*C. hyodon (*FISCHER 1814)			x			
Ordnung Perissodactyla OWEN 1848						
Unterordn. Hippomorpha WOOD 1937						
Superfam. Equoidea HAY 1902						
Fam. Equidae GRAY 1821						
Subfam. Equinae STEINMANN et DÖDERLEIN 1890						
Gen. *Onohippidium* MORENO 1891						
O. sp.			x			
Gen. Equus Linné 1758						
Subgen. *Amerhippus* HOFFSTETTER 1950						
A. andium (WAGNER-BRANCÓ 1883)					x	
A. santae-Elenae (SPILLMANN 1938)	x					

	Pazifisches Gebiet		Andines Gebiet			Amazonas-Gebiet
Säugetierfauna des Pleistozän von Ecuador	Carolinense (Oberes Pleistozän)	Pleistozän (unbestimmte Horizonte)	Pleistozän (unbestimmte Horizonte)	Chicheense (2. Interglazial)	Puniniense (3. Interglazial)	(unbestimmte Horizonte)
A. martinei (Spillmann 1938)				x		
Ordnung Artiodactyla Owen 1848						
Unterordn. Tylopoda Illiger 1811						
Fam. Camelidae Gray 1821						
Subfam. Camelinae Zittel 1893						
Gen. *Palaeolama* Gervais 1867						
P. reissi (Brancó 1883)					x	
P. aequatorialis Hoffstetter 1952	x					
P. crassa Hoffstetter 1952				x		
Unterordn. Ruminatia Scopoli 1777						
Infraordn. Pecora Linné 1758						
Superfam. Cervoidea Simpson 1931						
Fam. Cervidae Gray 1821						
Subfam. Odocoileinae Pocock 1923						
Gen. *Odocoileus* Rafinesque 1832						
O. *peruvianus* (Gray 1874) subsp. cf. *ustus* Trouessart 1911					x	
O. *salinae* (Frick 1937)	x					
Gen. *Mazama* Rafinesque 1817						
M. rufina (Pucheran 1852)					x	
M. sp.					x	
Gen. *Agalmaceros* Hoffstetter 1952						
A. blicki (Frick 1937)					x	

Die Sedimentformationen der verschiedenen Pleistozän-Perioden

Pluvio-Glazial (1. Eiszeit). Wahrscheinlich waren die schwachen Reste von Moränen der ersten Glazialperiode nur in geringem Maße in den höchsten Partien der Kordilleren verbreitet und wurden durch die Erosion der folgenden Eiszeit weggeräumt. Jedoch finden sich auf dem Grund der interandinen Desression mächtige fluvio-lakustre Serien von vorwiegend vulkanischem Lockermaterial in Wechsellagerung mit Konglomeraten, Kiesen und groben Sanden in vielfacher monotoner Wiederholung. Das Material rührt von der Zerstörung der ausgedehnten Lavadecken und pyroklastischen Anhäufungen des Jungtertiärs her.

Die erste Zwischeneiszeit. Sie wird nur kenntlich durch die von Hebungen verursachten Unterbrechungen in der fluvio-lakustren Sedimentation und durch Anzeichen fluvialer Erosion, begleitet von echten alluvialen Sedimenten. Solche Verhältnisse bieten sich dem Beobachter in den Profilen der Flußbetten, die im Grund der interandinen Becken ausgewaschen wurden, wie z. B. im Profil des Río Chiche (Abb. 9).

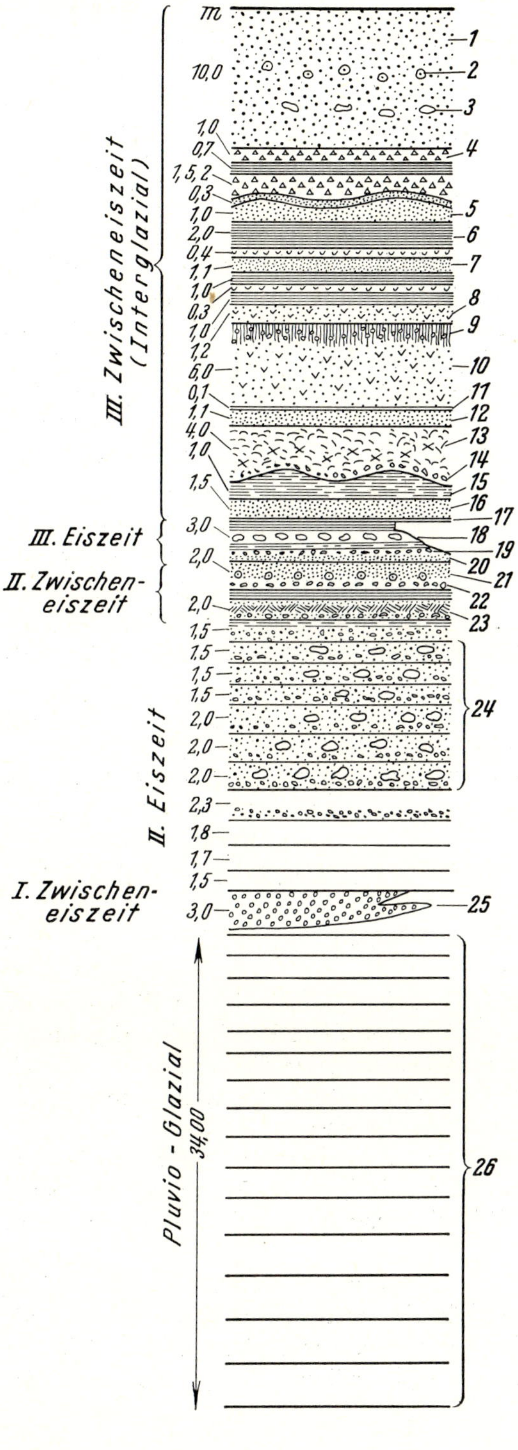

Abb. 9. Profil des Rio Chiche. 1. Äolische Cangagua. 2. Cangagua-Kugeln. 3. Kalkkonkretionen. 4. Bimsstein. 5. Vulkanische Asche. 6. Lakustre Cangagua. 7. Feiner Sand. 8. Lakustre Cangagua und Bimsstein. 9. Alte Oberfläche. 10. Lakustre Cangagua, sandig mit Bimsstein. 11. Eisenhaltige Schicht. 12. Sandige Cangagua. 13. Sandig-lehmige Cangagua mit Fossilien. 14. Limonit-Konkretionen. 15. Lakustre, lehmige Cangagua. 16. Sandschicht. 17. Alte Oberfläche. 18. Moräne. 19. Lakustre Cangagua mit Limonit. 20. Erosionsdiskordanz. 21. Äolische Cangagua mit Kugeln. 22. Lavageröllе. 23. Sand und Kies. 24. Glazio-lakustre Ablagerungen. 25. Fluviale Erosion und Sedimentation. 26. Bänke von vulkanischem Material wechselnd mit Geröllen, Kiesen und groben Sanden in monotonen Wiederholungen. Zeichn. W. Sauer

Die zweite Eiszeit. Das Profil des Río Chiche östlich von Quito zeigt über den vorher erwähnten Formationen die sehr interessanten glazio-lakustren Sedimente (Photo 22). Während der 2. Eiszeit hatte sich ein riesiger Gletscher von den Bergen des Passes Guamaní in der Cordillera Real östlich von Quito zur interandinen Depression hin erstreckt. Die Berge bildeten in ihrer gesamten Ausdehnung das Nährgebiet für den früheren Gletscher, der das Tal von Paluguillo (Photo 23) mit seinen mächtigen Eismassen beim Hinabgleiten in das Becken von Quito ausfüllte. Beim Austritt des Tales aus der Kordillere hatte sich der Gletscher am Fuß der Kordillere ausgebreitet und einen großen Teil des Vorlandes bedeckt bis zur Einmündung in den See, der die tiefere Region des Beckens bedeckte. Große Blöcke und Stücke von Gletschereis, beladen mit dem Schutt der Grundmoräne, brachen von der Gletscherzunge ab und schwammen als kleine Eisberge auf dem See, bis die Moränenlast die durch Abschmelzen reduzierten Eisblöcke zum Seegrund sinken ließ. Nachdem das Eis vollständig geschmolzen war, blieb der Moränenrest in kleinen Haufen auf dem Seegrund zurück und bildete grobe Einlagerungen im Schlamm und Sand der lakustren Sedimente. Die großen Blöcke weisen die glaziale Rundung und Polierung mit der charakteristischen Schrammung auf. Die Horizonte dieser merkwürdigen glazio-lakustren Sedimente wiederholen sich in verschiedenen Höhen der Profile und beweisen, daß der Gletscher zu verschiedenen Zeiten bis in den See vorgedrungen war (Abb. 9, W. Sauer). An anderen Stellen der interandinen Depressionen und an den flachen Hängen der noch relativ niederen Kordilleren können die Spuren der zweiten Eiszeit als ausgedehnte Ablagerungen der Grundmoränen von sehr verschiedener Mächtigkeit festgestellt werden. In den Kordilleren hatten sich die Firnmassen im Prozeß der Umwandlung zu kompaktem Gletschereis in weiten Mulden konzentriert, von denen die Talgletscher ausgingen und auf ihrem Weg kleine Nebengletscher aufnahmen, um schließlich als mächtige Eisströme von vielen Kilometern Länge die Täler mit dem U-förmigen Querschnitt weiter auszurunden.

In vielen Fällen mündeten sie am inneren Fuß der Kordillere in einer zwischenandinen Lagune wie der frühere Gletscher von Paluguillo.

Von den äußeren Abhängen der Kordilleren hatten die mächtigen Talgletscher Zonen tief unter der Grenze des ewigen Schnees erreicht, wie z. B. bei Macuchi in der Westkordillere, 45 km westlich von Latacunga. Dort sind Moränen in der Höhe von nur 1600 m über Meeresspiegel erhalten. Die Moränenreste der 2. Eiszeit haben sich nur erhalten können, wenn sie durch spätere Überlagerungen gegen die Erosion der 3. Eiszeit geschützt waren. So finden sich meist nur Reste der Grundmoränen, da End- oder Seitenmoränen durch spätere glaziale Erosion zerstört worden waren.

Die zweite Zwischeneiszeit. Zum Abschluß der 2. Eiszeit beginnt eine *Hauptperiode des pleistozänen Vulkanismus.* Der Rucupichincha, der Ilaló, der alte Krater des Chimborazo und andere Vulkane haben ihre erste Tätigkeit unmittelbar nach der zweiten Eiszeit begonnen.

Die Periode der zweiten Zwischeneiszeit ist charakterisiert durch das erste Erscheinen von äolischer Cangagua von geringer Mächtigkeit und Ausdehnung mit seltener Zwischenlagerung von beschränkten Horizonten von Cangagua-Kugeln. Die äolischen Schichten haben sich auf lakustrer Cangagua und sandigen, lehmigen Sedimenten der ausklingenden 2. Eiszeit abgelagert.

Die dritte Eiszeit. Sie war die ausgedehnteste von allen. Die neuen in dieser Epoche sich vollziehenden, epirogenen Hebungen verstärkten ihre Wirkung. Im **Profil des Río Chiche** (Abb. 9) tritt zum ersten Mal eine wahre Moräne zutage, allerdings nur von geringer Mächtigkeit und Ausdehnung, die zum **Paluguillo-Gletscher** gehört, der beim Austritt aus der Kordillere sich ausbreitete und weit über die Niederung der interandinen Depression vordrang. Seine ausgedehnten Eisdecken flossen mit den Eismassen der benachbarten Gletscher zusammen und führten zu einer flächenhaften Vergletscherung des Vorlandes nach dem **Malaspina-Typ.** Wahrscheinlich hatten auch andere Talgletscher beim Vordringen in die interandinen Depressionen solche inlandeisähnlichen Decken gebildet, denn an vielen Stellen der interandinen Senken finden sich am Fuß der Kordilleren Moränen ähnlicher Art der dritten Eiszeit. Die Haupttäler der Kordilleren, zum Teil früher von Gletschern der 2. Eiszeit ausgekolkt, haben auch die riesigen Gletscher der dritten Eiszeit aufgenommen, die wiederum dieselben Täler erweitert haben.

Die seit der zweiten Eiszeit entstandenen Vulkanberge erhielten damals ihre ersten tiefen Erosionswunden durch die dritte Vereisung, wie es die Ostvulkane des Chimborazo, des Carihuairazo, des Pichincha und andere zeigen.

In der Senke zwischen Chimborazo und Carihuairazo liegt das glazial erodierte breite und tiefe Tal von Abraspungo, in dem sich die Gletscher der Nordseite des alten östlichen Chimborazo-Vulkans und der Südseite des Carihuairazo vereint und eine Furche in die mächtigen Lavadecken des Pliozäns gegraben hatten. Da der alte Ostkrater des Chimborazo sich nicht direkt auf dem Kamm der Westkordillere, sondern etwas zum Osthang hin verschoben, aufgebaut hatte, mußten die älteren von seinem Nordhang absteigenden Gletscher Carlos Zambrano und Teodoro Wolf (Abb. 6) nach Nordosten fließen und in das Abraspungotal münden. In den Außentälern der Kordilleren hatten sich deutlich fluvio-glaziale Terrassen gebildet, die dem Ende der dritten Eiszeit entsprechen und auf halber Talhöhe liegen. Sie werden **Mittelterrassen** genannt in Bezug auf die hohen Terrassen der zweiten Eiszeit und die Niederterrassen der vierten Eiszeit.

Die dritte Zwischeneiszeit. Mit der ausklingenden dritten Eiszeit hatte sich die dritte Zwischeneiszeit eingestellt. Starke vertikale Bewegungen der Gebirgsblöcke öffneten erneut die alten Längsbrüche und ließen die vulkanische Tätigkeit wieder aufleben. Es erfolgte die Entstehung der Westvulkane des Chimborazo und des Pichincha, so daß sich diese Berge als Doppelvulkane bildeten. Die feinen pyroklastischen Produkte der explosiven Eruptionen legten sich als periklinale Decken der äolischen Cangagua über das Relief der trockenen Gebiete oder versanken in die angestauten Gewässer der interandinen Senken als lakustre Cangagua, die später, infolge von Dislokationen trockengelegt, wieder die Unterlage für die jüngere äolische Cangagua abgab.

Seit der zweiten Eiszeit erscheint in den Sedimenten der interandinen Depressionen der nördlichen Sierra das vorwiegend feine Material als Ergebnis der wieder aufgelebten explosiven vulkanischen Tätigkeit, wobei in den Zwischeneiszeiten in immer größerem Umfang der charakteristische vulkanische Tuff äolischer Sedimentation, die äolische Cangagua, vorzuherrschen beginnt, und zwar gewöhnlich beträchtlich erhärtet. Dieser Tuff ist dem Löß sehr ähnlich, aber unterscheidet sich von ihm in seiner Zusammensetzung. Die Partikel des Cangagua-Tuffes, als äolisches Sediment aus vulkanischem Staub und Sand, sind Bruchstücke oder feine Kristalle von intermediärem bis basischem Feldspat, Biotit, Hornblende, Augit, manchmal untergeordnet Quarz, entsprechen dem Mineralbestand der Dazite und Andesite der Laven, die sich seit der zweiten Eiszeit ergossen haben. Toniges Element erscheint nur sekundär in diesem Tuff. Auch die jüngere äolische Cangagua des dritten Interglazials hat sich infolge ihrer hydraulischen Eigenschaften erhärtet.

Wie der Löß steht die Cangagua in typischen vertikalen Steilwänden in den tiefen, engen Quebradas an und wird wegen ihres geringen Widerstands leicht erodiert. Auch prismatische, vertikale Absonderung kommt vor. Jedoch unterscheidet sich die äolische Cangagua vom Löß durch das Fehlen von Kalziumkarbonat, welches für den Löß so charakteristisch ist. Allerdings kommt lokal auch Cangagua vor, die sekundär von Thermalwässern mit kohlensaurem Kalk imprägniert wurde.

Je nach dem Sedimentations-Prozeß sind zwei Arten von Cangagua zu unterscheiden:

1. die **äolische Cangagua** findet sich als ältere Bildung im zweiten Interglazial und als jüngere im dritten Interglazial, außerdem als rezente äolische Cangagua im Postglazial.

2. die **lakustre Cangagua** erscheint von der zweiten Eiszeit bis zur vierten einschließlich (Photo 24).

Die heftigen explosionsartigen Eruptionen der Vulkane haben feine und feinste pyroklastische Massen als große Wolken von Staub und feinem Sand in die Luft geschleudert, die sich in weitem Umkreis auf trockenem Relief als periklinale Decken von äolischer Cangagua oder als horizontale, aquatische Sedimente (lakustre Cangagua) in den stehenden Gewässern der interandinen Depression ablagerten.

Die Schichtung der lakustren Cangagua ist ursprünglich horizontal gewesen, wurde aber in vielen Fällen durch spätere tektonische Dislokationen gestört.

Die periklinale Sedimentation ist äußerst charakteristisch für die äolische Cangagua in Form einer über Berge und Täler in variabler Mächtigkeit bis zur Höhe von ungefähr 3000 m abgelagerten Decke, wobei Neigung des Geländes, Richtung und Stärke der Winde ihre Mächtigkeit beeinflußt hatten. Die junge äolische Cangagua des dritten Interglazials erscheint in allen Teilen der andinen Zonen der nördlichen Hälfte des Landes, wie auch in der Provinz Bolívar in den Tälern der Flüsse Chimbo und Salinas, wo sie mit ihren graugelben Farbtönen der Landschaft eine eigenartige Note verleiht. Die alte äolische Cangagua und die lakustre der zweiten Eiszeit zeichnen sich durch mehr bräunlich-gelbe Färbung aus wegen der beginnenden Zersetzung ihrer eisenhaltigen Komponenten. Sie sind auch mehr erhärtet als die jüngere Cangagua.

In den Moränen und fluvioglazialen Sedimenten kann die Cangagua als Zementationsmittel der Gerölle und Blöcke an der Gesteinszusammensetzung teilnehmen, vielfach so stark vorherrschend, daß das feine vulkanische Material nicht allein von erodierten Cangaguamassen herkommt, sondern auch von der während der Entstehung der Gletscher fortdauernden vulkanischen Tätigkeit (A. Estrada 1941).

Die Cangagua-Kugeln (Coprinisphaera ecuadoriensis)

Wichtige Leitfossilien sind die in bestimmten Horizonten der äolischen Cangagua des zweiten und mehr noch des dritten Interglazials so verbreiteten **Cangagua-Kugeln** (W. Sauer 1955, 1956 und 1959).

Die äolische Sedimentation der Cangagua hatte über ein teils bergiges, teils ebenes Relief während langer Zeiträume stattgefunden und stellenweise Mächtigkeiten von 30 bis zu 100 m erreicht, so daß alle Reste der Fauna und Flora in die immer weiter wachsenden äolischen Anhäufungen eingehüllt wurden. Die Fossilien der großen Säugetiere wie der Mastodonten, Kameliden und Equiden usw. zeigen an, daß sich während der Bildungsperiode der äolischen Cangagua eine Vegetation entwickeln konnte, die diesen Tieren genügende Nahrungsmengen bot. Wahrscheinlich handelte es sich um ausgedehnte Savannen oder Grassteppen von semiaridem Klima.

Die Kugeln finden sich unregelmäßig verstreut in einem Horizont von 1 bis 2 m Mächtigkeit (Photo 25) inmitten der Cangagua. Ihr äußerer Durchmesser schwankt zwischen 5 und 8 cm. Die Kugeln waren ursprünglich hohl mit einer Manteldicke von 8 bis 11 mm je nach Größe der Kugel. Die Mehrzahl der Kugeln hat ein Loch im Mantel von etwa 2 cm Durchmesser (Photo 26–28).

Das Material, aus dem die Kugeln bestehen, ist dieselbe Mischung von vulkanischem, feinen Sand und Bruchstücken von Bimsstein und andesitischer Lava, die man in der Cangagua selbst beobachtet. Gewöhnlich sind die Kugeln mit Cangaguamasse gefüllt (Photo 27), ähnlich der, welche den Mantel bildet, aber von viel lockerer Konsistenz. Im allgemeinen unterscheidet sich die Cangagua des Kugelhorizonts von der Hauptcangagua durch ihre geringere Festigkeit, weil in dem Kugelhorizont wahrscheinlich eine viel reichere Vegetation bestanden hatte, deren abgestorbene Teile sich mit dem vulkanischen Sand mischten und auf diese Weise eine lockerere Sedimentation verursachten. Im Kugelhorizont finden sich auch die fossilen Reste der Säugetiere in größerer Häufigkeit als in der übrigen Cangagua (Tabelle 4).

Nach den Untersuchungen des Autors besteht kein Zweifel, daß die **Cangagua-Kugeln** das Werk der Fürsorge für die Brut eines kugelrollenden Käfers der Scarabäiden sind, verwandt mit den Repräsentanten der Unterfamilie der Coprinen. Vollständig identisch geformte Kugeln erstellt eine Mistkäferspezies Deltochilum dentipes Esch. der Coprinengattung, die gegenwärtig in Brasilien lebt. Deshalb wurde die Cangagua-Kugel wegen ihrer Bedeutung als Leitfossil des Pleistozäns „*Coprinisphaera ecuadoriensis*" genannt (W. Sauer 1955a).

Von Interesse dürfte auch die Tatsache sein, daß im Küstengebiet von Chile zwischen 37,8° und 41,4° südlicher Breite ein Mistkäfer *Pinotus torulosus* (E. F. Kilian 1960) gegenwärtig Kugeln fabriziert, die in den Profilen der Straßenanschnitte in 0,50 bis 1,50 m Tiefe unter der Oberfläche gefunden werden. Im manchmal lehmigen Gelände der postglazialen Cangagua hat der chilenische Käfer das für die Herstellung seiner Kugeln dienende Material. Diese heutigen Kugeln sind den Cangagua-Kugeln von Ecuador sehr ähnlich, aber von etwas geringerer Größe. Im Süden von Chile hat der vulkanische Tuff dieselbe indianische Bezeichnung „Cangagua" wie in Ecuador, trotz der großen Entfernung von wenigstens 4000 km.

Gegenwärtig lebt in Ecuador der Käfer *Phanaeus conspicilatus* F. der Unterfamilie Coprinae, von glänzend dunkelgrüner Farbe, im suptropischen Klima an Saumpfaden, wo er den Mist der Pferde und Maultiere reichlich für die Herstellung seiner Brutkugeln zur Verfügung hat. Zuerst fabriziert er eine Dungkugel, die er durch einen etwas spiralig angelegten Gang von etwa 30 cm Länge unter die Erdoberfläche bringt; dort wird der Gang zu einer Höhle erweitert, in der um die Dungkugel der Lehmmantel herumgebaut wird. Obenauf wird die Eikammer als kleine Erhebung angebracht mit nach oben gerichtetem Loch und feinem Luftkanal zur Dungkugel, welche der sich entwickelnden Larve zur Nahrung dienen soll (nach H. von Lengerken 1952). Der Kugelhorizont der interandinen Depression des ecuadorianischen Nordens gehört der jüngeren äolischen Cangagua an, in erster Linie dem letzten, dritten Interglazial, und ist in den Depressionen auf eine Länge von 300 km festgestellt worden. Es scheint, daß die äolische Cangagua sich nach Norden in kolumbianisches Gebiet fortsetzt, wo gleiche geologische Verhältnisse wie in Ecuador herrschen. Obwohl die Kugeln einer äolischen Formation angehören, können in lokalen Depressionen fluviatile oder lakustre Einlagerungen von Kugeln auftreten, die sekundär zwischen die äolischen Sedimente der Cangagua eingeschwemmt waren.

Dünne limonitische Schichten, die parallel zu den Decken der äolischen, periklinalen Sedimentation verlaufen, bezeugen das Vorhandensein fossiler Oberflächen. In feuchteren Perioden hatten sich oberflächliche Ausscheidungen von Eisenhydroxyd konzentriert aus der Zersetzung eisenhaltiger Mineralien der Cangagua.

Die Verfestigung der Cangagua muß verhältnismäßig schnell erfolgt sein, denn die Gletscher der vierten Eiszeit sind auf der äolischen Cangagua abgeglitten, ohne Druckspuren durch das Gewicht des Eises zu hinterlassen, mit Ausnahme von Erosionswirkung in der strukturell nicht veränderten Cangagua. Dagegen werden in Fällen, in denen Sand- oder Lehmmassen den Grund des Gletschereises bildeten, durch den Druck und die Bewegung eigenartige Erscheinungen von Verknetung, Auswalzung und Faltung der wenig widerstandsfähigen Basalschichten erzeugt.

Im Profil des Río Chiche (Abb. 9) lagert über der Moräne der dritten Eiszeit zuerst eine 1,5 m mächtige Schicht von äolischer Cangagua mit Kugeln und zeigt Spuren einer alten Geländeoberfläche. Darauf liegt eine Cangagua-Schicht mit Bruchstücken von Säugetierfossilien, die eine teilweise Umwandlung in Lehm erlitten hat als Anzeichen der Verwitterung im Kontakt mit der Atmosphäre. Erst von dieser lehmigen Sedimentstufe ab trat eine relative Absenkung der interandinen Zone ein mit Aufstauung von Gewässern zu Seen und Ablagerung von sandiger lakustrer Cangagua gemischt mit kleinen Bimssteinstücken oder Zwischenlagerung dünner Bimssteinschichten als Folge der fortdauernden vulkanischen Tätigkeit.

Die anhaltende starke, durch die Gebirgshebung verursachte Erosion der Quertäler hat beide Kordilleren transversal durchschnitten und die Entwässerung der interandinen Niederungen offen gehalten, so daß schließlich die Becken des Nordens trocken gelegt wurden und sich in ihnen die jüngere äolische Cangagua des dritten Interglazials in großer Mächtigkeit hatte ablagern können, gewöhnlich durch einen Kugelhorizont charakterisiert (Photo 25). Örtlich schalten sich dünne fluviale und lakustre Bildungen von begrenzter Ausdehnung ein. Mit der Trockenlegung der Depressionen hatte die Flußerosion in den tieferen und ebenen Teilen der Becken wieder begonnen und eine vielfache Gliederung der Landformen erzeugt durch die sich eintiefenden Täler und Cañóns. Über das neue Oberflächenrelief hatte sich die Decke der jüngeren äolischen Cangagua gebreitet.

Die vierte Eiszeit. Die vierte und letzte Eiszeit hat ihre Reste unmittelbar auf der jüngeren äolischen Cangagua als erratische Blöcke und dünne, spärliche Grundmoränen hinterlassen. Ihre Gletscher kamen durch die großen, weiten Täler der dritten Eiszeit herab und erreichten oder überschritten stellenweise dieselben tiefen Gebiete der früheren Gletscher der dritten Eiszeit trotz der im Vergleich zur dritten Eiszeit geringeren Intensität der Vereisung. So versteht man auch das Fehlen von End- und Rückzugsmoränen der dritten Eiszeit, denn sie wurden durch die Gletscher der letzten Eiszeit weggeräumt.

Aus der vierten Eiszeit haben sich End- und Rückzugsmoränen erhalten. Nur in wenigen Fällen mündete ein Gletscher in einen See, wie z. B. die Reste der Moräne am Fuß des Rucu Pichincha beweisen, dessen Gletscher in den alten See der „Antegrada“ (Vorstufe) von Quito auslief. Ähnliches trifft auf der Westseite des Cerro Cusín zu (Provinz Imbabura), wo der Gletscher in den See San Pablo einmündete, der von den Lavaströmen des Imbabura und Mojanda aufgestaut worden war. Der frühere See nördlich von Quito war durch die Quebrada von Molinohuaicu trockengelegt worden, nachdem er allmählich durch Fluß-, See- und Gletschersedimente der vierten Vereisung und des Postglazials ausgefüllt worden war.

Die Gletscher der vierten Eiszeit waren schwach entwickelte Talgletscher, die mit beschränkten Eismassen die alten, von den mächtigen Gletscher früherer Eiszeiten ausgekolkten Täler besetzten; oder es waren Hängegletscher mit kleinen Nährgebieten und lokale Firnmulden ohne beträchtliche Moränen. Auf den wenig geneigten Flächen am Fuß der Kordilleren breiteten sich schwache Grundmoränen und verstreute erratische Blöcke auf der nur leicht erodierten, jüngeren äolischen Cangagua aus. In häufigen Fällen mischten sich die geringen Sedimente der vierten Eiszeit als zwischengelagerte Moränen oder fluvio-lakustre Schichten mit den oberen Lagen der Cangagua. An anderen Stellen zeigen die Glazialsedimente auch deutlich eine mächtigere Entwicklung.

Postglazial. Als Postglazial macht sich eine schwache, wenig zusammenhängende Decke von äolischer Cangagua über den Bildungen der vierten Eiszeit bemerkbar oder direkt auf der jüngeren äolischen Cangagua der dritten Zwischeneiszeit, von dieser aber getrennt durch eine dunkle Schicht eines fossilen Bodens. Derartige Verwitterungshorizonte sind häufig in den mächtigeren Anhäufungen des Postglazials, wo auch Erosionsdiskordanzen das Postglazial von den vorhergegangenen Formationen trennen. In den Flußniederungen haben sich Alluvionen an ebenen Stellen abgesetzt. Gehängeschutt häufte sich am Fuß der Berge und Hügel an und erschwert die Untersuchung der gewachsenen Gesteine.

Profile des Quartärs

In den hohen Regionen der Kordilleren hat die Erosionstätigkeit des Gletschereises vorgeherrscht, und erst die Schluchten und künstlichen Anschnitte der niederen Gebiete der Gebirge und der innerandinen Becken gewähren die nötige Einsicht in die Ablagerungen der Glazial- und Interglazialperioden. Damit ist die Möglichkeit ihrer Eingliederung in die chronologische Abfolge gegeben.

Das Profil von Guangopolo (Abb. 10) zeigt den Anschnitt auf der Südwestseite des Elektrizitätswerkes von Quito in der Nähe von Guangopolo, auf dem Westufer des Río San Pedro westlich vom Ilaló.

Die Basis bilden mächtige vulkanische Tuffe, die leicht nach Südwesten einfallen und aus der Tätigkeit des erloschenen Vulkans Ilaló im zweiten Interglazial stammen. Nach oben folgen in Diskordanz Anhäufungen aus der dritten Eiszeit von groben Konglomeraten und Geröllen mit nach dem Fluß zu geneigten Ton- und Sandbänken, die von fluvio-lakustrer Cangagua überdeckt werden. Nördlich des Werkes wird ein keilförmiges Stück einer Moräne der dritten Eiszeit sichtbar. Über dem ganzen Komplex lagert die mächtige äolische Cangagua mit Kugeln der dritten Zwischeneiszeit, gekrönt von einer dünnen Cangaguaschicht des Postglazials.

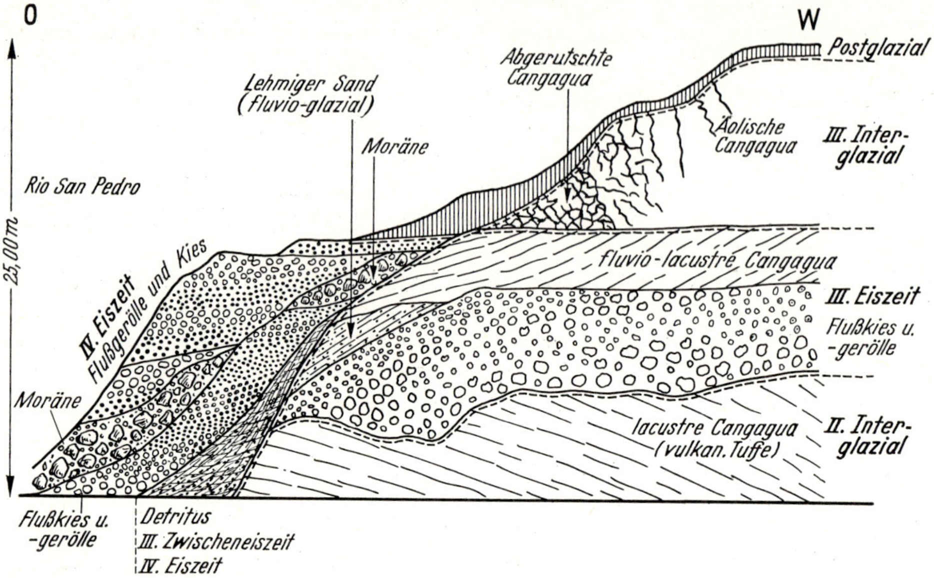

Abb. 10. Schnitt auf der Südseite des städtischen Elektrizitätswerkes bei Quito. Guangopolo. Zeichn. W. Sauer

Nach dem Fluß zu sind die Formationen jäh durch eine Erosionsdiskordanz abgeschnitten, über der sich detritische Massen abgesetzt haben. Es schließen sich Flußschotter und Konglomerate an, die ihrerseits wieder durch Erosionsdiskordanz von Moränenresten der vierten Eiszeit getrennt sind. Letztere ebenfalls erodiert, haben schließlich als Basis für die Flußablagerungen der ausgehenden vierten Eiszeit gedient. Die Moränen sind durch ihre Struktur und die charakteristischen Merkmale der gerundeten Blöcke bestimmt. Die Moränen der vierten Eiszeit sind Produkte der Eisdecken, die über ausgedehnte Flächen von den Höhen von Puengasí (3080 m) südwestlich von Quito zum Río San Pedro (2400 m) über die äolische Cangagua der dritten Zwischeneiszeit herabgeglitten waren und diese teilweise erodiert haben.

Quebrada von Guarangapugru. Die Untersuchungen an den Seiten und am Fuß der Höhen von Puengasí, östlich von Quito, haben gezeigt, daß hier Moränen der dritten Eiszeit fehlen, wie sie am Fuß des Ilaló gegenüber den unteren Enden der zwei großen Glazialtäler, Nordost- und Südwestseite des Ilaló, in Erscheinung treten.

Auf dem Grund der Quebrada von Guarangapugru tritt lakustre Cangagua und spärliche äolische Cangagua des zweiten Interglazials zutage, über die sich in Erosiondiskordanz mächtige Geröll- und Sandbänke der dritten Eiszeit horizontal ausbreiten. Nach oben folgen Lehm- und Sandschichten im Übergang zu lakustrer Cangagua des dritten Interglazials. Über diese Formationen, durch Erosionsdiskordanz getrennt, lagert sich periklinal die jüngere äolische Cangagua mit Kugelhorizont von geringer Mächtigkeit. Sie ist durch einen fossilen Boden von einer mit lehmigen Sanden gefüllten Depression getrennt, die die Grundlage einer nur wenige Meter mächtigen Moräne der vierten Eiszeit bildet. Darüber liegt die Decke äolischen Postglazials.

An anderer Stelle derselben Quebrada zeigt sich die starke Schicht der äolischen Cangagua mit Kugelhorizont der dritten Zwischeneiszeit, z. T. erodiert und durch Diskordanz von der Moräne der vierten Eiszeit getrennt.

Auf dem Hang nach Puengasí hin finden sich nur vereinzelte Flecke des größtenteils weggeschwemmten Postglazials, häufig gemischt mit Pfeilspitzen von Obsidian und Bruchstücken alter Töpferei, die die Anwesenheit der Menschen in der Zeit des Postglazials bewiesen. Diese Annahme ist durch Funde in der interandinen Zone bestätigt.

Quebrada von Chalán bei Punín. W. Reiss stellt in seiner geologischen Beschreibung der Quebrada von Chalán die bekannten Fossillager in das ältere Pleistozän. Tatsächlich gehören diese Fundorte der jüngeren äolischen Cangagua der letzten Zwischeneiszeit an. Alle früheren Beobachtungen haben nicht die periklinale Ablagerungsform der äolischen Cangagua des dritten Interglazials berücksichtigt. Im unteren Teil der Quebrada bei ihrer Mündung in den Río Pucayacu lagern leicht metamorphisierte Sandsteine der Formation Tena (unteres Tertiär), darüber in Winkeldiskordanz wenig geneigte Schichten von Brekzien und vulkanischen Tuffen, deren Alter nicht genau bestimmbar ist. Doch wäre es möglich, daß sie dem Pliozän angehören. Die Basis der Höhen östlich von Punín wird durch den Granodioritbatholithen gebildet (Photo 10). Seine verwitterte Oberfläche tritt im Oberteil der Quebrada von Chalán und der von El Colegio zutage. Alle diese Formationen waren der Erosion unterworfen, derart, daß sich nach oben in Diskordanz geschichtete Sande mit Einschaltungen von Lapilli- und Pushischichten auflagern.

Als letzte Formation bedeckt die jüngere äolische Cangagua mit Kugelhorizont der dritten Zwischeneiszeit das Gelände in periklinaler Lagerung und beherbergt im oberen Teil der Quebrada die Fossilien der großen Säugetiere zusammen mit den Kugeln. Abwärts haben fluviale Anhäufungen von vulkanischen Sanden, in ihren unteren Partien mit Geröllen und Blöcken gemischt, die Schlucht angefüllt. In den der Cangagua ähnlichen, durch sekundäre Kalkimprägnation erhärteten Massen, ist der Steilanschnitt durch Wildwasser erfolgt und hat die fossilen Knochen der Säugetiere bloßgelegt. Es läßt sich so der fortschreitende Übergang von der äolischen Cangagua der dritten Zwischeneiszeit (in den Steilwänden der oberen Sektion der Quebrada) zu dem cangaguaartigen, fluvialen Sediment der unteren Sektion desselben Alters beobachten.

Die Quebrada El Colegio zeigt ganz ähnliche Verhältnisse in den Quartärformationen. Jedoch findet sich in ihrem oberen Teil, d. h. flußaufwärts, der Kugelhorizont der äolischen Cangagua der dritten Zwischeneiszeit zusammen mit den fossilen Säugetierknochen in primärer, nicht veränderter Lagerung.

So beweisen auch die Fossilfunde von Punín in der Quebrada von Chalán und in der von El Colegio, daß in den innerandinen Gebieten die fossilen Reste der großen Säugetiere erst von der dritten Zwischeneiszeit ab erscheinen, also jungpleistozän sind.

Das südliche Andengebiet

Die Anden des Nordens zwischen der kolumbianischen Grenze und dem Knoten von Azuay unterscheiden sich auffällig von der südlichen andinen Region, allein schon im morphologischen Aspekt.

Im Norden wurde die Landschaft geprägt durch den quartären Vulkanismus und die pleistozänen Vereisungen. So krönen die riesigen Schneeberge die Ränder der interandinen

Senke (Callejón), die zwischen den beiden Kordilleren den Vertikalverwerfungen entlang eingetieft worden ist. Im Süden dagegen treten die gefalteten Sedimente des Miozäns in den Vordergrund. In großer Ausdehnung sind sie gekappt, zur Fastebene umgewandelt und von vulkanischen Decken des Pliozäns (Pyroklasten und Laven) überkrustet. Der im Pliozän aufgelebte **Vulkanismus** war bereits **im Pleistozän wieder erloschen,** im Gegensatz zur vulkanischen Tätigkeit des nördlichen Andengebiets, die während des Pleistozäns mit heftigen Eruptionen fortdauerte bis in die Gegenwart. Deshalb fehlt im Süden der charakteristische vulkanische Tuff, die bekannte äolische Cangagua des Pleistozäns, vollständig.

Außerdem zeigt ein Blick auf die geographische Karte, daß im Süden Berge von Höhen über 4000 m nur in geringer Anzahl in der Westkordillere und im Knoten von Azuay vorhanden sind. Mit anderen Worten, das südliche Andengebiet war im Pleistozän nicht in so großem Maße gehoben worden wie die nördliche Zone, ein Umstand der der Entwicklung der Gletscher im Süden entgegenstand und sie auf eng begrenzte Gebiete eingeschränkt hat. Aus Mangel an reichlichem pyroklastischen Material sind nur unbedeutende quartäre Sedimente in den Talniederungen zur Ablagerung gekommen.

Da die **pleistozänen Vergletscherungen** im Süden des Landes nicht die große Ausdehnung erreichten wie im Norden, finden sich ihre Spuren und Überreste viel weniger verbreitet. So ist es dort kaum möglich, eine chronologische Ordnung verschiedener Eiszeiten aufzustellen. Wahrscheinlich müssen die im topographischen Relief erhaltenen Spuren von Vereisung und die Moränen der dritten Eiszeit zugerechnet werden, die im Norden die am stärksten entwickelte war. Klar erkennbare Anzeichen von Vergletscherung finden sich nicht nur auf den Höhen der Kordilleren, sondern auch in den Talgründen bis zu unerwartet tiefen Lagen, allerdings infolge einzigartiger tektonischer Verhältnisse.

Das weite **Tal von Girón** südlich von Cuenca ist ein altes Gletschertal. Sein U-förmiges Querprofil und mehr noch die gut erkennbare Grundmoräne lassen keinen Zweifel, daß während des Pleistozäns das Tal einen mächtigen Gletscher beherbergt hatte. Der Ort Girón liegt auf der ebenen Oberfläche der Grundmoräne. In unmittelbarer Nähe von Girón (2060 m) hat der Fluß sich tief in die Grundmoräne eingeschnitten, die die typische unregelmäßige Mischung großer, z. T. geglätteter und geschrammter Blöcke mit lehmiger und sandiger Geröllmasse, den charakteristischen Blocklehm, zeigt. Die Anschnitte wurden zu besonderen Formen ausgewaschen. Große Blöcke haben das unterlagernde Material gegen die Erosion durch heftige Regenfälle geschützt, und so sind säulige Pyramiden von 6–10 m Höhe stehengeblieben, die auf der Spitze noch den schützenden Block tragen, wie die berühmten **Erdpyramiden** von Bozen.

Flußabwärts bleibt die Grundmoräne erkennbar bis auf eine Entfernung von 8 km von Girón, wo sich eine Endmoräne 30 bis 40 m über dem Talgrund angehäuft hatte und das untere Ende des vom Gletscher erodierten Teils des Tales bezeichnet. Der Fluß hat um die sehr widerstandsfähige Moräne herum sein enges Bett in die weichen Schichten des Jungtertiärs gegraben und talabwärts seine lineare Erosion mit dem bezeichnenden V-Profil fortgesetzt. Die Endmoräne liegt nur 1750 m hoch. Flußabwärts wird das Tal allmählich breiter, bis bei der Vereinigung des Río Rircay (Girón) mit dem Río León (beide bilden den Río Jubones) sich mächtige Flußterrassen abgesetzt haben aus dem von den Flüssen herbeitransportierten Detritus in wechselnden Schichten von Blöcken, Geröllen und lehmigen Sanden.

Im Knoten von Azuay liegen die Moränen des südwestlichen Teils in Höhen von ungefähr 3000 m in den von den Straßen und der Eisenbahn Chunchi-Cañar angeschnittenen Profilen.

Auf der Westkordillere sind die Spuren und Reste der alten Gletscher einwandfrei zu beobachten. Fast alle Täler, die sich von den höchsten Erhebungen herabsenken, weisen Gletschererosion durch ihre ausgerundeten Formen auf. In ihre flachen Talgründe haben die Flüsse ihre Betten V-förmig eingeschnitten und Grundmoränen freigelegt. Beim Anstieg des Tales von Sayausí zum Paß von Cajas (4220 m) am alten Weg nach Guayaquil, fällt in der Nähe von Quinoas (3700 m) die gerundete Talform auf. Die seitlichen Abhänge haben eine mächtige Grundmoräne aufgedeckt, und schwache Endmoränen zeigen den Rückzug des ehemaligen Gletschers bei Ausgang der Eiszeit an. Von beiden Seiten münden Nebentäler mit den gleichen Anzeichen glazialen Ursprungs ein. Der Ort Quinoas liegt schon in dem verzweigten Nährgebiet des alten Gletschers. Geglättete und geschrammte Rundhöcker sind Zeugen der früheren Gletschertätigkeit (Photo 29). Auf der Höhe des Passes verstärken zwei kleine Seen den trostlosen Eindruck der eintönigen Glazial-Landschaft. Von der Höhe von Cajas sind noch zwei andere Gletscher zu den Tälern der Flüsse Patul und Mihuir ausgegangen.

Ähnliche Erscheinungen von Vergletscherung machen sich beim Abstieg nach Westen bemerkbar. So hat der frühere Gletscher im Mihuirtal das relativ niedere Niveau von 2800 m erreicht. Von dieser Stelle ab nimmt das Tal deutlich die V-Form der Flußerosion an.

Ebensolche Verhältnisse bietet der Weg von Cuenca über Baños und das Tal des Flusses Yanuncay zu den **Bergen von Minas und Narihuiña.** Die Höhen von 4000 m sind fast eingeebnet, von wenig gewellter Oberfläche und kennzeichnen durch kleine runde, in den flachen Senken aufgestaute Seen die Landschaft der verschwundenen Eisbedeckung. Die Einsamkeit der baumlosen Páramos beeindruckt durch ihre ungestörte Ruhe und Stille. Der kristallklare See von Narihuiña (3904 m) ruht in einer kleinen karähnlichen Vertiefung. Vereinzelte Erosionsreste von andesitischen Lavadecken unterbrechen als verlassene Zeugen die unendliche Monotonie. Aus dem erwähnten See entspringt der Río Tenguel und erreicht durch steile Quebradas der Kordillere von Mullepungu die Küste.

Auch in der Cordillera Real haben sich Spuren der Hochgebirgs-Vergletscherung erhalten. Vor allem im Abschnitt zwischen Paute und Zaraguro sind unzählige Anzeichen ehemaliger Vergletscherung zu beobachten, obwohl die Berge dieser Zone an keiner Stelle die Höhe von 4000 m erreichen. Jedoch haben besondere klimatische Verhältnisse die Entstehung pleistozäner Gletscher hier noch mehr begünstigt als in der Westkordillere, da die Passatwinde aus der Amazonastiefebene schon in früheren Zeiten der Cordillera Real größere Mengen von Wasserdampf zuführten, die sich auf den Höhen in reichliche Niederschläge verwandelten. Zahlreiche Gletscherseen, geschliffene und geschrammte Rundhöcker und ausgedehnte Moränenreste im alten Glazialrelief der Landschaft beweisen die frühere Vergletscherung. C. Stueby (1949) erwähnt als typische Zonen das Gebiet von Mangaúrcu östlich von Cochapata und Nabón und ein anderes östlich der Kordillere von Zhumir.

Besonderes Interesse verdienen die Gletscherspuren von Piñas auf dem Weg von Zaruma-Arenillas in der Westkordillere (Prov. El Oro). Durch die gerundete Form zeigt das

Haupttal von Piñas die frühere Erosionstätigkeit eines Gletschers an, der im Talgrund eine stark entwickelte Grundmoräne zurückgelassen hat. Die einmündenden Seitentäler haben Moränenkegel und -fächer auf der Grundmoräne abgesetzt. Auf einem dieser Schuttfächer liegt der Ort Piñas (1014 m).

Die Gletscherspuren lassen sich im Haupttal flußabwärts bis zu einem 6 km von Piñas entfernten Punkt verfolgen, in Höhe von nur 800 m über Meeresspiegel. Es ist unwahrscheinlich, daß ein Gletscher selbst während der Eiszeit bis zu so tiefen Regionen herabgereicht hat. Vielmehr ist anzunehmen, daß dieses Gebiet eine beträchtliche junge Absenkung erlitt nach Bildung des Gletschers; eine Vermutung, die ihre Bestätigung in den eigenartigen Sedimentbildungen des Unterlaufs des Río Arenillas findet. Dort fehlen nämlich Talterrassen, die an andern Orten die Hebung des Kontinents bzw. der Kordillere anzeigen: der untere Tallauf hatte sich demnach abgesenkt, anstatt die allgemeine Hebung mitzumachen. Diese Erscheinung konnte sich nicht nur auf die nächste Nachbarschaft der Flüsse Piñas und Arenillas beschränkt haben, sondern mußte den ganzen südlichen Kordillerenblock in Mitleidenschaft gezogen haben, was die geringere Höhe der Kordillere von Tahuín und im allgemeinen aller Bergzüge des südlichen Zwischengebirges erklärt. Die Senkung war so stark, daß das Meer den schmalen Küstenstreifen überschwemmte und in den unteren Teil des Arenillastals eindrang. Erst gegen Ende des Pleistozäns begann sich die kontinentale Hebung auch in dieser Zone auszuwirken, so daß sich das Küstengebiet wieder hob mitsamt den anliegenden Teilen der Kordillere, aber in beträchtlich geringerem Grad, ohne daß die Wirkungen der vorangegangenen Senkung wieder ausgelöscht worden wären. Aus dem Meer war nur **ein** mariner Tablazo (Terrasse) aufgestiegen im Gegensatz zum Litoral (Küstengebiet), wo an der Halbinsel Santa Elena drei oder sogar vier Tablazos vom Meerwasser befreit wurden infolge der stufenweisen Hebung des Kontinents.

Die maximale Ausdehnung der pleistozänen Vereisungen

Die geologischen Merkmale, welche den Umfang der früher von den pleistozänen Eismassen bedeckten Landflächen bezeichnen, haben das Material der Skizze (Abb. 11) von der maximalen Ausdehnung der pleistozänen Vereisungen geliefert. Wenn sich auch in der Gegenwart ein ziemlich gleichmäßiges Höhenniveau der Schneegrenze bestimmen läßt, so stehen einem derartigen Versuch für die verschiedenen Eiszeiten unüberwindliche Schwierigkeiten entgegen, da die Höhenlage der Berge kontinuierlich mit den vertikalen epirogenen Bewegungen variierte.

Die mittlere Höhe der Schneegrenze liegt heutzutage in der Cordillera Real zwischen 4700 und 4800 m und in der Westkordillere zwischen 4800 und 4900 m nach Erfahrungen verschiedener Autoren (H. Meyer 1907). In der Gegenwart läßt sich die Höhenlage der Schneegrenze feststellen als die Zone, über der sich Schneemassen während des ganzen Jahres halten und in Firn und Eis übergehen. Die Firnmulden und Kare mit beschränkter Bildung von Firneis, ohne daß eigentliche Gletscher entstehen, bestimmen die Schneegrenze.

In den pleistozänen Eiszeiten hat die Schneegrenze viel tiefer gelegen als in der Gegenwart. Hans Meyer (1907) hat eingehende Studien über die Vergletscherungen in den Hochanden Ecuadors durchgeführt und ist zu dem Schluß gekommen, daß die Schneegrenze im Pleistozän 500 bis 600 m tiefer als die gegenwärtige gelegen habe, in Überein-

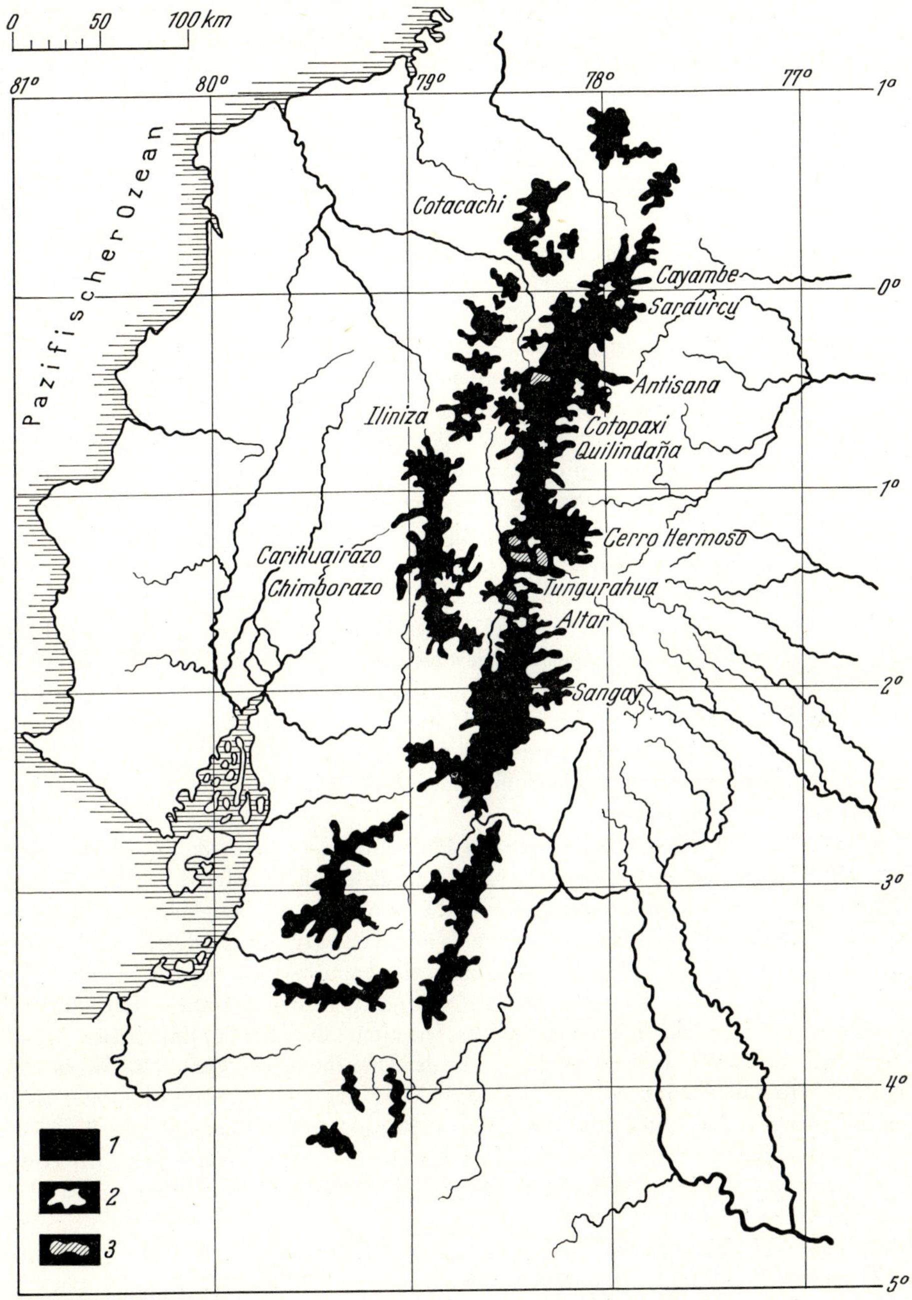

Abb. 11. Maximale Ausdehnung des pleistozänen Gletschereises (Gletscher mit Nährgebieten, Firneis) der Andenzone Ecuadors. 1. Ewiger Schnee und Gletscher des Pleistozäns. 2. Fläche des gegenwärtigen Gletschereises. 3. Fläche freigeblieben von pleistozänem Gletschereis. Zeichn. W. Sauer

stimmung mit seinen Beobachtungen am Kilimandjaro in Ostafrika. Es ist aber zu berücksichtigen, daß ihn in erster Linie die Probleme der aktuellen Vergletscherung interessierten, und daß er sich während der kurzen Dauer seines Aufenthaltes in Ecuador nicht in die sehr komplizierten Einzelheiten der pleistozänen Vergletscherung vertiefen konnte. Diese sind erst vollständig erkennbar und ihrer ganzen Bedetung nach zu bewerten, wenn ihre enge Verbindung mit den tektonischen und vulkanischen Prozessen geklärt ist (W. SAUER).

Die Firnmulden der letzten Eiszeit, die sich z. B. an den Osthängen des Pichincha finden (W. SAUER & A. ESTRADA 1940, W. SAUER 1943), würden die Bestimmung der Schneegrenze im Pleistozän in ca. 3200 m Höhe ergeben, d. h. etwa 1600–1700 m unter der gegenwärtigen Schneegrenze (4800–4900 m), wenn nicht spätere epirogene Höhenverschiebungen eingetreten wären. Im Norden bei Otavalo wird die scheinbare Höhenlage der pleistozänen Schneegrenze am Cushni-rumi zwischen 2600 und 2800 m beobachtet, was eine Höhe der alten Schneegrenze um 2200 m tiefer als die aktuelle bedeuten würde. Doch müssen **spätere Senkungen** dieser zwischenandinen Zone als möglich oder wahrscheinlich angenommen werden, welche diese augenscheinlich übertriebenen Unterschiede zwischen der pleistozänen und der gegenwärtigen Schneegrenze vermindern würde.

Die angegebenen Werte zeigen, daß die Schneegrenzen während der letzten Vergletscherungen des Pleistozäns in einem tieferen Niveau als nur 600 m unter dem gegenwärtigen Niveau gelegen haben (siehe H. MEYER 1907), wohl wenigstens 1200–1400 m tiefer als in den europäischen Alpen nachgewiesen, oder noch tiefer, wenn man bedenkt, daß die erwähnten Senkungen vielfach nur relative Senkungen sind, weil der ganze Körper der Kordilleren im Norden eine starke Hebung erfahren hatte, so daß auch an Orten relativer Senkung effektiv eine Hebung stattgefunden haben konnte.

Absolute Senkungen sind tatsächlich im Süden des Landes erfolgt, z. B. in der Gebirgszone der Küstenprovinz El Oro.

Mit größerer Genauigkeit lassen sich die horizontalen Grenzen der Ausdehnung des pleistozän vergletscherten Gebiets bestimmen, mittels der klar unterscheidbaren Spuren, die das Eis als Ergebnis von Sedimentation und Erosion zurückgelassen hat. Die Moränenreste des alten Guamani-Paluguillo-Gletschers am Westhang der Cordillera Real, östlich von Quito, erscheinen im Profil des Río Chiche als glazio-lakustre Formation (Photo 22) in einer Entfernung von 20 km von seinem Nährgebiet in der Kordillere von Guamaní, das gegenwärtig unter der Schneegrenze liegt. Die alten Gletscher des Ilaló haben Grundmoränen in nur 2325 m Höhe hinterlassen. In der Umgebung von Quito (W. SAUER & A. ESTRADA 1940 und W. SAUER 1943) reichte ein Gletscher vom Pichincha herunter bis in den früheren See der Antegrada von Quito (2800 m), und bei Guangopolo liegen die Moränen der dritten und vierten Eiszeit bei 2400 m. An den Westhängen der Westkordillere wird Grundmoräne bei Macuchi beobachtet, die den Grund des weiten U-Tals in Höhe von nur 1600 m bedeckt.

Die Täler, die sich von den Llanganates der Cordillera Real zum Pastazatal herabziehen, enthalten mächtige Grundmoränen in Höhen von 1600 bis 1400 m.

Die pleistozäne Eisdecke der Llanganates entsprach dem skandinavischen Typ der Vergletscherung. Auf den Höhen dieses Gebirgskomplexes hatte sich das Eis als eine ausgedehnte, mächtige Decke angesammelt, aus der die von der Gletschererosion verschonten Spitzen und steilen Kämme emporragten. Der Überschuß an Eis glitt aus diesem umfangreichen Nährgebiet nach allen Seiten in Form von Gletschern ab und erodierte die U-Täler der Flüsse Anatenorio, Langoa und Mulatos, deren Gewässer sich mit dem Río Napo und den Flüssen Verde, Blanco und Topo, Nebenflüssen des Pastaza, vereinigen. Außerdem zeichnen sich die Täler der meisten Oberläufe der von den Osthängen der Cordillera Real herablaufenden Flüsse durch typische Formen der Gletschererosion aus.

Im Süden des Landes war das Maß der epirogenen Hebungen des Pleistozäns viel geringer und dementsprechend der Umfang der Spuren der pleistozänen Eiszeiten spärlicher.

Dies sind nur einige Beispiele des reichen Materials aus dem Andengebiet, das bei der Ausarbeitung (Abb. 11) verwendet wurde und eine allgemeine Vorstellung der Ausbreitung des Gletschereises im Pleistozän geben soll. In Anbetracht der äquatorialen Lage der Kordilleren überrascht, daß die Gletschergebiete derart große Ausdehnung während des Pleistozäns eingenommen haben. Doch erklärt sich dieser scheinbare Widerspruch durch die im Pleistozän erfolgte starke Hebung.

b) Quartär des Litoral (Küste)

Wie im Kapitel über das Tertiär des Litoral dargelegt wurde, führte vom Oligozän ab der tektonische Block des Litoral Schaukelbewegungen aus mit der Wirkung, daß auf der Plattform von Daule sich einerseits die Küstenzonen gehoben und andrerseits die Gebiete am Fuß der Westkordillere entlang gesenkt hatten, bis gegen Ende des Tertiärs und zu Beginn des Pleistozäns das ganze Litoralgebiet einer vorwiegenden, unregelmäßigen Hebungstendenz unterlag.

In der Depression, dem westlichen Steilabfall der Westkordillere entlang, setzten sich auf den miozänen Sedimenten die ebenen Quartärschichten ab, die als Erosionsprodukte der Kordillere von den Flüssen dem größten Teil der fruchtbaren Litoralebene zugeführt wurden. Die Endauffüllung der Depression vollzog sich von Norden nach Süden entsprechend der Meeresregression im Rhythmus der epirogenen Hebungsphasen des Kontinents.

Besondere Aufmerksamkeit verdienen die pleistozänen, marinen Sedimente der Küstenränder. Im Verlauf der verschiedenen Hebungsperioden tauchten aus dem Meer während des Pleistozäns an vielen flachen Stellen der Küste Streifen des sublitoralen Meeresgrundes auf als Ergebnis der drei Hebungsperioden, die auch in der Sierra deutlich erkennbar die Intensität der Gletscherbildung beeinflußt hatten.

Die aus dem Wasser aufgetauchten Teile des Meeresgrundes, die sogenannten „Tablazos", haben das Aussehen von Meseten oder Abrasions-Terrassen in verschiedenen Höhenlagen, je nach ihrer Bindung an eine oder mehrere Hebungsphasen. Von einer Gruppe von Tablazos in verschiedenen Höhen ist der höchste der älteste, der zu wiederholten Malen gehoben worden war je nach der Zahl der Hebungsphasen, die das Ausmaß seiner Hebung bewirkten.

Marine Tablazos des Pleistozäns gibt es am Nordteil der Insel Puná, an der Halbinsel Santa Elena, in den Küstenzonen von Manta-Montecristi und an den nördlichen Küsten der Provinzen Manabí und Esmeraldas. Sie dehnen sich ins Land hinein 10 und mehr Kilometer weit aus und nehmen Flächen bis zu vielen Quadratkilometern ein. Ihre scheinbar ebene und horizontale Oberfläche steigt leicht an oder fällt ab infolge der tektonischen

Instabilität der Küste, die sich bis in die Gegenwart herein bemerkbar macht. Das Flußnetz kreuzt die Tablazos und zerteilt sie durch die erodierten Einschnitte so, daß häufig nur noch Teile ihrer früheren großen Fläche übriggeblieben sind.

Jeder Hebungsphase folgte eine Unterbrechung der Hebungsbewegung, während der sich in Verbindung mit leichter Senkung eine neue Plattform durch Abrasion und Einebnung des Meeresgrundes bildete, auf welcher sich in Diskordanz zu den abradierten Schichten der vom Abrasionsprozeß herrührende Detritus ablagerte. Auf diese Weise bedecken die fast horizontalen Sedimente der Tablazos diskordant die gekappten Formationen, z. B. die gefalteten Kreideschichten der Cherts und andere, während des Tertiärs dislozierte Formationen.

Die Mächtigkeit der auf den Tablazos abgesetzten Sedimente kann bis zu 10 und mehr Metern betragen. Sie bestehen aus Konglomeraten und vorzugsweise groben und feinen Sanden, welche Schalen von Mollusken des flachen, sublitoralen Meereswassers enthalten.

Die folgende epirogene Hebungsphase läßt den Meeresgrund von neuem auftauchen, so daß durch den gleichen Prozeß von Abrasion und Sedimentation ein zweiter Tablazo am Fuß des ersten entsteht und mit diesem der ganze Komplex gehoben wurde. Auf diese Weise konnte ein dritter Tablazo als untere Stufe der treppenförmig angeordneten Tablazos entstehen. Ausnahmsweise sind die drei Tablazos so nahe aneinandergerückt, daß sie als Treppe erscheinen, wie z. B. auf der Insel La Plata und am Cerro de la Puntilla.

G. Sheppard (1937) und R. Hoffstetter (1949) haben die Ergebnisse ihrer Untersuchungen des geologisch-morphologischen Phänomens der Tablazos veröffentlicht: Ersterer mit vielen Einzelheiten der Insel La Plata, der zweite über das Gebiet der Halbinsel Santa Elena und besonders über alle Eigentümlichkeiten der Puntilla.

Die **Insel La Plata,** etwa 40 km westlich des Hafens von Callo, ist ungefähr 5,5 km lang und 2 km breit. Fast die ganze Insel besteht, mit Ausnahme weniger umgewandelter Lutite, aus dunkelgrauem Dolerit und entspricht petrologisch dem 30 km in nordöstlicher Richtung entfernten Cap von San Lorenzo, das sich aus dem gleichen Dolerit zusammensetzt. Wie auf dem Festland hat die Meeresbrandung in 3 verschiedenen Höhen die ebenen Terrassen der Tablazos aus dem kompakten Dolerit erodiert und eingeebnet durch Abrasion des harten vulkanischen Massivs, wobei jeder Tablazo zeitlich einer langen Unterbrechung der epirogenen Hebung entspricht. Auf diesen Plattformen sind marine, detritische, für die Tablazos charakteristische Schichten von litoraler bis sublitoraler Fazies abgelagert, die aus großen Mengen von Doleritgeröll bestehen als Ergebnis der Abrasionsarbeit der Brandung. Die Sedimente dieser Tablazos sind nicht mächtiger als 30 m.

Die Oberflächen der drei Tablazos in Höhen von 35, 170 und 250 m über Meeresspiegel sind in aller Deutlichkeit ausgebildet. Durch die Abrasion des höchsten und ältesten Tablazos wurden hohe Steilhänge und Klippen auf der westlichen Seite der Insel herausgenagt. Nach dem Meer zu steigen nacheinander die Stufen des zweiten und dritten Tablazos ab. Der letzte, tiefste und jüngste (Ende Pleistozän) erstreckt sich über große Flächen des Westteils der Insel. Dort sind die Kliffs des eingeengten, felsigen Strandes bis 35 m hoch. Die abradierte Oberfläche des Dolerits, aus dessen Masse die drei Tablazos durch Abrasion erodiert wurden, ist nur von dünnen, unregelmäßigen Detritschichten bedeckt.

Die tief in den höchsten Tablazos in Richtung zum Festland eingefurchten Quebradas lassen G. Sheppard vermuten, daß sie ihre Fortsetzung in einem Teil des Kontinents gehabt hat, der zwischen der Insel und der Küste versunken ist, und daß die Insel einen Teil des weiter nach Westen ausgedehnten Kontinents gebildet hat.

Am westlichen Ende der Halbinsel Santa Elena erhebt sich die Silhouette der abgeplatteten Bastion des *dreifach gestuften Cerro de la Puntilla,* der aus einer langgestreckten Masse von bizarr gefaltetem Chert der Oberkreide besteht. In die harten, verkieselten Lutite von graugelblicher bis grünlicher Färbung sind von mariner Abrasion die fast horizontalen Stufen der drei Tablazos in verschiedenen Höhen eingeschnitten. Die weite Abrasionsfläche zuoberst auf dem Berg repräsentiert den ersten, ältesten Tablazo des unteren Pleistozäns in Höhe von 75 m und entspricht dem Erosionsrest desselben Tablazos, der die oberen Teile des langgestreckten Rückens von Ballenita abradiert hat, nördlich des Ortes Santa Elena.

Infolge der darauffolgenden Hebung hatte die Brandung einen großen Teil des Sockels des ersten Tablazos erodiert, Kliffs entstehen lassen und den zweiten tiefer liegenden Tablazo (mittleres Pleistozän) gebildet. Schließlich blieb der widerstandsfähige Chertblock als Insel mit Steilwänden auf der Ostseite, die vom zweiten 45–50 m hohen Tablazo aufsteigen, der später auf der Westseite mit der Abrasion des untersten, etwa 10 m hohen dritten Tablazos (oberes Pleistozän) zum Teil eliminiert worden war. Dieser dritte Tablazo nahm eine so weite Fläche ein, daß durch die folgende Hebung der große westliche Teil der Halbinsel einschließlich der Puntilla auftauchte und sich in Festland umwandelte.

Es scheint, daß die Puntilla in jüngster Zeit eine ungleichmäßige Schaukelbewegung ausführt, so daß von ihrer Nordseite eine submarine Plattform aufsteigt, während auf der Südseite östlich der Punta Brava der dritte Tablazo abgesunken ist und seine verfestigte Oberfläche von neuem von der Brandung erreicht wird und der Zerstörung ausgesetzt ist. Die sandig-kalkige Schicht verlängert sich, von Dünen bedeckt, von der Punta Brava nach Südosten in gerader Linie zur Punta Carnero und bildet so einen Schutzstrand (barrier beach) von geringer Erhebung über dem Meeresspiegel, der die Salzfelder landeinwärts vor Überflutung bewahrt.

Zwischen dem Badeort Salinas am Nordufer der Halbinsel, etwa 3 km von der Puntilla entfernt, und dem Schutzstrand an der Südseite liegen die Salzfelder, aus denen Rohsalz gewonnen wird. In den flachen, rechtwinklig ausgehobenen Becken von 100 m Länge und 30 m Breite dringt das salzige Grundwasser ein und verdunstet in den langen Trockenperioden. Die verdunstete Wassermenge wird fortlaufend durch das kapillar aufsteigende Salzwasser aus dem Untergrund des Beckens ersetzt und erhöht immer mehr die im Wasser des Beckens aufgelöste Salzmenge, bis durch Fällung der schwerstlöslichen Calziumsulfate (Gips) die Kapillarität des Bodens der flachen Becken abgestoppt wird. Die Salzkonzentration im Becken erhöht sich weiter, bis die Fällung der Chloride beginnt und nach völliger Verdunstung des Wassers sich auf dem Boden des Beckens eine 3 bis 10 cm dicke Rohsalzschicht bildet, die zum Transport in die Raffinerie von Salinas zerkleinert und aufgestapelt wird.

Nach R. Hoffstetter (1948) stellen die Molluskenschalen und sonstigen fossilen Reste eine Fauna des Pliozäns dar, die sich gradweise verjüngt in der chronologischen Aufeinanderfolge der Tablazos 1, 2 und 3. Außerdem erscheinen mehr und mehr rezente Spezies in den jüngeren Tablazos und bestimmte Gattungen sterben aus. Derselbe Autor hat sehr viele typische, als dem unteren, mittleren und oberen *Pleistozän zugehörige Fossilien der einzelnen Tablazos* bestimmt.

Der dritte und tiefste Tablazo des oberen Pleistozäns hatte sich beträchtlich über die Halbinsel Santa Elena ausgebildet, besonders an der Küste ihrer Südseite. R. Hoffstetter weist auf die Tatsache hin, daß seine geringe Höhe von 10 m etwas variiert und folgert, daß an den Stellen, wo die Plattform aus dem Chert-Substrat herausgenagt wurde, der Tablazo höher liegt, während er an den chertfreien Stellen leicht absinkt. Es wird der Eindruck erweckt, daß die Chertmassen auf die Hebungsbewegung in höherem Grad reagiert hätten als die übrigen Formationen, die den Tablazo zusammensetzen.

Im Gebiet von La Carolina ist der dritte Tablazo ersetzt durch Schichten fluvialer Sedimentation, die aus den Ablagerungen eines Ästuars hervorgegangen sind. Die Sandschichten sind sekundär von zähflüssigem, oxydierten Petroleum imprägniert, das durch Spalten aus den tertiären Lagerstätten des Untergrunds aufgestiegen ist. Die fluvialen Sedimente lassen sich noch weiter nach Süden verfolgen in der Richtung, aus der die Wasser des alten Flusses gekommen sind. Über die petroleumhaltigen, fossilfreien Sandschichten dehnt sich die dünne, etwa 50 cm mächtige Schicht der sehr kompakten, charakteristischen „Tierra Brea" aus. Sie ist reichlich mit fossilen Vegetationsresten und Knochen verschiedener Mammalien und anderer Tiere vermischt. Die Fossilien sind infolge ihrer Imprägnation mit Bitumen gut erhalten und stammen von Mastodonten, Megatherien, Equiden, Cerviden, Carnivoren, Reptilien wie Krokodilen und Iguanas etc.

Die Tierra Brea bedeckt eine andere 50 cm mächtige Schicht von kaffeebraunem Sand, die zahlreiche kleinere fossile Knochen enthält, darunter von Raubvögeln, Papageien, Enten, Tauben und sogar Teile von Insekten. Die Gesamtheit der Fauna, welche unter den Vertebraten zahlreiche ausgestorbene Formen aufweist, ermöglicht eine Vorstellung von den ökologischen Verhältnissen. Nach R. Hoffstetter hat in dieser Zone eine Landschaft von schütterem Wald bestanden wie die gegenwärtige im Innern der Provinz El Oro, doch im Gegensatz zu dem Klima der Halbinsel Santa Elena. Vor allem muß der trocknende Einfluß des Humboldtstroms in jener Zeit viel geringer gewesen sein, was ein heißeres und feuchteres Klima und die Entwicklung einer für die Ernährung auch der zahlreichen großen Tiere genügende Vegetation bewirkte.

Nach der letzten epirogenen Hebung setzte auf der Halbinsel die kontinentale Sedimentation ein, denn die marinen Ablagerungen des dritten und stellenweise auch des zweiten Tablazos sind von fluvio-lakustren, alluvialen oder äolischen Ablagerungen bedeckt. Letztere haben sich gleichmäßig über die Formationen des alten Ästuars von La Carolina gelegt in Gestalt einer feinsandigen, limosen Decke, die sich auch über große Flächen der Halbinsel ausdehnt und als Fossilien z. B. die Gehäuse des Gastropoden Porphyrobapheistomea (Sow.) enthält, einer an feuchtes Klima gewöhnten Molluske. Dies beweist, daß früher in diesem Gebiet ein feuchteres Klima als das gegenwärtige geherrscht hat. Dieselbe Spezies lebt dagegen in der Gegenwart weiter im Norden in bestimmten Gegenden der Provinz Manabí, in der Nähe von Manta. So wird deutlich, daß auf der Halbinsel seit dem oberen Pleistozän ein *Klimawechsel* vor sich gegangen ist infolge der *Ablenkung des Humboldtstroms* nach Nordwesten, d. h. daß das trockene Klima von Perú in die Halbinsel vorgedrungen ist und den Küstenstrich der Provinz El Oro in Mitleidenschaft gezogen hat. Der kalte Strom passierte nun außerhalb des Ästuars des Río Guayas, näherte sich der südwestlichen Küste der Halbinsel Santa Elena und erzeugte dort das gegenwärtige trockene Klima. Von hier ab nahm er, wie auch jetzt noch, direkte Richtung auf die Galapagosinseln, so daß das Klima an der Küste des Kontinents nach Norden hin wieder feucht werden konnte.

Das flache Küstengebiet der Provinz El Oro hatte während des Pleistozäns ebenfalls epirogene Bewegungen erfahren. Trotz der zeitweiligen Senkungen fand schließlich noch mäßige Hebung statt, so daß ein einziger Tablazo morphologisch in Erscheinung tritt, an dessen Fuß sich ein zweiter im Prozeß des Entstehens befindet, sich weithin nach Nordwesten ausdehnt und unmittelbar am Meeresufer von den Mangrovewäldern bedeckt ist. Landeinwärts folgen die Salzsteppen dieses zweiten Tablazos bis zum Fuß des ersten, etwas höher liegenden. Mit wachsender Entfernung von der Küste und infolge der ansteigenden Oberfläche ist eine gradweise Aussüßung des Geländes erfolgt, dessen Kultivierung landeinwärts zunimmt. Dennoch zeigen die Kokospflanzungen an, daß im Untergrund noch Salzwasser unter der schwachen Süßwasserschicht vorhanden ist.

Auch die Küste bei Manta ist durch Tablazos charakterisiert. An anderen Stellen ist das Quartär nur durch rezente Strandbildungen mit ausgedehntem Mangrovebewuchs vertreten. In den Mündungsniederungen der Flüsse und in ihren Ästuaren häufen sich Alluvionen an im Zusammenwirken mit den Mangroven, die die feinen, von den Flüssen zugeführten detritischen Suspensionen zwischen ihrem Wurzelwerk zurückhalten und an der Schaffung neuen Landes beteiligt sind.

An den Küstenzonen von Esmeraldas, Punta Galera, Cabo pasado und Bahía de Caraquez fanden Senkungen statt bis erst am Ende des Pleistozäns sich dort die Hebung durchsetzt. Die Mündungen der während des Pliozäns und des unteren Pleistozäns erodierten und bis zum Ende des Pleistozäns abgesenkten Täler tauchen wieder aus dem Meer empor als Hängetäler und enthüllen ihre von marinen Sedimenten gefüllten Talgründe an den Steilküsten.

c) Quartär des Oriente

Abgesehen von den subandinen Kordilleren besteht der ecuadorianische Oriente aus Tiefland mit Gefälle Richtung Osten zum Amazonastiefland und ist im Quartär Sedimentationsgebiet gewesen für die Erosionsmassen, welche die Flüsse aus den Kordilleren herantransportierten.

Aus der Einbuchtung der Cordillera Real, die sich etwa auf der Höhe von Ambato nach Osten öffnet, trat der mächtige Pastazafluß aus und erfüllte den Winkel, den die Kordillere hier bildet, mit seinen großen Schottermengen. Er schuf einen flachen, halbkreisförmigen Schuttkegel von geringer Höhe über Meeresspiegel in Form eines riesigen, nach Osten geöffneten Fächers (Meseta), dessen Scheitel im Austrittspunkt des Flusses aus der Kordillere in der Nähe der Siedlung Mera liegt. Sein Radius mißt bis zu 120 km.

Abwechselnde Sedimentation und Erosion haben zur Bildung ausgedehnter Mesas in verschiedener Höhenlage geführt. Diese enormen Schuttmassen, überwiegend vulkanischer Natur, hat der Pastaza durch den tiefen Einschnitt in der Cordillera Real herantransportiert, den er seit dem Ende des Tertiärs quer durch die Kordillere geschaffen hat. Er entwässert die beiden großen interandinen Becken von Latagunga-Ambato und Riobamba. Von dem Knoten von Tiopullo im Norden bis zur hydrographischen Depression des Cevadasflusses im Süden messen sie 150 km. Die Becken sind von mächtigen, meist lockeren oder auch kompakten Massen der vulkanischen Eruptionen am Ende des Tertiärs und während des Quartärs angefüllt worden. Die Flüsse der Becken, vor allem der Patate und der Chambo, haben wieder einen beträchtlichen Teil der Auffüllung abgetragen und dem Pastaza zugeführt, der sie mit den eigenen Flußsedimenten in dem schon beschriebenen Schotterfächer am Fuß der Kordillere absetzte. Heute sucht sich der Pastaza seinen Weg am Südrand des Schotterfächers entlang, und die Flüsse Anzu und Napo folgen dem Nordrand. Vom Scheitel des Fächers laufen die Nebenflüsse divergent wie die Radien des Halbkreises zur Peripherie.

Außerhalb dieser gewaltigen Ablagerungsmassen des Río Pastaza sind ähnliche Alluvionen entlang den Flußläufen in der subandinen Tiefebene abgesetzt worden in den Gebieten abnehmenden Gefälles und als Folge der klimatisch bedingten Überschwemmungen der mäandrierenden Flüsse (Rio Bobonaza).

Aufschüttungen mit Mesabildungen wie die des Pastaza und seiner Nebenflüsse haben sich, in viel geringerem Ausmaße, entlang dem Fuß der Cordillera Real, bzw. der subandinen Kordilleren, gebildet durch die Ablagerungen der aus den Bergen kommenden Flüsse. Sie sind ebenfalls auf den tertiären Sedimenten des Oriente abgelagert worden.

D. Tektonik und geologische Geschichte

I. Geotektonische Orogen-Ären

Die Behandlung der geotektonischen Verhältnisse Südamerikas folgt den Auffassungen von A. C. Lawson und H. Stille.

Die östlichen und westlichen außerandinen Bereiche des südamerikanischen Kontinents unterscheiden sich wesentlich in den Geosynklinalprozessen: im östlichen war die orogene Tätigkeit schon mit dem Algonikum beendet nach dem ersten geotektonischen Zyklus des Neogäikums, d. h. nach der assyntischen Orogenese, durch die der Brasilianische Schild zu einer stabilen Masse geworden ist. Deshalb fehlen dort die Orthogeosynklinalen mit entsprechenden Orogenesen.

Der westliche Bereich war dagegen den komplizierten und wiederholten Aktionen verschiedener geotektonischer Zyklen unterworfen worden, indem sich aufeinanderfolgende Regenerationen dieser scheinbar kratonischen Zonen in breiten Streifen dem Urkontinent entlang vollzogen.

Der assyntische, der varistische und der neoandidische Zyklus haben im andinen Raum ihre Spuren in verschiedenem Ausmaß hinterlassen. Anscheinend war der kaledonische Zyklus auf der Westseite des Kontinents nicht aktiv gewesen. A. A. Olsson (1956) hat das Fehlen der silurischen Formationen in Kolumbien festgestellt, was eine Orogenese während des Silurs, und zwar eine kaledonische, vermuten ließe.

Im Westbereich des Urkontinents war ein breiter, durch den algonkischen Umbruch in Geosynklinalzustand verwandelter Streifen im Verlauf der assyntischen Orogenese gefaltet worden als Kordillerengebiet der Eoandiden (Ur-Anden), von denen nach ihrer Einebnung in Fastebene ein großer Teil durch den paläozoischen geotektonischen Zyklus regeneriert, d. h. in Geosynklinalzustand zurückgeführt und vom Meer überflutet wurde. Aus dieser paläozoischen Geosynklinale stiegen infolge der Zusammenpressung und Faltung in der varistischen Orogenese die sehr breit angelegten varistischen Gebirge auf, die Präandiden (Cordillera Real), welche ihrerseits wie vorher die Eoandiden zum größten Teil durch Einebnung zur Fastebene reduziert wurden. Der Rest dieser Präandiden wurde regeneriert zu den mesozoischen Geosynklinalen. Aus der westlich am Fuß der präandidischen Cordillera Real liegenden Geosynklinale stiegen die mesozoisch-tertiären Neoandiden (Westkordillere) auf, die bis zum Ende des Tertiärs in beschränktem Maße Denudation und Einebnung erlitten. Schließlich wurden sie während des Pleistozäns zusammen mit den nicht regenerierten und vielfach veränderten Resten der Präandiden (Cordillera Real) gehoben und treten heute in ihrer Gesamtheit als das komplexe Massiv der gegenwärtigen Anden (Sierra) in Erscheinung.

Obwohl die Faltung und die Grundstrukturen der einzelnen Teilkordilleren der Anden in verschiedenen geotektonischen Ären ihren Ursprung haben, ist doch die Ausbildung des modernen Reliefs in erster Linie das Werk der orogenen Bewegungen und geologischen Ereignisse des jüngeren Mesozoikums und des Känozoikums. Diese haben die grandiose Hebung der Anden und ihre gegenwärtige Gestaltung mittels der unerschöpflichen Erosions- und Denudationsarbeit der geologischen Agentien zusammen mit der aufbauenden Tätigkeit des pleistozänen und modernen Vulkanismus hervorgebracht. Daneben haben verspätete Faltungen mitgewirkt. Während der känozoischen Hebung hat Dilatation in großen Teilen der Anden die längsgerichteten Gräben einsinken lassen, damit die Trennung der einzelnen Haupt- und Teilkordilleren betont und weiterhin dem Vulkanismus die Wege zum Ausbruch auf den Längs- und Querbrüchen geöffnet.

Aus den Untersuchungen hat sich ergeben, daß die kaledonische Orogenese, welche die Tektonik in Nordamerika beeinflußte, im Westteil des südamerikanischen Kontinents ohne Wirkung geblieben ist, daß aber die ältere Geotektonik, die assyntische in den Andengebieten, ausgedehnte Strukturen von großer Wichtigkeit für den Aufbau der Kordilleren geliefert hat.

In Ecuador können Wirkungen der assyntischen Ära nicht unmittelbar beobachtet werden; doch werden durch die assyntische Orogenese gefaltete und zur Geosynklinale regenerierte Teile der Kordilleren in den Faltungsablauf der folgenden varistischen Orogenese einbezogen worden sein. Ältere Gesteinspartien sind auf diese Weise in der Westkordillere zwischen die Formationen der späteren neoandidischen Ära eingeschaltet worden.

Nach Beobachtungen von Oppenheim (1943) erscheinen auf der Ostseite der Kordillere von Cutucú im ecuadorianischen Oriente granitische Metamorphite des Präkambriums, bedeckt von den paläozoischen Formationen Pumbuiza (? Devon) und Macuma (Karbon). Sie könnten der assyntischen Ära zugeteilt werden.

Nördlich und südlich von Ecuador zeigen sich an einigen, von Denudation entblößten Stellen die der assyntischen Orogenese zugeschriebenen tektonischen Fundamente der Kordilleren. In **Kolumbien** z. B. treten die präkambrischen Metamorphite der Ostkordillere in einem langen, breiten Streifen vom dritten Grad nördlicher Breite nach Süden bis zum Gebiet östlich von Mocoa (Pasto) zutage in nicht allzu großer Entfernung von der ecuadorianischen Grenze. Es wird angenommen, daß diese kristallinen Formationen ihre Metamorphose der assyntischen Orogenese verdanken.

Die Ostkordillere Kolumbiens zeigt nach H. Gerth (1955) assyntische Strukturreste in den Aufschlüssen alter kristalliner Schiefer. So erscheint die sogenannte metamorphe, präkambrische **Serie von Quetame** im östlichen Streifen der genannten Kordillere östlich von Bogotá zwischen Caquetá und Villavicencio. Diese vorkambrischen Gesteine sind in viel höherem Grad gefaltet und metamorphisiert als die Formation des überlagernden frühen Paläozoikums. Auch in dem **kristallinen Massiv von Garzón** im äußersten Süden der kolumbianischen Ostkordillere treten zwischen den Flüssen Guayabero und Caquetá Gesteine der assyntischen Orogenese zutage, wie Gneise und Glimmerschiefer von wahrscheinlich archäischem Alter, z. T. bedeckt von eopaläozoischen Schiefern.

Die **Sierra von Macarena**, der kolumbianischen Ostkordillere nach Osten vorgelagert, taucht zwischen den Flüssen Guayabero und Guejar aus der Ebene auf wie ein rechteckiger Block (H. Gerth 1955). Auf dem assyntischen Basement von Ortho- und Paragneisen ruhen in Diskordanz die gefalteten Schichten des Eopaläozoikums. Weiter nach Osten in einer Entfernung von ungefähr 200 km erheben sich Teile der präkambrischen Formationen in der Nähe von San José am Guayabero als Zeugen der assyntischen Strukturen, die in Fortsetzung nach Osten im Untergrund den Übergang zum nördlichen brasilianischen Schild vermitteln.

Auch in **Perú** sind präkambrische Formationen in der Ostkordillere vorhanden, und zwar im geotektonischen System der assyntischen Ära (Eoandiden). Andrerseits nehmen sowohl in Ecuador als auch in den übrigen Teilen der Anden die Faltungen der varistischen Ära (Präandiden) sehr weite Räume ein. Die Ostkordillere von Perú und die Kordilleren im Nordosten **Boliviens** umfassen alte paläozoische Massive. Ihre kristallinen, unter den gefalteten Serien des Eopaläozoikums verborgenen Kerne würden ebenfalls der assyntischen Orogenese entsprechen.

H. Stille bezeichnet die alten, metamorphen, in den Geosynklinalen der assyntischen Ära gefalteten Zonen als Reste der Eoandiden (Stille 1958), die als assyntische Kerne der gegenwärtigen Kordilleren Teile der früheren Eoandiden bildeten.

Logischerweise treten jene Kordilleren klarer und meist auch in größerem Umfang in Erscheinung, die durch die jüngsten Orogenesen entstanden sind, also die Präandiden und Neoandiden, die in Ecuador die Cordillera Real bzw. die Westkordillere bilden.

1. Die varistische Orogenese in Ecuador

a) Die Präandiden

Die epiassyntische Regeneration (Abb. 2) der ausgedehnten Gebiete der Eoandiden hat den neuen Geosynklinalraum für die folgende varistische Orogenese geschaffen. Diese Änderung der Struktur erfolgte nur auf der Westseite des ursprünglichen südamerikanischen Kontinents, während auf der Ostseite die von der assyntischen Orogenese gefalteten Gebiete schon endgültig in den kratonischen Zustand übergegangen und den nord- und südöstlichen Rändern des Kontinentalkratons als starre Teile angeschweißt waren.

Außerdem hatte sich bestätigt, daß die kaledonische Orogenese auf der Westseite des Kontinents nicht aktiv geworden ist, so daß die Sedimente vom Kambrium ab durch die orogene Zusammenpressung der varistischen Ära gefaltet worden waren wie in Perú.

Auf der **Westseite** hatte sich durch die epiassyntische Regeneration eine lange, außerordentlich breite varistische **Geosynklinale** gebildet durch die Absenkung eines weiten Streifens des eingeebneten assyntischen Kordilleren-Systems. Aus diesem ungemein großen, varistischen Geosynklinalgebiet tauchten die ausgedehnten varistischen Kordilleren der Präandiden auf.

Die tektonische Entwicklung der **Cordillera Real** mit ihrem zur Küste des Stillen Ozeans ziehenden Bogen gehört der varistischen (präandidischen) Ära an, während die Kordillere von Zamora in der geraden Fortsetzung der Cordillera Real nach Süden ein fremdes und von ihr verschiedenes Element darstellt. Die Westkordillere aber, die sich an die Real anlehnt, ist Produkt der neoandidischen Ära. Beide Kordilleren haben also ihren Ursprung in zwei dem Alter nach verschiedenen Geosynklinalen, einer paläozoischen und einer känozoischen. Die letztere hat sich durch Regeneration eines Teils des umgewandelten Raumes der präandidischen (varistischen) Geosynklinale gebildet. Eine lange Zone der sehr breiten Fastebene, zu der die alte varistische Kordillere reduziert worden war, ist von neuem versenkt und zur känozoischen (neoandidischen) Geosynklinale umgeformt worden, die sich in erster Linie an der Westseite des Restes der alten Geosynklinale, d, h. an der Seite der Cordillera Real, erstreckte, so daß diese noch einen Teil der alten varistischen (präandidischen), zur Fastebene verflachten Kordillere darstellt, der nicht versenkt worden und frei von Regeneration geblieben ist.

Das varistische Basement im Untergrund der Westkordillere macht sich an einigen Stellen dieser Kordillere durch dunkle paläozoische Schiefer bemerkbar, die durch die Faltung zwischen die mesozoischen Formationen eingeklemmt wurden. Sie bilden schmale Streifen im Gebiet der Flüsse Llurimagua und Guallabamba (Kordillere des Intag) und östlich des Río Chimbo.

Die vereinzelten Aufschlüsse paläozoischer Schiefer des Litoral in den isolierten Bergen von Masvale und der Punta de Piedra am Guayasfluß sind die Spuren einer Verlängerung des paläozoischen Streifens, ausgehend von der Einbuchtung der Westkordillere bei Bucay quer durch die Küstenebene südlich des Flusses Yaguachi.

Die paläozoischen Schiefer, die sich längs der Kordillere von Alamor erstrecken, vom Abstieg zum Río Pindo ab südlich von Zaruma, finden ihre Fortsetzung in den paläozoischen Gesteinen der Südflanke der Kordilleren Larga und Amotape und entsprechen den Präandiden, ebenso wie der Streifen von halbmetamorphen Schichten in den Anschnitten der Straße Loja-Zaruma in der Nähe des Abzweigs der Straße nach Catacocha.

b) Der Einfluß des Amazonas-Beckens auf die tektonischen Strukturen

In Südamerika hatte während der kaledonisch-varistischen Ära außer der westlichen Druckrichtung der wechselseitige Druck der Urkontinente Laurentia und Brasilia gegeneinander gewirkt. Diese Entwicklung von tektonischen Kräften in N-S bzw. S-N-Richtung, parallel zu den Meridianen, begann schon nach der assyntischen Orogenese und dauerte fort in den wiederholten Orogenesen bis in die neoidisch-laramische Ära. So erklärt sich die Einsenkung des Kratons von Nordbrasilien durch geotektonische Pressung. Die Achse dieses Amazonas-Beckens in Ost-West-Richtung fällt mit der **Amazonas-Achse** zusammen.

Der alte östliche Ozean drang in dieses epikontinentale Becken von Osten her ein, überflutete sie während des Paläozoikums und lagerte auf dem präkambrischen Basement bei andauernder Senkung mächtige marine, kambrische bis karbonische Sedimente ab. Es kam zu keiner Orogenese, abgesehen von leichten Verbiegungen und Wellungen der Schichten. Die Kraft des Zusammenschubs war am Ende des Paläozoikums erloschen, worauf das ganze Amazonasgebiet eine epirogenetische Hebung erfuhr, während sich entlang der Ostseite der varistischen Anden (Präandiden), zwischen dem brasilianischen Schild mit seinem epikontinentalen Becken und den Präandiden, eine mesozoische Geosynklinale einsenkte mit den Sedimentfolgen der Trias, des Juras und der Kreide.

Erst gegen Ende des Mesozoikums wurde das Amazonas-Becken von neuem durch eine Teiltransgression des Kreidemeeres im Gebiet des unteren Amazonas überschwemmt, so daß die paläozoischen marinen Schichten etwas aus ihrer horizontalen Position gebracht und diskordant von Sedimenten der oberen Kreide, außerdem in geringerem Maße von Tertiärschichten, überdeckt wurden, welche die Regression des Meeres in Ostrichtung kennzeichnen.

Die parallel zu den Meridianen gerichtete Pressung, welche das Amazonas-Becken einsenkte, erklärt die eigenartigen Strukturen im Westteil des Kontinents nördlich und südlich der Amazonas-Achse. Die Bewegung hat hauptsächlich die paläozoischen Formationen betroffen. So ändern die varistischen Kordilleren Real, Tahuín, Largo, Amotape überraschend ihre NE-SW-Richtung in angenäherte E-W-Richtung und schwenken in die Richtung der Amazonas-Achse ein, auf deren Südseite die peruanischen Kordilleren in ihrer Richtung spiegelbildlich (symmetrisch) zu den ecuadorianischen liegen.

c) Die nordandine Kardinalkordillere

Sie wird gebildet aus der kolumbianischen Zentralkordillere und der Cordillera Real mit den Küstenkordilleren Tahuín-Larga-Amotape und hat beherrschenden Einfluß auf die Struktur des Nordwestens von Südamerika.

Im vorhergehenden Kapitel war gezeigt worden, welch langen und breiten Raum die Präandiden eingenommen hatten. Nach ihrer Einebnung zur Fastebene war ein großer Teil von dieser ursprünglich varistischen Kordillere abgesunken und zu geosynklinalen Räumen regeneriert worden, in welchen sich z. B. die Westkordillere faltete und auftauchte. Die semimetamorphen, paläozoischen Schichten, die als Zeugen der alten varistischen Orogenese an verschiedenen Stellen zwischen den mesozoischen Schichten der Westkordillere eingeklemmt sind, und die paläozoischen Gesteine der subandinen Kordillere Cutucú (Oriente), die zum ersten Mal während der varistischen Orogenese gefaltet wurden, erweisen die Größe des weiten Raums der Präandiden als Gebirge des früheren varistischen Kordilleren-Komplexes.

Auch für Perú vermutet F. Jenks (1956), daß die varistischen Präandiden die ganze Breite des ausgedehnten Geosynklinalraums eingenommen hätten von der peruanischen Ostkordillere bis zur Küste, wo die varistisch gefaltete Küstenkordillere und ihre abgetrennten Teile gleicherweise aus paläozoischen, teilweise metamorphosierten und in kristalline Schiefer umgewandelten Sedimenten besteht. Schon bei der Faltung in der Geosynklinale beginnen die aufsteigenden Gebirge zu zerfallen und sich einzuebnen, werden schließlich zur Fastebene reduziert und durch Absinken und Transgression zur neuen mesozoischen Geosynklinale regeneriert. Jedoch nicht der ganze von der varistischen Orogenese in Mitleidenschaft gezogene Raum wurde überflutet; ein langgestreckter Streifen, der jetzt die Cordillera Real mit ihrem Küstenbogen ausmacht, ist flaches Festland geblieben und hat als **tektonische Schwelle** die mesozoische Geosynklinale in zwei große Becken mit getrennter Sedimentation geteilt.

Die mesozoischen, auf beiden Seiten der Cordillera Real mit ihrem Küstenbogen abgesetzten Sedimente haben sich in ihrer Lithologie, Fazies und Fauna verschieden entwickelt und damit die Existenz einer wahren, wenn auch niedrigen Festlandschwelle zwischen den östlichen und westlichen mesozoischen und tertiären Meeren bewiesen. Dasselbe gilt auch für das Gebiet der Zentralkordillere von Kolumbien. Es ist erwiesen, daß diese Kordillere ebenfalls der varistischen Orogenese entstammt. Ihre Zusammensetzung aus alten Graniten, Dioriten und paläozoischen kristallinen Schiefern ähnelt auffällig derjenigen der Cordillera Real-Tahuín-Larga-Amotape.

Auf Grund einer ordovizischen Graptolithen-Fauna konnte H. Gerth (1955) die Orogenese der kolumbianischen Zentralkordillere dem Intervall zwischen Ordovizium und Trias zuordnen, was der varistischen Faltung entspricht, da die kaledonische Ära auf der Westseite Südamerikas nicht nachweisbar ist. A. A. Olsson (1956) betrachtet die Zentralkordillere Kolumbiens als „the old positive area of Columbia".

Aus den stratigraphischen Verhältnissen ergibt sich außerdem, daß die Cordillera Real als Rest der großen varistischen Kordillere nur einen schmalen, niedrigen Festlandstreifen darstellt und schon existiert hat, ehe auf ihrer Westseite die Westkordillere gefaltet wurde und aus der epivaristisch-mesozoisch-neoandidischen Geosynklinale aufstieg.

Der südliche, in NE-SW-Richtung zur Küste der Provinz El Oro weisende Kordillerenbogen der Cordillera Real besteht in gleicher Weise wie die Cordillera Real selbst und die Zentralkordillere Kolumbiens aus wahrscheinlich varistisch gefalteten kristallinen Schiefern, so daß die Cordillera Real mit ihrem Küstenbogen zusammen mit der Zentralkordillere von Kolumbien trotz ihrer scheinbaren geographischen Diskontinuität an einigen wenigen Stellen eine lange orographisch und stratigraphisch gleichförmige Hauptkordillere repräsentiert. Sie reicht, ausgehend vom Atlantischen Ozean, durch Kolumbien, Ecuador und den Nordwestzipfel von Perú bis zur Küste des Pazifischen Ozeans, hier am südlichen Ende beeinflußt von der Tektonik der Amazonasachse. Diese außerordentlich wichtige *strukturelle und morphologische Einheit* der nördlichen Anden wurde **Nordandine Kardinalkordillere** genannt (W. Sauer).

Trotz ihrer starken Abtragung hat sie während des Mesozoikums die Rolle der Festlandschwelle von außergewöhnlicher Längenausdehnung zwischen dem östlichen und westlichen Ozean gespielt, insbesondere in der Kreide, so daß sich wesentliche Unterschiede der Fauna und der Fazies der Sedimente zu beiden Seiten der Kardinalkordillere ergeben haben. An wenigen Stellen ist diese Schwelle am Ende des Mesozoikums zeitweise überflutet worden, als ihre Einebnung von ihrer späteren vollständigen Hebung sehr weit fortgeschritten war.

Orogene Bewegungen während des oberen Jura bis zur frühen Kreide verursachten die Hebung der Schwelle, die als Wasserscheide zwischen den beiden Ozeanen funktionierte. Diese Bewegungen gehörten zur ersten Phase (nevadische) der neoandidischen Ära.

In der Kreide bestehen wichtige Unterschiede der Faunen und Fazies zwischen dem ecuadorianischen Oriente und den Gebieten der späteren Westkordillere und des Litoral (Küstengebiet). Es muß noch hinzugefügt werden, daß im allgemeinen die Kreidesedimente und ihr Inhalt an Fauna *östlich der Kardinalkordillere* vorzugsweise von *atlantischem Typ* sind (Olsson 1956), dagegen die des *Westens dem pazifischen Typ* zufallen (Gerth 1955, Olsson 1956). Die Unterschiede werden verstärkt durch die Erscheinung, daß dem Westen die Formationen des Apt und Alb (untere Kreide) überhaupt fehlen, welche für den östlichen, atlantischen Typ charakteristisch sind.

Früher hatte man gemeint (W. Reiss 1921), daß der Cerro Hermoso der Llanganates in der Cordillera Real aus den gleichen Kreidesedimenten bestünde wie die am Río Topo, bzw. die im Oriente anstehenden, und so den Rest einer mächtigen, marinen Decke von mesozoischen Sedimenten darstelle. Diese wären unmittelbar auf den metamorphen Gesteinen der eingeebneten varistischen Kordillere vor der Hebung der Anden abgesetzt worden. Nach dieser Theorie, die schon von F. von Wolff (1904b) bezweifelt wurde, schloß man, daß im fraglichen Gebiet eine Verbindung des östlichen mit dem westlichen Kreidemeer bestanden habe. Spätere Untersuchungen (W. Sauer 1958) haben ergeben, daß die unterste Schicht des Cerro Hermoso aus einer mächtigen Mylonitmasse besteht und dieser Berg den Rest (Zeugenberg) einer an diese Stelle geschobenen tektonischen Decke darstellt. Seine marinen Schichten sind nicht an der gegenwärtigen Stelle abgelagert worden und können daher keine marine Transgression bestätigen.

In Kolumbien bedecken lokale Teile kretazischer Sedimente die seitlichen Ausläufer der Schwelle, so in den Gebieten zwischen Pasto und Mocoa östlich von Popayán, und scheinen für kurze Zeit eine Verbindung von geringer Bedeutung des östlichen und westlichen mesozoischen Meeres gebildet zu haben, ebenso weiter nördlich (nach Gerth) in Antioquía.

Auch das südliche Ende der Nordandinen Kardinalkordillere, der Strang der Küstenkordilleren Tahuín-Larga-Amotape, war während der meisten Zeit des Mesozoikums die trennende Schwelle zwischen dem atlantischen und pazifischen Typ der Ozeane. Erst gegen Ende der Kreide finden sich hier Spuren von Transgressionen zwischen Ost und West: Die jungkretazischen Sedimente der südwestlichen Verlängerung der Kordillere von Alamor zeigen in der Gegend von Cazaderos und Mangaúrcu, also südlich der Kordillere Larga, typische Schichten, die den Serien der Formation Callo-Guayaquil (pazifischer Typ) gleichkommen (T. Wolf 1892). Dasselbe gilt für die übrigen Gebiete des südlichen interandinen Zwischengebirges. Ebenso hat die Kreidesynklinale von Lancones (Nordwesten von Perú) südöstlich der Kordillere von Amotape in der Entwicklung der oberen Kreide Analogien mit dem pazifischen Typ der Formation Callo-Guayaquil. Ihre oberen Schichten (Turon und Senon) verdanken ihre Ablagerung einer lokalen Ingression des alten Pazifischen Ozeans, während die unteren Stufen der Synklinale das Alb und Apt umfassen und dem atlantischen Typ entsprechen.

Die Kreide der Westkordillere des peruanischen Nordwestens vergleichen die Geologen Perús mit den Kreideformationen des ecuadorianischen Oriente. Auch A. Olsson (1956) stellt fest, daß an der peruanischen Küste nur die Fauna der unteren Kreide (Valangenien des unteren Neokom) pazifischen Charakter aufweist. Dagegen herrscht vom oberen Neokom ab der atlantische Typ vor (Apt, Alb etc.) und bezeugt die Verbindung, die mit dem großen, atlantischen Kreidebecken der neoidischen Geosynklinale bestand. Deren Untergrund bildete die alte varistisch-assyntische Fastebene. Die Geosynklinale wurde im Mesozoikum und Tertiär gefaltet, um sich im Pleistozän als kolumbianische Ostkordillere zu erheben. Nach A. Olsson (1956) hatte die große Transgression des Kreidemeeres vom atlantischen Typ mit dem Alb begonnen und vom Nordosten Kolumbiens aus nach Süden den Oriente Ecuadors und den Nordosten von Perú überflutet. Infolgedessen hatte während des Alb bis zum Coniacien einheitlich der atlantische Typ entlang der Ostseite der Nordandinen Kardinalkordillere bestanden. Nur in der Küstenregion von Perú entspricht das untere Neokom (Valangenien) dem pazifischen Typ.

Ebenso bestehen für Trias und Jura (altes Mesozoikum) die Unterschiede zwischen Ost und West. So fehlen **westlich der Nordandinen Kardinalkordillere** marine, triassisch-jurassische Serien. Dagegen sind die mächtigen vulkanischen Formationen des oberen Juras und der unteren Kreide in der Westkordillere von Ecuador ausgeprägt und bilden mit den Laven und Pyroklasten der unteren bis mittleren Kreide (Diabas-Porphyrit-Formation) den initialen Vulkanismus der neoandidischen Geosynklinale ab.

Die Einebnung des westlichen Teils des ausgedehnten varistischen Kordillerensystems zur Fastebene und seine Vorbereitung zum geosynklinalen Zustand hat viel längere Zeit in Anspruch genommen als im Ostteil. Die Absenkung der Geosynklinale östlich der geotektonischen Schwelle begann früher als die der westlichen während der mittleren und oberen Trias. Dagegen erfolgte auf der Westseite die Meerestransgression durch die Senkung des geosynklinalen Gebietes zwischen der Kardinalkordillere (Cordillera Real in Ecuador) und der pazifischen Küste erst gegen Ende des Juras und zu Beginn der unteren Kreide (Cenoman). Diese wichtige Erscheinung bedeutet, daß die Westseite Festland geblieben war während Trias, Jura und unterer Kreide und ferner, daß in dem Küstenvorsprung des ecuadorianischen Litoral bis zum Eozän und auf der Dauleschwelle bis zum Miozän keine marinen Sedimente abgelagert wurden.

Beschränkte Zwischenlagerungen von Sandsteinen und erhärteten Lutiten mariner Sedimentation zwischen den an der Küste zutage tretenden Formationen des Piñon (Norden der Provinz Manabí und Esmeraldas) deuten an, daß es sich nur um zeitlich und örtlich begrenzte marine Ingressionen über den Rand des Festlandes gehandelt haben muß. Die Bestimmung des Alters dieser Schichten ist aus Mangel an Fossilien nicht möglich (Marks 1956).

Die diabas-porphyritischen Laven und Pyroklasten des Piñon (oberer Jura und untere Kreide) werden als Ausdruck des initialen Vulkanismus verschiedener Phasen der neoandidischen Ära aufgefaßt.

Entlang der **Ostseite der Nordandinen Kardinalkordillere** sind die geologischen Verhältnisse vollständig verschieden von denjenigen der Westseite in tektonischer wie stratigraphischer Hinsicht. So hat im Nordwesten von Perú die Untersuchung östlich der Kardinalkordillere im Gebiet der Amazonas-Achse ergeben, daß die obere Trias diskordant die varistisch gefalteten, phyllitischen Schiefer des Jungpaläozoikums überlagert. Es handelt sich um eine Sequenz intermediärer, porphyritischer Vulkanite, die noch dem sialischen, subsequenten Vulkanismus angehören. Sie enthalten Zwischenlagerungen von marinen Sedimenten der oberen Trias, welche das Ende der kontinentalen Periode anzeigen und ebenso die beginnende Transgression auf die sich absenkende Peneplain, zu der die varistischen Kordilleren eingeebnet waren. Der obere Teil der mächtigen vulkanischen Decke weist schon basischen Charakter auf, z. B. in Gestalt von Blasen- und Kissenbasalten von grünlich-schwarzer Färbung. Möglicherweise macht sich damit schon die Wirkung des basischen Initialmagmatismus der nevadischen Orogenese bemerkbar, indem die varistische Fastebene sich in Geosynklinale umzuwandeln beginnt.

Die Fossilien der marinen, zwischengeschalteten Schichten gehören dem unteren oder mittleren Jura an. Die Faltung hat nach A. Fischer (1956) wahrscheinlich im oberen Jura eingesetzt. Nachdem diese älteren Falten gekappt waren, setzte sich die geosynklinale Senkung fort und während Apt und Alb trat Überflutung ein. Zwischenlagerungen von Dioriten und Diabasen bedeuten die Fortdauer des Initialmagmatismus, der im Cenoman-Turon endet, um von dem synorogenen bis spätorogenen Plutonismus von palingenem, sauren bis intermediären Charakter abgelöst zu werden. Damit hat sich eine jähe Veränderung der chemischen Zusammensetzung des Magmas vollzogen, da die Palingenese das Magma für dioritische Intrusionen bereitete.

Die triassisch-jurassischen Formationen Kolumbiens hat A. Olsson (1956) unter der Bezeichnung Girón-Komplex beschrieben. Sie verbreiten sich östlich der Nordandinen Kardinalkordillere in weiten Gebieten der kolumbianischen Ostkordillere. Es sind konglomeratische Sandsteine, Vulkanite und Pyroklasten mit wenigen Einlagerungen von marinen Sedimenten. An vielen Stellen herrscht kontinentale Redbedfazies vor, immer in Begleitung von porphyritischen Massen des initialen Magmatismus. Die Fossilien haben die Zugehörigkeit zur oberen Trias und zum unteren bis mittleren Jura bestätigt.

Diese Serien sind auf paläozoische Formationen abgesetzt. Es sind geologische Verhältnisse zustande gekommen, ähnlich wie im Norden von Perú. A. Olsson (1956) hat gefunden, daß die fossile Fauna von Girón in Kolumbien eng verwandt ist mit der Fauna der entsprechenden Formationen des peruanischen Nordens. Damit erweist sich auch für Trias und Jura die einheitliche Ausbildung entlang der ganzen Ostseite der varistischen Schwelle der Nordandinen Kardinalkordillere, umso mehr als auch im ecuadorianischen Oriente ähnliche Formationen der subandinen Kordilleren als Bindeglieder zwischen Trias-Jura des Nordwestens von Perú und des Ostens von Kolumbien angesehen werden müssen.

Im Oriente Ecuadors hat H. Tschopp (1948 und 1956) die Formation Santiago dem unteren Jura (Lias) zugeteilt, da sie von den mächtigen Redbeds der Formation Chapiza überlagert wird. Letztere gehört dem mittleren und oberen Jura an und ruht an bestimmten Stellen der Kordillere von Cutucú diskordant auf den stark gefalteten Schichten des Oberkarbons (Formation Macuma). Deshalb scheint es zulässig, die Formationen Santiago und Chapiza mit der Formation Girón von Kolumbien in Vergleich zu bringen, zumal lithologische und stratigraphische Analogien bestehen.

Nördlich vom Río Pastaza ist die Formation Chapiza durch ausgedehnte porphyritische Decken ihrer oberen Stufe, der Formation Mishahuallí (oberer Jura), vertreten. H. Tschopp stellt sie (1948) bezüglich ihres geologischen Alters und ihrer petrologischen Zusammensetzung der Formation Piñon gleich, die von der International Petroleum Co. of Ecuador im Litoral beschrieben wurde. Die Formation Mishahuallí wird in Diskordanz überdeckt von den weißen Sandsteinen des Hollín (untere Kreide) und ist als subsequenter Vulkanismus der jurassischen Orogenese anzusehen.

2. Die jurassische Orogenese

a) Die Subandiden im Oriente

Auf der Ostseite der Nordandinen Kardinalkordillere hatte schon gegen Ende der Trias die Absenkung der varistischen Fastebene und ihre Regeneration in Geosynklinale mit terrestrer Sedimentation der oberen Trias auf den paläozoischen Formationen begonnen. Darauf folgte die marine Transgression des unteren Juras von Süden und Südwesten her, vom alten pazifischen Ozean und aus dem Amazonas-Becken nach Norden und Nordwesten über den ecuadorianischen Oriente bis in die kolumbianische Geosynklinale zwischen der Nordandinen Kardinalkordillere und dem brasilianischen Schild. Aus dem Westteil dieses Beckens stieg die Ostkordillere Kolumbiens auf, deren östlicher Teil im Untergrund der kolumbianischen Llanos nachgewiesen ist (Gerth 1955).

H. J. Tschopp (1953) hat das Vorhandensein der oberen Trias im ecuadorianischen Oriente nicht bestätigt. Es gab auch keine Funde dieser Periode in den Bohrungen der Shell Co. of Ecuador. Trotzdem ist es wahrscheinlich, daß in den von den Bohrungen nicht erreichten Tiefen des subandinen Beckens die obere Trias vertreten ist.

Auf der Trias oder unmittelbar über der paläozoischen Basis der Kordillere von Cutucú setzten sich marine Liasschichten in der gleichen SW-NE-Richtung ab wie längs des Ostrandes der Nordandinen Kardinalkordillere. Die Aufschlüsse der gefalteten liassischen Sedimente der Formation Santiago sind über den Hauptteil der **Kordillere von Cutucú** verbreitet und nehmen in dem Quertal des Santiago den Streifen zwischen Yaupi und der Vereinigung der Flüsse Namangoza und Zamora ein. Sie setzen sich nach Süden über die **Kordillere des Cóndor** bis in peruanisches Gebiet fort. Verschiedene Aufschlüsse des Lias erwähnt A. Olsson in der Zentralkordillere von Perú (1956) und besonders in der Ostkordillere Kolumbiens und meint, daß die nächste Verwandtschaft der Fauna der Formation Girón (Kolumbien), obere Trias bis Lias, vielleicht bis mittlerer Jura, im peruanischen Norden zu finden ist, was bedeuten würde, daß die Transgression des frühmesozoischen Meeres vom Gebiet des alten pazifischen Ozeans in nordöstlicher Richtung ausgegangen wäre bis zum Geosynklinalbecken des Nordostens von Kolumbien.

Auf den Westflanken der Kordillere von Cutucú macht sich ein Übergangsstadium von der normalen marinen Fazies des Lias (Santiago) zu einer Fazies mit vielfachen Zwischenlagerungen vulkanischer Brekzien bemerkbar, die lateral in grünliche, sandige Tuffe und betonitführende Lutite übergehen. Der ganze Komplex ist durchquert und intrudiert von Gängen, Sills und ausgedehnten Intrusionen von Porphyriten oder grauen bzw. grünlichen Diabasen. Die zwischengelagerten Pyroklasten und bentonitführenden Lutite zeigen, daß der Vulkanismus schon im Jura tätig war (Tschopp 1953). In diesem Sinn muß er als initialer bis synorogener Magmatismus der jurassischen Orogenese betrachtet werden.

Die jurassische Orogenese (mittlerer bis oberer Jura) hat Einfluß auf die weitere Anhebung der Cordillera Real, und im allgemeinen der Norandinen Kardinalkordillere, gehabt, und mindestens ihre Funktion als Grenzscheide zwischen dem östlichen und westlichen Geosynklinalbecken verstärkt. Ihre Hauptwirkung war die starke Faltung der Formation Santiago und die gleichzeitige Pressung der benachbarten und unterlagernden paläozoischen Formationen. Erosion und Denudation im Verein mit der Meeresabrasion haben diese jurassische subandine Kordillere eingeebnet und zur **Peneplain** verwandelt. Als terrestrische Aufschüttungen der Formation Chapiza (mittlerer-oberer Jura) wurden in den litoralen und sublitoralen Gebieten Redbeds in Mächtigkeiten von 600 bis 4500 m diskordant auf die gekappten Falten des Lias und die stark dislozierten paläozoischen Formationen Pumbuiza und Macuma abgelagert. Deshalb besteht zwischen den alten, paläozoischen Bildungen zusammen mit den gefalteten liassischen Schichten als eingeebnetem Grundgebirge und den überlagernden Redbeds der Formation Chapiza eine stark ausgebildete tektonische Erosionsdiskordanz.

b) Vulkanismus der jurassischen Orogenese

Die besondere Bedeutung der jurassischen Orogenese liegt in der weiten Verbreitung der Vulkanite (Laven, Brekzien und Tuffe) als eines vom Diabas bis zum Quarzporphyr differenzierten Typs der **Formation Chapiza,** die sich in ihrer oberen Stufe in eine Vulkanit-Formation aus Pyroklasten und kompakten Lavaströmen und Decken gewandelt hat. In den Gebieten der nördlichen Nebenflüsse des Napo wurde sie **Formation Mishahuallí** genannt wegen ihrer typischen Aufschlüsse an den Ufern des Río Mishahuallí.

In der nördlichen subandinen Zone, nördlich des Pastaza, breiten sich weite Streifen des vulkanischen Mishahuallí am Fuß des Ostrandes der Cordillera Real aus, gewöhnlich zusammen mit dem langgestreckten Granitbatholithen. Die Porphyrite und Diabase mit den entsprechenden Tuffen sind durch die Anschnitte der nördlichen Zuflüsse Jondachi, Hollín, Mishahuallí und Coca des Napo und in der Nebenkordillere Guacamayo aufgeschlossen. Sie wurden eingehend von R. COLONY und J. SINCLAIR (1937) beschrieben und von H. J. TSCHOPP (1948) dem oberen Teil der Formation Chapiza zugerechnet.

Der porphyritische Typ überwiegt im vulkanischen Mishahuallí neben Übergängen zu saureren Gesteinen, wie quarzhaltigem Porphyrit und Quarzporphyr, den Differentiaten des subsequenten (sialischen) Vulkanismus. So folgte der jurassischen Orogenese eine starke vulkanische Tätigkeit. In der miozänen Phase entstanden noch die schon besprochenen Aufwölbungen und asymmetrischen Antiklinalen des Untergrunds.

Repräsentanten des initialen Magmatismus der jurassischen Orogenese könnten die vulkanischen Gänge und Sills in und zwischen den Schichten des Lias (Formation Santiago) und des unterlagernden oberen Paläozoikums (Formation Macuma) vorstellen. Leider bestehen keine ausführlichen Studien über die petrologischen Eigenschaften der intrusiven Vulkanite der Formation Macuma (TSCHOPP 1953), so daß genaue Bestimmungen fehlen, die ihre Gleichstellung mit den Intrusionen und Effusionen der Formation Santiago zuließen. Diese umfassen nach Notizen von H. J. TSCHOPP (1953) Gänge und Sills grünlicher Diabas-Porphyrite und grauer felsitischer Gesteine und würden gut dem basischen, initialen Vulkanismus mit gewissen sauren Differentiationen entsprechen. Außerdem lassen die von den Porphyrit- und Diabaseruptionen herstammenden und den marinen Liasschichten zwischengelagerten Pyroklasten keinen Zweifel, daß der submarine Vulkanismus während des unteren Juras selbst tätig war, und so seine Funktion als initialer Magmatismus im Jura erwiesen hatte.

Nach H. J. TSCHOPP (1956) würden genetische Beziehungen zwischen den Porphyriten des Mishahuallí und den Graniten bestehen, die beide zusammen im Cerro Abitagua und in der Kordillere von Guacamayos anstehen. Jedoch ist nicht ausgeschlossen, daß nach den Beobachtungen an anderen Stellen dieser Granit jünger ist als der Porphyrit, entsprechend seiner stratigraphischen Position, die ein jungkretazisches oder frühtertiäres Alter zuließe in Beziehung zu den orogenen Bewegungen am Ende der Kreide.

Der Granit von Abitagua, wenigstens seine Verlängerung nach Norden und Süden, scheint mit mehr Wahrscheinlichkeit alttertiären Alters zu sein in Verbindung mit der bedeutenden laramischen Orogenese, welche die Faltung der Westkordillere und die granodioritischen Intrusionen hervorgebracht hat.

Der Granit von Abitagua weist keine Pressungserscheinungen auf und muß daher jünger sein als die starke Pressung durch die laramische Orogenese, der die Cordillera Real als Widerlager gedient hatte. Er repräsentiert daher eher den synorogenen oder postorogenen Magmatismus der laramischen Orogonese (Andenbatholith).

c) Die Strukturen des Untergrundes im ecuadorianischen Oriente

Da die weiten Ebenen des Oriente von horizontalen tertiären und quartären Formationen bedeckt sind, konnte die Shell Co. of Ecuador die Erforschung des Untergrundes nur mit geophysikalischen Methoden (Seismik und Gravimetrie) durchführen. Die wichtigen, von H. J. Tschopp veröffentlichten Resultate der Untersuchungen (1953) haben bisher den größten Teil an genauen, ins einzelne gehenden Kenntnisse der Geologie des Oriente geliefert.

Aus den seismischen Untersuchungen geht hervor, daß die Oberfläche der **Formation Napo** sich von der Erhebung **Napo-Galeras** ab im Untergrund nach Osten absenkt. An der Westseite des **Hebungsblockes** tritt die Oberfläche der Formation Napo in Höhe von etwa 1000 m über Meeresspiegel zutage. Schnell nimmt ihre Höhenlage in östlicher Richtung ab und das Napo verschwindet unter der Formation Tena und jüngerem Tertiär, welche den Ostrand des Napo-Galeras-Blockes und das Amazonastiefland bedecken. In Entfernungen von 10 bis 20 km ist vom Ostrand der Napo-Galeras-Hebung die Oberfläche der Napo-Formation bereits auf -2000 m unter Meeresspiegel gesunken. In Entfernung von 50 km hat sie ihre größte Tiefe von -2750 m erreicht und so eine bemerkenswerte Depression angezeigt mit einer Achse, deren Tiefenlage in N-S-Richtung von -2500 m bis -4000 m unter Meeresspiegel zunimmt, in fast paralleler Richtung zum Abbruch der Cordillera Real, 100 km von ihr entfernt. In dem Maße wie diese Achse nach Süden einsinkt, vergrößert sich die Mächtigkeit der Formationen Napo und Hollín und gelangt zu einem Maximum von 700–800 m in der südöstlichen Zone der Kordillere von Cutucú, während sie nach Norden bis zu 250 m in der Bohrung Oglan abnimmt.

Östlich der Muldenachse hebt sich die Oberfläche der Formation Napo allmählich auf -1400 m unter Meeresspiegel in der Bohrung Tiputini im äußersten Osten des ecuadorianischen Oriente, nahe beim Zusammenfluß des Río Tiputini mit dem Napo, wo die Mächtigkeit der ganzen Kreide nur noch 120 m beträgt und das kristalline oder halbmetamorphe Basement vom Liegenden der Kreide durch eine schwache Konglomeratlage getrennt ist, die hier die Formation Chapiza darstellt.

Die durch die Bohrung Tiputini in der Tiefe von 1465–1536 m aufgeschlossene Kreide besteht aus sandigen Lutiten und glaukonitischen Sandsteinen. Dementsprechend hat sich die in den Bohrungen des subandinen Gebiets bei Tiputini angetroffene epineritische Fazies (Schelf) der Formation Napo in der Entfernung von rund 200 km nach Osten, vom Ostrand der Napo-Galeras-Hebung aus gemessen, in eine sublitorale Küstenfazies gewandelt. Dieser Fazieswechsel und der außerordentliche Rückgang der Mächtigkeit der Kreideformation (Tschopp 1953) zeigt die Nähe des Nordostrands des Kreide-Jura-Beckens an, der durch den brasilianischen Schild gebildet wurde.

Die Westgrenze des Kreideschelfs fällt mit dem Randstreifen der Cordillera Real einschließlich der Kreideaufschlüsse in der angrenzenden Topo-Quijos-Senke zusammen. Wahrscheinlich ist das ganze südliche Areal des Oriente im Untergrund durch epineritische Fazies ausgezeichnet.

Im Zusammenhang mit der **laramischen Orogenese** vollzogen sich epirogenetische Bewegungen im Oriente und hoben die niedere Schwelle der Cordillera Real, welche damit einer neuen Periode von Erosion und Denudation unterworfen wurde und das detritische Material für eine beträchtliche Sedimentation zu beiden Seiten der Kordillere lieferte: im Osten in der subandinen Zone und im Westen in dem Geosynklinalbecken, aus dem die Westkordillere emporsteigen sollte.

Die starken laramischen Pressionen, welche die Auffaltung der Westkordillere zur Folge hatten und gleichzeitig Kataklase und Diaphthorese der kristallinen Gesteine der Cordillera Real hervorriefen, verursachten Rückwirkungen in der östlichen subandinen Zone, so daß dort die epirogene Hebung fortdauerte und die Regression des Meeres bewirkte, zwar nicht nur im ecuadorianischen Oriente, sondern auch in dem ausgedehnten Gebiet zwischen der Nordandinen Kardinalkordillere und dem brasilianischen Schild und schließlich auch im gesamten Amazonasbecken.

Von der oberen Kreide ab setzten sich im Oriente die charakteristischen klastischen Sedimente, die **Redbeds von Tena,** aus dem zurückweichenden Meer ab, untermischt mit fluvialen und lakustren Alluvionen. Die Ablagerungen aus fluvialen und lakustren, aber auch brackigen und marinen Wassern rückte in östlicher Richtung im Maße der Meeresregression vor, gelegentlich unterbrochen von Meerwassereinbrüchen in entgegengesetzter Richtung.

Die Formation Tena der oberen Kreide im Übergang zum Alttertiär besteht aus fein- bis etwas grobklastischen Massen, d. h. aus mergeligen und sandigen Lutiten. Die folgenden Formationen Tiuyacu und Cuzutca des Eo-Oligozäns mit vielen konglomeratischen Zwischenlagerungen beweisen die wachsende Erosionstätigkeit in der Cordillera Real, welche durch die auf die laramische Orogenese folgenden epirogenen Wirkungen weiter gehoben war.

Die braunen und roten Sedimente von sehr verschiedener Mächtigkeit der Formation Tena liegen konkordant auf den Schichten der Formation Napo.

H. J. Tschopp (1953) hat gezeigt, daß mit dem Sedimentationsprozeß der Redbeds die Erhebungen der Formation Napo durch Abrasion gekappt wurden, und deshalb eine beträchtliche Verringerung der Mächtigkeit der Napo-Serie an diesen Stellen eingetreten ist. Weiter ist der Kontakt zwischen Napo und Tena durch einen abrupten Fazieswechsel und daher auch durch eine jähe Änderung des Gesteinsbestandes gekennzeichnet. Jedoch lassen sich keine Winkelkonkordanzen beobachten.

Im Oberlauf des Río Dashiño ist nach Untersuchungen des Geologen K. T. Goldschmid der Shell Co. of Ecuador festgestellt worden, daß der basale Sandstein der Formation Tena konform auf der verfestigten und ungleichen Oberfläche der Lutite der obersten Napostufe lagert, die Spuren von Erosion aufweist. Diese Lutite von normalerweise bläulichem Dunkelgrau erscheinen hier sehr gebleicht bis zu grünlichem Hellgrau und weisen auf einen Hiatus der Sedimentation nach der vorangegangenen Erosion hin.

Das Alter der Formation Tena fällt zwischen Senon und Paleozän, obwohl ihre obersten Schichten schon dem unteren Eozän angehören könnten, nach Bestimmung der seltenen Fossilien der Litoralfazies von süßem bis Brackwasser der Formation Tena. Es handelt sich um eine Übergangsbildung der Kreide zum Tertiär, von mariner Umwelt zu fluviolakustrer, bzw. kontinentaler. Letztere stellte sich während des Tertiärs und Pleistozäns ein, entsprechend dem in östlicher Richtung wachsenden Festland. Bei der Umwandlung des subandinen Beckens in Festland infolge des Rückzuges des Kreide-Tertiärmeeres wurde das detritische, von der Cordillera Real und den subandinen Kordilleren Napo-Galeras und Cutucú stammende Material vom fließenden Wasser transportiert und in den Küstenstrichen des zurückweichenden Meeres abgesetzt.

Über der Formation Tena lagerten sich die übrigen tertiären Bildungen vom Eozän bis Pliozän, sich immer weiter nach Osten vorschiebend. Der Gehalt an Pyroklasten, besonders an vulkanischen Tuffen in den mio-pliozänen Schichten des unteren Arajuno, Chambira und Ushpa, bezeugt die vulkanische Tätigkeit, die in der Sierra im oberen Miozän begonnen hatte, um ihren Höhepunkt im Pliozän zu erreichen.

3. Die neoandidische Orogenese in Ecuador

Die Geschichte der modernen Anden beginnt mit dem Zerfall ihrer Vorläufer, d. h. mit ihrer einsetzenden Umformung in Fastebene und der geosynklinalen Regeneration (epirogenetische Senkung) der varistischen Präandiden, die nur zum Teil Festland geblieben waren, ohne an der synklinalen Regeneration teilzunehmen wie in großem Ausmaß in dem langgestreckten Streifen der Nordandinen Kardinalkordillere. Letztere behielt ihre Funktion als Schwelle zwischen Ost und West während des Juras durch den Einfluß der ersten Orogenese und trennte endgültig die mesozoischen Geosynklinalgebiete auf ihren beiden Seiten – Ost und West – ausgehend von den Bergen von Santa Marta und Perija im Norden der atlantischen Küste von Kolumbien bis zu den Kordilleren Tahuín, Larga und Amotape im Süden an der pazifischen Küste von Ecuador und Perú.

a) Die Westkordillere einschließlich der Kordillere von Mullepungu

Da sich die Senkung des Westteils der Geosynklinale lange verzögert hatte, existieren hier keine marinen Sedimente des älteren Mesozoikums, wie sie auf der Ostseite der Schwelle vorhanden sind. Es fehlen deshalb in der Westkordillere die Sedimente der Trias, des Jura, ebenso auch die frühkretazischen vom Neokom bis zum Alb. Dieser Abschnitt der varistischen Fastebene, der den Untergrund des westlichen Geosynklinalbeckens bilden sollte, ist bis zum Cenoman Festland geblieben und bedeckt mit ausgedehnten Decken basischer Lava und Pyroklasten des Piñon. Doch scheinen sie nicht mit den basischen Produkten des submarinen, initialen Vulkanismus des mittleren Juras südlich der Kordillere von Amotape gleichaltrig zu sein. Vielmehr können sie in Beziehung zu den porphyritischen Vulkaniten und Pyroklasten der Formation Mishahuallí des ecuadorianischen Oriente gesetzt werden (H. J. Tschopp 1948). J. Marks (1956) hat sie dem oberen Jura und der unteren Kreide zugeteilt.

Erst im Cenoman hat die Senkung der westlichen Geosynklinale begonnen und damit die marine Sedimentation, begleitet vom initialen Magmatismus der Kreide, der in großem Ausmaß kompakte und pyroklastische Massen des diabas-porphyritischen Typs geliefert hat, welcher der Melaphyr-Formation der Westanden Perús entspricht (Steinmann 1929). Diese basischen und intermediären Vulkanite charakterisieren die Westkordilleren Ecuadors und Kolumbiens.

Am Ende der Kreide haben die ersten Phasen der laramischen Orogenese im Cenoman bis in das Maastricht die in der westlichen Geosynklinale angehäuften Sedimente vielfach gefaltet und verschoben, einschließlich der vulkanischen Decken des Piñon, soweit sie an der Bildung des Untergrundes der Geosynklinale teilhatten. Zum ersten Mal wurde der Verlauf und der Umfang der heutigen Anden sichtbar. Die Grenze der eigentlichen

Geosynklinalen, aus denen die Anden nacheinander emporstiegen, ist auf der Westseite klar fixiert. Von der Faltung war der breite Küstenvorsprung des Litoral als extraandines Element ausgeschlossen.

Die **Westkordillere Kolumbiens** ist die nördliche Fortsetzung der **Westkordillere von Ecuador,** sowohl morphologisch als auch stratigraphisch und tektonisch. Beide Kordilleren sind von der Nordandinen Kardinalkordillere durch langgestreckte Grabeneinbrüche getrennt.

An vielen Stellen der kolumbianischen Westkordillere treten Sandsteine, sandige und silifizierte Lutite zutage, die A. OLSSON (1956) den Schichten der Formationen Callo und Guayaquil, welche einen Hauptbestandteil der Westkordillere Ecuadors ausmachen, gleichgesetzt.

H. GERTH (1955) vergleicht ebenfalls die Serien des Patía-Tales, eines Quertales der Westkordillere von Kolumbien, mit den Formationen Callo und Yunguilla der ecuadorianischen Westkordillere. Der Bahnlinie Buenaventura-Cali entlang sind stark gefaltete, verkieselte lutitische Schichten aufgeschlossen und entsprechen den Formationen Guayaquil und Yunguilla. Sie werden durchstoßen von dioritischen Batholithen des Andenplutons und in beiden Kordilleren von Diabasen und Porphyriten durchsetzt. Weiter nördlich in der Gegend von Antioquía treten Konglomerate, Sandsteine, geschichtete und silifizierte Lutite mit örtlichen Zwischenlagerungen von Kalksteinen und unterbrochen von dioritischen Intrusionen (Andenbatholith) zutage in sehr ähnlicher Kombination wie in der Westkordillere von Ecuador.

Während langer Zeit des Mesozoikums war die peruanische Geosynklinale vom alten pazifischen Ozean abgeschnitten durch die Barre eines Massivs, die durch die herzynische oder appalachische Orogenese aufgetürmt worden war und jetzt noch in ihren Fragmenten der Silla de Paita, den Bergen von Illescas und den Lobosinseln und weiter südlich in der Küstenkordillere von Perú sichtbar ist (FISCHER 1956).

Das triassisch-jurassische Meer hat zeitweise das Gebiet östlich der Nordandinen Hauptkordillere entstehnden Geosynklinale vom alten pazifischen Ozean her überflutet, bis am Schluß des Jura infolge der ersten Bewegungen der nevadischen Phase die Hebung eingeleitet wurde.

Der Pazifische Ozean verließ von neuem die Geosynklinale. Wenn auch zu Anfang der Kreide noch in dieser Zone Einflüsse des Pazifischen Ozeans vorhanden sind, hat sich doch schon im Neokom die Verbindung zum Atlantischen Ozean geöffnet (A. OLSSON 1956), die bis zur jüngeren Kreide fortdauerte. Als im Santon die laramische Faltung einsetzte, zogen sich die Meere vom größten Teil der peruanischen Geosynklinale zurück.

b) Die subandinen Kordilleren und Bergzüge

Die Ostkordilleren Kolumbiens und Perús sind ein integrierender Teil der gegenwärtigen Anden. Diesen Kordilleren entsprechen im Oriente von Ecuador die Bergzüge und kleineren subandinen Kordilleren. Nördlich des Río Napo erheben sie sich als Aufwölbung der Kreideformation nur zu unbedeutenden Höhen, abgesehen von den ihnen aufgesetzten Vulkanen. Südlich des Flusses steigen sie als beachtliche Kordilleren zu Höhen über 2000 m an. Trotzdem erreichen sie nicht die Bedeutung der Ostkordilleren der beiden Nachbarländer.

Der Kern der **Kordillere von Cutucú** ist durch Erosion bis zu den paläozoischen Formationen entblößt (V. Oppenheim 1943). Das untere Paläozoikum, die Formation Pumbuiza und die darübergelagerten Schichten der Formation Macuma des Oberkarbons, sind infolge der varistischen Orogenese stark gefaltet (H. Tschopp 1948 und 1956). Später zur Peneplain eingeebnet, bildeten sie einen Teil des Untergrundes der neoandidischen Geosynkinale, in deren Becken im ecuadorianischen Oriente die Orogenese sich nicht voll entwickeln konnte, wie in den entsprechenden Gebieten von Kolumbien und Perú. Die Formation Santiago des Lias bedeckt wahrscheinlich diskordant die paläozoischen Schichten. Sie wurde während der ersten Phase im unteren Jura gefaltet. Nach der Kappung der Falten hatte sich in Winkeldiskordanz die Formation Chapiza des mittleren und oberen Jura darüber gebreitet und war auch über die gefalteten Schichten des Paläozoikums transgrediert, die auf der Ostseite der Kordillere von Cutucú freigelegt waren. Die Formation Santiago verbreitet sich weit nach Süden, indem sie den westlichen Zweig der Kordillere von Cutucú und große Teile der Kordillere des Condor aufbaut.

In der nördlichen Region des Oriente hat sich fast ausschließlich die obere Redbedstufe der Formation Chapiza als vulkanische Kontinentalformation Mishahuallí (oberer Jura) ausgebreitet. Auf den Jura lagern sich diskordant die Kreidestufen der Formation Hollínsandstein (oberes Neokom) bis zum Maastricht der oberen Kreide. Nach einem Hiatus folgt die faziell so unterschiedliche Schichtenfolge des Tertiärs.

Die Schlußphase der neoandidischen Faltung verursachte im Mio-Pliozän die Aufwölbung der Kordillere von Cutucú und ihrer südlichen Verlängerungen. Sie hat die *Faltung der weiten Antiklinalen im subandinen Untergrund* hervorgerufen, deren Ostflanken steilgestellt bis übergekippt sind, im Gegensatz zu ihren sanft ansteigenden Westflanken. Die asymmetrische Gestaltung der Antiklinalen beweist, daß diese Strukturen ihre Entstehung der tangentialen Schubrichtung aus W verdanken (Abb. 4, Sektionen 1–10).

Dem 6. Grad nördlicher Breite entlang dehnen sich die kolumbianischen Kordilleren auf eine Breite von mehr als 400 km aus und ziehen sich weiter im Süden in der Nähe der Grenze mit Ecuador bis auf 140 km zusammen. Der Verlust geht in erster Linie auf Rechnung der kolumbianischen Ostkordillere, die in der Grenzzone selbst nur noch in dürftigen Spuren erscheint.

Anzeichen einer mutmaßlichen Verlängerung nach Süden auf ecuadorianischem Gebiet zeigen sich erst in den **Bergen von Lumbaquí** (1128 m) an der Stelle der größten Annäherung der Flüsse Aguarico und Coca. Weiter im Süden steigt aus der Amazonas-Ebene der gehobene **Napo-Galeras-Block** auf, gekrönt von den Bergen Pan de Azucar, Guagraúrcu und von dem großen ruhenden **Vulkan Sumaco** (3828 m). Diese Zone ist von der Cordillera Real getrennt durch die Niederung des Flußtales des Quijos und stößt schließlich auf die Abdachung der Cordillera Real. Den Ostrand der Blockhebung bildet die tektonische Stufe der auffälligen Steilzone, die sich vom Lumbaquí im Norden bis zur Kordillere von Cutucú im Süden hinzieht als eine Verwerfungslinie, an der die Napo-Galeras-Struktur emporsteigt. Es handelt sich um einen zur Mitte aufgewölbten, bergigen Komplex von einfacher Struktur und Zusammensetzung horizontaler, gegen den äußeren Rand hin leicht abgebogener Schichten der Folge Hollín-Napo auf der vulkanischen Basis der oberjurassischen Formation Mishahuallí. In der Publikation von H. J. Tschopp (1953) bestärkt das Bild des Querschnitts der Blockhebung die Vermutung, daß ein Teil des alten Urkontinents von Brasilien sich gehoben habe und auf seiner Oberfläche die nicht gestörten marinen Kreideschichten in ununterbrochener Länge von 150 km und maximaler Breite von 40 km trage. Nur an den Rändern der Aufwölbung zeigen sich tertiäre Schichten und beweisen den beginnenden Rückzug des Meeres mit dem Übergang von der Kreide zum Tertiär. Auf der Oberfläche des Blockes wurde kein Tertiär abgelagert.

An vielen Stellen war die Oberfläche der Napoformation den atmosphärischen Einflüssen ausgesetzt, also Festland geblieben vor der nachfolgenden Sedimentation der Formation Tena.

Möglicherweise ist der aufgewölbte Block Napo-Galeras ein Rest des gehobenen kretazischen Meeresgrundes und seiner Unterlage, ein Rest, der die Pressung im Verlauf der späteren Hebung überdauerte, indem sich nur seine Ost- und Westseite durch Faltung und Überschiebung im Mio-Pliozän akzentuierte: die Westseite entlang des Grabens von Topo-Quijos, die Ostseite an der erwähnten Steilzone.

Der Napo-Galeras-Block hat die Sedimente des Oriente auf seiner Ostseite vor den Faltungen des Mio-Pliozäns aus westlicher Richtung geschützt. Deshalb fehlen im Untergrund des Raumes zwischen dem Block und dem Gebiet von Tiputini, bei der Mündung des Tiputini in den Napo, die weiten, asymmetrischen Antiklinalen, die den Untergrund der südlichen subandinen Region vom südlichen Ende des Blockes Napo-Galeras ab auszeichnen. An seiner Westseite haben sich die Wellen des von Westen kommenden Schubes gebrochen. Infolgedessen ist sein Westrand verworfen und in das System der Brüche des Steilabfalls der Cordillera Real miteinbezogen. Nur der südliche Ausläufer des Blockes gab der Pressung nach und wölbte sich zur **Antiklinale von Napo** auf.

Es wäre sehr interessant, die geologische Natur der Berge Pan de Azucar und Guagraúrcu zu kennen. Sie bilden neben dem Vulkan Sumaco die nördlichen und höchsten Erhebungen des Blockes. Der Pan de Azucar ähnelt von fern gesehen sehr einem vulkanischen Kegel, wie L. T. Paz y Mino (1931) auf seiner Expedition zum Reventador beobachtet hat, und könnte ein zweiter, vielleicht älterer Vulkan sein als der Sumaco und zur Kenntnis der Struktur des Blockes beitragen.

Da die alkalischen Laven, die Tephrite des Vulkans Sumaco, zur atlantischen Familie gehören, kann die Blockhebung nicht in direkter Beziehung zur Faltung der Ostkordillere Kolumbiens stehen.

Im Gegensatz zur Napo-Galeras-Aufwölbung repräsentiert die Kordillere von Cutucú ein Faltengebirge und ist deshalb bis zu einem gewissen Grade mit den Ostkordilleren der benachbarten Länder vergleichbar (H. Gerth 1955).

II. Epirogene Vertikalbewegungen

Die langen, zentralen Teile beider Kordilleren sind stärker gehoben worden als die äußeren und noch mehr als die zwischen beiden Kordilleren liegenden Depressionen, die wiederum durch **Querbrüche,** auf denen vulkanische Schwellen (Knoten) entstanden, in die verschiedenen zwischenandinen Becken (Hoyas) unterteilt wurden.

Der Nordteil des Landes unterscheidet sich stark vom Süden; denn im Norden haben sich im Quartär die langgestreckten Kerne der Kordilleren in einem viel höheren Grad gehoben. So erwecken die Längsabschnitte, die eine geringere Hebung erfahren haben, den Anschein, abgesunken zu sein im Vergleich zu den auf größere Höhe gehobenen Abschnitten. Es handelt sich aber nur um relative Senkungen, durch die z. B. die interandine Depression zwischen Westkordillere und Cordillera Real abgesunken erscheint, nur weil sie im Verlauf der allgemeinen Hebung in ihrer Aufwärtsbewegung gegenüber den seitlich anschließenden Kordilleren zurückgeblieben ist.

Der Grad der Hebung kann sehr unterschiedlich sein und je nach den Verhältnissen 100 m bis mehr als 1000 m betragen; denn zu Beginn des Quartärs hatten die höchsten Rücken der Kordilleren keine größeren Höhen als bis zu 2000 m. Gegenwärtig reichen sie als Sockel der während des Quartärs aufgesetzten Vulkane in Höhen von 4000 m und höher.

In der Einleitung zum Kapitel über das Quartär war erwähnt worden, daß, speziell in den andinen Gebieten, die Vulkane sich fast ausschließlich über den durch vertikale Bruchbewegungen entstandenen Spalten aufgebaut haben. Diese Erscheinung erlaubt, aus der Stellung und Gruppierung der Vulkane bestimmte Schlüsse zu ziehen auf das Vorhandensein und Ausdehnung (s. Geolog. Karte) großer Störlinien.

Erdbeben

Auf den Verwerfungen lösen sich noch in der Gegenwart meist sehr schwache Beben aus. Die letzten starken Beben, die Menschenleben kosteten und z. T. große Verheerungen anrichteten, waren folgende:

Erdbeben vom Valle de los Chillos, östlich von Quito, 9. 8. 1938
Erdbeben von Guayaquil, 13. 5. 1942
Erdbeben von Imbabura, 11. 5. und 24. 7. 1955
Erdbeben von Loja, 22. 3. 1956
Erdbeben von Esmeraldas, 19. 1. 1958

In der geologischen Karte sind die langen Verwerfungszonen markiert und erscheinen vorwiegend im nördlichen Teil der Sierra und des Litoral. Die Epizentren der im Lande auftretenden Beben sind zum größten Teil im Bereich der Verwerfungszonen lokalisiert worden (Abb. 7).

Im übrigen werden in der Sternwarte von Quito leichte Beben dauernd aufgezeichnet, von denen die meisten von den Bewohnern kaum oder überhaupt nicht gespürt werden, die aber eine Neutralisierung der in den Bruchzonen entstehenden Spannungen bedeuten und damit stärkere Erstöße verhüten. So waren Monate vor dem Beben vom Valle des los Chillos die Kleinstbeben ausgeblieben, und die sich ansammelnden Spannungen hatten sich im starken Beben vom 9. August 1938 gelöst.

Längsbrüche

Die tektonischen Bewegungen haben sich bis in die Gegenwart fortgesetzt und dauern noch an, wie die seismischen Erschütterungen beweisen. Die durch sie im Pleistozän hervorgerufenen Verschiebungen entlang der Bruchzonen zeichnen sich nicht nur in großem Maßstab durch die linienförmige Anordnung der Vulkane, die Stellung und Form der seismischen Hypozentren ab, sondern sind auch kaum durch die Wirkungen von Erosion und Sedimentation verschleiert und können in ihren Einzelheiten in der andinen Region beobachtet werden.

In der **Quebrada Nayón** (Abb. 12, Profil C) nordöstlich von Quito bilden Verwerfungen mit einer totalen Sprunghöhe von ca. 200 m einen Ausschnitt der gestuften Absenkung der zwischenandinen Depression. Die relative Senkung des Beckens von Quito erfolgte an Verwerfungen mit angenäherter N-S-Richtung und in treppenförmiger Anordnung an der Westseite. Die Schichten und Oberflächen der verschiedenen Stufen unmittelbar nördlich von Quito sind leicht nach Westen geneigt als Effekt der abschiebenden Drehbewegung der sinkenden Schollen. So bildet die Meseta von Quito die obere Stufe der tektonischen, zur innerandinen Depression absteigenden Treppe (Abb. 12, Profile A, B und C des Beckens von Quito). Das Profil B kreuzt die Südseite von Quito von den Abhängen des Pichincha ab in Ostrichtung zur innerandinen Depression und zeigt, wie durch die

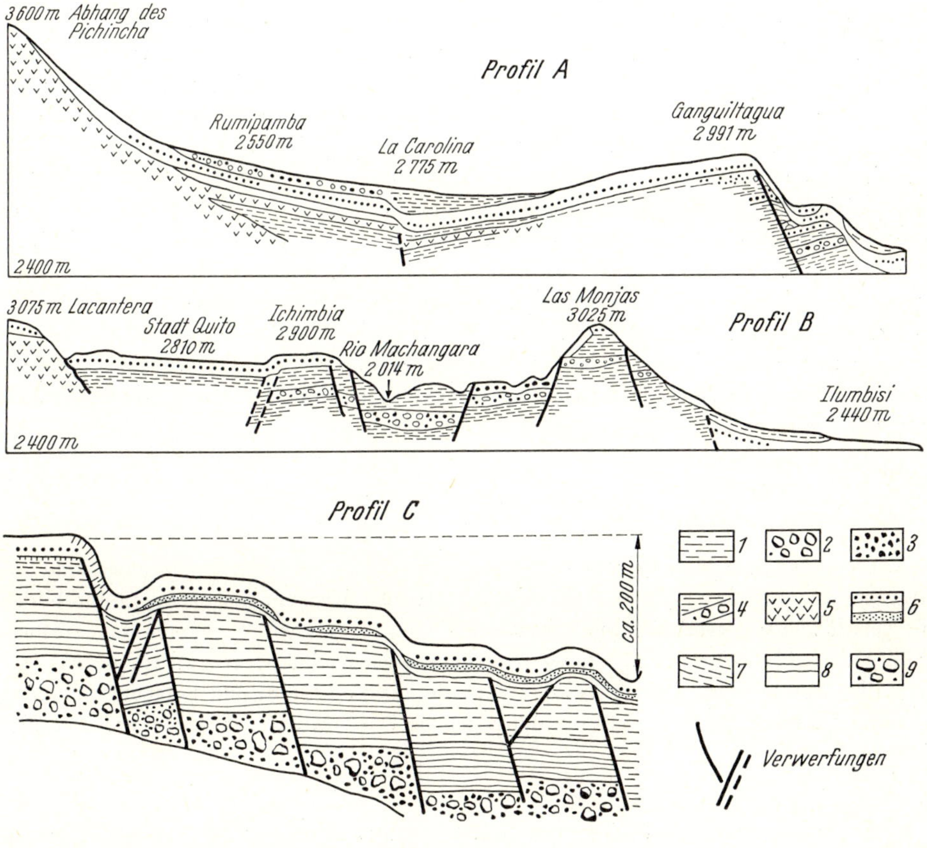

Abb. 12. Profile bei Quito. 1. IV. Eiszeit, fluvio-lakustre Cangagua. 2. Moräne. 3. III. Interglacial, äolische Cangagua mit Kugeln. 4. III. Eiszeit, lakustre Cangagua mit Moräne. 5. Andesit-Lava. 6. II. Interglacial, äolische Cangagua mit Kugelhorizont und Bimsstein. 7. II. Interglacial, lakustre Cangagua. 8. II. Eiszeit, lakustre Cangagua. 9. II. Eiszeit, Grundmoräne. Zeichn. W. Sauer

vertikalen Bruchbewegungen von verschiedenem Ausmaß der Horst von Las Monjas zwischen dem Río Machangara und der innerandinen Depression entstanden ist.

In der Provinz Imbabura im Norden des Landes haben einige Stufen nördlich von Ibarra eine gesamte Sprunghöhe von 300 bis 400 m Höhe entlang einer N-S gerichteten Verwerfung.

Ähnlich liegen die tektonischen Verhältnisse der innerandinen Depression nach Süden hin bis zum Becken von Riobamba, nur daß die Hauptbrüche und -senkungen auf die andere Seite der Depression gewechselt haben. Es werden auch hier Sprunghöhen bis zu 400 m erreicht.

Südlich von Salcedo verdankt der **See von Yambo** seine Entstehung tektonischen Ursachen. In diesem Gebiet senkte sich der Grund der Depression einseitig am östlichen Rand durch Brüche unter Schrägstellung der ursprünglich horizontalen Schichten, welche im Tal des Río Guapante eine ausgesprochene Neigung nach Osten annahmen, in größerem Ausmaß östlich von der Straße Salcedo-Pillaro. Auf der Westseite wurde durch die Drehung der gekippten Scholle der Aufbruch der quartären Schichten herbeigeführt, so daß sich dem Westrand des Beckens entlang eine lange, prismatische Bresche in Keilform öffnete und am Grund sich mit dem Wasser des Sees von Yambo füllte. Die Neigung der Schichten nach Osten, welche die Steilufer des Sees bilden, ist daher am Ostufer stärker als am westlichen. P. SEMANATE (1952) hat die Stratigraphie und Tektonik dieser Zone eingehend beschrieben.

Longitudinale Verwerfungen und Brüche bestehen auch in der zentralen Achse der innerandinen Depression, wie sich durch die Konstruktion der Isoseisten des Erdbebens vom 9. August 1938 im Valle de los Chillos östlich von Quito erwiesen hat (Abb. 7). Aus der Form und Stellung der Isoseisten wurde das Epizentrum zwischen den erloschenen Vulkanen Ilaló und Pasachoa festgestellt. Der Herd liegt auf einer N-S-Verwerfung in der Mitte der innerandinen Depression zwischen Ilaló und Pasachoa. Über einem anderen zentralen Bruch in dem nördlichen Becken von Ibarra hat sich der mächtige **Vulkan Imbabura** aufgebaut.

Querbrüche

Die vulkanischen Massive, welche die einzelnen Becken voneinander trennen, sind auf transversal zur Richtung der Kordilleren verlaufenden Bruchzonen entstanden und bilden in verschiedener Gestaltung die sogenannten Knoten (nudos). Sie treten in einzelnen Fällen durch die Gruppierung großer erloschener oder noch aktiver Vulkane hervor, wie z. B. der Cotopaxi im Knoten zwischen den Becken von Quito und Latacunga-Ambato und der Chimborazo im Knoten zwischen den Becken von Latacunga-Ambato und Riobamba.

Flußterrassen und Gletschermoränen

Allgemeine Beweise für epirogene Vertikalbewegungen liefern die übereinander abgesetzten Flußterrassen. Am Fuß und an den Ausläufern der Kordilleren können Flußterrassen in verschiedenen Höhenlagen beobachtet werden.

Im Süden stehen alte Gletschermoränen in der Nähe von Piñas (Provinz El Oro) in Höhen von nur 800 m an, was heißen würde, daß die pleistozänen Gletscher bis in eine so tiefe Lage gelangt sein müßten. Diese außerordentliche Erscheinung erklärt sich durch eine spätere Senkung von vielen hundert Metern an dieser Stelle. Diese Vermutung wird an der Küste durch die ertrunkenen Täler bestätigt, deren ursprünglicher Grund während des Pleistozäns unter den Meeresspiegel abgesenkt worden war, wie das Tal des Unterlaufes des Río Amarillo in der Provinz El Oro.

Verwerfungen auf den Außenseiten der Kordilleren

Die einzelnen tektonischen Abschnitte der Cordillera Real sind voneinander durch Verwerfungen getrennt. Ein Grabenbruch zieht sich im östlichen Randstreifen der Cordillera Real etwa zwischen 0° und 2° südlicher Breite hin, aber viel weniger ausgeprägt als die innerandine Depression. Diese Topo-Quijos-Senke ist im geologischen Längsprofil des Río Pastaza eingezeichnet. Sie nimmt den Raum zwischen der Cordillera Real und dem Granitbatholithen des Cerro Abitagua (dritte Kordillere) ein und reicht im Norden bis ins Tal des Río Quijos, wo sie mit dem aktiven Vulkan Reventador endet. Ihr entgegengesetztes Ende, im Süden von Mera, umfaßt einen komplizierten tektonischen Komplex von Verwerfungssystemen in den tertiären und metamorph-kristallinen Formationen.

Die mächtigen Flußterrassen des Río Pastaza bei Mera haben Höhenunterschiede bis zu 100 m und mehr bei einer Gesamtmächtigkeit bis zu 1000 m, infolge der starken epirogenen, etappenweise erfolgten Hebung der Anden.

Die westlichen Abhänge der Westkordillere steigen in zwei Hauptstufen zu den Küsten-Niederungen ab, zwischen Zumbagua und Quevedo als die tektonischen Terrassen von Pilaló und Macuchi. In ähnlicher Weise zeigen sich die durch vertikale Verwerfungen voneinander getrennten Stufen in der Gegend von San Miguel-Babahoyo und im Westen von Quito auf der Strecke Saloya-Santo Domingo de los Colorados.

E. Die Galápagos Inseln (Archipel von Colón)

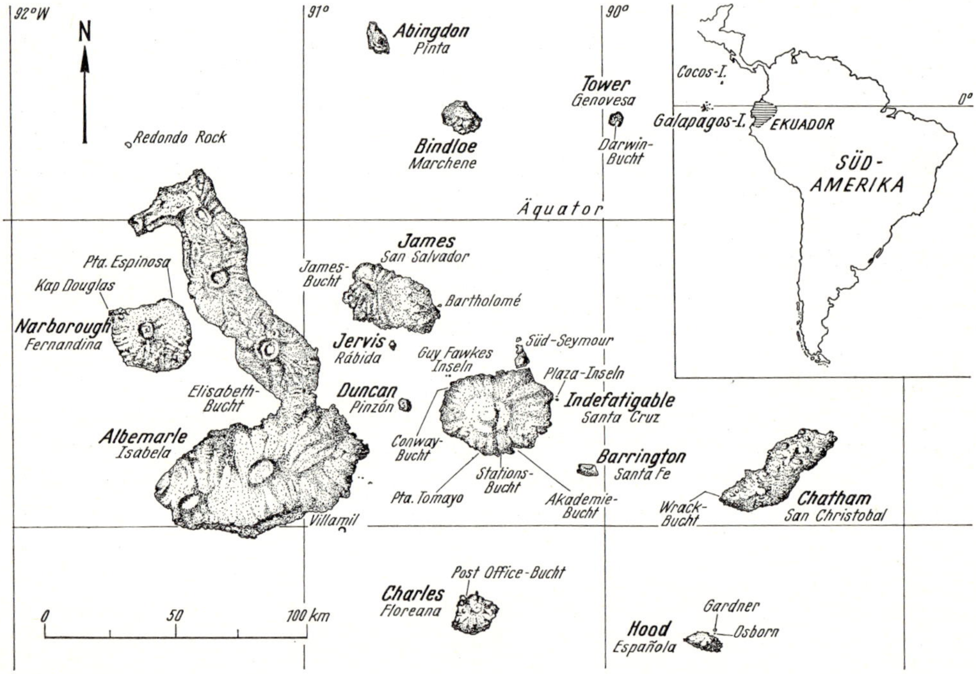

Abb. 13. Karte der Galápagos Inseln. Eibl-Eibesfeldt, 1960

Fesselnde Beschreibungen der Geographie (Abb. 13, Karte der Inselgruppe), der Geologie, des Klimas, der Fauna und Flora des Archipels hat T. Wolf in seinem Werk „Geografía y Geología del Ecuador" gegeben (1892) in einem Kapitel, das auch interessante Betrachtungen über die wirtschaftliche Bedeutung der Inseln für Ecuador bringt.

In erster Linie läßt uns der Autor an seinen Beobachtungen teilnehmen und führt uns verschiedene Aspekte der Inseln vor Augen, die in einer eindrucksvollen Monotonie aus schwarzen Basalten und ihren pyroklastischen Derivaten bestehen. So macht er uns mit den überraschenden Formen und Figuren der erstarrten Oberfläche der Lavaströme bekannt. Er diskutiert überzeugende Auffassungen über erregende biologische und geologische Probleme. Das selten gewordene Buch dieses Gelehrten war allmählich fast unzugänglich geworden. Glücklicherweise hat der ecuadorianische Forscher C. M. LARREA vor kurzem ein ausgezeichnetes Werk über die Geschichte der Entdeckung und der wissenschaftlichen Erforschung der Inseln (1960) herausgegeben. Dieser Autor beleuchtet nicht nur neue und interessante Themen, sondern erweitert die früheren durch die neuesten Kenntnisse. Besonders interessieren die Diskussionen über die bekannten Probleme der biologischen Entdeckungen DARWINS, die sich auf die Entstehung der Inseln und die Möglichkeit der Einwanderung der terrestren Fauna auf die Inseln beziehen, sei es über angenommene Landbrücken, die die Inseln mit dem Festland verbunden haben sollen oder durch zufällige Transporte durch „Wellen und Wind". Eine Bibliographie mit 746 Titeln vervollständigt den Wert des Buches.

1. Die Entstehung der Inseln

Die Inseln bestehen fast ausschließlich aus vulkanischen Gesteinen, ganz überwiegend aus basischen Lava- und Tuffmassen sehr variierter Fazies. Die pyroklastischen Anhäufungen von Tuffen und Brekzien kommen in geringerem Maße als marine Absätze und äolische Sedimente vor, infolge der Entstehung der Inseln als submarine Vulkane, von denen nur die Spitzen über den Meeresspiegel herausragen. Über die tektonische Position dieses submarinen Vulkanismus hat A. J. EARDLEY (1954) wichtige Einzelheiten veröffentlicht in seiner Arbeit über die tektonischen Beziehungen zwischen Nord- und Südamerika und hat auch eine bathymetrische Karte (Abb. 14) des östlichen pazifischen Ozeans publiziert. In dem einspringenden Winkel zwischen den Westküsten des südamerikanischen Kontinents und den Küsten von Mittelamerika kreuzen sich auf dem Meeresgrund die submarinen Rücken von **Cocos Ridge** und **Carnegie Ridge**, gerade an der Stelle, wo sich vom Meeresgrund die vulkanischen Inseln des Archipels erheben.

Die Entstehung der untermeerischen Rücken ist aufs engste verknüpft mit den tektonischen Ereignissen des Ozeanbodens. L. J. CHUBB (1933), auf dessen Studien sich M. C. LARREA in seinem Werk (1960) beruft, hat zahlreiche Untersuchungen über die vulkanischen Inseln des Pazifik und ihre Beziehungen zum Ozeanboden ausgeführt. Die ozeanographischen Beobachtungen haben ergeben, daß auf dem Grund des zentralen und östlichen Pazifik sich eine weite Fläche, das Albatros Plateau (Rise), in Tiefen von weniger als 2000 Faden (3658 m) ausdehnt in der Form einer großen, submarinen Meseta, um die der Ozeanboden tiefer liegt und auf deren innerer Fläche keine Insel über Meeresniveau emporragt. Dagegen haben sich an den Rändern ihrer westlichen und östlichen Ausbuchtungen Gruppen von vulkanischen Inseln aufgesetzt, die allem Anschein nach auf Spaltensystemen entstanden sind, wie die Marquesas im Westen und die Galápagos im Osten.

Auch auf oder nahe bei dem Südrand gibt es verschiedene vulkanische Inseln, so den Archipel Mangareva, die Inseln Pitcairn, Sala y Gomez, Juan Fernandez und die Osterinsel. Alles spricht dafür, daß das Plateau einen widerstandsfähigen Block bildet, der tektonisch beansprucht wurde, so daß Magma durch die Bruchzonen aufsteigen und die vulkanischen Inseln entstehen konnten.

In der bathymetrischen Karte (1954) sind die Bruchzonen der Ostseite des Plateaus von Clarion und Clipperton 17° und 9° nördlicher Breite angegeben und die Hauptbrüche

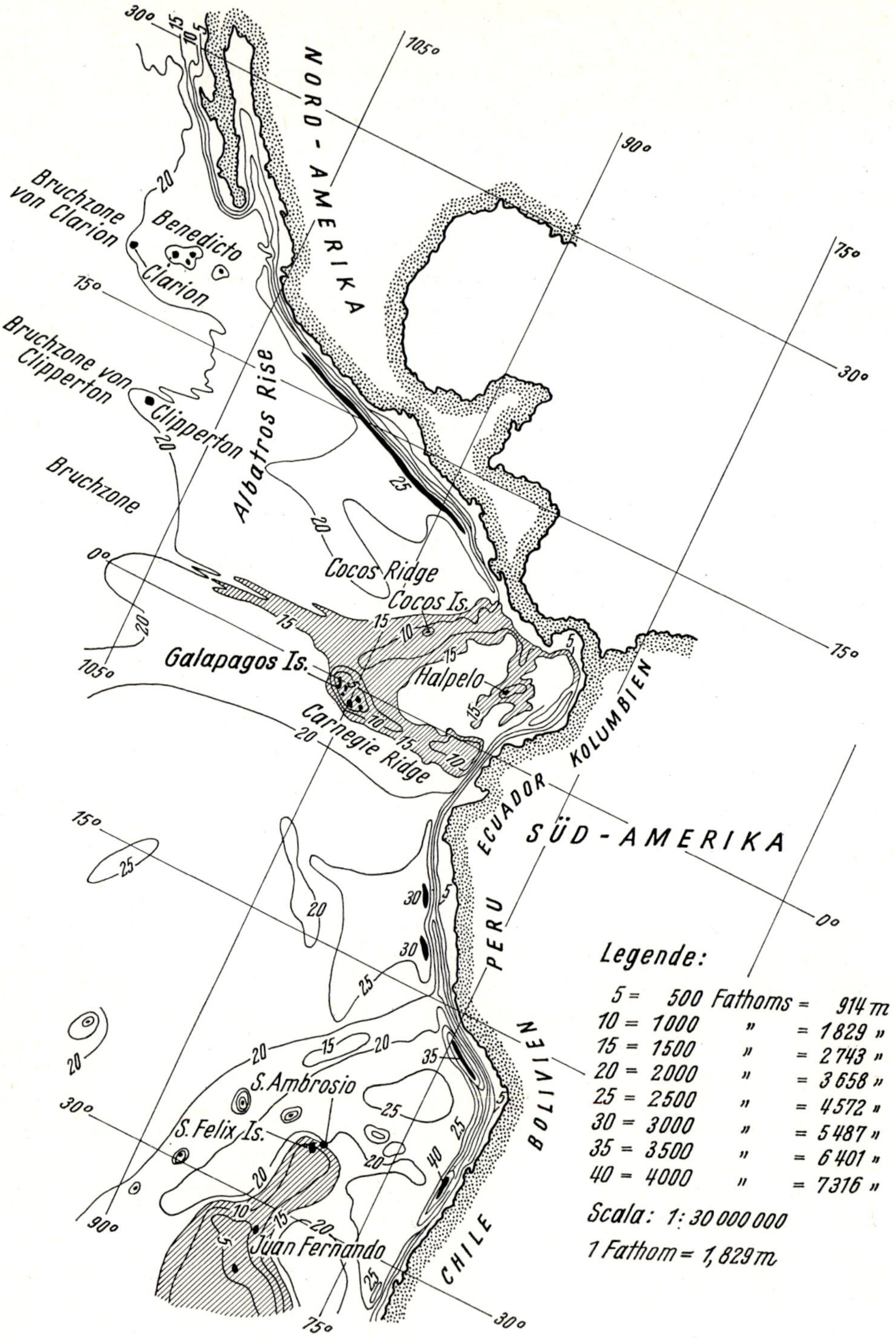

Abb. 14. Bathymetrische Karte des Ostpazifik. Nach A. J. EARDLEY, 1954

auf 2° nördlicher Breite, auf denen sich die untermeerischen Rücken von Cocos und Carnegie gebildet haben. Auf dem Cocosridge entstand die Cocosinsel und auf der Kreuzung beider Rücken entlud sich der Vulkanismus mit verstärkter Heftigkeit und hat den großen Archipel von Colón, die Galápagos Inseln, geschaffen.

L. J. Chubb sieht seine Theorie dadurch bestätigt, daß die Entstehung dieser Inseln auf eine gemeinsame Ursache zurückzuführen ist, die sich durch die augenscheinliche Identität ihrer Gestaltung und geologischen Entwicklung offenbart, soweit sie sich auf die bekannten Galápagos, Marquesas und die Osterinsel beziehen. Die Insel Pitcairn ähnelt dem Vulkan vom Cap Berkeley auf der Insel Albemarle (Isabela), denn beide sind durch eine Verwerfung gespalten.

Auch petrologisch gleichen diese Randinseln des Plateaus einander aber unterscheiden sich von der Mehrzahl der übrigen Pazifikinseln durch die überraschende Charakteristik ihrer basaltischen Gesteine, d. h. durch die *vollkommene Abwesenheit nephelinischer Typen* im Gegensatz zur häufigen Anwesenheit freier Kieselsäure in den Gesteinen des pazifischen Typs.

Nach den letzten ozeanographischen Forschungen nimmt auf den neuen Seekarten zwischen 85° und 105° westlicher Länge und 5° und 15° südlicher Breite das bis über 5000 m tiefe Perú-Chile-Becken große Teile des Plateaus ein, womit die Bezeichnung Plateau verschwinden müßte aber um Umschreibungen in der Darstellung der tektonisch-vulkanischen Erscheinungen zu vermeiden, hier vorläufig beibehalten worden ist.

Der Archipel von Colón (Galápagos Inseln, Abb. 13) umfaßt 13 Inseln und eine größere Anzahl von Inselchen und alleinstehenden Felsen, alle vulkanischen Ursprungs. In ihrer Mehrzahl bestehen die kleineren Inseln aus nur je einem Vulkan, doch setzen sich die größeren San Salvador (James) und San Cristobal (Chatam) aus zwei Vulkanen und Isabela (Albemarle) aus sechs Vulkanen zusammen.

Die Inseln zeigen die symmetrische Gestalt der Vulkankegel von kreisförmiger oder etwas eliptischer Peripherie an ihrer Basis mit großen zentralen Kratern. Die Neigungswinkel der äußeren Abhänge steigen von 10–15° am Fuß allmählich an bis zu 25° an den oberen Rändern (J. C. Granja, Geología de la Isla Genovesa, 1964).

C. M. Larrea erwähnt H. de Varigny, nach dem die Inseln auf einer submarinen Meseta in der Tiefe von 1000 brazas (= 1671 m) ruhen müßten. Die Meseta soll früher mit dem Kontinent verbunden gewesen sein.

H. de Varigny hat die Vorstellung, daß die Galápagos einen ausgedehnten Komplex von Vulkanen darstellen, welche mit ihren Gipfeln über die Oberfläche des Meeres herausragen, indem sie sich auf ihrer Basis, der Kreuzung der submarinen Rücken, aufbauten, die auf der Isobathe 10 (1000 fathoms = 1829 m) der bathymetrischen Karte ca. 200 km in der Länge und 110 km in der Breite mißt. Nach der offiziellen geographischen Karte von Ecuador ergeben sich für die Basis des untermeerischen Vulkanmassivs in einer Tiefe von 2508 m für die Länge ca. 300 km und die Breite 180 km.

Die **absolute Höhe** des höchsten **Vulkans Wolf** (Höhe über Meeresspiegel = 1707 m) auf der Insel Isabela (Albemarle) gerechnet von seiner submarinen Basis von 1000 brazas Tiefe, würde 3379 m betragen und mit den höchsten Vulkanen der Kordilleren rivalisieren, welche ihre Basen auf den Ketten der Anden auch nur um etwa 3000 m übertreffen.

Die Hauptvulkane des Archipels zeichnen sich durch ihre beträchtlichen Höhen von über 1000 m über dem Meeresspiegel aus; so steigt auf der großen Insel Isabela der Vulkan

Sto. Tomás, auch Nina Chumpi genannt, auf 1500 m, der Cerro Azul auf 1689 m, Alcedo auf 1097 m, Darwin (Mount Williams) auf 1280 m und Wolf (Mount Whiton) auf 1707 m NN. Auf der Insel Fernandina (Narborough), westlich von Isabela, von ihr durch die 5 km breite Meerenge Bolívar getrennt, erreicht der Vulkan La Cumbre die Höhe von 1494 m über Meeresspiegel. Der kleine, halbmondförmige Palagonitkrater zwischen Kap Berkeley und der Punta Vicente Roca der Insel Isabela hat die respektable Höhe von 702 m über Meeresspiegel. Die Vulkane der kleinen Inseln erreichen kaum die Höhe von 900 m NN und in einigen Fällen übertreffen sie nicht einmal die Höhe von 500 m NN. So ist auf der Insel San Salvador (James) der Cerro Cowan 884 m hoch, auf der Insel San Cristobal (Chatam) der Monte San Joaquín 896 m, auf der Insel Sta. Cruz (Indefatigable) der Chacras 864 m, auf der Insel Sta. María (Floreana) der Cerro Paja 640 m, der Cerro de la Pinta (Abdington) 762 m, und auf der Insel Marchena (Bindloe) kommen die Tuffkrater bis auf 343 m über Meeresspiegel. Die übrigen kleinen Inseln und Inselchen bleiben unter Höhen von 300 m.

Der innere Boden der Krater ist gewöhnlich 150–200 m tiefer als der hohe Rand der Umwallung. Der Durchmesser der größeren Krater variiert je nach der Größe des Vulkans zwischen 500 und 1000 m und mehr.

In der Höhenzone der vorherrschenden Trockenheit zwischen der Oberfläche des Meeres und dem Niveau von 300 m entfalten sich die düsteren Felder der schwarzen Basaltlaven, wenig geneigt und frisch infolge des semiariden Klimas und des verhältnismäßig jungen Alters der Lava und charakterisiert durch die spärliche Vegetation von Kaktus und anderen Xerophyten. Die Lavafelder der Insel Isabela (Albemarle) und Fernandina (Narborough) umrahmen die großen Vulkane vollständig. Von fern gesehen unterscheiden sich die einzelnen Lavaströme durch den Grad ihrer Verfärbung, bedingt durch ihre Verwitterung, und lassen erkennen, daß die dunkelsten die jüngsten sind.

Die sehr unregelmäßig rauhe Oberfläche der Lava macht den Eindruck noch fließenden Magmas mit den durch das heftige Entweichen der heißen Gase hervorgerufenen kapriziösen Formen, indem sich große Blasen aufblähten und platzten oder sich kleine Schlakkenkrater öffneten.

Entsprechend der Verwitterung und Erosion der Gesteine der verschiedenen Inseln scheinen folgende die ältesten zu sein: San Cristobal (Chatam), Floreana (Charles) und Española (Hood). Santa Cruz (Indefatigable) nimmt wohl eine Zwischenstellung ein. Fernandina (Narborough) muß nach dem äußeren Anblick als jüngste gelten, weil ihre Laven die frischesten sind im Vergleich mit den Basalten aller übrigen Inseln. Auch das Fehlen von Nebenvulkanen bestätigt, daß Fernandina sich noch im Anfangszustand ihrer vulkanischen Evolution befindet.

Nach der Entstehung des Archipels sind vulkanische Eruptionen nur auf San Salvador (James), Isabela (Albemarle) und Fernandina (Narborough) registriert worden. Wahrscheinlich hat die vulkanische Tätigkeit in den östlichen Teilen des Archipels begonnen und ist allmählich nach W und NW gewandert.

L. J. Chubb (1933) unterscheidet drei Eruptionsphasen, die sich nacheinander auf jeder Insel abgewickelt hätten:

a) Eine Eruptionsperiode von größerem Umfang während des Aufbaus der großen Vulkane; das ausgeworfene Material ist vor allem pyroklastisch, wenigstens in den späteren Eruptionsstadien.

b) Eine Periode verminderter Tätigkeit, charakterisiert durch Tufferuptionen, während welcher die Parasitkrater entstanden, die in einer Entfernung von einigen Kilometern von den größeren Kratern liegen und anzeigen, daß sich die Haupt-Eruptionskanäle in beträchtlicher Tiefe verstopft hatten.

c) Eine Periode von Lavaergüssen durch Spalten in den Flanken der größeren Vulkane. Da die Eruptionen zu dieser Zeit aufhörten explosiv zu sein, ist wahrscheinlich, daß damals das größte Volumen der flüchtigen Elemente des Magmas schon entwichen war. Diese dritte Phase ist in den westlichen Vulkanen des Archipels noch nicht abgeschlossen.

L. J. Chubb (1933) hat konstatiert, daß der Farbwechsel über 300 m NN von Schwarz zu bräunlichem Gelb nicht allein durch den Klimawechsel und durch die intensive Verwitterung der Gesteine dieser permanent feuchten Zone verursacht ist, sondern vor allem durch einen Wechsel im vulkanischen Material.

Aus größerer Entfernung zeigen die oberen Zonen der Vulkane Farben von Grau bis bräunlich Gelb mit radialen, fast schwarzen Streifen der Basaltströme. Die Streifen treten in die schwarzen Lavafelder ein, von denen die oberen, heller gefärbten Zonen durch eine betonte Grenzlinie getrennt sind. Untersuchungen ergaben, daß die Hänge von 200 m Höhe aufwärts bis zu den höchsten Rändern der Vulkane mit zerreiblichen, wenig kompakten und mit Lavabruchstücken gemischten Tuffen bedeckt sind. Aus Öffnungen in den Flanken des Vulkans oder kleinen, auf Spalten aufgesetzten Schlackenkegeln haben sich dünnflüssige Lavaströme von geringer Mächtigkeit in die vom Regen ausgespülten Furchen ergossen. Lavaströme dieser Art haben von Anfang an am Aufbau der Vulkane teilgenommen.

Nach L. J. Chubb bestehen die Vulkane in erster Linie aus Pyroklasten, denn die dünnflüssigen Basaltlaven können sich nicht auf den oberen, verhältnismäßig steilen Hängen mit Neigungswinkeln von 20–25° gehalten haben, einer Abschüssigkeit, welche die Tuffvulkane charakterisiert, z. B. den bekannten Krater Tagus am Fuß des Vulkans Darwin an der westlichen Küste der Insel Isabela (Albemarle). Gewöhnlich gehen die Lavaströme bis an das Meeresufer und dringen in das Wasser als kleine Landzungen oder Halbinseln vor, voneinander getrennt durch schmale Buchten, Lagunen oder mangrovebewachsene seichte Flachwasser. In andern Fällen enden sie als Klippen oder Steilabbrüche von geringer Höhe.

Parasitkrater in Form von Aschen-, Tuff- oder Schlackenkegeln finden sich häufig am Fuß der Vulkane, erheben sich bis zu 100 m Höhe über die Oberfläche der Lavafelder an den Küstenstrichen, bilden Felseneilande oder kleine Inseln. Es wird angenommen, daß sie noch unter dem Meerwasser entstanden sind und die geschichteten Palagonittuffe und Pyroklasten geliefert haben. Es würde eine spätere Hebung von ca. 100 m genügt haben, um die kleinen, halbmondförmigen Palagonitkrater über das Meer auftauchen zu lassen.

Der **Palagonit** ist aus der Verwitterung, durch Hydrierung des Basaltglases im Tuff (Sideromelan), hervorgegangen und enthält als neugebildete Minerale Zeolithe und nicht zersetzte Lavapartikel. Unter den von den basaltischen Vulkanen ausgeworfenen Aschen und Sanden herrschen diese glasigen Partikel vor, die ihrerseits Mikrolithe von Augit und Plagioklas enthalten. Da im Basaltglas Eisenoxyde vorhanden sind, zeigen der Palagonit wie auch die Tuffe gelblich-bräunliche Farbe des **Eisenhydroxyds**.

T. Wolf (1892) hat beobachtet, daß diese Palagonitkrater auf der nördlichen Hälfte von Chatam (San Cristobal) vorkommen, auf der Nord- und Ostseite der Insel Floreana (Charles), wo sie die Punta Coromant und die Riffinseln Enderby, Caldwell und Gardner bilden; weiter an verschiedenen Punkten der Indefatigable (Santa Cruz) und James (San Salvador); aber in größerem Maße noch auf der Westküste von Albemarle (Isabela), vor allem in der Bucht von Tagus gegenüber der Insel Narborough (Fernandina) und auf dem Cap Berkeley von Albemarle (Isabela). „Man kann nicht zweifeln", fährt er fort, „daß die isolierten Punkte von Palagonittuff miteinander unter den rezenten Lavadecken oder unter Wasser in Verbindung stehen. Der Palagonit ist das älteste, heute an wenigen Stellen sichtbare und damit durch die Tätigkeit des Meeres teilweise zerstörte Fundament der Inseln".

„Wenn auch im allgemeinen die Palagonit-Formation als die Vorläuferin der heutigen Basaltlaven angesehen werden muß, so ist deshalb doch die Verbindung beider nicht so eng, daß die alten Tuffkrater als Kanäle für die modernen Eruptionen gedient hätten. Im Gegenteil, diese haben allem Anschein nach ganz unabhängig von den Tuffkratern stattgefunden. Ich kenne nur zwei Punkte, an denen Schlackenkegel sich in alten Tuffkratern befinden: einer ist die Punta Cormorant auf der Insel Floreana, der andere findet sich an einer Stelle des Kaps Berkeley auf Albemarle (Isabela)."

„Es gibt einige Krater, deren Inneres von schlackiger Lava überschwemmt ist, so auf Chatam (San Cristobal) und Albemarle nahe bei der Bucht von Tagus; jedoch stammt diese Lava nicht aus den Kratern selbst, sondern ist in die Krater durch seitliche Öffnungen der Umwallung aus den Lavafeldern ihrer Umgebung eingedrungen."

L. J. Chubb (1933) hat Tuffe in verschiedenem Stadium ihrer Palagonitisierung beschrieben. Er hat auch den interessanten Fall erwähnt, daß ein unveränderter Sideromelan-Tuff nur durch feinsten, vulkanischen Staub im Anfangsstadium der Zersetzung zementiert war. Diese Tuffe fand er auf den Inseln Isabela (Albemarle) und San Salvador (James). Sie sind von grünlich- und bräunlichgelber Farbe und leicht zerreiblich. Andere Tuffe bestehen nur aus Fragmenten von Feldspat und Augiten (Kristalltuffe). Manchmal enthalten die wenig konsolidierten Tuffe pisolithische Knöllchen von 0,5 bis 1,0 cm Durchmesser, eine von vielen Vulkanen der Welt bekannte Bildung, die als Aschekügelchen erklärt wird, die während der Regenfälle auf frischer Asche entstanden sind.

Da der Palagonit ein Hydrierungsprodukt ist, wird angenommen, daß die Palagonittuffe und Krater zeitweise im Meereswasser untergetaucht waren. Eine Bestätigung für das Wiederauftauchen hat T. Wolf (1892) gefunden in den in 100 m über dem Meeresspiegel eingeschlossenen, fossilen Mollusken im Palagonittuff kleiner Krater, deren submarine Entstehung gesichert ist auf Grund der Palagonitisierung der Asche, welche den Tuff bildet. Dieser Fund beweist auch die Hebung der Inseln um hundert und mehr Meter nach der Bildung des Parasitvulkans.

Schon C. Darwin hatte fossile Meeresmuscheln in den Tuffen von zwei Kratern auf derselben Insel beobachtet und diese als aus dem Meer aufgetaucht angesehen. W. H. Ochsener fand einen noch bestimmteren Beweis für die Hebung in der Gegenwart von fossilführenden marinen Sedimenten, welche W. H. Dall (1924) von den Steilufern der Ostküste der Inseln Santa Cruz (Indefatigable) und Seymur beschrieben hatte und dem Pliozän zurechnen konnte. Das Maß der Hebung war nicht angegeben. Doch hatte diese Entdeckung große Bedeutung, weil sie erwies, daß die Inseln augenscheinlich in nicht viel geringerer Ausdehnung schon seit dem Pliozän existiert haben. Die zwischen den Lavaströmen lagernden, fossilführenden Sedimente in Höhen von 12 bis 15 m über Meeresspiegel auf der Insel Isabela (Albemarle) gehören dem unteren Pleistozän an; wahrscheinlich sind ähnliche fossilführende Schichten unter den Lavafeldern auch anderer Inseln vorhanden.

L. J. CHUBB schließt, daß anscheinend keine Beweise für vertikale Bewegungen *vor* dem Pliozän vorhanden sind, daß aber alle untersuchten Erscheinungen auf eine Hebung von einigen hundert Fuß (etwa 100 m) nach der Entstehungsperiode der tuffigen Parasitkegel hindeuten und daß während der Eruptionsphase die Inseln fast stationär geblieben seien, abgesehen von geringen Senkungen.

Mit der *mineralogisch-chemischen Zusammensetzung der Basalte* haben sich L. J. CHUBB & C. RICHARDSON (1933) beschäftigt und gefolgert, daß im allgemeinen die Basalte der Galápagos porphyrisch ausgebildet seien mit Einsprenglingen meist von Olivin oder basischen Plagioklasen. Die Basalte sind durch einen sehr *niederen Gehalt von* K_2O *und relativ hohen von* Al_2O_3 *und* CaO charakterisiert. Sie repräsentieren daher mit wenigen Ausnahmen den *pazifischen* Basalttyp mit Tendenz zum *Übergang zu basaltischem Andesit.*

Der Versuch von L. J. CHUBB, eine chronologische Reihenfolge für die Eruptionen mittels der Anwendung einer chemisch-kristallographischen Methode aufzustellen, hat die Beobachtung von T. WOLF bestätigt, daß die ursprünglichen vulkanischen Formationen die Palagonittuffe gewesen seien; denn L. J. CHUBB hat festgestellt, daß die Tuffe von Isabela (Albemarle), Pinta (Abington) und San Salvador (James) zuerst ausgeworfen und sedimentiert wurden, und ihnen später die Basaltergüsse der Insel Isabela und der beiden anderen Inseln gefolgt sind.

Dem Alter der Fossilien entsprechend, die in den Palagoniten gefunden wurden, muß die Gestaltung des Galápagos-Archipels ihren Anfang im Pliozän und in den ersten Zeiten des Pleistozäns gehabt haben. Gegenwärtig sind nur zwei Vulkane auf der Insel Isabela (Albemarle) tätig mit Eruptionen von nur kurzer Dauer.

Eine überraschende Erscheinung verdient noch erwähnt zu werden: *Das Fehlen von Korallenriffen* in allen Teilen des Archipels trotz seiner Lage unter dem Äquator. Verschiedene Autoren geben die Schuld dem Schlamm, der vom Festland durch den Ozean bis zum Archipel herbeigeführt sein soll. Aber schon J. D. DANA vermutet, daß die Entstehung von Korallenriffen durch die Verminderung der Temperatur des Wassers an der Oberfläche des Meeres verhindert werde, hier durch den Einfluß des kalten Humboldtstroms, dessen westlicher Arm die Küsten der Inseln bespült.

Die Temperaturen der Meeresoberfläche an der Küste des Kontinents zwischen dem Kanal von Panamá und der Insel Gorgona liegen bei 25–26° C., denn diese Gebiete befinden sich außerhalb der Einwirkung des kalten Stromes; und in diesem Falle ist das Fehlen von Korallen tatsächlich durch das schlammige Wasser der Küste bedingt. Doch die Temperatur des Oberflächenwassers des in Frage kommenden Armes des kalten Humboldtstroms hat bei den Galápagos-Inseln nur 20° C. Daß für das kräftige Wachsen von Korallen Temperaturen über 21° C. nötig sind, erklärt die Kälte des Wassers die Abwesenheit der Korallenriffe bei den Galápagos-Inseln.

Die Flachufer der westlichen Inseln bestehen aus vulkanischen Sanden und in geringem Maße aus von der Brandung zermalmten Schalen und Muscheln und Echinodermen, manchmal vermischt mit seltenen Resten von Korallen. Aber Gesteine oder Riffe von Korallen wurden von L. J. CHUBB (1933) nicht beobachtet, auch nicht an den von anderen Autoren bezeichneten Stellen.

2. Tektonik

Die Erscheinung, daß die Vulkane der Inseln in Systemen von etwa parallel verlaufenden Linien angeordnet sind, hatte schon C. DARWINS Aufmerksamkeit erregt (C. DARWIN, 1831–36). Die Linien der verschiedenen Systeme kreuzen sich in Winkeln von N 43° W und N 47° E und die großen Vulkane nehmen die Kreuzungspunkte ein. Die Hauptlinie mit NW-Richtung läuft über die Insel Culpepper (Darwin), Wenman (Wolf), James (San Salvador), Indefatigable (Santa Cruz), Barrington (Santa Fé), Riff Macgown und Hood (Española); eine zweite Linie, ungefähr parallel zur ersten, läuft über das Riff Roca Redonda, die drei östlichen Krater von Albemarle (Isabela) und Charles (Floreana); eine dritte von Narborough (Fernandina) über einen der südlichen Vulkane von Isabela (Albemarle): eine vierte weniger regelmäßig über Abington (Pinta), Bindloe (Marchena) und Chatam (San Cristobal).

Die Linien mit NE-Richtung laufen über Narborough (Fernandina), den Vulkan Mount Williams von Albemarle (Isabela), James (San Salvador) und Tower (Genovesa); von den zwei südlichen Vulkanen Cerro Azul und Nina Chumpi der Insel Albemarle (Isabela) über das Macgown-Riff und die zwei Krater von Chatam (San Cristobal).

DARWIN gelangte zu dem Schluß, daß diese Linien auch die Richtung der vermuteten Brüche der Erdkruste anzeigen, durch welche die Hauptvulkane sich den Weg zur Oberfläche, vornehmlich auf den Kreuzpunkten der Liniensysteme, hätten öffnen können. T. WOLF hält dagegen die Auswahl dieser Linien für willkürlich und schlägt zwei andere Systeme vor, deren Richtungen die Winkel halbiert, welche die DARWIN'schen Linien einschließen und sekundäre Brüche anzudeuten scheinen.

Eine bedeutende *Verwerfung halbiert den Vulkan* auf der Nordwest-Ecke der Insel Isabela entlang eines Bruches in Richtung N 43° E, genau parallel zu der Richtung einer Hauptserie von vermuteten Bruchlinien, auf denen sich die Vulkane des Archipels aufgebaut haben sollen, besonders diejenigen der Insel Isabela. Der südwestliche, nach dem offenen Meer gerichtete Teil ist versunken und seine offene Seite ist fixiert durch eine Reihe von steilen Riffen bis zu 700 m Höhe. Das Innere des halbierten Kraters ist dem Beschauer zugewendet wie eine Bank 300 m über dem Meeresspiegel. Das Ganze ähnelt einem riesigen Armsessel. W. BEEBE (1924) gab ihm den Namen Sillón del Gigante (Sessel des Giganten). Nach CHUBB ist diese Verwerfung vor den späten Phasen des insularen Vulkanismus aufgerissen, weil am Fuß der steilen Bruchfläche genau auf Höhe des Meeresspiegels sich von der Lavaoberfläche zwei kleine Tuffkrater erheben, die sich infolge des Zusammenbruchs des Vulkans gebildet und wahrscheinlich auf der Verwerfungsspalte das pyroklastische Material ausgestoßen haben, mit dem sich die kleinen Krater aufbauten. Auch auf der Insel Wenman (Wolf) im Nordwesten des Archipels wurde eine Steilwand beobachtet, die einer Verwerfungsfläche entspricht.

Ein anderer Beobachter glaubt, daß die Inseln Seymour und Baltra von der Insel Santa Cruz (Indefatigable) durch einen rezenten Bruch abgetrennt wurden. Einige epirogenetische Bewegungen, insbesondere Hebungen, wurden von Autoren wie DARWIN, WOLF und anderen bestätigt, die fossile Molluskenreste in den Palagonit-Tuffen untermeerischen Ursprungs, aber gegenwärtig in Höhen von ca. 100 m über Meeresspiegel, gefunden haben, so daß eine Hebung der fertig gebildeten Inselgruppe angenommen werden muß.

Viele Spekulationen wurden gemacht, um das Problem der Einwanderung der großen, terrestren Reptilien in den Archipel zu lösen. Unter anderen Theorien wurde das frühere Vorhandensein von Landverbindungen mit dem Kontinent und die spätere Versenkung dieser Brücken als Begleiterscheinung einer Teilsenkung des Archipels angenommen. Die bathymetrische Karte (Abb. 14) bietet für die Theorie der versenkten Brücken eine wichtige Stütze in der Existenz der beiden submarinen Rücken in der Tiefe von 1000 bis 1500 Faden (= 1829 bis 2743 m). Doch H. de Varigny (1960) findet es zweifelhaft, daß eine Senkung von so großem Ausmaß möglich gewesen sein sollte, ohne daß auch die Inseln in Mitleidenschaft gezogen worden wären.

Ebenso behauptet L. J. Chubb, daß entsprechende geologische Verhältnisse fehlen, die ein derartig tiefes Absinken von 1829 m beweisen könnten. Doch betrachtet die moderne Geologie epirogene Bewegungen von solchen Proportionen nicht als übertrieben. Man muß sich die pleistozänen Hebungen vor Augen halten, die bis zu Tausenden von Metern gehen, oder an die kontinentalen Senkungen und Hebungen der Küste denken, die nach dem Pleistozän zusätzlich noch durch absolute Schwankungen des Meeresspiegels beeinflußt waren. Ebenso können sich erhebliche Senkungen des Ozeanbodens vollziehen.

C. M. Larrea (1960) erwähnt, daß dieselben Arbeiten über die submarine Topographie von verschiedenen Wissenschaftlern anders ausgelegt worden sind und auch als Argumente zur Verteidigung der Hypothese der früheren Verbindung der Galápagos-Inseln mit dem Kontinent gedient haben. Diese Verbindung hätte nach der bathymetrischen Karte (Abb. 14) in den untermeerischen Rücken von Cocos und Carnegie und nicht in der ganzen, durch die Rücken und den Kontinentalrand begrenzten submarinen Fläche bestanden. Die verhältnismäßig sehr engen Landbrücken hätten nur eine selektive Einwanderung erlaubt, im Gegensatz zu einer Verbindung mit dem Kontinent durch eine ausgedehnte Meseta, wie sie von einigen Autoren postuliert worden ist. Die Theorie von G. Baur (1891) „on the origin of the Galápagos Islands" ist am besten begründet mit der geologisch sehr einleuchtenden Verbindung der Galápagos mit dem Kontinent durch die heute untermeerischen Rücken.

Baur hatte eine ehemalige Landverbindung der Inseln mit dem Kontinent und ihre spätere Versenkung annehmen müssen, um die vielfältigen Erscheinungen der eigenartigen Entwicklung der Fauna in Übereinstimmung mit den neuen Erkenntnissen Darwin's erklären zu können. Die Ergebnisse seiner eingehenden Studien der Fauna und Flora jeder einzelnen Insel hatten ihn auf dieselben Probleme gestoßen, die Darwin für seine „Evolution der Arten durch natürliche Zuchtwahl im Kampf ums Dasein" auf den Galápagos-Inseln bestätigt fand. Die vulkanische Natur der Inseln ließ aber für Darwin bei dem damaligen Stand der geologischen Kenntnisse und vor allem der topographischen des Bodens des Pazifischen Ozeans keine andere Lösung des Problems zu, als die Annahme, daß die Einwanderung der terrestrischen Fauna auf die vulkanisch entstandenen Inseln vom Kontinent her nur durch zufällige Transportgelegenheiten über das Wasser möglich gewesen sei.

Alexander Agassiz, der bei den Arbeiten der Expedition des „Albatros" mitgewirkt hatte, schloß 1892 noch die Möglichkeit einer Landverbindung mit dem Archipel aus.

Auch A. R. Wallace scheint eine derartige Landbrücke nicht für möglich gehalten zu haben, ebenso wenig Varigny. Die Einwendungen sind aber kaum wissenschaftlich unterbaut. Während der Herpetologe J. van Denburg (1913) sich der Theorie von Baur näherte, lehnte Ch. Lyell (Archipielago de Colón, C. M. Larrea, 1960) die Theorie von Baur ab. Doch dürften die Arbeiten von A. J. Eardley (1954) auf Grund der modernen Untersuchungen des Bodens des Ostpazifiks die letzten Zweifel an der zeitweiligen Existenz von Landbrücken zu den Galápagos-Inseln zerstreuen, zumal die elektronischen Vermessungen des *Carnegie-Rückens* ergeben haben, daß seine Oberfläche, trotz vulkanischen Ursprungs, ziemlich eingeebnet erscheint, d. h. zeitweise über die Meeresoberfläche herausgeragt hat und der marinen Abrasion ausgesetzt gewesen sein kann. Es wird ausdrücklich auf das Fehlen von *dyotts* und *sea mountains* auf dem Carnegie-Rücken hingewiesen; die Messungen scheinen das spätere Absinken zur jetzigen Tiefe zu bestätigen.

F. Hydrogeologische Beobachtungen in Ecuador

Seit 10–20 Jahren hat der „Servicio meteorológico“ die Beobachtungsstationen im Land ausgebaut. Die Messung der Niederschläge ermöglichte die Feststellung, daß *weite Gebiete der Sierra und der Costa* (Litoral) als *Notstandsgebiete der Versorgung mit Trink- und Nutzwasser* zu gelten haben.

Den regenreichen Gebieten der westlichen und östlichen Außenseiten der Sierra bis zu 4000 m Meereshöhe (2000–4000 mm Niederschlagsmenge je Jahr) und den Waldgebieten des Küstentieflands (1000–2000 mm Regen je Jahr) stehen Zonen mit sehr geringen mittleren Jahresniederschlägen längs der pazifischen Küste (500–250 mm/Jahr) gegenüber als Folge der Annäherung des antarktischen kalten Humboldtstroms an die Küste, und Zonen in der interandinen Senke (Westseite maximal 500 mm/Jahr; Ostseite nur 200 mm/Jahr).

Die Schneegrenze zieht sich in den Westanden bei 4700–4800 m ü. M. hin und in den Ostanden bei 4500 m ü. M. Abb. 15 gibt ein Klimaprofil von Ost nach West in Landesmitte (Abb. 15).

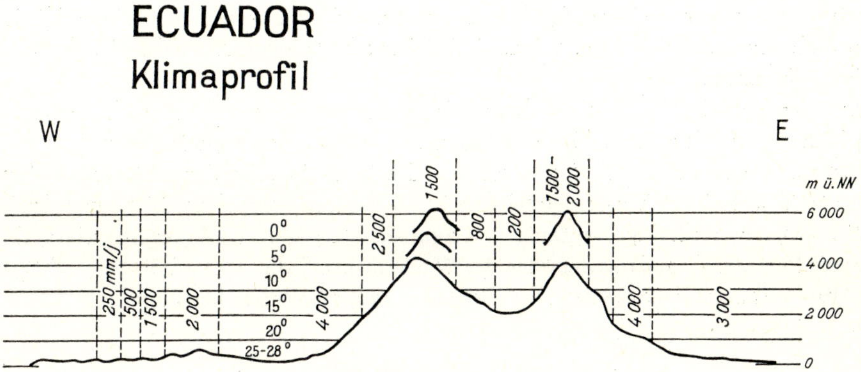

Abb. 15. Klimaprofil von Ecuador. Nach Angaben des Observatorio meteorológico Quito, Prof. E. Mena

Notstandsgebiete

a) Interandines Hochland

Becken von Ibarra (Prov. Imbabura)	mit 350 mm/Jahr
Becken von Puellaro (Prov. Pichincha)	mit 350 mm/Jahr
Becken von San Antonio (Prov. Pichincha)	mit weniger als 400 mm/Jahr

Becken von Palmira (Prov. Chimborazo) mit Dünenfeldern und Staubstürmen	ca. 500 mm/Jahr
Becken von Azogues (Prov. Cañar)	
Gebiet von Ambato (Prov. Chimborazo)	ca. 500mm/Jahr
Becken des Río León bei Oña (Prov. Azuay)	
Becken von La Toma (Prov. Loja)	
Becken von Malacatus (Prov. Loja)	

Der semiaride Charakter des interandinen Hochlands ergibt sich aus seiner Lage im beiderseitigen Regenschatten der hohen Kordilleren, die das Gebiet nach Osten und Westen abschließen. Außerdem schlucken die mächtigen vulkanischen Lockermassen des Untergrunds (Bimsstein, Lapilli, Aschen und Tuffe) die geringen Niederschläge sehr schnell.

Der Wasserspiegel liegt in diesen lockeren vulkanischen Gesteinen sehr tief.

Das Wasser zur Versorgung von Quito wird aus dem Untergrund der ebenen Vorstufe (meseta) des Pichincha, auf der Quito liegt, mittels 5 Tiefbohrungen von 100–110 m Tiefe gepumpt, und zwar aus dem zerklüfteten Lavastrom, der das Wasser des Berges sammelt und dem Machangara unterirdisch zuführt.

b) Küstenzone

Küstengebiet der Provinz El Oro südlich und nördlich von Machala
Halbinsel von Sta. Elena
Küstengebiet der Provinz Manabí.

Wie schon erwähnt, nähert sich der kalte, antarktische Humboldtstrom der Küste der angeführten Notstandsgebiete derart, daß die Feuchtigkeit der von der offenen See her wehenden Luft frühzeitig durch Abkühlung über dem Kaltwasserstrom niedergeschlagen wird. Die weiter landeinwärts ziehende kalte trockene Luft bringt nicht nur keinen Niederschlag, sondern nimmt sich wieder erwärmend etwa vorhandene Feuchtigkeit aus dem Boden heraus. Diese Landstriche sind daher sehr trocken und haben häufig wüstenartigen Charakter.

Aus der Zeit der Inka (Vorkolonialzeit) stammen in der Sierra noch Anlagen zur Bewässerung von Trockengebieten. Es sind Systeme von offenen Kanälen („acequias") in Kombination mit Stollen („socavones"). Sie leiten in schmalen Gräben das für die Landwirtschaft nötige Wasser herbei. Die Stollen dienen sowohl zur Sicherung der Wasserführung den Steilhängen entlang und zum Schutz gegen Verdunstung, wie auch zur Erschließung des Grundwassers oder der Wassermengen, die in den Klüften und Spalten der von vulkanischen Lockermassen bedeckten Lavaströme zirkulieren.

Mineralische Rohstoffe in Ecuador

Von

Prof. Dr. Hannfrit PUTZER

Bundesanstalt für Bodenforschung Hannover

Allgemeine Angaben

Die Bergbau-Industrie spielt in der Volkswirtschaft des Landes zur Zeit noch keine wichtige Rolle: die Produktion an mineralischen Rohstoffen ist gering. Am wichtigsten für die Selbstversorgung ist die Erdölproduktion, die auf nur 300 000 jato abgesunken ist; aus dem seiner Erschöpfung entgegengehenden Golderzbergbau des Reviers Portovelo stammt eine jährliche Produktion von 400–600 kg Gold und etwa 4000 kg Silber. Meeres-Salinen liefern ca. 32 000 jato Salz.

In der Vergangenheit hat die Gewinnung von Metallerzen zeitweise Bedeutung gehabt: seit prä-inkaischer Zeit haben die Seifenlagerstätten im Einzugsgebiet des Río Santiago, Prov. Esmeraldas, Freigold und etwas Platin geliefert; ebenso standen Goldseifen im Oriente in Abbau. Zeugen des prä-columbischen Bergbaus sind beachtenswerte Goldarbeiten (z.B. Sammlung KONANZ in Biblián). In kolonialer Zeit wurden hochsilberhaltige Sulfiderze in der W-Kordillere abgebaut (z.B. Mina Pilzhum, Prov. Cañar, Mina Molleturo, Prov. Azuay). Zwischen 1880 und 1950 fand intensiver unterirdischer Bergbau auf Gold- und Silbererze im Revier Portovelo-Zaruma (Prov. El Oro [!]) und auf sulfidische Kupfererze in Macuchi (Prov. Cotopaxi) statt.

Anzeichen verschiedener Erze sind an manchen Orten gefunden; die bisher durchgeführte Inventur (Abb. 16) auf mineralische Rohstoffe als Grundlage für eine industrielle Entwicklung ist nicht das Ergebnis systematischer Durchforschung. Das Fehlen eines staatlichen geologischen Dienstes und einer systematischen geologischen Landesaufnahme ist dafür verantwortlich, daß weite Gebiete Ecuadors noch nicht durchforscht sind. Ausgedehnte Landschaften im W und E sind von dichtem Urwald und mächtigen Verwitterungsböden bedeckt. Im Gebirgsland bedecken vulkanische Auswurfmassen des jungtertiären und quartären Vulkanismus weitgehend ältere Gesteine. Die verkehrsmäßige Erschließung steht erst am Anfang. Diese Verhältnisse erschweren und verteuern die Prospektion auf Erzlagerstätten.

Fossile Brennstoffe: Steinkohlen sind unbekannt; im interandinen Graben sind kleine Lagerstätten von Hartbraunkohle (Lignit) nachgewiesen, die für die einheimische Industrie lokale Bedeutung erhalten werden. Erdöl wurde bisher nur in der Halbinsel Santa Elena produziert; seit 1965 sind wirtschaftlich ausbeutbare Lagerstätten im „Oriente" entdeckt worden, die Ecuador sogar zum Exporteur machen werden.

Erzlagerstätten: Nennenswerte Eisen- und Manganerz-Lagerstätten wurden bisher nicht gefunden. Die Existenz kontaktmetasomatischer Eisenerze ist theoretisch möglich. – Die reichen Oxydationszonen Ag-führender Sulfiderzgänge sind in kolonialer Zeit abgebaut worden. Eine nennenswerte Gewinnung von Pb- und Zn-Erzen hat bisher nicht stattgefunden. Im Goldgang-Revier von Portovelo-Zaruma geht der Bergbau auf armen Gangpartien noch um.

Wenn man die geographische Position der wenigen bisher bekannten Erz-Vorkommen Ecuadors im Großbild des Orogens der Anden betrachtet, fällt auf, daß ihre Zahl im Bereich dieses Staatsgebietes wesentlich geringer ist als in den nördlich oder südlich anschließenden Gebieten gleicher geologischer Geschichte und sehr ähnlichen geologischen Aufbaus. Sie liegen in dem ausgedehnten Gürtel hydrothermaler Erzlagerstätten der Anden und stehen mit dem tertiären Vulkanismus in enger genetischer Verbindung. Da auch im ecuadorianischen Anteil der Anden ausgedehnter Vulkanismus im Tertiär nachgewiesen ist, kann mit der Anwesenheit ähnlicher Lagerstätten auch in Ecuador gerechnet werden. Tatsächlich sind in den West-Anden Ecuadors an mehreren Stellen Erzlagerstätten und Vererzungsspuren bekannt, die genetisch zum tertiären Vulkanismus gehören: das Gold-Sulfiderzfeld von **Portovelo, Chaucha** (Cu), **Macuchi** (Cu), **Molleturo** (Cu-Pb-Bi), **La Plata** (Cu), **Guaillabamba** (FeS_2) und **Talagua** (Mo). Sedimentäre Erzvorkommen in Lockergesteinen, die nicht in industrieller Förderung stehen, sind einmal Goldseifen im „Oriente“, besonders am Fuß der Ost-Kordilleren in den Provinzen Napo und Santiago sowie marine Magnetit-Ilmenit-Seifen an der Küste von Esmeraldas. – Radioaktive Erzvorkommen sind bisher noch nicht in Ecuador entdeckt worden.

Unter den **Industrie-Mineralen** kommt vulkanischen Schwefel-Lagerstätten eine gewisse Bedeutung zu, ferner Bentonit und Sinterkalken („Onyx“, Travertin) als Dekorationsmaterial. Vorkommen von Perlit, Diatomit, Kaolin und Talk sind bekannt, aber noch nicht auf ihre Bauwürdigkeit geprüft. Baryt, der als Gangart häufig auf tiefthermalen Sulfiderzgängen vorkommt (z. B. Kupfererzgrube Macuchi, Hämatit-Gänge Pascuales und Silbererzgänge von Pilzhum) ist bisher weder prospektiert noch als Nebenprodukt gewonnen worden. Bei systematischer Kartierung werden sicherlich weitere Vorkommen mineralischer Rohstoffe entdeckt werden. –

Nach der jüngsten „Estadistica Minera“ (1968) wurden in Ecuador 1968 produziert: Gold 253,9 kg; Silber 4236,5 kg; Kupfer 557 t; Zink 114,3 t; Cadmium 404,1 kg; Schwefel 1950 t; Kaolin 558 t; Gips 378,2 t; Lignit 59,2 t; Quarz 5,5 t; Kalkstein (nicht für Zement) 446 t; Erdöl rund 260 000 t.

Für zukünftige Prospektionsarbeiten auf mineralische Rohstoffe in Ecuador sollte die ausgezeichnete geologische Karte von Ecuador, Quito 1969, benutzt werden. Die dazugehörigen ausführlichen Erläuterungen sind 1971 in Quito erschienen. Sie ist als farbige 2-Blattkarte im Maßstab 1:1 000 000, mit zahlreichen tektonischen und stratigraphischen Einzelheiten, mit Höhenlinien und modernem Verkehrs- und Flußnetz, vom Servicio Nacional de Geología y Minería in Quito herausgegeben, nach Aufnahmen dieses Servicio und des Institut Français du Pétrole, und diente als Basis für die in dem Kapitel Mineralische Rohstoffe enthaltene Karte (Hoppe & Putzer, 1971) n. S. 208.

Mineralische Brennstoffe

Erdöllagerstätten

Natürliche Erdöl-Derivate (Teer, Asphalt) gehören in Ecuador – mit Gold und Platin aus Seifen-Lagerstätten – zu den bereits in prä-spanischer Zeit gewonnenen nutzbaren Mineralen.

Zwei Erdöl-Provinzen sind in Ecuador bisher nachgewiesen: die Erdölprovinz im tertiären Schelfgebiet am Pazifik und der ecuadorianische Teil der subandinen Erdölprovinz des Amazonas-Beckens. Zahlreiche Erdöl-Ausbisse („seepages") sind im Gebiet der Halbinsel Sta. Elena im Neogen bekannt; vereinzelt treten Erdöl und Asphalt in Kreide und Tertiär am Rand des interandinen Grabens auf; seit langem sind „seepages" aus Sandsteinen der Kreide (Hollín-Formation) und des Tertiärs (Napo-Formation) im „Oriente", E der Kordilleren, bekannt. Nachdem seit mehr als 50 Jahren Erdöl nur aus dem Küstengebiet produziert wurde und die Prospektion im „Oriente" durch die Shell 1950 zunächst eingestellt wurde, führte die 1964 wiederaufgenommene Erdöl-Exploration bald zu überraschenden Ergebnissen: bauwürdige Lagerstätten stehen in der Provinz Napo seit 1968 in Produktion (World Oil, April 1968).

Pazifisches Küstentiefland

Erdöl tritt in bauwürdigen Lagerstätten in der Halbinsel Santa Elena auf. Die Ölquellen dieses kleinen Gebietes haben bisher die gesamte Erdölproduktion des Landes geliefert.

Bereits den indianischen Ureinwohnern waren Erdölausbisse bekannt: das aus flachen Grablöchern gewonnene „copey" genannte Bitumen wurde in prä-kolonialer Zeit als Heilmittel und zum Kalfatern der Boote benutzt. Spanische Überlieferungen berichten von Ausbeute der Ausbisse von „tierra brea" (Bitumen) an der Punta Santa Elena durch Indios im 17. Jahrhundert. Die Indios erhitzten das sandhaltige, residuale Erdöl und Bitumen in großen Tongefäßen, die noch heute im Ölrevier gefunden werden (Stoll 1962), durch Verflüssigen wurde Trennung des Öles von Sand und Wasser erreicht. Eine geringe Produktion findet bis heute aus 10–12 m tiefen Schurflöchern statt.
Produzierende Ölträger des Reviers Santa Elena sind:

Ölträger I San José-Sandstein des Paleozäns, von Marchant (1956) Santa Rosa-Sandstein benannt;

Ölträger II Atlanta-Sandstein von Marchant (1956) Azucar-Sandstein benannt, im tieferen Eozän;

Ölträger III Socorro-Sandstein im Mittel-Eozän.

Daneben kommen kleinere Lagerstätten in Bruchzonen in Sanden der Kreide (Calló-Formation) und in Klüften jungmesozoischer Eruptivgesteine vor. Öl- und Gasspuren sind aus dem unteren Oligozän bekannt sowie Erdölausbisse an der Küste im Quartär. Außerdem sind submarine Ölausbisse vor der pazifischen Küste zwischen Manabi und Esmeraldas beobachtet.

Die produzierenden Horizonte wurden in der Halbinsel Santa Elena bisher in Teufen von 3000 m erfaßt. Das Öl tritt vornehmlich in Faziesfallen auf, jede einzelne Lagerstätte besteht aus vielen, linsenförmigen Sandsteinlagen. Rasches Auskeilen der produktiven Fazies und eine nicht sehr hohe Permeabilität haben offenbar die Bildung großer Lagerstätten verhindert. Das erklärt auch das niedrige durchschnittliche Ausbringen von nur 5,53 bls. pro Bohrung pro Tag. 1957/1958 betrug die Gesamtproduktion aus 1730 produzierenden Bohrungen 9566 Faß/Tag, 1967 lag die durchschnittliche Produktion bei 6224 Faß/Tag und 1968 förderte das Revier Sta. Elena aus rund 800 Brunnen noch 5000 Faß/Tag (ANONYMUS 1969). Nur einige Bohrungen haben in letzter Zeit aus Bruchzonen (tektonische Fallen) in Eozän und Kreide eine höhere Produktion ergeben.

Das marine Eozän des pazifischen Schelfes gilt als besonders ölhöffig, der Atlanta-Sandstein als der wichtigste Öl-Lieferant: 1960 produzierten aus den Feldern der Anglo-Ecuadorian-Oil Company 1389 Brunnen, von diesen lieferten 250 Erdöl aus dem Atlanta-Sandstein, und zwar $^{2}/_{3}$ der gesamten Produktion der Gesellschaft.

Neben Bruchstaffeln sind Antiklinal-Strukturen in der Halbinsel Santa Elena bekannt. Beherrschendes Struktur-Element des Erdöl-Reviers ist die NNW und N-S streichende, bajonettartig versetzte Santa-Cruz-Störzone am E-Rand des Reviers.

Als mögliche ölhöffige Gebiete im pazifischen Küstengebiet werden das E anschließende Progreso-Becken (Tertiär) zwischen der Santa-Cruz-Störzone und dem Río Guayas angesehen, der Golf von Guayaquil (dort sind 1960–62 bisher 3 offshore-Bohrungen durch die Standard Oil, ohne fündig zu werden, niedergebracht worden); ferner das offshore-Gebiet im S und N der Halbinsel Santa Elena und die Tertiärbecken von Manta und Esmeraldas.

Oriente

Die Erdölprovinz des „Oriente“ gehört geographisch zum Amazonas-Becken; geologisch handelt es sich um ein perikratones Gebiet (PUTZER 1968) zwischen den Anden und dem brasilianischen Schild. Der ecuadorianische Anteil dieser von tropischen Regenwäldern bedeckten, unerschlossenen amazonischen Landschaft beträgt rund 100 000 km². In diesem sub-andinen Gürtel sind von N-Argentinien bis E-Venezuela Erdöl-Lagerstätten bekannt, seit kurzem nun auch aus der ecuadorianischen Provinz Napo.

Im amazonischen Anteil Ecuadors, dem Oriente, kennt man seit kolonialer Zeit häufige Erdöl- und Asphaltausbisse. Diese Vorkommen liegen beiderseits des Río Napo. Das Öl stammt aus der Kreide. Die Shell und International Petroleum of Toronto haben während ihrer 13jährigen Prospektionszeit in 6 Pionierbohrungen stark oxydierte Ölspuren gefunden und 1950 die Konzessionen zurückgegeben.

Öl- und Asphaltspuren treten auf im Hollín-Sandstein (Apt bis Alb), in Kalk- und Sandsteinen der Napo-Formation (Cenoman bis Senon) und in den unteren und oberen Sanden der Tena-Formation (Obere Kreide bis Unteres Tertiär).

In den subsidenten Becken E der heutigen Anden sind viele 1000 m Sedimente abgelagert worden. Die marine Kreide ist bis 1000 m mächtig, brackische und kontinentale Sedimente des Tertiär sind sicher >5400 m, wahrscheinlich sogar mächtiger, da am Río Tigre allein die paleozäne Tena-Formation von TSCHOPP (1953) mit 6000 m angegeben wird.

Die Schichtenfolge nach der geologischen Kartierung und den 6 Tiefbohrungen der Shell (TSCHOPP 1953 und 1956) ist:

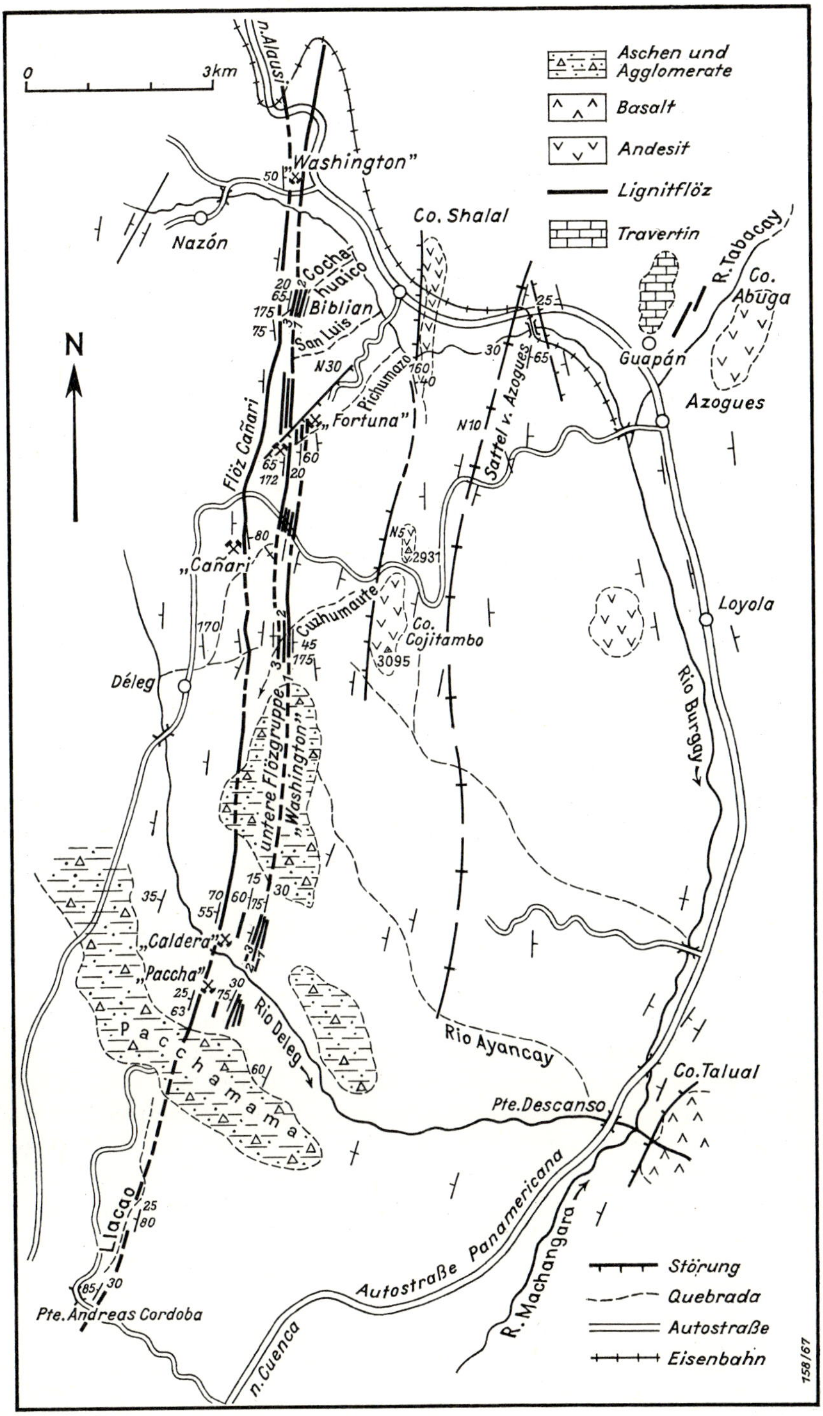

Abb. 17. Die Lignitlagerstätten des Beckens von Azogues-Biblián

Verlanden dieser Seen kam es zur Versumpfung und Kohlebildung. Die Floren-Gemeinschaft lebte in feucht-tropischem Klima in geringer Meereshöhe und ist der heute im Einzugsgebiet des oberen Amazonas lebenden verwandt. Bei anhaltender Subsidenz wurden diese Vorgänge in den intramontanen Depressionen wiederholt, so daß in jedem Revier mehrere Lignitflöze vorhanden sind.

Im späten Pliozän wurde das > 2000 m mächtige Tertiär gefaltet und in Gräben versenkt. Der Bruchtektonik folgte lebhafter Andesit-Dazit-Vulkanismus und das Herausheben der Kordilleren-Blöcke zur heutigen Höhe. Diese Krustenbewegungen bedingten starke Erosion: in den intramontanen Becken wurden die Sättel mit ihren Lignitflözen gekappt und auf der entstehenden Landoberfläche quartäre Schotter und vulkanische Lockermassen abgesetzt.

Die mittlere Mächtigkeit der bauwürdigen Teile der Lignitflöze ist mit 0,60 bis 1,10 m gering. An sicheren Reserven sind rund 30 Mio t bekannt. Die Rohkohle ist reich an Asche und leichtflüchtigen Bestandteilen, nicht verkokbar und hat Heizwerte zwischen 4000 und 6000 WE. Bisher sind die Lignite nur an den Flanken der Antiklinalen nachgewiesen; die anschließenden Synklinal-Bereiche werden als höffig angesehen. Das aussichtsreichste Revier für Gewinnung ist das von Azogues-Biblián.

Hartbraunkohlen (Lignit) sind in den klastischen Gesteinen des etwa 2000 m mächtigen kontinentalen Tertiärs in vier Einzelbecken eingeschaltet: bei Azogues-Biblián, Nabón, Loja und Malacatus; 1969 wurde am Osthang der Ost-Kordillere das Becken von Rio Chicaña (Prov. Santiago) entdeckt. Gemeinsam ist dem verschiedenen Kohlenvorkommen Ecuadors ihr lagerstättenkundlicher Charakter: es sind Hartbraunkohlen (Glanzkohlen), die ihre Inkohlung sowohl der thermischen Beeinflussung durch den jungtertiären Vulkanismus als auch dem Gebirgsdruck bei der pliozänen Faltung verdanken. Die Flöze treten meist in steiler Lagerung auf, die Kohlen sind infolge der tektonischen Beanspruchung reichlich von Diaklasen durchsetzt. Die Flöze sind geringmächtig und bestehen bei sämtlichen Vorkommen aus Lagen von ziemlich reiner, harter, glänzender Kohle und mehreren meist dünnen Lagen schiefriger Kohle (vor allem am Liegenden und Hangenden). In jeder Lagerstätte kommen mehrere Flöze übereinander vor. Taube Zwischenschichten von unterschiedlicher Mächtigkeit zwischen den Flözen bestehen vorwiegend aus Tonen (Abb. 18 und 19).

Die vier kohleführenden Einzelbecken sind (von Süden nach Norden): Malacatus (Prov. Loja); Loja; Nabón (Prov. Azuay) und Azogues-Biblián (Prov. Cañar).

a) **Becken von Malacatus** (Photo 30). Das südlichste Becken liegt 38 km südlich von Loja an der Carrera Panamericana bei Malacatus. Die lakuster-fluviatilen Tertiärschichten sind in einer Depression der kristallinen Schiefer der Cordillera Real (Ostkordillere) abgesetzt. In einem 85 m mächtigen Verband aus tonigen Gesteinen mit etwas Fasergips lagen, Konglomeraten und Sandsteinen treten 8 Flöze (M 1 – M 8) mit Hartbraunkohlen auf; die in der Quebrada Santo Domingo am E-Flügel eines Sattels vorzüglich aufgeschlossen sind (Ab. 20).

Hangendes: über 100 m Tone mit weißen Fasergipslagen,

Flöz M 8, reine Glanzkohle	2,00 m
feinkörniger hellgrauer toniger Sandstein	6,00 m
graue sandige Tone	28,00 m
feinkörniger hellbrauner toniger Sandstein	2,00 m

feinkonglomeratischer Sandstein			1,90 m
sandiger grauer Siltit			10,00 m
kohliger Ton			0,50 m
braune Tone mit kohliger Lage (0,06 m)			3,26 m
Flöz M 7, schiefrige Kohle			0,20 m
schokoladenbraune Tone und Siltite			1,70 m
Flöz M 6, schiefrige Kohle mit Streifen von Glanzkohle und reichlich Schwefelkies			1,30 m
graue Tone			0,15 m
feinkörniger brauner toniger Sandstein			0,30 m
bröcklige braune Siltite			1,50 m
Flöz M 5,	reine Glanzkohle	0,10 m	
	Ton	0,10 m	0,30 m
	reine Glanzkohle	0,10 m	
rostbraune Siltite			1,20 m
grauer Ton und Siltit mit Gipskristallen			1,90 m
Flöz M 4, dünne Glanzkohlenschnüre, mit fingerdicken Tonbändern wechsellagernd			0,10 m
braune und graue Tone			1,70 m
Flöz M 3, Glanzkohle mit sehr viel Schwefelkies			0,10 m
graue Tone			1,70 m
feinkörniger toniger brauner Sandstein, knollig zerfallend			0,10 m
graue Tone			0,60 m
feinkörniger toniger eisenschüssiger Sandstein, knollig zerfallend			0,10 m
braune und graue Tone			4,00 m
kohliger Ton			0,10 m
dünnschichtige hellbraune Tone			0,75 m
feinkörniger brauner toniger Sandstein, massig blättrige dunkelbraune Tone mit Schwefelkies und Gips			1,50 m
kohliger Ton			0,15 m
graue Tone mit Gipskristallen			0,40 m
Flöz M 2, schiefrige Kohle			0,25 m
dünngeschichtete graue und kohlige Tone			1,20 m
Flöz M 1, Gesamtmächtigkeit			3,52 m
Oberflöz:	reine Kohle	0,15 m	
	grauer Ton	0,05 m	
	reine Glanzkohle	0,45 m	
	grauer Ton	0,10 m	
	Kohle, z. T. schiefrig	0,12 m	
	grauer Ton	0,20 m	
Mittelflöz:	harte schwefelkiesreiche Glanzkohle	1,00 m	
Unterflöz:	grauer Ton	0,30 m	
	reine Glanzkohle	0,40 m	
	brauner Ton	0,05 m	
	reine Glanzkohle	0,70 m	
Liegendes: graue und hellbraune Tone, dünnschichtig			4,00 m

Von den Flözen werden M 1 und M 8 als sicher bauwürdig, Flöz M 6 als bedingt bauwürdig angesehen. Flöz M 1 enthält bei 3,50 m Gesamtmächtigkeit 2,70 m gewinnbare Kohle; Flöz M 8 enthält 2,00 m gewinnbare Kohle; Flöz M 6 enthält 1,30 m stark schwefelkieshaltige Kohle.

Tabelle 5. Analysen der Rohkohlen von Malacatus

Flöz	Mächtigkeit; Gesamtflöz / bauwürdiger Teil	Analytiker	Jahr	Feucht.	Asche	flücht. Best.	feste Kohle
Malacatus							
Flöz M 1							
unt. T.	4,00 / 2,70	STACH	1958	11,6 %	13,7 %	35,7 %	39,0 %
mittl. T.		–	–	12,1	42,1	28,4	17,4
ob. T.		–	–	11,4	37,4	28,5	22,7
Flöz M 6	1,30 m	–	–	10,3	32,3	32,1	25,3
Flöz M 8	2,00 m	–	–	6,2	20,3	33,9	39,6

Die drei Hauptflöze halten streichend in gleicher Mächtigkeit aus. Lokale Gewinnung von wenigen Tonnen im Monat erfolgt in Schurflöchern in der Quebrada Santo Domingo.

Bei Annahme von nur 1000 m streichender Fortsetzung, 500 m Breite und 5 m gewinnbarer Mächtigkeit (Flöz M 1 und M 8) ergibt sich eine Reserve von

1000 m × 500 m × 4,70 m = 2,35 Mio m^3

2,35 Mio m^3 × sp. G. 1,4 = 3,3 Mio t

bauwürdiger Kohle.

b) **Becken von Loja** (Abb. 17 und 19). Die Hauptstadt der Provinz Loja liegt im Süden des länglich-runden, NNW gerichteten Tertiärbeckens, das selbst in NE streichende metamorphe Gesteine eingesenkt ist.

Das > 1500 m, vielleicht sogar 2000 m mächtige Tertiär mit seinen Lignitflözen bildet eine Antiklinal-Struktur: im Pliozän wurde die klastische Schichtenfolge zu einem steilen Sattel zusammengeschoben. Dreimal ist es innerhalb des etwa 800 m mächtigen Schichtpaketes zur Kohlebildung gekommen. Die Lignitflöze bestehen aus streifiger, muschelig brechender Glanzkohle mit syngenetischem Schwefelkies; Limonitkrusten und Gips bedecken die Schichtflächen. Die Kohle enthält Linsen und Schnüre aus Schieferton. Brandschiefer begrenzen das Liegende und Hangende der Flöze. Die harte, muschelig brechende Glanzkohle mit wenig Schwefelkies, aber viel Gipskristallen, Tonlinsen und dünnen Lagen kohliger Tone steht in 4 Flözen an, in Wechsellagerung mit verschiedenen tauben Schichten. Gemessene Mächtigkeiten:

Flöz L_c 0,75 m mit 0,60 m Kohle; Flöz L_a 1,10–1,20 m mit 0,88 m Kohle; Flöz L_{a4} 0,98 m mit 0,83 m Kohle; Flöz L_{a2} 1,05 m mit 0,95 m Kohle und Flöz L_{a1} 0,90–1,20 m mit 0,90 m Kohle. Flöz L_{a3} ist unbauwürdig.

Bei Annahme von 2 km streichender Länge, 300 m Tiefe und 4 m Gesamtmächtigkeit der bauwürdigen Kohle würden sich 2,3 Mio t gewinnbarer Kohle ergeben. Am Río Chicaña, nahe dessen Einmündung in den Rio Zamora (Prov. Santiago) wurden von Herrn H. J. SIEBER (briefl. Mitteilung) mehrere geringmächtige Lignitflöze beobachtet, die mit kohligen Schiefertonen wechsellagern und sattelförmig aufgewölbt sind wie in Loja und in der Struktur von Azogues. Dieses neue Vorkommen wurde beim Bau der Straße Loja-Zamora-Oriente 1969 angeschnitten. Der Fundpunkt liegt etwa 55 km NE Loja, und zwar unmittelbar E der großen Überschiebung, längs welcher der metamorphe Sockel der Ost-Kordillere auf die dislozierten Kreide-Sedimente aufgeschoben wurde. Der Umfang des neuen intramontanen Tertiärbeckens ist noch unbekannt; es liegt etwas unterhalb der 1000 m-Isohypse. Ob die etwa 0,15 m mächtigen Flöze an Mächtigkeit und Qualität zunehmen und ob das Vorkommen wirtschaftlichen Wert hat, ist noch nicht untersucht.

Tabelle 6. Analysen der Rohkohle von Loja

Flöz	Mächtigkeit; Gesamtflöz / bauwürdiger Teil	Analytiker	Jahr	Feucht.	Asche	flücht. Best.	feste Kohle
Revier Loja							
Flöz L a 2	1,05 / 0,95 m	STACH	1958	14,5 %	11,8 %	35,0 %	38,7 %
Flöz y (= L a 1 oder 2	?	–	–	16,6	18,5	33,1	31,8
Flöz L b							
unt. Teil	1,20 / 0,80 m	–	–	20,2	15,4	30,1	34,3
mittl. Teil		–	–	15,4	27,4	27,7	29,5
ob. Teil		–	–	11,7	17,5	35,1	35,7
Flöz L c	0,65 / 0,60 m	–	–	14,5	6,5	38,4	40,6

c) **Becken von Nabón** im Gebiet der pliozänen vulkanischen Lockermassen zwischen Tinajillas und Cochapata südlich des Nudo de Portete bildet die südliche Fortsetzung des Tertiär-Beckens von Cuenca-Azogues. Vorkommen Nabón, Flöz 1, beißt südlich der Brücke über den Río Nabón aus. Die geringmächtige, in Tongesteinen eingeschaltete Linse von Mattkohle mit Gipskristallen und ebenso das Vorkommen Río Shalcay, Flöz 2 mit unreiner dünner Hartbraunkohlenschicht sind wegen ungünstiger Lage, geringer Vorräte und hohen Aschengehalts unbauwürdig.

d) **Becken von Azogues-Biblián** (Abb. 17, 18 und 19) ist das wichtigste der Kohlenvorkommen von Ecuador und nimmt den nördlichen Teil des in der interandinen Senke gelegenen Tertiärbeckens von Cuenca (Prov. Azuay) ein. Die Kohlenflöze ziehen sich in einem verhältnismäßig schmalen Streifen von Biblián-Nazón im Norden, 2 km westlich an Deleg vorbei nach Süden bis Paccha 8 km östlich Cuenca und von hier weiter, aber in geringer Entwicklung bis zum Río Llacao (Puente Andreas Córdoba), insgesamt 16 km tief von Quebradas zerschnittenem, semi-aridem Bergland, mit Höhen von 2000–3000 m. Im Norden und Osten entwässert der Río Burgay das Gebiet, im Westen und Süden der Río Deleg, die bei der Descanso-Brücke vereinigt ihre Wasser als Río Paute dem Amazonas zuführen.

Über die geologischen Verhältnisse der Hoya von Azogues-Cuenca war früher schon ausführlich berichtet. Die Inkohlung bis zur Bildung von Hartbraunkohle wurde auch hier durch die starke Entwicklung des tertiären Vulkanismus und durch die tektonischen Vorgänge (Faltung, Hebung und Zerteilung des Gebirges) gefördert.

Abgesehen von den in weitem Umfang verbreiteten, mächtigen vulkanischen Decken (Lavaergüsse und Lockermassen) werden auch im Untergrund die zugehörigen Intrusionen beobachtet. So bildet der N-S langgestreckte Berg Shalal bei Biblián eine mächtige Andesitintrusion, die bis zum Cerro Cojitambo in die Verwerfung der Westflanke der Antiklinale von Biblián eingedrungen ist und im Kontakt mit den die Kohlen beherbergenden Schiefertonen von Cuenca liegt und deren Metamorphose mit verursachte (s. Abb. 18).

Der Westrand der Intrusion entspricht dem Schollenrand und damit der Verwerfung. Der Vulkanrest Cojitambo liegt am S-Ende der sichtbaren Intrusion. Bis zum Río Hunancay lassen sich die Kontaktwirkungen verfolgen. Wenige km weiter nach Nordosten wird die Intrusion vom Cerro Abuga markiert, der auf der Verwerfung, welche das Becken von Azogues-Cuenca nach Osten abschließt, aufsitzt (Abb. 18).

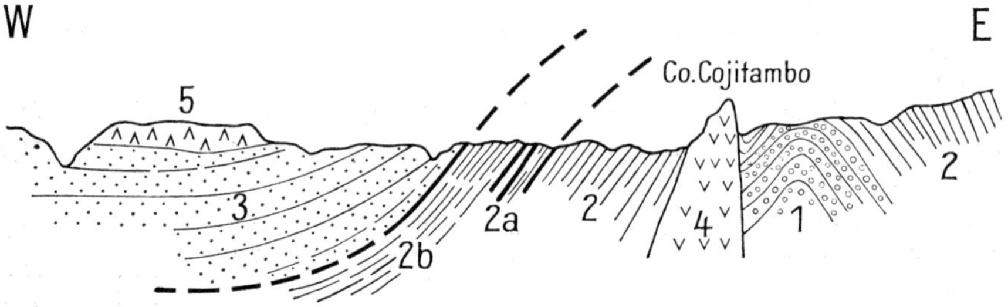

Abb. 18. Querprofil durch das Becken von Azogues-Biblián

Weiterhin sind zahlreiche Ausbisse und Gänge dazitisch-rhyolithischer Intrusionen bis Cumbe südöstlich von Tarqui aufgeschlossen. Auch in der Gegend von Girón fällt der lange Andesitzug mit dem Gigantón südlich des Nudo von Portete in die Augen.

Ein 500 bis 1000 m breiter und rund 20 km langer Streifen (Abb. 17) von NNE-Richtung umfaßt W des Cerro Cojitambo die verschiedenen in N-S-Richtung aufeinanderfolgenden Flözgruppen.

Die Flöze der unteren Flözgruppe „Washington" (Abb. 19) bilden linsenförmige bauwürdige Teile, die streichend teils in schiefrige Kohle übergehen oder sich so stark verdünnen, daß sie nicht mehr bauwürdig sind. Die tauben, tonigen Zwischenmittel zwischen den Flözen haben Mächtigkeiten von 2–30 m. Infolge der Faltung stehen die Flöze steil mit meist westlichem Einfallen von 60°–85°.

Die anstehenden Lignitflöze gehören zur W-Flanke der Aufwölbungszone Azogues-Cuenca; ihre Fortsetzung nach E fiel der spätpliozänen Abtragung zum Opfer. Weiter nach W bildet der lignitführende Schichtverband eine Mulde, in der die Flöze – unter jüngerer Bedeckung – wieder in die Nähe der Oberfläche gehoben sind (Ergebnis des Bohrprogramms 1965/66 der Special Fund der UNO, nach freundlicher Mitteilung von Herrn Dr. Schneider-Scherbina).

Die Flöze des Reviers Azogues-Biblián werden in 2 Gruppen zusammengefaßt:

1. **die untere (liegende) Flözgruppe Washington** (Abb. 17) mit 3–10 Flözen in einem Schichtkomplex von 100–500 m Mächtigkeit, davon 1–3 bauwürdige Flöze mit je 0,45–1,00 m Mächtigkeit.
2. **die obere (hangende) Flözgruppe Cañari** mit dem 20 km streichend nachgewiesenen Hauptflöz Cañari mit 0,85–1,00 m bauwürdiger Kohle. Jedes Flöz besteht aus einer Wechsellagerung von zahlreichen dünnen Schichten schiefriger Kohle, hellem reinen Ton und Bänkchen reiner Glanzkohle von 0,5 dcm bis zu verschiedenen dcm Mächtigkeit. Kohlige Schiefertone machen gewöhnlich das Liegende und Hangende aus.

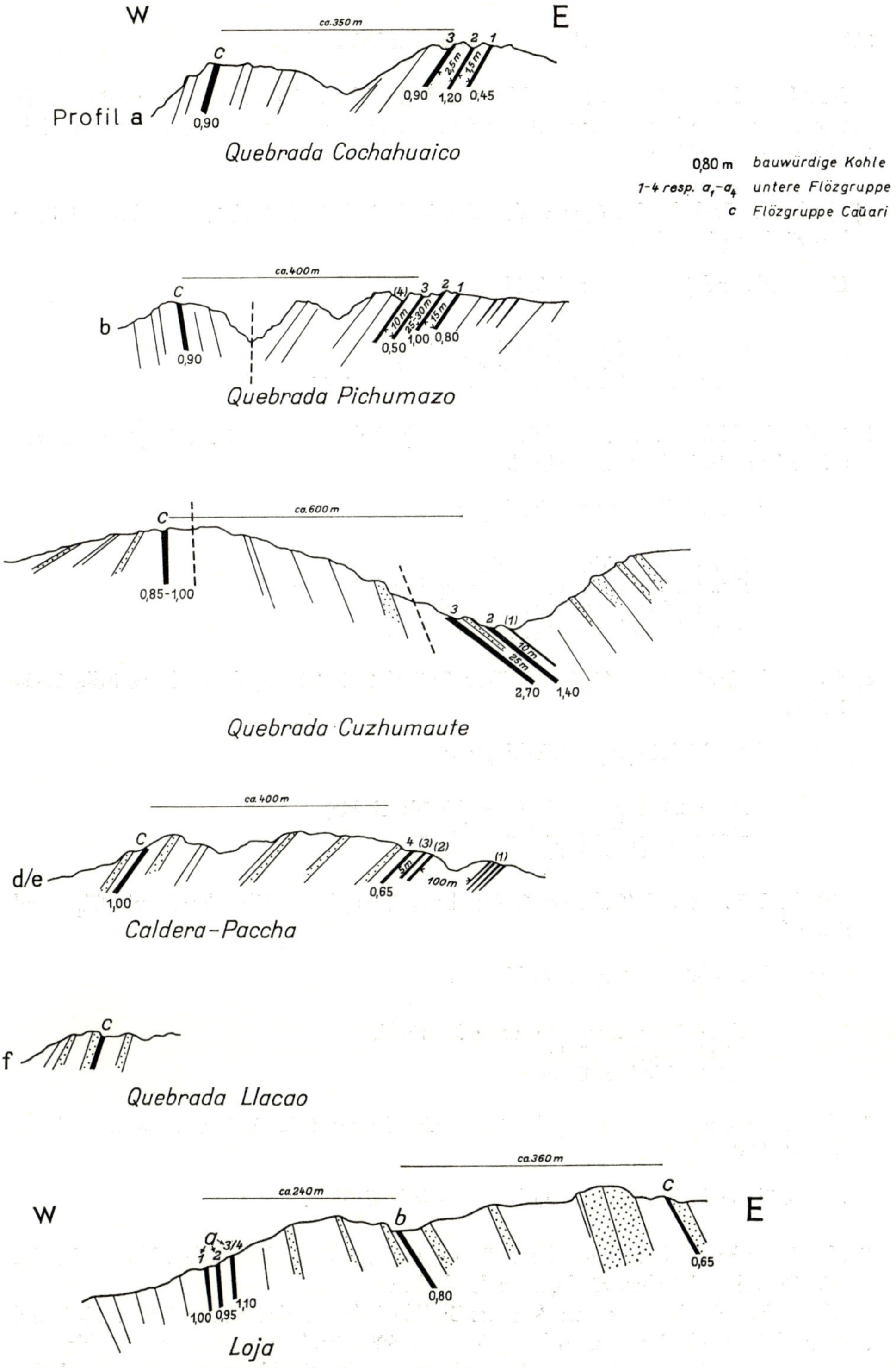

Abb. 19. Profile durch die Kohlenbecken von Ecuador

Im Abstand von 200–300 m streicht östlich des Flözes Cañari parallel zu diesem die untere Flözgruppe Washington. Die übrigen Flöze folgen von N nach S und sind in Quebradas aufgeschlossen:

a) Quebrada Cochahuaicu (Konzession San Pedro), Flöz Cañari 1,20 m, davon 0,80 m bauwürdige reine Glanzkohle

Untere (liegende) Flözgruppe Washington:

Flöz 3 0,90 m bauwürdig, reine Glanzkohle
Flöz 2 1,20 m bauwürdig, reine Glanzkohle
Flöz 1 0,45 m bauwürdig, reine Glanzkohle mit Gips

b) Quebrada Pichumazu (Konzession Fortuna) Abb. 19, Flöz Cañari 1,40 m, davon 0,90 m bauwürdig, harte Glanzkohle

Untere (liegende) Flözgruppe Washington:

Flöz 4 2,00 m nicht bauwürdig
Flöz 3 2,20 m davon 0,50 m bauwürdig, reine Glanzkohle
Flöz 2 1,00 m bauwürdig, Glanzkohle
Flöz 1 0,80 m bauwürdig, reine Glanzkohle

c) Quebrada Cushumaute (Abb. 19), Flöz Cañari 1,05–1,35 m, davon bauwürdig 0,85–1,00 m

Untere (liegende) Flözgruppe Washington:

Flöz 3 2,70 m bauwürdig (Matte bis Glanzkohle)
Flöz 2 1,40 m bauwürdig, Glanzkohle
Flöz 1 nicht bauwürdig

Profil d), Flöz Cañari (Caldera) 1,00 m bauwürdig, harte Glanzkohle mit Gips und Schwefel

Untere (liegende) Flözgruppe Washington:

Flöz 4 0,65 m bauwürdig, harte Glanzkohle
Flöz 3 nicht bauwürdig
Flöz 2 nicht bauwürdig

Profil e) Konzession Paccha (Abb. 19), Flöz Cañari 0,80–0,90 m bauwürdig (harte Glanzkohle)

Untere (liegende) Flözgruppe Washington wie in Caldera

Profil f) Quebrada Llacao an der Brücke „Andreas Cordoba" aufgeschlossen ist das Flöz Cañari in nicht bauwürdiger Beschaffenheit.

Die *Kohlen* des Beckens von Azogues-Biblián haben Heizwerte zwischen 4200 und 5000 kcal (Rohkohle) und zwischen 5500 und 6000 kcal bei getrockneter Kohle. Der hohe Gehalt an flüchtigen Bestandteilen bedingt, daß diese Kohlen nicht verkokbar sind.

Tabelle 7. *An sicheren und wahrscheinlichen Vorräten* des Beckens von Azogues-Biblián sind anzunehmen:

Flöz	streichende Länge km	Tiefe m	Durchschnittliche bauw. Mächtigkeit in m	spez. Gew.	Mio t bauwürdige Kohle
Cañari	14	500	0,95	1,4	9,3
Flöz 4	2	250	0,65	1,4	0,7
Flöz 3	10	400	1,10	1,4	6,2
Flöz 2	8	400	1,10	1,4	4,9
Flöz 1	5	400	0,60	1,4	1,7

Gesamt-Vorräte des Beckens 22,8 Mio t bauwürdiger Hartbraunkohle

Weichbraunkohle von **San Antonio**

Das Vorkommen liegt 35 km nördlich Quito und ist pleistozänen Alters. Das 2,30–2,60 m mächtige Flöz (lokal 4 m) von geringer Qualität (erdige Weichbraunkohle) ist ohne wirtschaftliche Bedeutung.

In den verschiedenen Revieren wurden an sicheren und wahrscheinlichen Vorräten errechnet:

Becken von Malacatus	3,3 Mio t
Becken von Loja	3,3 Mio t
Becken von Azogues-Biblián	22,8 Mio t
Zusammen	29,4 Mio t bauwürdiger Braunkohle,

die als Energieträger für die Industrie in Betracht kommen, aber wegen starker Rauch- und Schwefelgasentwicklung ohne Aufbereitung nicht als Hausbrand verwendet werden können.

Erze

Edelmetalle

Die statistisch erfaßte Produktion an Gold und Silber stammt aus den Gangerzen des Portovelo-Reviers. Es darf angenommen werden, daß Waschgold in unbekannter Menge aus Flußsanden im Oriente gewonnen wird.

Tabelle 8. Produktion (Min. Yearbook, 1965)	1957	1958	1960	1961	1962
Gold (kg)	477	588	429	431	640
Silber (kg)	1738	4609*	3583	1118	3973

* (1959)

Platinführung ist aus Flußsanden der Provinz Esmeraldas bekannt und vom Flußsystem des Río Lliquino im „Oriente“ (Prov. Napo). Keine Produktion von Pt erscheint in den Statistiken.

Golderz-Revier Portovelo

Lage

Portovelo liegt im Süden der Westkordillere Ecuadors, wo sich die Anden zur peruanischen Grenze bereits fächerförmig in niedrige Gebirgsketten aufteilen. Vom kleinen Exporthafen Puerto Bolivar aus, wo nur Schiffe bis zu 800 t Laderaum anlegen können, führt eine Allwetterstraße über Machala zur rd. 130 km entfernten Bergsiedlung Portovelo, im Bezirk Zaruma (Prov. El Oro).

Portovelo (Photo 31) liegt in 640 m NN (3° 43′ S / 79° 38′ W) am Ufer des Río Amarillo, welcher ein paar Kilometer talabwärts in den Río Calera mündet und somit zum Einzugsbecken des goldführenden Grenzflusses Tumbez, zwischen Ecuador und Perú, gehört.

Der Goldreichtum des Zaruma-Portovelo-Distrikts war in präkolumbischer Zeit bekannt; bereits 1539 gründeten die Conquistadores die Stadt Zaruma und gaben der Provinz den Namen „El Oro“.

Seit der Kolonialzeit und bis zur Erschließung des Erdöls war Portovelo der Schwerpunkt der ecuadorianischen Mineralwirtschaft. Hunderte von Gesenken und Pingen sind in der Kolonialzeit um Zaruma entstanden, von denen keinesfalls alle in den letzten Jahrzehnten des modernen Bergbaues mit der notwendigen Gründlichkeit wieder aufgewältigt und untersucht wurden. Die Hauptpinge, als solche heute nur schwer erkennbar, zieht als ein morphologisch fremdartig in der Landschaft anmutendes junges Erosionstal von den Höhen von Zaruma zum heutigen Hauptförderschacht von Portovelo herab. Sie entstand auf dem zentralen Vererzungsstrang des „Abundancia“-Ganges mit seinen zahlreichen, fiederartig auslaufenden Seitentrümern, der bis jetzt weit über die Hälfte der Gesamtproduktion an Gold geliefert hat und nunmehr als erschöpft anzusehen ist.

Die erste Bergwerksgesellschaft in Portovelo wurde 1871 gegründet; 1880 wurde auf der Basis eines von Th. Wolf erstellten Gutachtens die englische „Zaruma Goldmining Company“ ins Leben gerufen. Aber erst die Gründung der „South American Development Co.“ (S. A. D. Co.), die als Nachfolgerin 1904 den Besitz der britischen Gesellschaft übernommen hatte, brachte den Goldbergbau zum Erblühen. Der Hauptförderschacht wurde auf 830 m abgeteuft, ein neues Wasserkraftwerk und die Zyanlaugerei wurden eingerichtet, die ergiebigen nördlichen Grubenfelder von Minas Nuevas und Ayapamba erworben und zusätzlich eine kleine Flotationsanlage für die Scheidung der in zunehmendem Maße geförderten Sulfiderze geschaffen.

Das 1937 bis 1939 gebaute zweite Kraftwerk steigerte die Goldproduktion auf 2500–3000 kg Feingold je Jahr.

Am 19. Dezember 1944 ereignete sich auf der 9. Sohle der Einbruch großer Mengen heißen (47° C) juvenilen Wassers und damit entfielen rund 20 % der Gesamtproduktion. Steigende Betriebskosten, Soziallasten und technische Schwierigkeiten machten nach Kriegsende den Bergbau unrentabel.

Da keine Aussicht zu bestehen schien, die Wirtschaftlichkeit des Grubenbetriebes wieder herzustellen, sah sich 1950 die S. A. D. Co. gezwungen, die Ausbeutung einzustellen, die

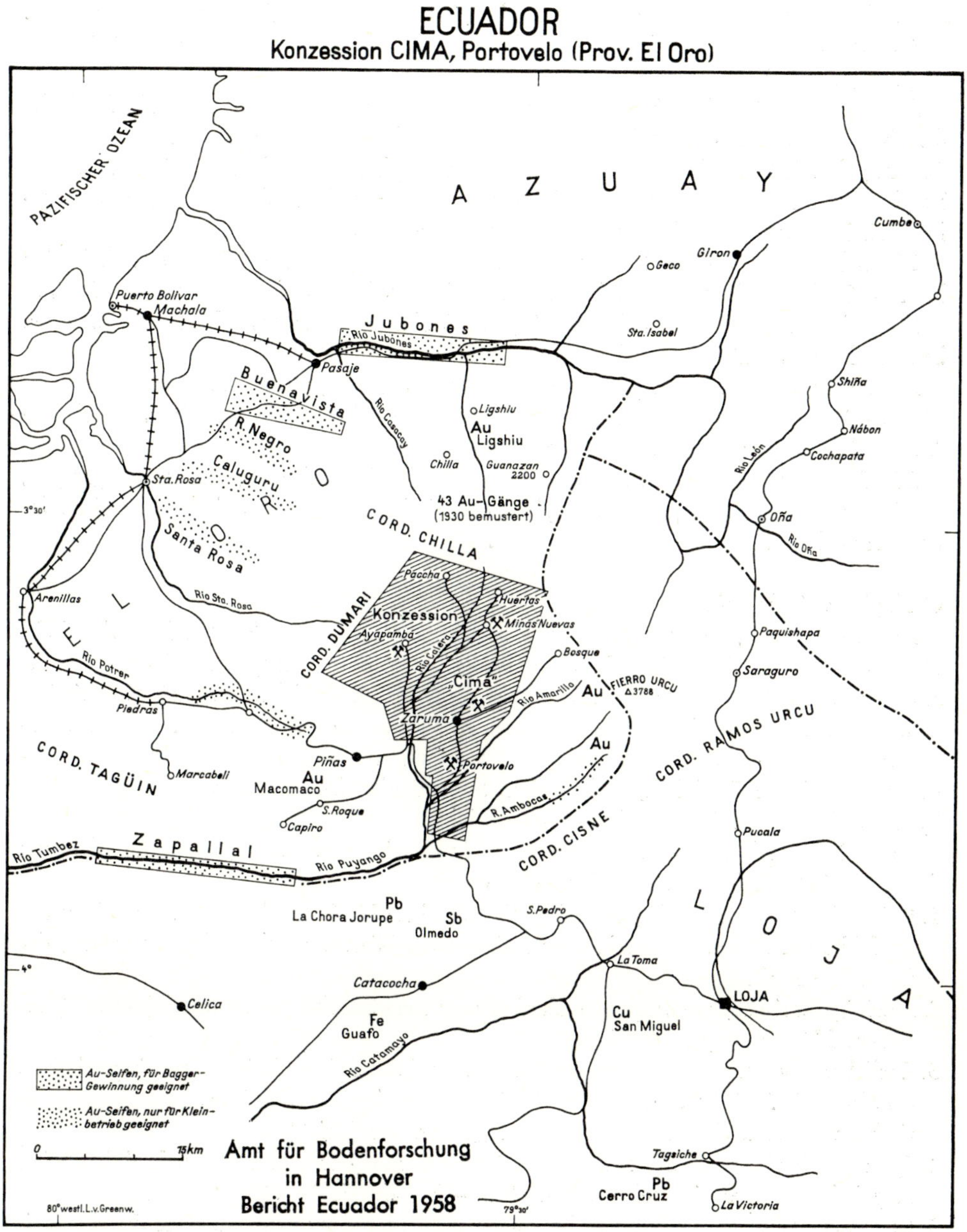

Abb. 20. Konzessionsgebiet der CIMA im Golderz-Revier Portovelo

Bergwerksbetriebe stillzulegen und mit dem Staat das Abkommen zu schließen, wonach die S. A. D. Co. und ihre Tochtergesellschaft, die „Calera Exploration Co." ihren gesamten Besitz in Ecuador, mit allen Gewinnungsanlagen und Werkstätten, in betriebsfähigem Zustand der Regierung Ecuadors gegen eine Abfindung von 2,5 Millionen Sucres (ca. DM 620 000) überließen. Seit 1951 betreibt die ecuadorianische Gesellschaft CIMA den Bergbau (Abb. 20).

Durch verschiedene Vergünstigungen steuerlicher und sonstiger Natur sowie durch die drastische Reduzierung ihres Verwaltungsapparates kamen 29,27 % der von der S. A. D. Co. im Jahre 1949 ermittelten Betriebskosten in Wegfall. Außerdem war der Portovelo-Bergbau nunmehr von der doppelten Einkommensteuer und den doppelten Verwaltungskosten in Ecuador und in den Vereinigten Staaten entlastet.

Die Grubenbaue wurden bis zur 3. Sohle gesümpft und der Betrieb ab 1952 in den höheren Sohlen und den nördlichen Stollenrevieren wieder aufgenommen. Da die Bauwürdigkeitsgrenze nunmehr weit unter 10,0 gr. Au/t herabgesetzt werden konnte, standen beachtliche Erzvorräte vorgerichtet zur Verfügung.

Nach Ansicht von Putzer & Schneider-Scherbina (1958) war ab 1958 für die Weiterführung des Portovelo-Bergbaues die Klärung der geologischen Probleme im verwickelten Aufbau der Gangsysteme von ausschlaggebender Bedeutung.

Die Golderz-Lagerstätten von Portovelo sind hydrothermale Gänge mit Quarzgangart, die dem spätorogenen jungtertiären Zyklus magmatischer und vulkanischer Tätigkeit der Anden angehören.

Geologische Verhältnisse

Das Vererzungssystem von Portovelo besteht aus zwei ausgedehnten hypoabyssisch- bis subvulkanischen Gangzügen in basischen bis intermediären Eruptivgesteinen, die vertikal auf rund 1000 m Höhe in ihren meso- bis epithermalen Bereichen aufgeschlossen sind.

Wie die meisten metallischen Lagerstätten hydrothermaler Entstehung an den ecuadorianischen Anden-Abhängen gehört diese Vererzung altersmäßig zum jungtertiären Zyklus magmatischer Tätigkeit, welche sich durch dazitisch-andesitische bis rhyolithische hypoabyssische Intrusionen und Ergüsse auszeichnet.

Das in N-S-Richtung langgestreckte Erzfeld und seine Umrandung bauen die folgenden dem geologischen Alter nach geordneten Gesteine auf:

1. Kristalline (? paläozoische) Schiefer, die mit einer NW-streichenden Verwerfung das Erzfeld nach Süden abschneiden und dem nach Westen abschwenkenden Zweig der Cordillera Real angehören.
2. Mächtige basische, vorwiegend melaphyrische Ergußdecken in Grünsteinhabitus (Faique- und Mulunquay-Formationen).
3. Östlich und westlich von den Ergußdecken eingefaßt, d. h. zwischen diese eingeschoben, eine N-S bis N 165° streichende 3,5 bis 10,0 km breite Andesitmasse, die von dazitischen Gängen und Linsen durchsetzt ist („Portovelo-Serie").
4. Quer durch die Mitte des Feldes ein mächtiger, langgestreckter ziemlich einheitlicher Rhyolithstock, der sich seitlich – nach E – in zahlreichen Gängen verfingert – und
5. basaltische Gänge, welche auch die sauersten Glieder der Portovelo-Serie durchschneiden („Curipamba"-Serie).

Es ist oft behauptet worden, daß die goldführenden Gänge ausschließlich in der Portovelo-Serie auftreten und somit in ihrer seitlichen Verbreitung durch sie eingeschränkt wären. Diese angebliche Vorzugsstellung der Portovelo-Serie hinsichtlich der Vererzung führte Billingsley (1927) auf ihre mechanischen Eigenschaften, vor allem auf ihre Sprödheit, zurück. Später wurde jedoch in den tieferen Aufschlüssen des Bergbaues festgestellt (Mayo), daß die Gänge fast ungestört in die Melaphyrdecken übergehen. Außerdem sind im östlichen Melaphyr-Gebiet zahlreiche alte Schürfe und Arbeiten auf Goldgängen bekannt. Die Gangzüge sind an die Nähe der Melaphyr-Andesit-Kontakte gebunden, wobei der innere Kontakt der Andesite stark bevorzugt ist.

Umfang des Vererzungssystems

Auf vier Goldgangzügen Portovelo, Miranda, Malvas und Minas Nuevas (Abb. 20) geht in einer Längserstreckung von 14 km gegenwärtig Bergbau um. Die stark vererzten Felder nehmen insgesamt rd. 10 qkm ein. Noch unverritzte Gangausbisse und Schurfe lassen die Annahme zu, daß die Ausdehnung der Vererzung wenigstens doppelt so groß ist. Die Konzession ist 245 km^2 groß.

Aus dem Hauptgangzug Portovelo wurden bisher über 70 % der gesamten Goldausbeute gewonnen. Er ist rd. 4 km lang und wird im südlichen Drittel von dem tief eingeschnittenen Tal des Río Amarillo gekreuzt. In den untersten Aufschlüssen des Bergbaus (13. Sohle im nördlichen Teil) zeigt die zunehmende Verarmung der Erzfälle das Ausgehen der Vererzung nach der Teufe zu an (Abb. 22, Intensitätverteilung), ein Vorgang, der sich in Portovelo schon auf der 9. Sohle abspielt.

Noch ein wichtiger räumlicher Faktor für die Kennzeichnung des Umfanges des Vererzungssystems ist die Summe der einzelnen Gangmächtigkeiten querschlägig zum Streichen des Gangzuges, d. h. die Durchschnittsbreite des tektonisch für die hydrothermalen Absätze geschaffenen Raumes. Aus 25 Jahren Abbau (1923–1958) läßt sich statistisch für den einzelnen Gang eine durchschnittliche Mächtigkeit von 1,36 m ermitteln, mit 0,71 m („Soroche"-Gang) und 1,90 m („Ost-Soroche"-Gang) als extreme Werte.

Die Anzahl der sich im Saigerriß des Gangzuges überdeckenden Gänge schwankt zwischen 1 und 7. Berücksichtigt man die ungleichmäßige Verteilung der kleineren Parallel- und Fiedertrümer auf dem ganzen Gangzug, so läßt sich die durchschnittliche Spaltenbreite desselben auf 4 bis 5 m schätzen (rd. 12 t Gangmaterial auf 1 m^2 des Gangzuges).

Nebengesteine

Alle subvulkanischen Goldlagerstätten sind genetisch an den spätorogenen, kalkalkalinen Magmatismus der Mittelzonen alpinotyper Faltungsgürtel gebunden. Auch für Portovelo trifft diese Versippung der hydrothermalen Vererzung mit einem Zyklus pulsierender Tätigkeit pazifischer Magmen im meso- bis epizonalen Bereich zu.

Im Süden des Erzfeldes ist diese so charakteristische petro- und metallogenetische Einheit tektonisch gegen metamorphe Schiefer des Paläozoikums abgegrenzt, die geotektonisch in ein höheres Niveau gehören bzw. keinen Zusammenhang der Vererzung aufweisen.

Nach W und E besteht die Umrahmung der schmalen Zone jungtertiärer, hypoabyssischer Intrusionen und Erzgänge aus mächtigen, basaltischen Ergußdecken, die bisher ohne Beweisführung in das Paläozoikum gestellt wurden. Geotektonisch gehört diese effusive Formation wohl zum vororogenen Vulkanismus der Kordilleren und damit ins Mesozoikum. Eine einwandfreie stratigraphische Eingliederung ist nicht möglich.

Allen Gesteinen der „Portovelo"-Serie gemeinsam sind die petrochemische pazifische Versippung und die Merkmale ihrer Erstarrung im hypoabyssischen bis subvulkanischen

Niveau. Es ist sicher, daß die Dazit-Schmelzen jünger als die Andesite sind. Dazitische Tafelgänge in den Andesiten bzw. andesitische Brekzien-Elemente in den Daziten sind verbreitet.

Die Gesteinstypen der „Portovelo"-Serie gliedern sich sehr eng in eine andesitische und eine dazitische Gruppe ein; daher sind die in Portovelo bisher gebräuchlichen Ausdrücke wie „monozonitische", „granodioritische" und „granitische" Glieder unbedingt zu streichen.

Das rhyolithische Magma brach quer durch Andesite, Melaphyre und metamorphe Schiefer an NW streichenden Spalten ein und erstarrte als umfangreiche, einheitliche Masse, deren jetziger Ausbiß eine Fläche von fast 20 km² einnimmt und in der östlichen Verlängerung seiner Längsachse in zahlreichen, parallelen Gängen ausläuft.

Der Rhyolith ist, abgesehen von einer diffusen, schwachen Goldführung in stark verkieselten Bereichen (ca. 0,8 g Au/t, Jarrell 1940) älter als der Hauptvererzungsvorgang. Dafür spricht nicht nur die schmale aber intensive Pyritisierung der Melaphyre und Andesite an seinem Kontakt, sondern vor allem die zahlreichen, bis 3 m starken und stellenweise im Ausbiß bis zu 7,45 Au/t reichen Quarzgänge, die bis in seinen zentralen Bereich hineinreichen.

Gangformen

Die Erzgänge des Portovelo-Reviers bieten in ihrer Form stets das gleiche, ihre Zusammengehörigkeit betonende Bild.

Jeder Gang zerfällt in zahlreiche schmale, erzführende Quarztrümer von flach wellenförmiger Gestalt und sehr verschiedener Ausdehnung. Die Mächtigkeit dieser einzelnen Linsen weist auf kurzer Entfernung starke Schwankungen auf. Durch dünne Einlagerungen von Nebengesteinsscheiben sind sie in grob parallel angeordnete Trümer gegliedert. Solche strangartig vereinigte Adern bilden mehrere Meter breite Trümerzonen (Soroche-Revier); auch stockförmige Mächtigkeitszunahmen bei fast homogener hydrothermaler Spaltenfüllung kommen vor. Scharfe Salbänder fehlen meistens. Die kompakten Erzlinsen werden zu stark verquarzten Ruscheln im Nebengestein. Oft sind Brekzien an den Salbändern entstanden und stockwerkartige Durchtrümerung älterer Gangteile, verkittet durch spätere hydrothermale Nachschübe sind häufig. Überall tritt deutlich der Einfluß starker Scherbeanspruchung im Verlauf der mehrphasigen Entstehung der Erzgänge in Erscheinung. Die dabei entstandenen Gangletten sind teils schon verquarzt, teils noch tonig, je nach dem Zeitpunkt ihrer Entstehung im Ablauf der hydrothermalen Prozesse. Hohlräume innerhalb der Erzmittel sind äußerst selten. An gebänderten Strukturen der Gangfüllung ist erkennbar, daß die Erzabsätze ursprünglich krustenförmig, gelegentlich rhythmisch, ausgefällt wurden. Häufiger Wechsel der mineralparagenetischen Verhältnisse der Spaltenfüllung beweist, daß sich Zerrungs- und Pressungsbereiche auf kurze Entfernung ablösten und verlagerten. Deshalb sind die spät entstandenen, goldhaltigen Erzfälle an keine bestimmte Gangform gebunden, so daß ihre Verteilung zunächst völlig willkürlich und zufallsbedingt erscheint (Abb. 21).

Entscheidend für die Gangformen ist, daß sie überall einen gleichzeitigen, ineinandergreifenden Ablauf von mehrfach wiederholten, schrägen und vertikalen Aufschiebungen erkennen lassen.

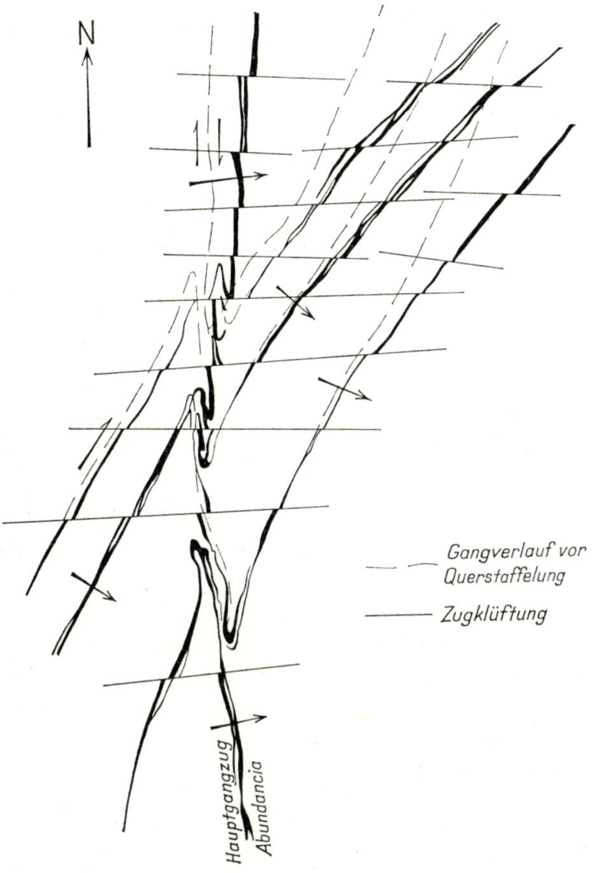

Abb. 21. Gangablenkung durch Querstaffelung, Revier Portovelo

Struktur

Das Scherflächen- bzw. Gangspalten-Netz ist im ganzen Erzfeld von drei Richtungen beherrscht:

170° Hauptrichtung	(„Abundancia"-Verwerfung)
20° Richtung	relativ stark ausgeprägt
140° Richtung	relativ schwach ausgebildet.

Gemeinsam ist allen Gängen steiles Einfallen nach E.

Ganz anders geartet ist eine vierte Kluftgruppe, die sich durch N 95°-Streichen und praktisch senkrechtes Einfallen auszeichnet. Mayo (1942) hatte schon auf ihre Bedeutung als Ursache der Staffelung der Erzfälle („rakes of the ore shoots") hingewiesen, wodurch ihre chronologische Stellung als zum jüngsten dynamischen Ereignis gehörend unterstrichen ist. An dieser späten E-W-Klüftung haben lediglich vertikale Bewegungen geringeren Ausmaßes stattgefunden. Sie ist das Ergebnis einer Zugbeanspruchung senkrecht zur kleinsten Druckspannung (der damaligen Erdoberfläche).

Die 20°-Flächen sind an ihren Kreuzstellen mit der 170°-Hauptverwerfung, an welcher der 1700 m lange Abundancia-Gang entstanden ist, gegeneinander lateral versetzt worden. Der Hauptreichtum vom Portovelo-Bergbau beruhte auf diesen gestörten Kreuzstellen (Abb. 21).

Die Abundancia-Verwerfung, als die bedeutendste von allen hinsichtlich ihrer streichenden Länge, ist auch die beständigste nach der Teufe. Die jüngeren 20°-Klüfte setzen hingegen erst in einem höheren Bereich ein, der damit zum optimalen Bereich der Vererzung wird. Die Kreuzstellen beider reihen sich von S nach N immer dichter aneinander, um dann plötzlich zu verschwinden.

Die Ursache dafür liegt in der starken Querstaffelung durch E-W-Zugklüfte, welche das ursprüngliche Niveau der Gangkreuzungen treppenartig nach N gehoben haben. Durch Erosion wurde schließlich dieser optimale Vererzungsbereich im Nord-Revier von Portovelo abgeschnitten oder in der großen Pinge der Kolonialzeit nördlich vom Hauptschacht abgebaut.

Die späte Intrusion des ausgedehnten Rhyolithmassivs, das mit WNW-Streichen den Gangspaltenzug durchquert, war die Ursache dieser starken E-W-Staffelung im Gebiet ihres Ostrandes (Abb. 21). Die Ablenkung der Gangspalten nach Osten erklärt sich durch die nach Norden gestaffelte Hebung.

Die Kontaktzonen der Andesitmasse mit den basischen Vulkaniten (Melaphyren) sind mechanisch bevorzugte reaktionsfähige Bereiche für die Bildung von Gangspalten, die sich an magmen-tektonischen Aufschiebungsflächen entwickeln, wie der Hauptgangzug „Abundancia“ dicht am Westkontakt und gleichlaufend mit den hangenden Melaphyren, und andererseits der Gangzug „Lacar-Tres Reyes-Miranda“ am Ostkontakt.

Auf den unregelmäßigen Kontraktionsrissen sind der erstarrten Intrusionsmasse des Andesits dazitische Nachschübe eingedrungen in Form von Gängen, kleinen Stöcken und Linsen mit senkrechtem oder steilem östlichen Einfallen, im Gegensatz zu der andesitischen, steil nach Westen geneigten Bewegungstendenz. Schneider-Scherbina, der diese interessanten eingehenden Untersuchungen durchgeführt hat, hält den Richtungswechsel im Streichen der Intrusionen für die Folge einer rotierenden Aufstiegsbewegung des Magmaherdes. Das besondere Merkmal der 20°-Spalten, nämlich das geringe Ausmaß ihrer Aufschiebungsscherungen, ist bedingt durch ihre fieder- und torsionsartigen Formen. Torsionszerrungen haben ausgesprochen reiche und gleichmäßige Erzfälle häufig am Kontakt der adularisierten Dazite („Pseudogranite“) erzeugt.

Der zentrale Abschnitt des Erzfeldes wurde durch die Rhyolith-Intrusion horstartig gehoben. Damit ist ein Hinweis gegeben, daß die rhyolithischen Beanspruchungsvektoren maßgebend für die Lokalisierung der goldhaltigen Erzfälle sind.

Vererzung

Der ungemein verwickelte Ablauf der Entstehung des Portovelo-Erzfeldes spiegelt sich in eindrucksvoller Weise im Mineralbestand und der Paragenese wider.

Die Gangspalten rissen zunächst im N des Portovelo-Bezirks auf; das Gesamtbild der Vererzung weist auf eine generelle Abnahme der Bildungstemperatur der Vererzung nach S. Für die frühesten Absätze werden mikrokristalliner Eisenglanz (Rubinglimmer) und glasiger, grauer Quarz als typomorph angegeben. Beide fehlen vollständig südlich der Amarillo-Bruchlinie, wo dafür Kalkspat und Manganspat stark verbreitet sind.

Eine engere genetische Verknüpfung der **Gold-Vererzung** an die sulfidische Gangfüllung (Pyrit, Kupferkies, Zinkblende, Bleiglanz) besteht nicht. Das Gold tritt **aus-**

nahmslos als Freigold auf. Meist setzte sich Gold in winzigen Hohlräumen oder auf glatten Kornoberflächen spätgebildeter Quarzkristalle ab. Sein Auftreten als Rißfüllung oder als Verdränger der Zinkblende und des Bleiglanzes ist charakteristisch, Gold ist demnach post-sulfidisch. Reine Pyrit-Kupferkies-Erze haben sich stets als besonders goldarm erwiesen. Oft sind ebenfalls massige, reine Zinkblende-Bleiglanzerze praktisch goldfrei. Typomorpher Begleiter der Goldvererzung ist mikrokristalliner Bleiglanz. Karbonate und Milchquarz sind von der Goldvererzung völlig unabhängig und **jünger** als sie.

Die Vererzungsvorgänge dauerten durch mehrere magmen-tektonische Bewegungsphasen fort, wodurch sich stellenweise Mineralparagenesen verschiedenen Alters überlagern. Von einem Gang zum anderen ergibt sich dadurch ein sehr unterschiedliches Gesamtbild des Mineralinhalts.

Quarz und Pyrit treten als ausgesprochene Durchläufer auf und sind auf dem ganzen Erzfeld auf allen Erzgängen und in jeder einzelnen Erzprobe vertreten.

Ni- und As-reiche Pyrite sind sowohl in den tiefsten Aufschlüssen vom Portovelo-Bezirk wie in den telethermalen Erzen von Ayapamba stark verbreitet, stets als späteste Generation, die kaum noch Risse durch Beanspruchung aufweist.

Besonders beachtenswert ist, daß die Ni-As-Anreicherung noch weitergeht und die allerjüngsten Erzabsätze im Portovelo-Raum durch einen mikrokristallinen Ni-reichen Löllingit, oft mit Rammelsbergit ($NiAs_2$) verwachsen, gekennzeichnet sind. Diese As-Minerale sind in der sulfidarmen Paragenese von Ayapamba besonders auffallend, wenigstens z. T. jünger als die Gold-Vererzung und gehören zu einem Ag- und Bi-reicheren Mineralisationsvorgang. Die progressive As-Zunahme im geochemischen Zyklus der Portovelo-Vererzung kommt in den paragenetischen Verhältnissen der Ag-Träger zum Ausdruck. As-freie Silberkiese wurden ausschließlich als Einschlüsse in der älteren, an Kupferkies-Einlagerungen reichen Zinkblende beobachtet. Fahlerz ist fast ausschließlich in bleiglanzreichen Erzen anzutreffen.

Schließlich folgt Proustit (Ag_2AsS_2), der als **Hauptsilberträger** hauptsächlich im Quarz, nahe oder unmittelbar an der Grenze zu älteren sulfidischen Absätzen aufgefällt wurde.

Die hydrothermalen Edelmetallabsätze (Freigold) sind stark vorherrschend, vielleicht sogar ausschließlich an die dritte bzw. jüngste Vererzungsphase (Rhyolith-Gefolge) gebunden, welcher eine tektonische Querstaffelung des Erzfeldes und seiner mechanisch begünstigten Absatzbereiche hydrothermaler Niederschläge vorausgegangen war. Somit prägte sich die späte Gold-Silbervererzung – in Abhängigkeit zu ihren spezifischen Verteilungsvektoren – mit wechselnder Intensität im Streichen auf die älteren sulfidischen Erzabsätze über.

Nach Abschluß des Vererzungszyklus fand an tektonischen Bruchlinien zunächst eine Quer-, später eine Längszerlegung des Erzfeldes statt. Diese schachbrettartige Gliederung in gehobene bzw. gesunkene Schollen hat die relative bergbauliche Höffigkeit der einzelnen Feldesteile untereinander bedingt. Der mittlere Gehalt des Haufwerkes lag etwa bei 16,5 Au/t bei Übernahme der Gruben durch die CIMA. Die Goldgehalte des Haufwerks betragen im Revier von Portovelo 8,6–9,7 g Au/t, Minas Nuevas 14,2 g, Ayapamba 16,2 g (Abb. 22).

Für die Beurteilung der Vererzung in den wichtigsten Teilen des Reviers von Portovelo ergibt sich:

Die Erzreserven des Hauptreviers **Portovelo-Abundancia,** das bisher mehr als 70 % (ca.

100 t Gold) der Gesamtproduktion geliefert hat, sind in den letzten 50 Jahren bergmännisch erschlossen und bis auf unbeachtliche Reste im N-Sektor (Agua Dulce, Pacchabamba, Tres Reyes) abgebaut worden.

Das **Miranda**-Revier liegt im Bereich des durch den späten Rhyolitheinbruch erzeugten tektonischen Horstes. Die junge Goldvererzung mineralisierte die herausgehobenen Wurzelbereiche der älteren polymetallischen Sulfidvererzung. Die Wahrscheinlichkeit für das Vorhandensein beachtlicher Erzreserven in der Teufe ist infolge der starken tektonischen Heraushebung dieses Sektors gering.

Im **Minas Nuevas**-Revier liegen günstigere strukturelle Voraussetzungen für das Auffinden neuer goldhaltiger Erzfälle in der Tiefe vor. Es bleibt jedoch dahingestellt, ob die Intensität der Goldvererzung nicht bereits unterhalb der jetzigen tiefsten Abbausohle stark abnimmt. Die Vererzung klingt hier nach N ab. Nach S hin verliert sie ihren räumlichen Zusammenhang infolge einer schroffen tektonischen Versenkung (Muluncay-Graben).

Das erst seit kurzem in Erschließung begriffene **Ayapamba**-Revier gehört wie das Portovelo-Abundancia-Hauptrevier zum westlichen, **intensiver vererzten** Spaltenzug und liegt in vergleichbarem Abstand zum vermutlichen Vererzungsherd wie das zum östlichen Gangzug gehörige Minas Nuevas-Revier. Wegen der starken tektonischen Absenkung des westlich vom Calera-Abbruch gelegenen Bereiches tritt hier die polymetallische Sulfidvererzung nicht mehr zutage. Zugleich weisen daher die hier besonders silberreichen Au-führenden Erzabsätze ein apomagmatisches, fast telethermales Gepräge sowie besonders komplexe strukturelle Verhältnisse auf. Hohe Investitionskosten und das mit der Erschließung tiefgelegener Vererzungsbereiche verbundene Risiko stehen der als günstig beurteilten Höffigkeit in Ayapamba gegenüber.

Der Energiebedarf des Bergbaus wird in zwei Lauf-Wasserkraftwerken und einem Dutzend Peltonräder für den direkten Antrieb der Aufbereitungs- und Preßluftmaschinen gedeckt. Das Kraftwerk „AMARILLO“ liegt unmittelbar bei der Aufbereitungsanlage. Seine Normalkapazität $3 \times 224 = 672$ kW fällt in der Trockenzeit auf $3 \times 150 = 450$ kW ab. Nördlich Portovelo, in 8 km Entfernung, liegt das Kraftwerk „CALERA“, dessen Normalkapazität $3 \times 422 = 1266$ kW, gegenüber $3 \times 230 = 690$ kW in der regenlosen Jahreszeit beträgt.

Die Gewinnung des Goldes erfolgt in der Zyanlaugerei, während die Cu/Pb-Zn-Sulfide des Aufwerks durch Flotation erhalten werden.

Die Edelmetalle werden aus der Zyan-Lauge durch metallisches Zn-Pulver gefällt, wobei die erzeugten Präzipitate durchschnittlich 10 bis 12 % Gold, 25 bis 30 % Silber, ca. 20 % Kupfer enthalten; durchschnittlich 45 % des Ag-Gehaltes des Haufwerks gehen in die Edelmetall-Präzipitate der Zyan-Laugerei. Von den übrigen 55 % des Ag werden knapp $^1/_4$ bei der Flotation ausgebracht. Das Gesamtausbringen liegt somit etwas unter 60 %. Dieses Problem wird mit der Zunahme der Förderung im Ayapamba-Bezirk besonders akut. Während das bisherige Au : Ag-Verhältnis im Aufgabegut im Durchschnitt 1 : 4 bis 1 : 5 betrug, sind die Ayapamba-Erze wesentlich Ag-reicher, stellenweise sogar bis zum Verhältnis 1 : 30.

Der Anteil an Sulfiden im Aufgabegut der Flotation schwankt zwischen 7,5 und 8,5 % und besteht zu rd. 70 % aus Pyrit. Die Buntmetalle sind im Haufwerk wie folgt vertreten:

Zink 1,10 %
Blei 0,36 %
Kupfer 0,29 %.

Hinzu kommen noch 30 bis 35 g Ag/t, die bei der Zyanlaugerei nicht ausgebracht werden, weil sie in sulfidischen Ag-Trägern enthalten sind. Bei einer Jahresförderung von 60 000 bis 65 000 t Haufwerk stellen diese Metallgehalte einen Wert von ca. 1,2 Mio DM dar und sind damit für die wirtschaftliche Struktur des Unternehmens ausschlaggebend geworden.

Das Ausbringen der Flotation beträgt durchschnittlich
45 bis 55 % für Blei
unter 20 % für Kupfer
unter 25 % für Silber,
und die Abgänge enthalten noch
rd. 1,0 % Zink
0,15 bis 0,20 % Kupfer
0,25 bis 0,30 % Blei
15 bis 20 g Ag/t

Goldseifen

Von einer erstaunlichen Anzahl ecuadorianischer Flüsse ist Goldführung bekannt. Bei einigen wird das Waschgold umso gröber, je näher zur Quelle die Proben genommen werden. Bei vielen Goldseifen ist die direkte Herkunft des Goldes auf z. T. sehr dünne Mineraltrümer und Gänge in metamorphen Gesteinen und im über 200 km langen Granodiorit-Pluton der E-Kordillere zurückzuführen. Bei Goldseifen aus dem S des „Oriente" dürfte das Gold aus fluviatil aufgearbeiteten, älteren Terrassen und Schotterfeldern pleistozänen Alters stammen, da die Flüsse im Verbreitungsgebiet mesozoischer und känozoischer Sedimente entspringen. HOLLOWAY (1932) berichtet von der Goldführung der Fluß-Alluvionen aus drei Gebieten: im nördlichen Küstengebiet des Dränagesystems des Río Santiago mit den Zuflüssen Cachabi und Coyapas (Prov. Esmeraldas); Río Quinindé (Prov. Manabi und Esmeraldas); die Quellflüsse S von Santo Domingo de los Colorados (Río Palangue, Río Blanco, Prov. Pichincha und Los Ríos); Río San Pablo mit Estero Hondo bei Quevedo (Prov. Los Ríos). Hier ging bis 1958 Bergbau mit flachen Schächten und Stollen in ca. 60 m breiten Alluvionen um. Die „pay zone" sind grobe, teils sehr grobe Schotter; die Gehalte (Ausbringen) betrugen 1958 5–7,5 g Au/m^3. Die Gewinnung erfolgte ohne Maschinen; der Grundwasserzutritt war sehr hoch, so daß die Gewinnung wegen technischer Schwierigkeiten eingestellt wurde.

Im interandinen Hochland sind die aus dem Schiefersockel der E-Kordillere herkommenden Flüsse Ayan, Collay, Santa Barbara (E Cuenca), Matenga und Shingata (N Zamora) goldführend; als goldreichster Fluß gilt der das Schiefergebirge und den großen Granodiorit-Pluton E Loja durchfließende Río Zamora.

Im Oriente ist die Goldführung nachgewiesen in den Quellflüssen des Aguarico, Napo (hier als besonders reich Río Payamino und Coca), des Pastaza, Bobonaza, Putuno, schließlich der Río Santiago (Prov. Santiago-Zamora) mit dem Río Paute und den Río Upano, Río Zamora mit seinen Nebenflüssen Nongoriza und Yacuambi. Sicher ist, daß viele Goldseifen in der Zeit der Inka-Herrschaft bearbeitet wurden. In kolonialer Zeit haben die Spanier Seifen in der Provinz Esmeraldas und im Oriente ausbeuten lassen. Im großen Indianer-Aufstand von 1599 wurden eine Reihe von Goldgruben und Siedlungen so ausgelöscht, daß nicht einmal Spuren erhalten blieben (z. B. am Río Upano). Die Unzugänglichkeit der Seifen-Lagerstätten im Oriente dürfte der Grund sein, daß bisher keine systematische regionale Untersuchung durchgeführt worden ist. Die Erschöpfung auf ein so großes Gebiet verteilter Vorkommen ist nicht anzunehmen. Eine systematische Bemusterung der Fluß-Sedimente ist empfehlenswert. Die infrastrukturelle Unerschlossenheit des „Oriente“ erlaubt vorerst nicht, über die Bauwürdigkeit der dortigen Goldseifen ein abschließendes Urteil abzulegen. Zur Zeit (1969/70) wird an mehr als 20 Stellen Gold gewaschen.

Über die Goldseifen der Provinz Esmeraldas hat WETMORE (1906) eine Reihe interessanter und für eine zukünftige Prospektion wichtiger Beobachtungen berichtet. Innerhalb des Dränagenetzes der Flüsse Santiago, Cachavi, Guembi und Bogotá haben sich alluviale Kiese und Schotter als reicher als die pleistozänen erwiesen. Die Indianer haben, jeweils nach großen Hochwassern, Gold mit hohem Ausbringen gewaschen. Das Gold der Sande in den sehr langsam fließenden Gewässern unterstrom von Felsriegeln und Schnellen ist so feinkörnig (Staubgold), daß es nicht mehr mit der „batea“ gewonnen werden kann. Die Goldseifen enthalten viel Magnetit und werden als „schwarze Sande“ bezeichnet. Um die Jahrhundertwende lag der Wert der Goldproduktion dieses Reviers zwischen 200 000 $ und 300 000 $/Jahr.

Kupfererzlagerstätte Macuchi

Die Ruinen der 1950 stillgelegten Grube und Schmelzanlage der „Cotopaxi Exploration Co.“ liegen im Regenwald am steilen Westhang der W-Kordillere in 650–700 m NN. Nahe der Grube führt die Straße Quito-Guayaquil vorbei.

Die Erzgrube Macuchi (Prov. Cotopaxi) begann 1941 mit der Gewinnung. Basis der Gewinnung war ein sulfidischer Erzkörper, dessen Reicherz rund 0,5 Mio. t Erz im Mittel 5 % Cu, 8,5 g Au/t und 10 g Ag/t enthielten.

Die Produktion an Kupfer betrug:

1941	3900 t	1947	2050 t
1943	4850 t	1949	800 t
1945	4000 t	1950	600 t

Die Gesamtproduktion betrug 24 250 t Cu.

Geologische Verhältnisse

MAYO (1945) hat das Erzfeld geologisch aufgenommen und dabei einige Tausend m Kernbohrungen verwertet. N-S-streichende, mächtige Ergußdecken von Eruptivbrekzien bzw. -Agglomeraten und Diabas- oder Melaphyr-Mandelsteinen mit Einschaltungen von meist sehr feinkörnigen, hellen Tufflagen bauen vorherrschend das Erzfeld und seine Umgebung auf. In diese steilgestellten, oft schiefrig verformten Lavadecken, deren regional-geotektonische Stellung auf kretazisches bis alt-tertiäres Alter hinweist, intrudierten unter meist schwacher Diskordanz zahlreiche jüngere Magmen von andesitischem, dazitischem und aplitischen Chemismus, die in der hypoabyssischen bis epizonalen Fazies erstarrten.

Als hervorstechendes Strukturelement des Feldes und lagerstättenkundlich maßgebender Faktor tritt eine breite, steil nach W einfallende Scherzone („Mercedes Fault") in N-S-Richtung auf (Abb. 23).

An ihren beiden Extremitäten gabelt sich die Scherzone in zwei Züge von Verwerfungsflächen, welche sich im Fortstreichen immer feiner verästeln und schließlich auflösen. Translationsbewegungen entlang der s-förmig verlaufenden Scherung sind zweifellos entscheidend für das Auftreten von Zerrungen bzw. Pressungen und damit auch für die Raumschaffung bei der Entstehung der Kieslager gewesen. Wie der Haupterzkörper „Mercedes" liegen ebenfalls die kleineren Erzmassen von Amaya und Minchua im NNE-Streichen, woraus man deutlich ersieht, daß die Lateralverschiebung mit SW-NE gerichteten Schubkräften zusammenhängt, die dort Zerrungen hervorriefen.

Der Haupterzkörper „Mercedes", aus welchem praktisch fast die gesamte Produktion bestritten wurde, wies auf der ersten Sohle eine Mächtigkeit von 18 m auf und verdrückte sich fast restlos bereits in ca. 130 m Tiefe. In den oberen Teufen bestand er fast ausschließlich aus Kupferkies mit barytischer, z. T. auch quarziger Gangart. Randlich traten Partien von derbem, fast reinem Schwerspat auf. Im allgemeinen nahm auf allen Sohlen die Cu-Konzentration nach N ab („North end ore"). Auf der II. und III. Sohle wurde ein massiver Cu-armer Pyritkörper im Liegenden des Kupfererzlagers angetroffen. Insbesondere die hangenden Tuffe sind stark gebleicht und pyritisiert, stellenweise auch von Baryt verdrängt oder in FeS_2-reiche Hornsteine („cherts") umgewandelt und gelegentlich propylitartig chloritisiert worden.

Strukturell ist das Erzlager „Mercedes" aufs engste an die Scherzone gebunden, und zwar tritt es im Liegenden derselben auf – in oberen Teufen zunächst einheitlich, kompakt und eng an sie gebunden, dann – nach der Teufe – blättert es sich gewissermaßen allmählich auf und entfernt sich etwas von dem am stärksten zerscherten Bereich.

Vererzung

Nach erzmikroskopischen Untersuchungen (SCHNEIDER-SCHERBINA, 1958) ist Pyrit stets das älteste Sulfidmineral und offenbar fast ausschließlich in einer einzigen frühen Vererzungsphase entstanden. Einwandfreie Rekristallisationserscheinungen wurden nicht beobachtet. Kupferkies ist mittel- bis feinkörnig. Überall drängt er in das kataklastische Gefüge des Pyrits ein und läßt oft nur winzige disperse warzenförmige Relikte desselben bestehen. Zinkblende ist teils als feinkataklastisches Zerreibsel lagenweise im Kupferkies eingebettet, teils tritt sie als vereinzelte idiomorphe Körnchen als jüngere Generation im Kupferkies auf. Die ältere Zinkblende zeigt eigenartige Reaktionssäume gegen Kupferkies bzw. einen fast submikroskopisch feinen myrmekitartigen Zerfall in Zinkblende-Kupferkies. Die jüngere Zinkblende-Generation ist sehr spärlich vertreten und mit den ebenfalls seltenen Bornit- und Bleiglanz-Körnern dispers im Kupferkies verteilt. Der Bornit ist sicher z. T. primär, da er einen oktaedrischen lamellaren Zerfall in Kupferkies-Bornit zeigt. In jedem Anschliff wurden einige ziemlich große Ag-reiche Gold-Körner beobachtet, die, in Analogie mit den Verhältnissen im Portovelo-Erz, stets an die jüngsten, feinkörnigen Sulfide gebunden sind. Lagerstättenkundlich weist die Mineralparagenese auf eine mesothermale pyritische Vorphase der Vererzung hin, gefolgt von einer epithermalen Kupferanreicherung. Am Ausklang der epithermalen Erzbildung wurde etwas Gold zugeführt.

Regional-metallogenetisch gehört Macuchi zu einem Gürtel analoger Sulfidvererzungen, der in N-S-Richtung am dicht bewaldeten, schroff abfallenden Westhang der Kordilleren entlangzieht und zur Gruppe der „disseminated porphyry copper ores" gehören. Das Gebiet ist noch fast unerforscht und bietet gute Aussichten für neue Entdeckungen in der Umrandung des großen, dort auftretenden und anstehenden Granodioritmassivs.

Auffallend viel massiges, barytisches Derberz, teilweise mit beträchtlichem Kupferkies- und Kupferglanz-Gehalt ist auf Förderwegen und Halden verstreut, was deutlich zeigt, daß hier dank des Reichtums des Lagers sehr großzügig gewirtschaftet wurde. Baryt ist in Macuchi nicht gewonnen worden. Über den Anteil, den Baryt am Erzkörper hat, liegen keine Angaben vor.

Der Hauptkörper („Mercedes Lode") von Macuchi wurde im Stollenbetrieb auf 5 Sohlen aufgeschlossen. Der Förderstollen auf der tiefsten Sohle ist 2 km lang. Das Erz wurde flotiert, die Konzentrate am Ort verhüttet. Der Goldgehalt war in der Kupfermatte enthalten, die in die USA exportiert wurde. In den nicht mehr zugänglichen Stollen ist ausweislich betrieblicher Unterlagen noch ein sicherer Erzvorrat von rund 140 000 t vorhanden.

Anzeichen von Kupfererzen sind in West-Ecuador nicht selten. Sie gehören dem erwähnten Gürtel sulfidischer Vererzungen an, der genetisch an granodioritische Intrusivmassen („Anden-Pluton", Putzer 1968) gebunden sind. Einige dieser Vorkommen wurden bereits bergmännisch angeschürft, z. B. die Kupfererz-Lagerstätten von Sigchos (0° 42' S und 78° 54' W) und La Plata (0° 25' S und 78° 55' W).

Sigchos, im Bezirk Latacunga (Provinz Cotopaxi) liegt im Toachi-Tal, auf halber Strecke zwischen Macuchi und La Plata und ist offenbar das unbedeutendere Vorkommen von beiden. Die Cotopaxi Exploration führte dort 1946 Untersuchungen auf den zwei Erzkörpern von Parcotas und Gualaya aus, die jedoch keine überzeugenden Anhaltspunkte für das mögliche Auftreten größerer Vorräte geliefert haben. Die Transportverhältnisse sind besonders ungünstig.

La Plata, im Bezirk Tacochi (Provinz Pichincha) ist seit kurzem durch eine gute Autostraße mit Quito (120 km) über S. Domingo de los Colorados (25 km) verbunden. Die Cotopaxi Exploration hatte hier seit 1946 einige Kernbohrungen ausgeführt und Schürfstollen vorgetrieben, die den Nachweis von zunächst rd. 150 000 t Derberz ermöglichten. 1950 übernahm die Minas Nacionales S. A. die Fortführung der Erschließungsarbeiten und konnte den Erzvorrat bisher auf 250 000 t erweitern.

Ähnlich wie in Macuchi tritt hier das massige Sulfiderz linsenförmig in verkieselten Brekzien und gebleichten, pyritisierten Tuffen an einer N 20° streichenden Scherzone auf. Neben Pyrit und Kupferkies sind Zinkblende und Bornit ziemlich stark verbreitet. Die

Durchschnittsgehalte auf der dritten Sohle sind:

6,26 % Kupfer
8,38 g Gold
65,20 g Silber

Zum Unterschied mit den rein magmatogenen Gesteinsserien von Macuchi sind auch Kalke und schwarze Schiefer auf dem La Plata-Feld zu beobachten.

Kupfererzlager Chaucha

Als hoffnungsvolle Neuentdeckung ist das 1968 durch eine umfangreiche geochemische Prospektion gefundene Vorkommen sulfidischer Kupfererze mit Molybdängehalt bei **Chaucha** (Prov. Azuay) anzusehen. Die Vererzungszone liegt am urwaldbedeckten Westhang der West-Kordillere; ihre geologische Position ist, wie in Molleturo und Macuchi, durch einen granodioritischen Pluton bedingt. Es handelt sich um eine zu den „disseminated porphyry copper ores" gehörige Lagerstätte von offenbar großem Umfang mit geringen Metallgehalten. Das neue Erzgebiet liegt 45 km von der Küste und 120 km vom Hafen Guayaquil entfernt. Seine Reserven werden von WORLD MINING (April 1970) mit 100 Mio t Erz und Cu-Gehalten zwischen 0,5 und 0,8 % angegeben. Die Höhe der Mo-Gehalte ist bisher nicht veröffentlicht.

Kupfererzlager von Sigsig

Lage

Das Vorkommen liegt 3° S / 78° 35′ W, zunächst etwa eine Stunde zu Pferd, dann zwei Stunden Fußmarsch, etwa 8 km S Sigsig (Provinz Azuay). Die Transportverhältnisse sind sehr ungünstig, zumal der Erzaufschluß – ein 20 m langer Ausbiß massiger Derbkiese – nur durch die enge Schlucht des Río Santa Barbara mit ihren fast senkrechten Steilhängen zu erreichen ist.

Geologische Verhältnisse

Die Sulfidlinse streicht N 135° und fällt mit 80° nach SW ein. Nebengestein ist ein schwarzer, stark verkieselter metamorpher Schiefer. Nicht nur die Erze, sondern der ganze geologische Verband soll nach HARRINGTON weitgehende Analogie mit dem Macuchi-Kupfererzlager aufweisen. Wechsellagernde metamorphe und magmatische Gesteine wurden einer komplizierten Tektonisierung unterworfen. Im Gegensatz zu der ziemlich tieftemperiert gebliebenen barytischen Kupferkies-Pyritvererzung von Macuchi tritt in Sigsig ein ausgesprochen hochtemperiertes Magnetkies-Kupferkies-Erz auf. Kupferkies ist völlig frisch, grobkörnig, mit schwach verzahnten Korngrenzen. Winzige dentritartige Zinkblende-Sternchen sind als charakteristische Entmischungen des bei hoher Temperatur entstandenen Kupferkieses weit verbreitet. Magnetkies bildet pflasterartige, ziemlich grobkörnige Aggregate von hypidiomorphem bis panidiomorphem Gefüge.

Deszendente Umsetzungen haben etwa die Hälfte des Magnetkieses zunächst in Markasit, dann in Pyrit und schließlich durch H_2O-Aufnahme in einen bräunlichen mikrokristallinen Melnikowit umgewandelt. Zuletzt, in der Mitte der Risse, entstand Siderit. Gediegenes Wismut ist ungewöhnlich stark verbreitet. In den untersuchten Proben lag der Bi-Gehalt schätzungsweise bei 0,1 bis 0,3 %.

Die untersuchten Proben waren derbe Sulfiderze, fast frei von Gangart, mit rd. 60 % Kupferkies bzw. einem Gehalt von ca. 20 % Cu.

Die Cu-Gehalte früher analysierter Proben schwanken zwischen 6,0 und 27,0 % Cu, mit Spuren von Gold (HARRINGTON).

In der weiteren Umgebung von Sigsig sind mehrere Goldgänge bekannt, die teilweise schon in der Kolonialzeit zu Abbauversuchen geführt haben. YANTIS berichtet zusammenfassend über verschiedene Untersuchungen der Geologen der S. A. D. Co. und hebt den

Reichtum eines am Río Ayon, 30 km SE von Sigsig, auftretenden Ganges hervor, der 1942 entdeckt und daraufhin von Peck untersucht wurde. Goldseifen sind in der ganzen Umgebung sehr zahlreich, jedoch sind die Geländeverhältnisse für die Entwicklung umfangreicherer Arbeiten meist sehr ungünstig.

Silber-Kupfer-Erzvorkommen Pilzhum

Lage

Der kuppelförmige, fast 4000 m NN hohe Pilzhum-Berg (2° 35′ S, 78° W) liegt rd. 30 km NE Azogues (Provinz Cañar), der Endstation der Eisenbahn nach Guayaquil und Quito. Die Bergkuppe ist in NNW-Richtung etwas gestreckt und 2 km breit. Sie bildet die Wasserscheide der Tabacay- und Taday-Becken. Ihre Hänge fallen ziemlich flach ab und sind stellenweise mit Hochmooren bedeckt. Es herrscht das kühle, niederschlagsreiche, windige „páramo"-Klima der Hochanden. Zahlreiche Quellen liefern gutes Trinkwasser, in ausreichender Menge auch für den Betriebsbedarf eines 100 bis 200 tato Bergbaus, samt Aufbereitung. In 8 bis 10 km Entfernung führt der Río Taday bereits genügend Wasser für eine Wasserkraftanlage von 1500 bis 2000 kW.

Geologische Verhältnisse

Fast sämtliche alte Schürfe und Gangausbisse treten auf einer Fläche von ca. 2,0 km² zwischen 3400 und 3600 m Höhe auf, am S- und SW-Hang des Pilzhum.

Über den geologischen Bau des umliegenden Geländes kann mangels ausreichender Aufschlüsse nur wenig ausgesagt werden. Immerhin, überall wo die bis 1 m dicke Humusbedeckung fehlt und keine sehr tiefgründige Zersetzung eingetreten ist, trifft man ausschließlich dunkle Vulkanite, meist andesitischer Versippung, an. Tektonisierte, melaphyrartige Gesteine stehen neben jüngeren, frischen porphyrischen Andesiten an. Die silberreichen Fahlerzgänge des Pilzhum-Berges bilden sternförmig um ihn angeordnete Erosionsmauern, die schon frühzeitig in der Steppenlandschaft der hochgelegenen „páramos" auffielen und als Erzvorkommen erkannt wurden (Abb. 24). Die Gänge gehören zu der barytischen Cu-Ag-As-Formation. Die Gänge streichen NE bis ENE, fallen 85–70° nach E ein und sind 1,5–8 m mächtig. Die Vererzung besteht aus Enargit, Fahlerz, Proustit und den sekundären Kupfererzen Bornit, Covellin und Kupferglanz. Bleiglanz und Zinkblende sind in unbedeutenden Mengen vorhanden.

Nebengestein der Gänge ist Andesit. Junge, noch schwach ausgeprägte radiale Talfurchen ziehen auf dem Hauptgrubenfeld vom Gipfel des Pilzhum herab. Die dazwischenliegenden Wasserscheiden sind besetzt mit mauerartigen, bis 10 m breiten und einige Meter hohen Erosionsrelikten teils verkieselt, teils von Baryt und Pyrit sowie anderen Sulfiden intensiv durchsetzten Tuff- und Porphyrgängen. Die streichende Länge dieser Härtlingszüge schwankt zwischen 150 und 500 m.

Durch die Intensität der metasomatischen Vorgänge ist der vulkanische Ursprung dieser Gänge meistens kaum noch erkennbar. Entweder steht nur noch derber, feinkristalliner rötlichgrauer bis gelblicher Baryt an, oder die hydrothermal veränderten Eruptivgänge nehmen das Aussehen einer rotbraunen Hutbildung an, mit feinster Wabenstruktur nach dem herausgelösten Pyrit. Drusenbildungen mit nachträglicher, dichter Ausfüllung durch rosettenartig gewachsenen Baryt sind weit verbreitet. Grobtafeliger, weißer bis grünlicher Baryt, oft von Sulfiden überkrustet, bekleidet die Wände der noch offenen Hohlräume. Schwächer umgeprägte Bereiche lassen noch die bis 1 cm großen Feldspat-Einsprenglinge der rhyolithischen oder dazitischen Porphyre gut erkennen, wobei die Einsprenglinge meist völlig kaolinisiert oder verkieselt sind.

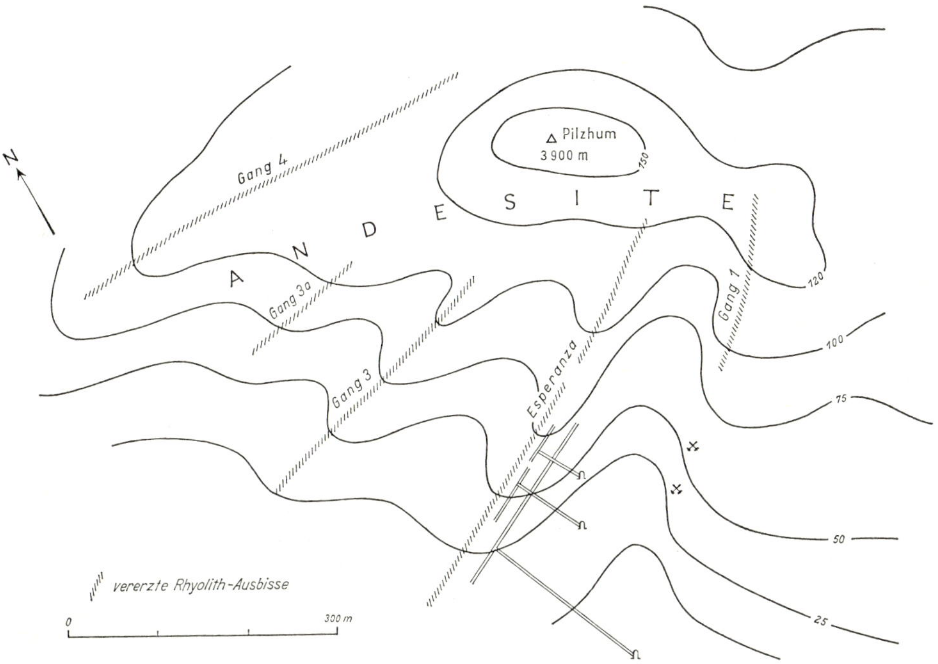

Abb. 24. Gänge der Silber-Kupfer-Erzvorkommen von Pilshum

Vererzung

An zahlreichen Stellen wurden die Porphyrgänge von (rhyolithischen?) Tuffen brekzienartig bzw. stockwerkartig oder auch gangförmig durchsetzt. Solche Tufflagen sind fast stets zu sulfidreichen, hornsteinartigen Fahlbändern verändert. Die Vererzung, mit Ausnahme des allenthalben stark vorwiegenden Pyrits, ist wegen ihrer Feinkörnigkeit nur mikroskopisch in ihren paragenetischen Verhältnissen auflösbar.

Die Kupfervererzung der Barytgänge besteht fast ausschließlich aus Enargit, mit Bornit, Kupferglanz und Covellin als sekundärgebildeten Cu-Sulfiden. Der hohe Ag-Gehalt beruht auf der starken Verbreitung von einem Bi-reichen Fahlerz und Proustit. Zinkblende und Bleiglanz treten stark zurück. Aus der Umlagerung vom Bleiglanz ist gelegentlich Pyromorphit an den Gangausbissen zu beobachten (Schneider-Scherbina, 1958). Dünne Krustenbildungen von Mn-Oxyden lassen vermuten, daß Mn-Karbonate als spärlicher Bestandteil in der Gangart auftritt.

Starke Pyritisierung des andesitischen Nebengesteins bis über 10 m Entfernung von den Gängen scheint als Begleiterscheinung der Vererzung allenthalben stattgefunden zu haben.

Nach Abb. 24 verteilen sich die Gänge 1, 2 (Esperanza), 3, 3a und 4 von Süden nach Nord am SW-Hang des Pilzhum, 150 bis 300 m voneinander entfernt.

Gang 1 erscheint als 2 bis 3 m hohe etwa 6 m mächtige Felsmauer und streicht N 35° bei fast senkrechtem Einfallen. Schon in Tiefe von wenigen m stehen frische Sulfiderze an, die in feinsten Adern den verkieselten Rhyolithgang durchsetzen.

Gang 2 Esperanza, 600 m lang, ist zwischen 3 und 6 m mächtig, Einfallen 70–75° nach E, was seine Ausrichtung durch Stollen (Abb. 24) begünstigt hat.

Gang 3 170 m lange Felsmauer erreicht 8 m Mächtigkeit bei N 50° Streichen und ist nur am S-Ende aufgeschlossen.

Gang 3a, Ausbiß nur 30 m lang, streicht bei steilem Einfallen N 70°.

Gang 4 mit schwach bogenförmigen Verlauf 350 m lang von gleicher Beschaffenheit wie die der vorhergehenden. Gänge 3a und 4 sind 1–3 m mächtig.

Bergbau

Bereits 1795 erhob die spanische Krone Steuer auf das in Pilzhum aus mehr als 20 Schürfen und Gesenken gewonnene Silber. Doch war Pilzhum, verglichen mit den mexikanischen und peruanischen Silberlagerstätten, viel ärmer, und außerdem muß die Beschaffenheit der Vererzung hüttentechnisch damals große Schwierigkeiten bereitet haben. So blieb es in der Kolonialzeit bei nur sehr oberflächlichen, unbedeutenden Erschließungsversuchen.

Erst 1937 unternahm SEMERIA Schürfarbeiten, wobei einer der Gänge („Esperanza") auf drei Sohlen durch Stollen querschlägig ausgerichtet und auf insgesamt 220 m streichend aufgefahren wurde. Diese Stollen sind an den Eingängen eingestürzt.

Um 1940 wurden rd. 150 t Fördergut an die American Smelting and Refining Co. verschifft. Diese Erzpartie ergab übereinstimmend mit dem Durchschnitt von 29 Strecken-Bemusterungen rd. 1500 g Ag/t und 3,2 g Au/t, bei einem Cu-Gehalt etwas über 25 %. Aufbereitungsversuche bei Straub Manufacturing Co. in Oakland ergaben, daß eine Konzentrierung der Edelmetalle im Verhältnis 1 : 19 aus dem Fördergut durch Flotation erzielbar sei. Der Bergbau wurde 1968 wieder aufgenommen; eine Aufbereitungsanlage mit einer Kapazität von 150 tato Erz wurde 1969 gebaut.

Der Pilzhum kann als nördlicher Ausläufer der sich von Perú über Bolivien bis Argentinien ausgedehnten Zone tertiärer epithermaler Lagerstätten der barytischen Kupfer-Arsen-Formation angesehen werden, worauf auch die kuppelförmige Bildung des Berges mit der radialen Anordnung der Gänge hinweist.

Es ist möglich, daß der von SINGEWALD (1919) erwähnte Silbererzgang auf dem **Cerro Zhuya,** 26 km W Cañar (Prov. Cañar) zur gleichen metallogenetischen Zone gehört. Außer seinem Streichen N 100° ist seine Mächtigkeit mit 0,80–1 m bekannt, aber nichts über die Vererzung.

Polymetallische Sulfiderzgänge von Molleturo

Lage

Das Erzvorkommen tritt 5 km NW Molleturo (Prov. Azuay) am W-Hang der W-Kordillere in etwa 1800 m NN zutage. Das Gelände am Steilhang der Kordillere ist tief zerschluchtet und von dichtem Urwald bedeckt. Die Straße Cuenca-Naranjal, die über den 4200 m hohen Paß der Cordillera de Cajas führt, passiert das Erzgebiet.

Geologische Verhältnisse

Die geologischen Verhältnisse sind in großen Zügen ähnlich wie an anderen Teilen der Westkordillere. Auf den Höhen der Cordillera de Cajas bilden mächtige deckenförmige Andesitergüsse die Oberfläche, in der während der Vereisung die weiten Gletschertäler ausgehöhlt wurden. In Richtung Molleturo tritt ein ausgedehntes Granodiorit-Massiv zutage, das bis Zapal de Loma zu verfolgen ist, wo die Zone der Diabase beginnt und sich bis in das Erzgebiet fortsetzt. Weiter südwestlich, am Fuße der Kordillere, dehnt sich ebenfalls ein Dioritmassiv aus.

Die Tektonik wird von N-S- und W-E-Elementen beherrscht, wie in der gesamten Westkordillere. SAUER, der 1939 die Lagerstätte untersucht hat, konnte das Streichen der Gänge mit N 70–85°, Einfallen 45–70° NNW, sowie ESE (N 100–105°) und SSE (N 170°) streichende Störungen sowie eine N-S streichende Überschiebung einmessen (Abb. 25).

Die Verwerfungen und Überschiebungen, die meist spitz und rechtwinkelig die Gänge schneiden, haben die Gänge zerstückelt und die einzelnen Teile in größerem oder kleinerem Ausmaße gegeneinander verschoben. Auch an den Gangspalten haben noch Bewegungen stattgefunden, die An- und Abschwellen, Verdrücken und Sichwiederauftun der Gänge auf kurze Entfernungen bewirkten. Durch diese überaus starke tektonische Beanspruchung des Gebirges sind auch die Minerale der Gänge schlierenartig durcheinander gequetscht und ausgewalzt, wodurch eine in kleinstes Korn gehende innige Vermengung der Erzminerale und der Gangart (Quarz) stattgefunden hat. Quarz, Bleiglanz und Zinkblende zeigen deutlich die Auswalzung, während Kupferkies und Magnetkies durch Rekristallisation kompaktere Struktur aufweisen.

Diese sehr ungünstigen tektonischen Verhältnisse erschweren nicht nur das Auffinden der Gangfortsetzungen, sondern auch Abbau und Aufbereitung, letztere durch die innige und feinkörnige Vermengung der Erzminerale. Diese schwerwiegenden Nachteile werden nur zum Teil wieder aufgewogen durch die gute Qualität der Erze.

Als Nebengestein tritt in weiterer Entfernung von den Gängen Diabas auf; unmittelbar als Hangendes und Liegendes der Gänge ein stark pyritisiertes und häufig auch verkieseltes diorit-aplitartiges Gestein. Weiter nach Norden erscheint wieder Andesit.

Vererzung

Die Gangbildungen stehen im Zusammenhang mit den Granodiorit-Andesit-Intrusionen. Vier Gänge sind vorhanden. Der Hauptgang ist aufgeschlossen durch die Stollen „Roma" und „Resbaladera". In Abb. 26 ist die Sohle der „Roma" mit ± 0 Lokalhöhe angegeben. Der 40 m lange Stollen „Roma" liegt etwa 200 m über dem tief eingeschnittenen Fluß Miguir. 12 m unterhalb der „Roma" ist im Gang der 28 m lange Stollen „Resbaladera" vorgetrieben.

In dem in der Abb. 25 angegebenen 6 m tiefen Schurfgraben konnte die Fortsetzung des Ganges noch nicht festgestellt werden. 30 m nordöstlich der „Resbaladera" und 21 m tiefer als diese beißt der durch den 10 m langen Stollen „La Paz" aufgeschlossene Gang aus. „Roma", „Resbaladera" und „La Paz" andererseits sind durch eine kleine Schlucht getrennt. Die Ränder der Schlucht sind durch die Gangausbisse als Kämme markiert. Der freigelegte Ausbiß von „La Paz" zeigt auf eine Länge von 30 m drei spitzwinklige Verwerfungen (Abb. 25), die den Gang in ebensoviele Teile zerschnitten und diese jedesmal 1–2 m horizontal gegeneinander verschoben haben. Die Sprunghöhe einer Verwerfung

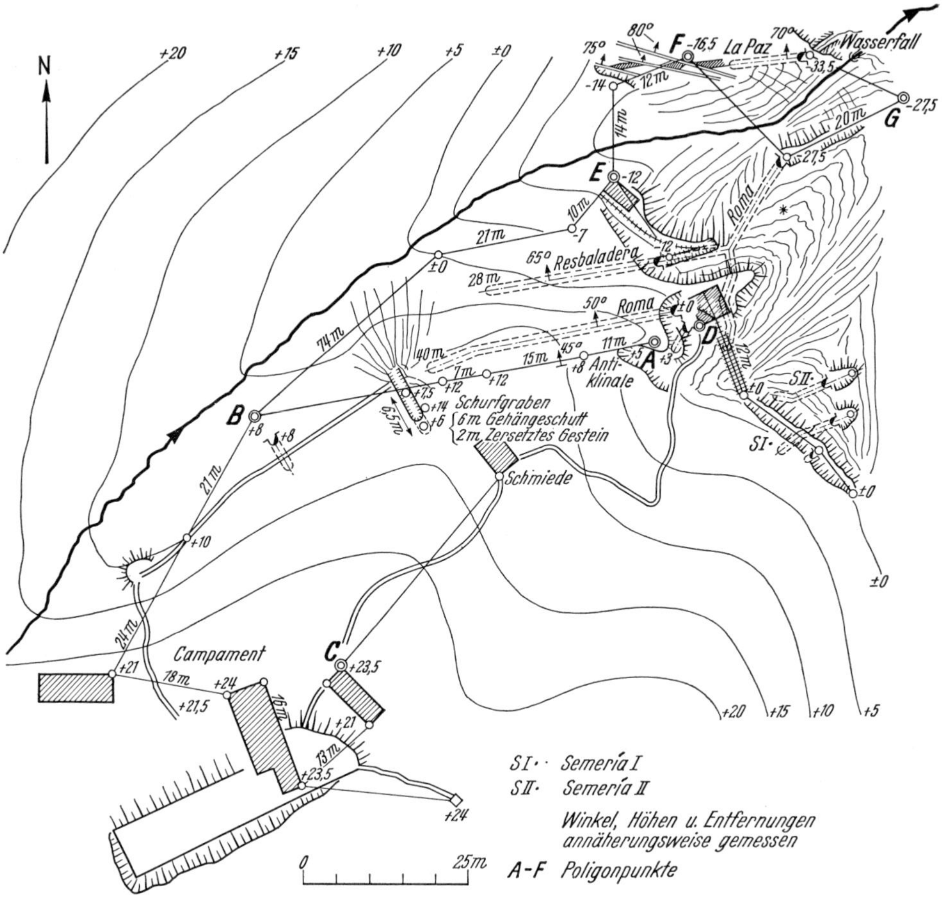

Abb. 25. Die Sulfiderzvorkommen von Molleturo. Zeichn. W. SAUER

läßt sich zu etwa 3 m feststellen. Einige Meter tiefer liegt im Gang der Stollen „La Paz", 33,5 m tiefer als „Roma". Im Stollen zeigt sich eine flach nach Ost einfallende Überschiebung, die ungefähr N-S streicht. 25 m südöstlich von „Roma" und 8 bis 12 m tiefer sind durch 10 m lange Schurfstollen noch zwei wenig mächtige Gängchen, „Semería I und II" aufgeschlossen, die goldhaltigen Quarz und verquarzten Bleiglanz enthalten.

Die Haupt-Erzminerale sind: Magnetkies, Bleiglanz, Zinkblende, Kupferkies und in geringen Mengen Schwefelkies und Arsenkies.

Als Gangart tritt in verhältnismäßig geringen Mengen Quarz auf. Die Hauptmasse der Minerale in den aufgeschlossenen Teilen wird durch Magnetkies (nicht nickelhaltig), Bleiglanz und Zinkblende gebildet. Die erzmikroskopische Untersuchung ergab eine sehr breite Bildungstemperaturspanne; die Sulfidabsätze sind für meso- bis katathermale Entstehungsbereiche charakteristisch.

I. Vererzungsphase: Die ältesten Erzabsätze bestehen aus einem idioblastischen, vorwiegend grobkörnigen Aggregat von Arsenopyrit und Pyrit. Beide sind von einem engmaschigen Netz von Rissen durchzogen, in welchen die jüngeren Sulfide und Sulfosalze abgesetzt wurden.

II. Vererzungsphase: Die Erzminerale dieser Phase sind Magnetkies, Zinkblende, Kupferkies, Bleiglanz und Fahlerz. Der Magnetkies zeigt die üblichen, sehr charakteristischen deszendenten Umsetzungen pseudomorpher Natur in ein Gemenge von dünntafeligem Markasit und Melnikowit. An den mit Sulfosalzen gefüllten Rissen dürften ganz analoge Umsetzungserscheinungen bereits primär aufgetreten sein. Die Zinkblende enthält sehr reichlich Entmischungen von feinverteiltem Kupferkies und ist außerdem von diesem an kataklastischen Rissen durchzogen. Ganz spärlich treten orientiert eingelagerte winzige Magnetkies-Täfelchen auf, welche auf höhere Bildungstemperaturen hinweisen.

Der Kupferkies zeigt keine Besonderheiten, die seinen thermalen Bildungsbereich nachzuweisen ermöglichen würden. Ihm scheint eine Intensivierung der Kataklase vorausgegangen zu sein. Als Fahlerz tritt ein Freibergit auf, der etwa gleichaltrig mit dem Kupferkies ist. Als Einschlüsse sind in ihm kleine Körner von ged. Antimon und winzige Flitter von ged. Silber zu beobachten. Stellenweise sind Freibergit und ged. Antimon myrmekit-artig miteinander verwachsen. Der Bleiglanz ist ziemlich grobkörnig und enthält sehr reichlich Einschlüsse von Fahlerz.

III. Vererzungsphase: Diese spätesten Ausfällungen sind an durchgehende, 0,1 bis 1,0 mm starke ebene Risse gebunden. Hauptmaterial ist hier Gudmundit (FeSbS) in etwa 0,5 mm großen, scharf idiomorphen, einfach verzwillingten Kriställchen mit vereinzelten Einschlüssen von ged. Antimon. Eng an diese jüngsten Risse gebunden treten verschiedene Pb-Sb-Sulfosalze auf, unter welchen Jamesonit und Meneghinit die weitaus stärkste Verbreitung haben.

Die 1937 gegründete ecuadorianische „Compañia Minera del Azuay" ließ mehrere Stollen von insgesamt etwa 80 m Länge auffahren.

Nach dem Vorschlag McGinnis wollte man nur den silberhaltigen Bleiglanz gewinnen. Es wurden etwa 80 t handgeschiedener Bleiglanz verschifft, bei einer Förderung von ca. 1200 t Roherz, was etwa 7 % der Gesamtförderung entspricht. Kupfer- und Zinkerze wurden auf die Halde gestürzt. Da das Erz sehr komplex und dicht verwachsen ist, kann es durch Handscheidung nicht gewinnbringend abgebaut werden.

Durchschnittsmuster aus den beiden Erzlagern, auf welchen alte Aufschlüsse nur in kleinstem Umfang bestehen, zeigten folgende Metallgehalte (Yantis):

Lager	Mächtigkeit	Au g/t	Ag g/t	% Pb	% Cu	% Zn
I	0,82 m	4,95	854,4	8,1	3,6	8,1
II	0,82 m	4,35	451,4	10,3	2,2	11,5

Eine Analyse vom 13. 10. 1938 der Denver Equipment Company gibt an:

Fe	31,20 %
Pb	12,90 %
Zn	9,10 %
Cu	1,96 %
As	4,16 %
S	23,70 %
Unlöslich	16,50 %
	99,52 %

Außerdem nachgewiesen	0,09 ozs. Troy Gold/Tonne
	36,6 ozs. Troy Silber/Tonne

Leider ist es unmöglich zu beurteilen, wie und von wo diese Probe, die eine Durchschnittsprobe sein soll, genommen wurde. Das starke Überwiegen von Magnetkies wird durch den Augenschein bestätigt. Bleiglanz und Kupferkies sind sehr verschieden verteilt. In gewissen Teilen von „Roma“ und „Resbaladera“ sind die Bleiglanzmengen beträchtlicher, während Kupferkies in „La Paz“ stärker hervortritt. Da der Abbau im Jahre 1938 vorwiegend auf „Roma“ und „Resbaladera“ umging, dürfte die Probe von Denver wohl zum größten Teil aus diesen Stellen stammen und den höheren Kupfergehalt des „La Paz“-Ganges nicht zum Ausdruck bringen. Ob es sich um eine Durchschnittsprobe handelt, ist unsicher.

Um das Erz wirklich zu verwerten, kann man sich nicht, wie es die Compañia Minera del Azuay auf Vorschlag McGinnis getan hat, mit der Gewinnung des silberhaltigen Bleiglanzes durch Handscheidung begnügen.

Infolge der komplizierten Tektonik und der Bedeckung des größten Teils der Oberfläche mit Schutt war es unmöglich, die Gangfortsetzung nach Westen gegen das Gebirge zu aufzufinden; ebensowenig ließ sich ihre Ausdehnung nach abwärts an dem 200 m hohen Abhang bis zur Talsohle ermitteln. Es ist kaum anzunehmen, daß die aufgeschlossenen Partien von ca. 30 m Höhe und 40 m Länge bei den guten Gangmächtigkeiten den ganzen, von der Erosion übriggelassenen Rest des Gangsystems darstellen. Die aufgeschlossenen Erzreserven sind gering:

„Roma“	1210 t
„Resbaladera“	570 t
„La Paz“	720 t
Zusammen	2500 t

Ein abschließendes Urteil über die Bauwürdigkeit des interessanten Erzvorkommens kann nicht gegeben werden.

Molybdänglanz – Vorkommen Talagua

Lage

Das Vorkommen liegt im Gelände der Hacienda Talagua (Provinz Bolivar) etwa auf 1° 18' S/79° 6' W, in ca. 1700 m Höhe über dem Meer. Das Vorkommen liegt im Urwald am Westhang der Westkordillere. Von Ambato auf kurvenreicher Straße bis über 4000 m Höhe an der Westflanke des Chimborazo, von dort 35 km auf sehr schlechter Straße bis zur Hacienda Talagua, von dort auf schmaler guter Straße ca. 15 km bergabwärts zum Gebiet der Holzverwertung ist das Vorkommen zu erreichen.

Geologische Verhältnisse

Ein großer monzonitischer Granodiorit-Batholith ist zu Anfang des Tertiär (laramische Phase) in die andesitisch-diabasischen Vulkanite der Piñon-Formation (Unterkreide oder Oberjura) eingedrungen. Die vulkanischen Gesteine sind sehr tief verwittert, während der Monzonit frisch ist.

Vererzung

Molybdänglanzgänge sitzen als 5 m breite Gangschar von 42 feinst-vererzten Transversalklüften und Trümchen im Monzonit auf. Ihre streichende Fortsetzung war nur wenige m aufgeschlossen. Die vererzten Klüfte streichen N 110° und fallen 50–60° nach S. Die vererzten Transversalklüfte sind 1–3 mm mächtig, nur ein Gängchen ist mit 1–2 cm Breite mächtiger. Auf den Klüften ist MoS_2 feinst-kristallin, in den breiteren Gängchen grobschuppig ausgebildet. Winzige Imprägnationen von MoS_2 finden sich wenige cm seitlich der Salbänder in frischem Monzonit. Begleitmineralien sind dunkle Zinkblende, Kupferkies und Pyrit.

Die bisher gefundene geringe Vererzung ist nicht bauwürdig. Das Vorkommen ist aber interessant, weil es innerhalb des ca. 400 km langen Zuges hypoabyssisch-subvulkanischer Gesteine mit tertiären Intrusivkörpern liegt, welche die andine Metallprovinz Ecuadors darstellen.

Zinnobervorkommen San Marcos

Lage

Die im 16. und 17. Jahrhundert betriebene Grube befindet sich auf der Westseite der Ostkordillere am Cerro Huaizhun nahe San Marcos, 3 km ESE Azogues (Provinz Cañar) auf 2° 42′ S / 78° 47′ W etwa 2800 m über dem Meer an einem fast vegetationslosen Steilhang.

Geologische Verhältnisse

Das Nebengestein der vererzten Störung sind graue Schiefertone des Miozän, die N 20° streichen und 30°–70° W einfallen. Sandsteinbänke mit Muscheln unterlagern den Schieferton. Das Tertiär ist durch Verwerfer gestört. Die Hauptstörung streicht N 5°–10° und fällt senkrecht bis 85° W ein. Tertiäre Vulkanite (Porphyr, Andesit) stehen im E (bei Pilzhum und Pindilig) und im W (Cojitambo und Loyola, Andesitintrusionen) an.

Vererzung

Die NNE streichende Verwerfung und die sie beiderseits begleitenden Klüfte sind mit primären Zinnober imprägniert. Beiderseits der Verwerfung ist das Gestein auf 10 m silifiziert. Die Vererzung ist spärlich; die Mächtigkeit der sandig-bröckeligen hellgrauen Gangtone beträgt 0,05–0,12 m. Gediegenes Quecksilber wurde nicht beobachtet. Es handelt sich um epigenetische hydrothermale Vererzung. Erzbringer war ein tertiärer Andesit. In kolonialer Zeit wurden 4 übereinanderliegende Stollen angelegt, von denen Aufhaue und tonnlägige Stollen abgehen. Die alten Baue sind betretbar und gut erhalten. Eine durch Amerikaner erfolgte Bemusterung ergab einen Metallgehalt von nur 0,06 % Hg.

Eisenerzvorkommen von Pascuales

Lage

Die Vorkommen liegen 20 km nördlich des Hafens Guayaquil (Provinz Guayas) bei Pascuales an dem rechten und bei Estacada auf dem linken Ufer des Río Daule in urwaldbedecktem Bergland in Höhen zwischen 60 und 150 m über dem Meer (Abb. 26).

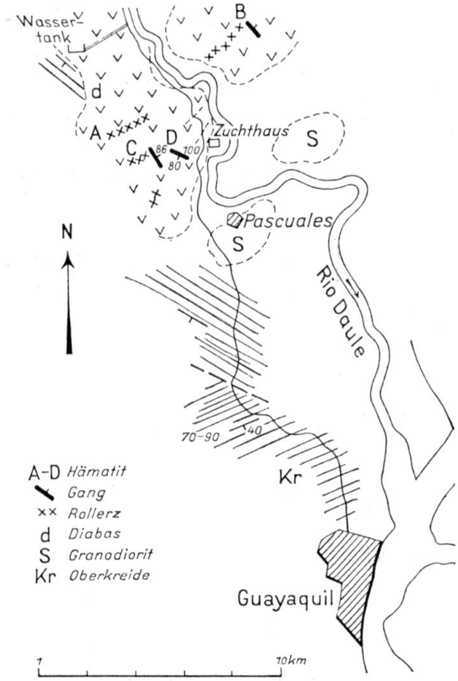

Abb. 26. Übersichtsskizze der Eisenerzvorkommen Pascuales

Geologische Verhältnisse

Die Nachbargesteine der Erzvorkommen gehören der Kreide an. Die Höhenzüge beiderseits des Río Daule sind die östlichen Ausläufer des 90 km langen hypoabyssisch bis vulkanischen Zuges der Piñon-Formation am Nordhang der Serrania de Colonche. Die vulkanischen Gesteine (bei Pascuales: feinkörnige Dolerite und Diabase) tauchen nach S unter die sie konkordant überlagernden kalkigen Schiefertone und Sandsteine der Calló-Formation und die Kieselschiefer der Guayaquil-Formation (Obere Kreide). Bei Pascuales durchbricht ein monzonitischer Granodiorit den Diabas der Piñon-Formation.

Vererzung

In den Diabasen und Diabasmandelsteinen treten Hämatit-Quarzgänge mit etwas Gold und Sulfiden auf. Die primären Vorkommen sind linsenförmige, schmale Gänge, die steil zur Tiefe einfallen. Diese Gänge sind nur geringmächtig mit 0,40 bis max. 1,20 m. Einige Gangausbisse, in denen Hämatit zurücktrat, sind auf Gold beschürft worden. In Urwaldschluchten, die in der trockenen Jahreszeit kein Wasser führen, kommen unterhalb der Gangausbisse z. T. stark gehäuft grobe Hämatitschotter und bis tonnenschwere Hämatitblöcke eines hochprozentigen Erzes vor. Diese sekundäre Lagerstätte ist eine fluviatile Schotter-Seife.

Die primäre Lagerstätte wurde an 3 Stellen beobachtet:

Schürfgraben Planche Piedra

Der Gang streicht N 145–150°, Einfallen 85° NE, auf 20 m streichend, Linse aus Derberz 0,20–0,70 m breit. Nebengestein völlig zersetzter Dolerit. Erzmuster Pickprobe C.

Ausbiß am Anfang der Quebrada „Dos Reveses" in Estacada: Gang streicht N 150°, Einfallen senkrecht, Erzmächtigkeit 1,20 m. Erzmuster Pickprobe B. *Schurf westlich Zuchthaus:* Stark verquarzter Hämatitgang, Streichen N 110°, Einfallen 80–85° SSW. Mächtigkeit 0,20–0,30 m, 2 m streichend. Pickprobe D. Die Gangmasse besteht aus Hämatit, Martit, Pyrit und reichlich derbem und kristallisiertem Quarz. Das Salband zum zersetzten Dolerit ist stark chloritisiert. Die sekundären Lagerstätten sind umfangreicher: *Quebrada Santo Domingo:* Grober Blockschutt, Hämatitblöcke von 0,10–0,60 m Durchmesser mit Diabas, Dolerit, Quarz und etwas Kieselschiefer vermischt. Vor einigen Jahren sind residuale Erze aufgesammelt und in 4 großen Haufen gestapelt worden, von denen ein Durchschnittsmuster als Pickprobe (10 kg) gezogen wurde (Pickprobe A). Der ein bis zwei Meter mächtige Boden beiderseits der Schlucht enthält ebenfalls Erzbrocken, was beweist, daß der Schuttfächer mit sekundärem Erz zu beiden Seiten der Schlucht fortsetzt. In einer Trockenschlucht 1 km westlich der Abzweigung nach Pascuales wurden kopfgroße Hämatitgerölle mit Kieselschiefer, Diabas und reichlich sehr reinem Baryt (95,5 % $BaSO_4$) von 0,10–0,40 cm Durchmesser gefunden. In der *Quebrada Planche Piedra,* westlich des Zuchthauses, treten residuale Rollerze in ziemlicher Menge auf, die von der höher gelegenen Erzlinse herstammen.

In der *Quebrada Dos Reveses* bei Estacada treten große Gerölle und sehr viele Blöcke eines sehr homogenen Erzes auf etwa 1,5 km streichend auf. Diese Erzblöcke haben im max. 1 m Durchmesser und dürften von linsenförmigen Gängen vom Gipfel des Berges herstammen. Die Eisenerze von Pascuales und Estacada sind dichte, feinkörnige und kristalline Aggregate von Hämatit und Martit, mit etwas Pyrit und Limonit. Gangart ist zelliger derber Quarz. Mikroskopische Untersuchungen ergaben, daß die ursprünglichen Hämatitkristalle durch Magnetit ersetzt worden sind. Die Erze von Estacada bestehen aus Hämatit und Goethit, mit winzigen Magnetitrelikten, die jedoch nicht martitisiert sind, sondern durch Goethit (Rubinglimmer) verdrängt sind. Neugebildeter Eisenglanz ist großschuppig. Die Magnetitbildung ist auch hier auf hydrothermale Prozesse zurückzuführen.

Die primären Erze von Pascuales und Estacada haben 33–56,4 % Fe und höhere SiO_2-Gehalte, während die residualen Rollerze im Mittel 66 % Fe, 1 bis 7 % SiO_2 und sehr geringe Gehalte an P_2O_5, S und TiO_2 haben.

Bergbau

Weder auf den primären noch auf den sekundären Eisenerzen ist Bergbau umgegangen. 1939/40 wurden nach negativen magnetischen Untersuchungen zum Auffinden von Erzkörpern Ausbisse verquarzter Hämatitgänge auf Gold angeschürft und bemustert. Die Gehalte lagen zwischen 4 und 30 g Au/t, haben aber nicht zu bergmännischer Gewinnung geführt. Die Hämatitgänge mit quarziger Gangart des Gebiets Pascuales und Estacada sind an kretazische Dolerite gebunden. Die **primären** Vorkommen sind sehr schmale Ganglinsen mit sehr steilem Einfallen und offenbar nur geringer streichender Fortsetzung. Sie spielen mengenmäßig keine Rolle und werden trotz relativ guter Erzqualität als nicht bauwürdig angesehen.

Tabelle 9. Analysen (Bundesanstalt für Bodenforschung 1958, Analytiker: Dr. GUNDLACH)

	Mächt. m	Fe	MnO	SiO_2	P_2O_5	TiO_2	CaO	S %
Rollerz Pickprobe A Quebr. S. Domingo	–	64,8	0,06	6,7	0,07	0,07	0,50	0,04 %
Pickprobe B Dos Reveses	1,20	68,5	0,01	1,7	0,02	0,05	0,40	0,05 %
Pickprobe C Planche Piedra	0,20–0,70	56,4	0,02	15,4	0,08	0,10	0,55	0,07 %
Pickprobe D W Zuchthaus	0,25	33,5	n. g.	45,8	0,025	0,06	0,24	n. g. %

Frühere Analysen gaben an:

HUDSON	1918	Estacada:	66 – 67 % Fe
HAHN	1942	Pascuales:	60 – 64 % Fe
LEDOUX	1956	Pascuales:	64 % Fe, 0,24 % S
	1940	(Rollerz)	69,3 % Fe, 0,75 % SiO_2, 0,12 % P; S sp.

Die **sekundären** Vorkommen sind grobe Erzschotter und sehr große Erzblöcke, bis 1 t Gewicht, in ehemaligen und heutigen Bachschluchten. Diese residualen Lagerstätten sind grobe Hämatitseifen, in denen während langer Abtragung die widerstandsfähigen Erze der Ganglinsen zusammengetragen und konzentriert worden sind. Das bedeutet, daß die primären Gänge, welche das Rollerz geliefert haben, längs erodiert sind.

Qualitativ handelt es sich bei den Erzen von Pascuales und Estacada um hochwertigen Roteisenstein mit geringem SiO_2-, Phosphor-, Titan- und Schwefelgehalt.

Mengenmäßig sind die primären Lagerstätten unbedeutend, ihre etwaige bergmännische Erschließung wäre sehr kostspielig. Sie sind daher als nicht bauwürdig zu bezeichnen. Dagegen sind die sekundären Erze in den Schluchten gewinnbar.

Manganerzvorkommen von Pasaje

Lage

Die in der Literatur oft erwähnten Manganerzvorkommen von Pasaje (Sacachispas) liegen in den westlichen Ausläufern der Anden in der Provinz El Oro, auf 3° 22′ S–79° 47′ W, 4–7 km SE des Ortes Pasaje. Die Vorkommen liegen auf Hügeln von 150–400 m NN und in tief eingeschnittenen Waldschluchten. Die vom Hafen Puerto Bolivar über Machala kommende Landstraße geht über Pasaje nach Limón; eine Bahn führt von Pasaje nach Machala (Abb. 27).

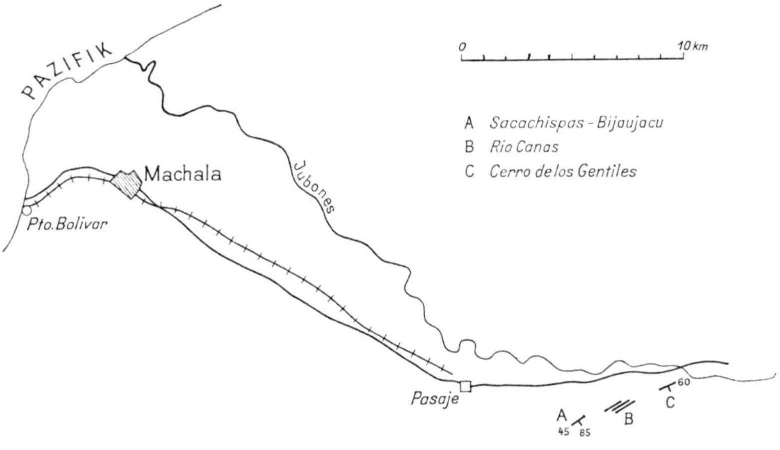

Abb. 27. Lageskizze der Manganerzvorkommen Pasaje

Geologische Verhältnisse

Manganerze treten linsenförmig in wahrscheinlich präkambrischen Gesteinen des andinen Sockels auf. Die Nebengesteine der Linsen sind metamorphe Sedimente einer mächtigen Quarzit-Phyllit-Schieferserie. Das Streichen der Nebengesteine ist auf weite Erstreckung einheitlich NE (40–60°), das Einfallen steil (80–90°) nach SE. Die metamorphen Gesteine sind isoklinal gefaltet.

Im Gebiet herrschen Phyllite und Glimmerschiefer vor, mit konkordanten quarzitischen Lagen wie sie im nördlichen Ecuador in der älteren Ostkordillere als äußere, den Gneisen angelagerte Zone vorkommen. Da auch bei Zaruma am Südende der Ostkordillere kristalline Schiefer, Gneise und Amphibolite an der Zusammensetzung des Gebirges teilnehmen, scheint im Süden Ecuadors der alte kristalline Untergrund bis in die Westkordillere, und bei Pasaje bis ganz nahe an die Küste heranzureichen. Im N der Vorkommen liegt eine Porphyrmasse, die zur andinen Eruptivserie der jüngeren Kreide oder des Tertiär gehören. Das feucht-tropische Klima bedingt sehr starke Zersetzung und die Bildung mächtigen Bodens (1–7 m) sowie dank der reichlichen Niederschläge kräftige Erosion. Gute Aufschlüsse sind nur in tief eingeschnittenen Bachbetten vorhanden.

Vererzung

Drei Vorkommen sind bekannt: Río Canas, Bijaujacu, Cerro de los Gentiles. Es handelt sich um linsenförmige, schichtparallele Erzkörper, die vorwiegend an der Faziesgrenze Quarzit-Schiefer aufsitzen. Da die Erzkörper widerstandsfähiger als das Nebengestein gegen die Erosion sind, bildet der Ausbiß am Hang Rippen. Die Breite beträgt 0,50–2,40 m. Die primären Vorkommen sind möglicherweise ehemalige sedimentäre Linsen, die aus Quarz-Rhodonit-Rhodochrosit zusammengesetzt sind, deren Ausgehendes oxydische Manganerze darstellen, die durch Verwitterung und deszendente Vorgänge entstanden sind. Die Erzlinsen bestehen vorwiegend aus Mangansilikaten, Mangankarbonaten und Quarz; oxydische Manganerze treten nur in geringmächtigen Oxydationszonen am Ausbiß auf und sind zum größten Teil der schnell arbeitenden Erosion wieder zum Opfer gefallen. Makroskopisch sind rosa Rhodonit, Rhodochrosit und Quarz erkennbar. Unter dem Mikroskop erkennt man pflasterartige Struktur der Erzmasse aus denselben Mineralen, während oxydisches Manganerz in unbedeutender Menge auf Grenzflächen der Mineralkörper und auf Klüften vorhanden ist. Die Erzfälle sind unregelmäßig. Oxydischer Manganmulm tritt in Nestern und Knollen in Nähe der Ausbisse auf. Die oxydischen Erze sind im Zuge der Lateritisierung durch Auslaugung der Mangansilikate und Mangankarbonate sowie folgenden Absatz als Manganoxyd entstanden. Die Mächtigkeit der Oxydationszone beträgt wenige dcm bis max. 2 m. Sekundäres Rollerz, stärker oxydiert, findet sich am Fuß der Hügel, in Schluchten und Bachrissen nahe der Vorkommen.

Aufschluß Río Canas (= Sacachispas)

Oberhalb des Bachbettes streichen am rechten Ufer drei parallele, linsenförmige Erzkörper N 45° und fallen 80–35° SE ein. Die Hauptlinse ist 1,60 m mächtig, das Liegende bildet Quarzit, das Hangende schwärzlicher Schiefer. 4 m nach E liegt eine Parallellinse mit 0,90–1,10 m Mächtigkeit und weitere 2 m östlich davon eine Linse von 0,50 m Mächtigkeit. Das Erz besteht aus primärem Rhodonit und Quarz, mit untergeordneten Sulfiden. Als Umwandlungsprodukt des Rhodonits kommt etwas Rhodochrosit vor. Sekundäre Manganoxyde (Psilomelan) treten teils mulmit, teils fest als Nester und Knollen nahe der Oberfläche und längs der Grenzflächen auf. Zahlreiche feine Klüfte in der rosaweißen Mineralmasse sind mit schwarzem Manganoxyd in Form dünner Filme ausgekleidet.

Aufschluß Bijaujacu

Das Vorkommen liegt auf dem Gipfel des schmalen Hügels Bijaujacu, etwa 600 m SW vom Schurf Río Canas. In einem Schurfschächtchen von 3 m Tiefe steht eine 2,30 m mächtige Linse mit Streichen N 50° und Fallen 85° nach SE an. Eine parallele Linse von 2 m Mächtigkeit ist vorhanden. Das primäre Erz ist Rhodonit; Quarz und etwas Rhodochrosit kommen vor. Eine Kappe von 0,40–1,50 m Mächtigkeit besteht aus hartem, derbem Psilomelan mit etwas Limonit.

Cerro de los Gentiles

Die Linse streicht N 60° und fällt mit 80° SE ein, die Mächtigkeit beträgt 2,40 m. Das Erz besteht aus Rhodonit, Milchquarz und kristallisiertem Quarz. Am Nordhang tritt die Fortsetzung der Linse mit in der Quebrada Piedra Negra Streichen N 45°, Fallen 75° SE, Mächtigkeit 0,30–0,60 m auf. Die Linse sitzt auf der Fazies-Grenze Quarzit zu verwittertem Schiefer auf. Die Erzmasse besteht aus Milchquarz mit etwes Rhodonit sowie sekundärem Psilomelan.
Über die Qualität der Erze unterrichten die Analysen (Tabellen 10 und 11 auf Seite 249).

Hinweise in der Literatur auf ein „bedeutendes" Vorkommen in Sacachispas mit vielen Millionen t Erz Inhalt entsprechen nicht den Tatsachen. Die primären Vorkommen von Pasajes: Linsen aus Rhodonit-Rhodochrosit-Quarz sind wegen zu geringer Metallgehalte (nicht mehr als 28 % Mn im Durchschnitt) unbauwürdig.

Tabelle 10. Analysen (Bundesanstalt für Bodenforschung)

	Mn	Fe	SiO_2	As	Cu	Pb in %
Pickprobe Oxyd. Manganerze Rio Canas	36,4	0,76	28,1	0,04	0,001	< 0,001
Pickprobe oxyd. u. silikat. Mn-Erze Schurf Bijaujacu	26,4	0,33	57,5	< 0,01	0,0015	< 0,001
Handstück Oxyd. Mn-Erz Sacachispas (Rio Canas)	44,7	2,12	12,9	0,06	0,035	0,001

Tabelle 11. Analysen der US-Firma BEHRE, DOLBEAR & CO. (1953)

Schurf	Mächtigk.	Mn	Fe	SiO_2
Río Canas, Hauptlinse	1,10 m	37,38	1,87	30,36 %
Río Canas, Parallellinse	0,50 m	33,48	2,72	36,41 %
Bijaujacu Schurf A	2,30 m	29.14	1,78	42,35 %
Bijaujacu Schurf Portovelo	1,50 m	22,26	2,43	52,19 %
Cerro de los Gentiles Schurf A	2,40 m	24,00	2,52	48,43 %
Cerro de los Gentiles Schurf B	1,50 m	23,47	5,33	45,39 %
Durchschnitt		28,28	2,77	42,52 %

Manganerzvorkommen San Antonio

Lage

Das Manganerzvorkommen liegt 4,5 km NNE San Antonio (Prov. Pichincha) auf 0° 1/2' N / 78° 26' W, beiderseits des Río Monjas in 2250 bis 2300 m NN.

Geologische Verhältnisse

Das interandine Gebiet nördlich San Antonio ist ein Hügelland aus Dazit- und Andesitagglomeraten und Tuffen sowie aus umgelagerten vulkanischen Aschen und Lapilli. Der Río Monjas hat sein canyonartiges Bett ca. 200 m tief eingeschnitten.

Vererzung

An den Steilwänden tritt harter Psilomelan und pulveriges Waderz als Füllung in den Fugen zwischen den Dazitblöcken und in den vorherrschenden N-S-Klüften auf. Psilomelankrusten überziehen die vulkanischen Gesteine. Die Mächtigkeit der oxydischen Manganerze schwankt von mm bis max. 5 cm, Wad-Nester haben bis 10 cm Durchmesser.

Das Erz ist stark mit vulkanischer Asche verunreinigt. Die Vererzung setzt nicht ins Berginnere fort. Die Vererzung stammt aus deszendenten Verwitterungslösungen. Eine geringe Förderung hat 1918 stattgefunden; die reicheren Erze sind restlos abgebaut.

Ilmenit-Strandseifen von Esmeraldas

Westlich und östlich der Mündung des Río Esmeraldas (Prov. Esmeraldas) wird der Strand von schwarzen Sanden eingenommen, die auch seewärts auf die submarine Plattform fortsetzen. Es handelt sich um Strandstreifen aus Ilmenit, etwas Magnetit und dunklen Mineralen der Vulkanite. 1958 hatten zwei US-Firmen (Kayanna Oil Co. und Universal Mineral Resources Inc.) mit der ecuadorianischen Regierung einen Vertrag über die Gewinnung von 2 Mio jato Ilmenitsand über 30 Jahre abgeschlossen. Der Abbau sollte mittels Schwimmbaggern erfolgen und die Anreicherung mit Magnetscheidern durchgeführt werden. Bisher erscheint in den Bergbau-Statistiken noch keine Angabe über die Gewinnung der Ilmenitsande von Esmeraldas.

Nichterze

Schwefel

In Ecuador sind bisher nur Schwefellagerstätten vulkanischer Genese bekanntgeworden. Gediegener Schwefel tritt in Lockergesteinen des jungen Vulkanismus auf. Die Vorkommen liegen meist in großer Höhe in den beiden Kordilleren: **Shucos** bei Tixan (Prov. Chimborazo), **Cerro Chiles** bei Tufino (Prov. Carchi), **El Angel** (Prov. Carchi), **Virginia** (Prov. Cotopaxi), **Rosario** (Prov. Chimborazo). Neue Schwefel-Vorkommen sind kürzlich auf den zum Galapagos-Archipel gehörenden Inseln **San Cristobal, Isabela** und **San Salvador** entdeckt worden, dessen Umfang noch nicht untersucht ist (Harrington, 1966).

Die Lagerstätten von Shucos liegen auf einem vulkanischen Bergmassiv, das einen zum interandinen Graben gewandten Vorsprung der West-Kordillere bildet, in Höhen zwischen 2500 m und 2850 m NN, d. h. 100–300 m über der Talsohle. Das Tal des Río Pumachaca durchschneidet den ehemaligen Andesit-Vulkan. Die Bahnlinie Quito-Riobamba-Guayaquil und die neben ihr laufende Ruta Panamericana durchschneiden das Massiv. Die Schwefelvererzung tritt in 3 Gebieten, die durch Störungen getrennt werden, auf.

Geologische Verhältnisse

Die Gesteine bei Shucos-Tixán gehören einem großen Andesit-Vulkan des Pleistozäns an, dessen einstiger Krater an konzentrischen Verwerfungen eingebrochen ist (Abb. 28). Die Laven der Kraterwände, ursprünglich Amphibolandesite mit feinen Pyritkristallen, sind bis tief ins Gebirge zersetzt, durch den Schwefelsäuregehalt der Exhalationen während und nach den Eruptionen. Durch die Stollen, die zur Gewinnung des Schwefels kreuz und quer in den Vulkan getrieben worden sind, konnte festgestellt werden, daß die Zersetzung der Lava 100 m und mehr ins Innere der Gesteinsmassen reicht.

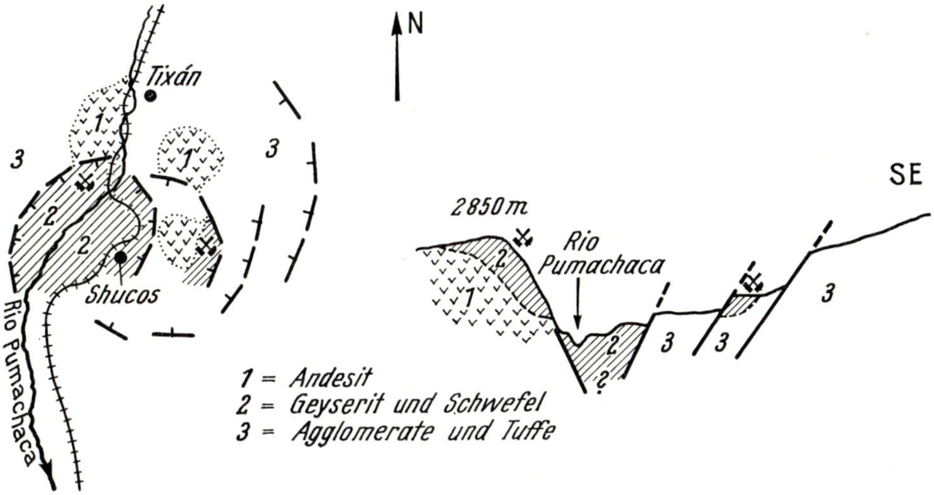

Abb. 28. Schwefellagerstätte Tixan-Shucos, Karte und Profil

Hydrothermale SiO_2-haltige Lösungen sind auf Störungen hochgestiegen und haben zur Bildung großer Massen amorpher Kieselsäure geführt, die teils als körnig-pulveriger Geyserit (Kieselsinter) von weißer und grauer Farbe, teils als harte Jaspismassen von gelber Farbe vorkommen. Als Zersetzungsprodukte kommen außerdem Kaolin, Gips, Alaun und Eisenvitriol vor. Die Geyserit- und Jaspisbildungen sind weder an ein bestimmtes Niveau noch an eine petrographische Fazies gebunden, ihre Umgrenzung und Größe gehorcht keinem Gesetz. Die Gesteinszersetzung findet in abklingendem Maße noch heute statt. In den Kieselsintermassen kam es zur Ausbildung von Löchern, Nestern, Spalten und großen Hohlräumen.

Spätere Fumarolentätigkeit lieferte den reinen Schwefel, der sich in größeren und kleineren Hohlräumen der kompakten Silexzone niederschlug und auch die Poren der lockeren Anhäufungen von Geyserit und Kaolin füllte und sie durch diese Imprägnierung standfest machte.

Vererzung

Gediegener Schwefel tritt kristallin und derb einmal in Spalten und Nestern in Geyserit (Kieselsinter) und auf Spalten in veränderter Andesit-Lava, Agglomeraten und Tuffen auf, zum anderen als feine und feinste Imprägnation in den porösen Geyseriten.

Als Reicherze werden die dunkelgelben, kristallinen Schwefelmassen angesehen, die im festen Kieselmaterial als Füllung die Poren, Klüfte, Spalten, Nester und taschenförmigen Hohlräume eingenommen haben. Diese ehemaligen Hohlräume sind meist verzweigt. Große Taschen heißen „caserones“ und haben 30–50 m Durchmesser zur Seite und in der Höhe, sie enthalten oft viele t Schwefel.

Da sich die großen und kleinen Vorkommen von massigem, reinem Schwefel vollständig unregelmäßig vorfinden, ist die Anwendung einer systematischen Methode zu ihrer Auffindung unmöglich. Die Stollen folgten nur gewissen Anzeichen, wie dem Auftreten von Vitriol und mit Schwefel gefüllten Spalten und Rissen, um mehr oder weniger zufällig auf eine Tasche mit reinem Schwefel zu treffen.

Von erheblicher wirtschaftlicher Bedeutung sind wegen der Ausdehnung und Mächtigkeit die mit feinem kristallinen Schwefel imprägnierten Geyseritmassen. Das imprägnierte Gestein heißt mit einem hispano-amerikanischen Namen „caliche". Es ist weiß, grauweiß bis gelblichweiß, je nach der Intensität und Körnung der Schwefelimprägnation.

Zum Teil ist der Schwefel sehr grob-kristallin und goldgelb, dies stellt das reichste Mineral dar, z. T. ist er sehr feinkörnig im porösen Geyserit verteilt. Tektonische Bewegungen nach der Schwefelbildung haben zu Zertrümmerung und Pulverisierung des Schwefels geführt. Die Schwefelmineralisation ist an Spalten und Bruchzonen gebunden, die halbkreisförmig angeordnet sind und staffelförmig eingebrochene Blöcke im einstigen Krater begrenzen. Als Begleitminerale des Schwefels treten Gipskristalle, Alaun und Eisensulfat auf. Der mineralisierte Krater hat einen Durchmesser von 2–5 km. Die Absenkung der Schollen beträgt über 100 m. Die Schwefelimprägnation ist sehr unregelmäßig. Neben armen Zonen kommen Taschen mit mehr als 3 t Inhalt gediegenen kristallinen Schwefels vor („Bonanza"). Die maximale Mächtigkeit der imprägnierten Zone beträgt 50 m. Die Mineralisierung ist auf 200 m vertikale Erstreckung bis zum Gipfel nachgewiesen. Die Oberfläche des imprägnierten Gesteins beträgt ca. 4 km^2.

Gehalte und Reserven

Die „caliche" hat 20–50 % S, im Mittel 25 % S. Die Grenze der Bauwürdigkeit liegt bei 15 % S. Der Schwefel von Shucos ist frei von Arsen und Selen. Die bisherige Gewinnung galt den reichmineralisierten Partien (Spalten, Nestern und Taschen), aus denen grob-kristalliner Schwefel manuell gehackt wurde. Als lohnend galt bei dem bis 1956 betriebenen Bergbau Mineral, das 30 kg Schwefel auf 1 t Gestein lieferte (3 % gediegener grob-kristalliner Schwefel). Das Ausbringen betrug nur 20–25 %, weil alle feinen Imprägnationen vernachlässigt wurden. An einigermaßen sicheren Reserven sind vorhanden: 60 000 t caliche mit 20–50 % S im Bereich der planlos angelegten Stollen, dazu 8000–10 000 t in der letzten Bergbauperiode geförderten Gesteins und weitere 5000–8000 t feinkörniger Rückstände (mit etwa 70 % S) der Autoklaven. Die Gesamtreserven betragen mindestens 100 000 t caliche, können aber auch erheblich größer sein. Die Lagerstätte wurde nie systematisch prospektiert. Es ist damit zu rechnen, daß die Schwefelimprägnationen auf den Bruchzonen zur Teufe bis zur Talsohle fortsetzen, da auf der anderen Seite des Flusses ebenfalls Schwefelmineralisation im Bereich der Talsohle auftritt. Die Förderung wurde vor wenigen Jahren wiederaufgenommen; 1968 wurden 2300 t Konzentrat mit 65 % S gefördert.

Bergbau und Gewinnung

Abbauversuche in primitivster Weise, meist in kleinen Stollen am Steilhang, fanden seit 1890 statt. Von 1952–56 hat die Ecuadorian Mining Co. versucht, teilmechanisierten industriellen Abbau zu treiben. Der Abbau wurde mit Bulldozers durchgeführt. Eine serpentinenreiche Straße wurde bis zum Gipfel gebaut, die noch gut erhalten ist. Autoklavenbatterie (zwei Autoklaven sind noch vorhanden) und eine kleine Flotationsanlage wurden erstellt. Die Produktion lag in der letzten Betriebsperiode bei 18 tato Schwefel mit 99,5 % S (ca. 4000 jato).

Als geeignetste Gewinnung des Schwefels erscheint bergmännisch die Gewinnung im Tagebau mittels Strossen durch Bulldozers, wobei steriles Material die steilen Hänge hinabgestürzt werden kann. Hüttenmännisch hat sich die Kombination von Autoklaven (Kapazität 2 t) und folgende Flotation der Rückstände als erfolgreich bewährt, wie auf gleichen Lagerstätten in Chile. Strom kann ein Wasserfall an der Eisenbahnbrücke im nahen Shucos liefern.

Die Schwefelgewinnung ist für die eigene Versorgung des Landes wichtig. Die ecuadorianische Strohhut-Industrie (dort kommen nämlich die „Panama"-Hüte her) braucht Schwefelsäure zum Geschmeidigmachen des Strohes.

In Ecuador sind noch folgende Vorkommen von vulkanischem Schwefel bekannt:

a) **Cerro Chiles** (4750 m NN, Provinz Carchi), ein pleistozäner Vulkan in der Nähe der kolumbianischen Grenze. Zeitweise gebaute Vorkommen „Azufrería Carchi", in 4000–4100 m Meereshöhe, Straße bis Lagerstätte vorhanden (Autostraße Tulcan nach Maldonado). Imprägnierte Andesit-Lava „caliche" bis 5 m mächtig, Abraum max. 5 m, Gehalt im Mittel 30 % S. Die mineralisierte Zone setzt wahrscheinlich unter der Andesit-Lava fort. Autoklaven sind vorhanden. Das Ausbringen betrug 40 %. Der Abbau ruhte bis 1967. Die Cia. Azufrera Ecuadoriana hat die Lagerstätte erneut prospektiert und gibt Reserven in der Größenordnung von 30 Mio t caliche an. Eine Raffinierungsanlage mit 2000 tato ist bei Tufino geplant. Die Grube ist für eine Produktion von 10 000 jato S vorgerichtet (World Mining August 1967). Die Reserven sollen zwischen 2,5 Mio t und 12 Mio t Schwefel betragen (Mining Annual Review, 1969).

b) **Azufral del Angel,** ein dem vorigen benachbarten Vulkankegel nahe der kolumbianischen Grenze. Das Vorkommen liegt in 4000 m Höhe. Es ist nicht prospektiert, Abbau findet nicht statt. Analyse einer Probe (Quito) ergab 64,8 % S.

c) **Vorkommen Virginia** (Provinz Cotopaxi), nördlich der Straße Latacunga-Quevedo, am Südfuß des Vulkans Illiniza. Das Vorkommen ist nicht prospektiert. Durchschnittsprobe (Quito): 34,4 % S.

d) **Vorkommen Rosario** (Provinz Chimborazo), in der Gemeinde Gonzol (Kanton Chunchi). Das Vorkommen liegt südlich Shucos und ist nicht prospektiert. Konzession hat eine Fläche von 600 ha. Mittlerer Gehalt der caliche: 20,8 % S.

e) Auf der Insel **Isabela** (Galápagos-Archipel) wurden Schwefelvorkommen in den Kratern zweier erloschener Vulkane in Höhen zwischen 1200 m und 1500 m gefunden. Die Reserven sollen 100 000 t Erz mit 50 % S betragen; andererseits gibt US-AID für die Lagerstätte im Krater Santo Tomas (Isla Isabela) eine Reserve von 1 Mio t S an.

Glas-Sande

Bisher gibt es in Ecuador keine Glasfabrik. Als mögliche Rohstoffe zur Glasherstellung kommen in Frage:

1. **Gangquarz.** In Portovelo liegen Millionen t gemahlener Gangquarz als Abgänge des Golderzbergbaues auf Halde. Der 6–10 m breite Ausbiß des Ganges Grande Mina Miranda bei Portovelo hat im Mittel 98 % SiO_2. Der aus Milchquarz bestehende Gang Piedra Blanca, 7 km von Portovelo entfernt, ist 1,5–3 m mächtig, er streicht E-W und fällt senkrecht ein. Eine Durchschnittsanalyse gab 99,5 % SiO_2 und 0,05–0,07 % Fe an.

Der Quarzgang der Mina Tamayo im gleichen Revier ist im Mittel 1 m mächtig, enthält 87 % SiO_2 und 0,8–1,10 % Metalloxyde, sowie 10 % CaO.

2. **Kieselsinter** (Geyserit)

a) Bei Loyola, im Braunkohlenrevier von Azogues-Biblián, tritt ein N-S streichender, vertikal einfallender Gang aus weißer amorpher Kieselsäure (Opal) in Sandsteinen und Schiefern des Tertiärs zutage. Er ist 2 km zu verfolgen. Die hydrothermale Bildung steht mit dem benachbarten Andesit-Stock Cerro Cojitambo in genetischem Zusammenhang. Die Gangmasse besteht aus derbem weißem Opal, der brüchig ist. Kleine Bergkristalle, Feldspat und Kaolin treten im Gang und am Salband auf. Gute Verkehrsverhältnisse.

b) Die Geyserit(Kieselsinter)-Massen der Schwefellagerstätte Shucos (s. S. 251) sind Träger der Schwefelvererzung. Bei der S-Gewinnung fallen die porös-feinkörnigen Kieselsinter als taubes Material ab. Sie könnten als Rohstoff für Flaschenglas in Frage kommen. Schwefelkies und Goethit treten akzessorisch auf.

3. **Chert-Gänge.** Gänge aus „Chert“ treten in unterschiedlicher Mächtigkeit in kretazischen und tertiären Sedimenten der Halbinsel Sta. Elena und bei Ensenada de Coyo (Prov. Manabi) auf. Die Gänge werden lokal bis 20 m mächtig und bilden auffallende Hügel, so bei **San Vicente, La Puntilla, La Libertad** und **San Lorenzo.** Die Gangmasse besteht aus weiß-grauem, durchscheinenden Chert (Silica). Analysenmittel ergaben 80,07 % SiO_2; 16,81 % $CaCO_3$, 0,26 % $CaSO_4$ und 1,59 % $Fe_2O_3 + Al_2O_3$.

4. **Strandsande.** Bei **Anconcito** und **San Pedro** (Halbinsel Sta. Elena) sind Quarzsande bekannt, die mit Magnetit und Ilmenit verunreinigt sind. Mittlere Gehalte sind:

	Anconcito	San Pedro
SiO_2	80 %	75 %
$CaCO_3$	16 %	19 %
Na_2O	3 %	1 %

Kalkstein (für Zement-Herstellung)

Das staatseigene Zementwerk „Cemento Chimborazo“, 15 km W Riobamba (Prov. Chimborazo), erbaut 1957/58, hat eine Kapazität von 150 tato Portlandzement und verarbeitet täglich 230 t Kalkstein.

Die Kalksteinbrüche liegen in Höhen von 3500–3600 m NN und sind durch eine 15 km lange Straße mit der Fabrik verbunden. Die Kalksteine gehören einem durch Faltung und Blockverschiebungen steil gestellten Zug aus reinen, unreinen und dolomitischen Kalken der marinen Oberen Kreide in der Kammregion der Westkordillere an. Die Schichten streichen N-S. Die Kalksteine sind kristallin, brechen sehr splittrig und sind schwach bituminös. Die Bänke sind 1–2 m mächtig. Dünne Lagen von dunklem Kieselschiefer und dunklen Tonen sind zwischen die einzelnen Kalkbänke eingeschaltet. Die Kalksteinbänke sind sehr zerklüftet. Der Mg-Gehalt stammt z. T. aus sekundär gebildeten Magnesiasilikaten. Die Qualität dieser Kalke ist nach den Analysen des Werkes:

Tabelle 12

$CaCO_3$	66 – 93 %
SiO_2	7,6 – 35,4 %
Al_2O_3	0,36 – 4,75 %
Fe_2O_3	0,3 – 5,7 %
MgO	0,6 – 4,5 %
CaO	58,5 – 88,10 %
Glühverlust	33,1 – 43,5 %

Als toniger Zuschlag wird humose, umgelagerte Andesitasche neben dem Werk gegraben, die nicht plastisch ist und folgende Zusammensetzung hat:

Tabelle 13

	braune Asche	rosa Asche
SiO_2	52,96 %	67,86 – 70,35 %
Al_2O_3	21,76 %	14,72 – 15,60 %
Fe_2O_3	10,09 %	2,00 – 2,40 %
CaO	5,95 %	2,54 – 2,50 %
MgO	0,28 %	0,92 – 0,98 %
SO_3	0,22 %	0,58 – 0,50 %

Der Klinker hat eine mittlere Zusammensetzung von 78 % $CaCO_3$, 18,5 % SiO_2, 6,5 % Al_2O_3, 2,5 % Fe_2O_3.

Die Kalksteine der Lagerstätte Chimborazo sind qualitativ ziemlich unterschiedlich, das Fördergut liefert jedoch einen im Mittel hochwertigen Rohstoff zur Herstellung von Portland-Zement. Infolge der tektonischen Struktur (Verwerfungen, bergeinwärtiges Einfallen) sind in den drei nebeneinanderliegenden Steinbrüchen nur 150 000 bis 200 000 t bauwürdiger Kalkstein vorhanden, d. h. eine Rohstoffgrundlage für nur 3 Jahre.

Für die zukünftige Rohstoff-Versorgung kommen Kreide-Kalksteine des **Cerro Shobol** in Frage. Diese Lagerstätte, die wahrscheinlich sehr große Reserven enthält, ist 12 km vom Zementwerk entfernt. Am Hang des Shobol stehen 40 m mächtige Kalksteinbänke mit einem Bergemittel auf 200–300 m streichend an. Die Schichten fallen mit nur 20° nach W ein. Der Abraum ist wesentlich geringer als am Vorkommen Chimborazo. Qualitativ sind die Kalksteine des Shobol zur Herstellung von Portland-Zement durchaus geeignet. Das Mittel aus 8 Analysen, im Laboratorium der Cemento Chimborazo durchgeführt, ergab: CaO 51,42 %, MgO 0,43 %, Glühverlust 40,90 %, SiO_2 5,64 %, Al_2O_3 0,33 %, Fe_2O_3 1,25 % und SO_2 0,18 %.

Das Zementwerk „Rocafuerte" bei Guayaquil gewinnt seinen Rohstoff aus der marinen Oberkreide. Die 1935 gebaute Fabrik produzierte bis 1960 etwa 100 000 jato Portland-Zement. Die Zementproduktion von 1968 betrug: „Rocafuerte" bei Guayaquil 337 000 t, „Chimborazo" bei Riobamba 66 000 t, „Guapán" bei Azogues 66 000 t.

Kretazische Kalksteine sind im Küstengebiet (Sierra de Chongón-Colombe) und in schmalen, N-S streichenden Schollen am E-Rand der West-Kordillere verbreitet (s. geol. Karte).

Travertin

Lager, mächtige Krusten und Spaltenfüllungen aus Sinterkalk als Quellabsätze des jüngsten Vulkanismus sind an verschiedenen Orten des interandinen Grabens bekannt. Diese Travertine werden oft als „Marmor" und „Onyx" bezeichnet; sie liefern wegen ihrer schönen Färbung (gelblich, grünlich, roa gemasert) Material für Dekorations-Steine. Wegen ihrer Reinheit kommen größere Vorkommen auch als Rohstoff für Brennkalk und eventuell für die Zementindustrie in Frage.

In der Provinz Azuay liegen die Travertin-Vorkommen von **Guapán** (bei Azogues), **Simincay** (bei Patamarca), **Baños** (bei Cuenca), **Balsay** (zwischen Borabón und San Roque), **Portete, Cebollar, Tejar** und **Hacienda Ruetate** am Río Jubones.

Ähnliche Travertine kommen bei Rumichaca del Carchi und Rumichaca de Tuza bei Tulcan (Prov. Carchi) vor, wo die Sinterabsätze natürliche Brücken bilden; ferner SE Portovelo (Prov. El Oro). Die Mächtigkeit der Travertin-Lager wechselt stark und ist vom Relief abhängig.

Das bedeutendste Vorkommen ist **Guapán,** N Azogues (Prov. Cañar), das einen Lagerstättenvorrat von rund 10 Mio t darstellt und ein dort neu gebautes Zementwerk beliefert. Ein Thermo-Kraftwerk auf Basis der lokalen Lignite liefert die notwendige Energie.

Das riesige Travertin-Lager ist begrenzt im Süden vom Río Tabacay (Nebenfluß des Río Azogues), in westlicher Richtung von der Quebrada „El Salado" und nach Osten durch die Quebrada Guapán. Zwischen den beiden, im Mittel 500 m voneinander entfernten Schluchten zieht sich das Lager auf eine Länge von 1,5 km hin. Sein S-Ende liegt 2450 m NN, das Lager nach N auf 2720 m NN (Abb. 17).

Der Abraum ist sehr gering. Durch 8 Meißelbohrungen sind 1958 folgende Mächtigkeiten des Travertin-Lagers festgestellt worden:

Tabelle 14

Travertin-Mächtigkeiten

Bohrung	1	17,30 m	
„	2	8,70 m	
„	3	15,80 m	
„	4	21,50 m	
„	5	17,40 m	
„	6	15,00 m	
„	7	5,70 m	
„	8	8,70 m	
Durchschnitt		13,77 m	Travertinmächtigkeit

Der Travertin von Guapán ist sehr rein mit durchschnittlich

Tabelle 15

CaO	52,15 %
MgO	1,94 %
Glühverlust	41,15 %
SiO_2	1,62 %
Al_2O_3	0,60 %
Fe_2O_3	0,48 %

d. h. das Material hat 93,08 % $CaCO_3$ und 4,06 % $MgCO_3$.

Bei einer Annahme von 300 × 1800 m Fläche und 8 m bauwürdiger Mächtigkeit erhält man 10,8 Millionen bauwürdigen Sinterkalk, d. h. Rohstoffe für ca. 90 Jahre bei einer Produktion von 400 tato Zement.

Sonstige mineralische Rohstoffe

Einige der zahlreichen Mineral-Anzeichen des Landes verdienen Beachtung. **Kaolin** ist nachgewiesen bei Puyo (Prov. Napo), SE Cuenca (Prov. Azuay) – hier tritt Kaolin in Tuffen auf – und bei Azogues (Prov. Cañar). Die Höhe der Produktion ist nicht bekannt. Die Vorkommen beliefern Kachel- und Porzellanfabriken im Lande.

Gips wird bei Guayaquil (Prov. Guayas) aus Schichten der marinen Kreide gewonnen und dient zur Zementherstellung im Werk Rocafuerte. Bisher sind noch keine großen, lohnenden Gipslagerstätten in Ecuador gefunden worden. Gips kommt bei Malacatus (Prov. Loja) vor.

In der Nähe von Quito (Prov. Pichincha) wurde ein **Bentonit**-Vorkommen entdeckt, daß die Tiefbohr-Industrie in den Erdölrevieren beliefert. Am Vulkan Antizana in der Ostkordillere (Prov. Napo) wurde ein **Perlit**-Vorkommen entdeckt, aber noch nicht in Abbau genommen. **Talk-** und **Asbest**-Vorkommen sind aus dem Verbreitungsgebiet des metamorphen Sockels der Ost-Kordilleren bekannt, aber nicht näher untersucht.

Kochsalz

Solen sind von Mira und Ibarra (Prov. Imbabura) bekannt. Die Versorgung der ecuadorianischen Wirtschaft mit Kochsalz erfolgt bisher ausschließlich durch Salz aus Meeres-Salinen, die ein unreines Produkt mit 95 % NaC 1,3–5 % H_2O sowie Spuren von Mg- und Ca-Sulfaten, Ton und Sand herstellen. Eine Raffinerie ist vorgesehen (Stoll 1962). Die Produktion liegt bei 30 000 jato, die Haupterzeugung stammt aus den Salinen von **Salinas** (Prov. Guayas) und beträgt etwa 20 000 jato. Der Rest kommt von den Salinen in Payama, Charapoté und Punta Arenas.

Zusammenfassung

Kapitel A–E von W. Sauer

A. Einleitung

Die Einleitung enthält eine kurzgefaßte Übersicht über die geologische Erforschung Ecuadors.

B. Geomorphologische Grundzüge

Ecuador gehört mit Paraguay und Uruguay zu den drei kleinsten Ländern Südamerikas, liegt an der Westküste des Kontinents und wird in seinem nördlichen Teil vom Äquator durchquert.

Das Hauptstrukturelement bildet das entlang der Westseite des Kontinents sich hinziehende Andengebirge, das zwischen dem 1. und 5. Grad südlicher Breite zu Ecuador gehört. Am Pazifik liegt eine verschieden breite, ziemlich ebene Küstenzone westlich der Anden.

Am Ostfuß der Anden dehnen sich die Flußsysteme des Amazonas und seiner Nebenflüsse in weiter Ebene aus. Es ergibt sich so eine klare geomorphologische Gliederung des Landes in Litoral oder Costa (westliche Küstenzone), Sierra (Anden) und Oriente (Tiefland östlich der Anden).

a) Das Litoral. Die westliche Küstenzone ist eben oder nur leicht gewellt. Dem Verlauf der Küstenlinie entsprechend schwankt ihre Breite. In der Mitte mißt sie maximal 130 km. Nach Norden engt sie sich bis auf 40 km ein. Nach Süden ist sie in die Halbinsel Santa Elena und das Ästuar des Río Guayas aufgegliedert, so daß der flache Küstenstreifen der Provinz El Oro an der schmalsten Stelle nur noch 20 km breit ist. Die flachwellige Halbinsel Santa Elena ist vom Hauptteil der Küstenzone durch die Kordilleren Chongón und Colonche getrennt.

b) Die Sierra mit dem südlichen Zwischengebirge. In den ecuadorianischen Anden (Sierra) werden die östliche Kordillere (Cordillera Real) und die westliche Kordillere (Cordillera occidental) durch den Grabeneinbruch der interandinen Senke getrennt. Die auf Querbrüchen der Senke vulkanisch entstandenen Schwellen („nudos“) ergeben die Aufteilung in einzelne, verschieden lange Becken („hoyas“) der interandinen Senke, die abwechselnd zum Stillen Ozean oder, über den Amazonas, zum Atlantischen Ozean entwässert werden.

Die beiden Kordilleren biegen im Süden unter dem Einfluß der Amazonas-Achse nach SW ab und werden derart verschoben, daß die Westkordillere, nach Westen abgedrängt, zwischen dem 2. und 3. Grad südlicher Breite ihr Ende findet, während die Cordillera Real in ihrem SW-gerichteten Hauptzweig und seiner Verlängerung durch die Küstenkordillere den Pazifik erreicht (Tahuín, Larga, Amotape).

Die nördlich in Kolumbien an die Cordillera Real anschließende kristalline Cordillera Central wird mit der Cordillera Real auf Grund ihres gleichen tektonischen und stratigraphischen Aufbaus als Einheit aufgefaßt, nämlich als Nordandine Kardinalkordillere (W. SAUER), die sich vom Karibischen Meer (Nordkolumbien) bis zum Stillen Ozean (Punta Pariñas, Nordwestperú) erstreckt. Der ecuadorianischen Westkordillere fehlt dagegen die unmittelbare Verbindung mit der kolumbianischen Westkordillere.

c) **Der Oriente.** Der Ostabfall der Nordandinen Kardinalkordillere bildet die scharfe morphologische Grenze zur Amazonas-Tiefebene. Nur die subandinen Kordilleren ragen noch als Vorstufe der Sierra zu geringen Höhen über die Ebene auf.

Die Grenze dieser Stufe zum ausgesprochen flachen Tiefland ist ein sich von N nach S östlich der subandinen Kordilleren hinziehender Steilabfall (Scarpment). Östlich dieser Zone breitet sich nur noch der weite Schotterfächer des Río Pastaza und Cuyaray aus.

C. Schichtenfolge (Geologische Karte mit Ergänzungen, W. SAUER 1970 und Tabelle 1 (TSCHOPP 1956)

Neben wenigen Vorkommen des Karbons und Vorkarbons nimmt in der Sierra das **Paläozoikum einschließlich Präkambrium** als metamorphe Gesteine, – vorwiegend der kristallinen und der semimetamorphen Schiefer –, den Raum der Cordillera Real ein. Weiterhin bilden paläozoische Gesteine den Kern der Kordillere von Cutucú im subandinen Gebiet des Oriente. In der Westkordillere sind zwei schmale Streifen von paläozoischen Schiefern zwischen dislozierten Diabasen eingeklemmt (ca. 60 km NW Quito und bogenförmig zwischen Chimborazo und Bucay). Am Rand der Ostkordillere wird der Untergrund der Topo-Quijos-Senke von semimetamorphen Schiefern unbestimmten Alters eingenommen. Im Abzweig der Ostkordillere nach der Küste zieht sich ein Streifen paläozoischer Schiefer von der Gegend südlich von Zaruma zur peruanischen Grenze.

Jura ist vertreten durch die Formationen Santiago (unterer Jura, Lias) von ca. 2000 m mittlerer Mächtigkeit, Chapiza (mittlerer und oberer Jura = rotes Chapiza und vulkanisches Mishahuallí). Seine größte Ausdehnung zeigt sich im Lias der Cordillera del Condor und ihrer nördlichen Fortsetzung, der Kordillere von Cutucú. An den Rändern der eben erwähnten Kordilleren erscheint der Jura zusammen mit früher Kreide.

Kreide findet sich im südlichen subandinen Gebiet von der Cordillera del Condor nach Norden bis in die Nähe des Pastaza, unmittelbar entlang dem Ostabfall der Cordillera Real. In größerem Ausmaß überdeckt sie nördlich des Río Napo die Napo-Galeras-Aufwölbung, die von dem noch tätigen Vulkan Sumaco gekrönt ist. In der Sierra selbst ist die Kreide im südlichen Zwischengebirge in mehr oder weniger breiten Streifen mit den Gesteinen der Diabasformationen verfaltet (Laramische Orogenese), ebenso weiter nörd-

Alter	stratigr. Stellung Karten-Symbol	Einheiten	Mächtigkeit
Quartär Qc		Piedmont und Mesa-Ablagerungen	
Tertiär-rezent QMv		von tertiären bis rezenten Vulkanen abgelagerte Vulkanite	
	Miozän u. Pliozän	Chambira u. Ushpa-Formation Curaray-Form.	
		Arajuno- u. obere Pastaza-Form	
	? Eozän – Oligozän	Chalcana, untere u. mittlere Pastaza-Form.	etwa 2500– 5000 m
		Tiyuyacu- u. Cuzutca-Form.	
	? Ob. Kreide – Paleozän bis ? Unt. Eozän	Tena-Formation	270–1000 m
Kreide Ki		hauptsächlich Intrusivgesteine	
Kreide K	Obere u. Mittl. Kreide	Napo-Formation	240–800 m
	Untere Kreide	Hollín-Formation	80–240 m
Jura Jv	Oberer bis mittl. Jura	Chapiza-Formation: im oberen Teil ist das Misahualliäquivalent den Porphyriten u. Granit-Intrusionen (Topo-Granit Ki)	600–4500 m
JTR	Unt. Jura	Santiago-Form.	1500–2700 m
Paläozoikum PAL	Ob. Karbon (Pennsylvan)	Macuma-Form.	obere ca. 1250 m untere etwa 150–200 m
	Frühes Paläozoikum	Pumbuiza und Margajitas-Form.	über 1000 m
Kristallin (Basement, pKm)	Paläozoikum umd. oder früher	Ortho- u. Paragneise, Glimmerschiefer, Phyllite mit intrusiven Graniten	

lich in der Westkordillere. Der Südrand der Daule-Plattform wird durch die gefaltete Kreide der Kordilleren Chongón und Colonche betont.

Ganz bedeutende Ausdehnung nehmen die basischen, bis zu Quarzporphyr differenzierten Ergüsse der kretazischen Diabasformation ein (mesozoischer Vulkanismus), und zwar besonders auf der Westseite und dem Abhang der Westkordillere nach der Tiefebene der Küste zu.

Die Hauptverbreitungsgebiete des **Tertiärs** sind die Küstenebenen und der Oriente, während sich in der Sierra tertiäre Schichten auf die interandine Senke und ihre Ränder beschränken.

Der Einfluß der Nordandinen Kardinalkordillere auf die unterschiedliche Entwicklung der Fazies einerseits östlich und anderseits westlich dieser Kordillere hat sich zu Anfang des Tertiärs so verstärkt, daß alle Formationen des Litoral fast ausschließlich durch marine Sedimente vertreten sind.

Die marine Transgression über die Plattform von Daule hat im mittleren Eozän begonnen, wie das Fehlen der unteren Stufen des Frühtertiärs beweist. Der östliche Streifen der Plattform entlang dem Fuß der Westkordillere wurde von der Transgression erst am Ende des Oligozäns erreicht. Miozän überlagert konform das Oligozän. Eine Radiolarienfazies folgt in der Richtung des tertiären Verlaufs der antarktischen kalten Meeresströmung. Am Ende des Tertiärs ist mit dem Auftauchen der Küstenstriche des Litoral die Schaukelbewegung der Plattform beendet.

Südlich der Kordilleren Chongón und Colonche ist auf der Plattform ein Graben als wichtiges Strukturelement entstanden und hat sich, umgeben vom Eozän, mit immer jüngeren tertiären Sedimenten (bis zu Miozän) angefüllt. Paleozän und unteres Eozän treten zutage zwischen Guayaquil und Sta. Elena in der Umgebung von Azucar und Engabao.

Mittleres Eozän ist charakterisiert durch das 30–50 m mächtige **clay pebble bed,** eine Art tonigen Mylonits, entstanden durch Abschiebung eines enormen Sedimentpakets von ca. 1000 m Dicke auf leicht geneigten tonigen Schichten. Die marinen Sedimente verlieren die neritische Fazies in den sich aussüßenden Meereswässern (freshwater) der gehobenen Gebiete und werden ersetzt durch sublitorale Bildungen als Abschluß der Hebung des westlichen Teils der Plattform von Daule. Der gesenkte Ostteil mit Verlängerung nach Süden bis zur peruanischen Grenze, entlang der Westkordillere, wurde von pleistozänen Anschwemmungen ausgefüllt.

Das Tertiär des Oriente setzt ein mit einer Übergangsbildung von Kreide zu Tertiär, der Formation Tena. Naturgemäß entsteht sie in den Grenzzonen zwischen den beiden Perioden und umfaßt die untere Kreide und das Paleozän. Anschließend folgen Bildungen des Eozän-Paleozän in flächenhafter Verbreitung zwischen und unter den sie überlagernden quartären Schotterfächern (tablazos) und weiter nach Osten in Form der mio-pliozänen Anschwemmungen der Flüsse.

Quartär. Pleistozän-holozäne Anschwemmungen bilden große Flächen in der Küstenzone, vor allem am Fuß der Westkordillere. Weiterhin erscheinen an der Küste marine Ablagerungen auf den Meseten (tablazos), einer charakteristischen Bildung am Fuß der durch die Abrasion gebildeten Steil-Abfälle unmittelbar am Meer. Im Oriente sind die quartären Anschwemmungen vertreten durch die Schuttanhäufungen (Meseten) am Fuß der Nordandinen Kardinalkordillere, von denen sich der riesige Schotterfächer des Pastaza mit einem Radius von maximal 120 km am weitesten in die Ebene vorschiebt. Außerdem entstehen überall in der Ebene mäßige fluviale Sedimente entlang der Flußläufe.

Die interandine Senke hat in ihrem nördlichen Teil als oberste Auffüllung in erster Linie quartäre Lockermassen der zahlreichen (ca. 60), an beiden Rändern und über Längs- und Querbrüchen der einzelnen Becken aufgesetzten Vulkane erhalten, zusammen mit den kompakten Lavamassen der Berge selbst und den ausgeflossenen Lavaströmen. Im kleineren, südlichen Teil treten dagegen fast nur die vulkanischen Aufschüttungen des tertiären Vulkanismus zutage.

D. Tektonik und geologische Geschichte

Der Aufbau der Anden ist nacheinander im Verlauf von drei Orogenesen erfolgt:

1. **Die Eoandiden,** die ältesten Strukturen Südamerikas, gehen auf die assyntische Orogenese zurück.
2. **Die Präandiden** (Akadian and Appalachian orogenies) sind die Folge der varistischen Orogenese. Sie enthalten assyntische Kerne. Im ecuadorianischen Abschnitt der Nordandinen Kardinalkordillere umfassen sie die Cordillera Real mit ihrer Fortsetzung zur Küste in den Kordilleren Tahuín, Larga und Amotape.
3. **Die Neoandiden.** Die Nordandine Kardinalkordillere behält ihre Funktion als Schwelle zwischen Ost und West. Im Oriente durchdringen Porphyrite und Diabase der Formation Chapiza als initialer Magmatismus der jurassischen Orogenese die marinen Liasschichten der Formation Santiago, die nach Süden über die Kordilleren Cutucú und Condor in peruanisches Gebiet transgredieren. In den Gebieten der nördlichen Nebenflüsse des Napo wird die bis zu Quarzporphyr differenzierte Formation Chapiza in ihrer vulkanischen Oberstufe als Formation Mishahuallí bezeichnet und gilt als initialer Magmantismus der jurassischen Orogenese.

Wenn auch H. J. Tschopp (1956) genetische Beziehungen zwischen dem Granit des Cerro Abitagua (wenige km NW Mera) und der Kordillere von Guacamayos einerseits und den Vulkaniten des Mishahuallí andrerseits zu sehen glaubt, scheinen doch die Granite eotertiären Alters (laramische Orogenese) zu sein, weil sie als granodioritische Intrusionen in die gefalteten Schichten des Mesozoikums keinerlei Pressung aufweisen.

Den Gebieten der Formation Chapiza lagerten sich in angularer Diskordanz die Sandsteine des Hollín (Unterkreide) auf und konform die folgende Formation Napo, die sich beide nach Osten in den Untergrund absenken und unter der Formation Tena (Wechsel Kreide–Tertiär) verschwinden. Sie sind 50 km vom Ostrand der Napo-Galeras-Hebung bis auf –2000 m u. M. abgesunken. Ihre größte Tiefe erreichen Sie in Entfernung von 50 km vom Ostrand des gehobenen Blocks mit –2750 m u. M. Die Achse der Absenkung verläuft in N-S-Richtung parallel zur Kordillere. Weiter nach Osten hebt sich die Oberfläche der Napo-Hollínserie wieder bis auf –1400 m u. M., und zwar bei Tiputini an der Mündung des Flusses Tiputini in den Napo, wo die Mächtigkeit der Formation Hollín-Napo als sublitorale Kreidefazies nur noch 120 m beträgt und die Nähe der gehobenen Basis des brasilianischen Schildes anzeigt. Die Westgrenze des Kreideschelfs liegt am Ostrand der Sierra.

Die niedrige Schwelle der Cordillera Real wird im Verlauf der **laramischen Orogenese** gehoben und neuer Erosion und Abtragung unterworfen. Die Bildung der Redbeds von Tena als konkordante Überlagerung der oberen Kreide setzt ein im nach Osten zurückweichenden Meer. Der Wechsel zum Tertiär ist als abrupter Fazieswechsel zwischen oberer Kreide und Alttertiär gekennzeichnet.

Die tertiären Sedimente des Eozän bis Mio-Pliozän dringen weiter nach Osten vor, letztere unter starker Beimischung vulkanischer Tuffe des in der Sierra im oberen Miozän einsetzenden Vulkanismus.

Als Folge der ungleichmäßigen epirogenetischen Hebung der Anden im Pleistozän wird das gefaltete Gebirge der gesamten Sierra **zerrissen;** entlang der entstehenden Längsbrüche heben sich die mittleren Teile, die Kerne, in geringerem Grade als die Gebirgsflanken, d. h. im Verlauf der Orogenese sinken diese Kernstreifen relativ zu den Flanken tiefer ab: es ergibt sich der Grabeneinbruch der interandinen Depression zwischen den äußeren, als Horste zu bezeichnenden höheren Flanken.

Auf den entstandenen Spalten steigt das Magma auf und läßt die Unzahl der plio-pleistozänen Vulkane entstehen, die den Verlauf der Brüche unter den ausgedehnten Decken der überlagernden Gesteine anzeigen.

Der größere nördliche Teil des Landes unterscheidet sich von dem kleineren südlichen durch die überaus stärkere Entwicklung des quartären Vulkanismus im Andengebiet, da im Süden durch die Tektonik der Amazonasachse die Zerrungstendenz zur Spaltenbildung unterbunden war.

Erdbeben. Die tektonischen Vertikalbewegungen des Pleisto- und Holozän setzen sich bis in die Gegenwart fort; sie lösen meist nur schwache und schwächste Beben aus, neben den seltenen, starken Beben. Letztere haben große Verheerungen angerichtet und viele Menschenleben gefordert. Von den Seismographen der Sternwarte in Quito (Publicaciones del Observatorio de Quito) werden dauernd leichte Beben aufgezeichnet, welche die hohe Seismizität des Landes bestätigen. Diese leichten Beben bewirken die fortwährende Neutralisierung der in den Bruchzonen entstehenden Spannungen und verhindern damit die Auslösung starker Beben. So blieben Monate vor dem verheerenden Beben des Valle de los Chillos die Mikrosismen aus, und die angesammelte Energie entlud sich daraufhin in dem starken Beben vom 9. August 1938 (Abb. 7). Der Verlauf der Längsbrüche ist durch die Anordnung der Vulkane in Linien gekennzeichnet. Er läßt sich weiterhin durch die Ergebnisse der seismischen Aufzeichnungen bestimmen. Einzelheiten wie Sprunghöhen von maximal 300–400 m, Anordnung in tektonischen Treppen und die Form und Stellung der Spalten selbst können an günstigen Stellen (Aufschlüsse) beobachtet werden.

Besondere Bedeutung haben die Querbrüche, welche die einzelnen Becken (hoyas) der interandinen Senke trennen.

Die epirogenetischen Vertikalbewegungen werden in ihren einzelnen Phasen durch die Höhenlage der Flußterrassen, der Küsten-Meseten (tablazos) und Gletschermoränen bekundet.

E. Die Galápagos-Inseln (Archipel von Colón)

Zum Staatsgebiet von Ecuador gehören die berühmten Galápagos-Inseln, offiziell „Archipielago de Colón“ genannt. Sie liegen nahe dem Kreuzpunkt des Äquators und des 90. Grades westlicher Länge, etwa 1400 km vom ecuadorianischen Festland entfernt.

Der Archipel (Abb. 13) umfaßt 13 Inseln und eine Anzahl von kleineren Eilanden und alleinstehenden Felsen, alle vulkanischen Ursprungs. Die meisten der kleinen Inseln bestehen nur aus einem Vulkan, doch setzen sich San Salvador (James) und San Cristóbal (Chatam) aus je zwei Vulkanen und Isabela (Albemarle) aus sechs Vulkanen zusammen. Die Inseln ragen als submarine Vulkane mit ihren Spitzen über den Meeresspiegel hinaus. An der Kreuzung zweier submariner vulkanischer Spalten (ridges) hat sich diese untermeerische Anhäufung vulkanischer Effusionen mit den meist noch tätigen Vulkanen als Ausdruck eines verstärkten Vulkanismus gebildet. Doch sind seit Entdeckung der Inseln nur auf San Salvador (James), Isabela (Albemarle) und Fernandina (Narbourough) Ausbrüche registriert worden.

Die frischen Laven (Basalte) geben den Inseln eine monotone dunkle, meist schwarze Färbung. Sonst herrschen graue, gelbliche bis braune Tönungen der in Zersetzung begriffenen kompakten und lockeren Vulkanite vor.

Der **Palagonit,** aus Verwitterung des Basaltglases im Tuff (Sideromelan) hervorgegangen, enthält als neugebildete Minerale Zeolithe und die noch nicht zersetzten Mineralpartikel des Basaltes.

Typische Palagonitkrater sind sehr verbreitet; der Palagonittuff ist das älteste durch Meereserosion teilweise zerstörte Fundament der einzelnen Inseln.

Eingeschlossene Meeresfossilien haben bestätigt, daß die Palagonittuffe und Krater zeitweise im Meer untergetaucht waren. Nach den Fossilien erwies sich das geologische Alter der Inseln als pliozän.

Mit wenigen Ausnahmen repräsentieren die Basalte den pazifischen Typ mit Tendenz zum Übergang zu basaltischem Andesit.

Eine überraschende Erscheinung ist das Fehlen von Korallenriffen, verursacht durch die Abkühlung des Meereswassers im westlichen Arm des kalten Humboldtstroms, der die Inseln umfließt.

Tektonik. Die Bruchlinien des Meeresgrundes zweier Spaltensysteme kreuzen sich in Winkeln von N 43° W und N 47° E. Die Vulkane sitzen auf den Kreuzungen.

Die Fossilfunde beweisen, daß epirogene Bewegungen vor dem Pliozän nicht stattgefunden haben; nach der Bildung der parasitischen Palagonitvulkane sind aber Hebungen bis zu 200 m erfolgt.

Zusammenfassung

Mineralische Rohstoffe von H. PUTZER

Die Bergbau-Industrie von Ecuador spielt zur Zeit in der Volkswirtschaft keine große Rolle. Bergwirtschaftliche Chancen liegen für die Zukunft vor allem im neuentdeckten Erdöl-Revier des „Napo-Beckens“ im N des Oriente sowie in hoffnungsvollen Erz-Anzeichen vom Typ der „disseminated porphyry copper ores“ in Eruptivgesteinen der West- und Ost-Kordilleren. Schließlich verdienen die zahlreichen sekundären Goldlagerstätten (Seifen) im westlichen Tiefland sowie in den Tälern am Fuß der Ost-Kordillere Beachtung. Mit Sicherheit wird Ecuador in wenigen Jahren als Exporteur für Erdöl auf dem Weltmarkt erscheinen.

Erdöl wird seit vielen Jahren auf der Halbinsel Santa Elena am Pazifik gewonnen. Ölträger sind Sandsteine des Paleozän und Eozän. Zahlreiche seepages und Asfalt-Ausbisse sind seit prä-kolonialer Zeit dort bekannt. Die Produktion ist rückläufig und betrug 1968 aus rund 800 Brunnen nur noch rund 5000 Faß/Tag (300 000 jato). Die produktiven Horizonte sind in Tiefen bis maximal 3000 m angetroffen worden.

Weitaus bedeutender sind offenbar die neugefundenen Erdöl- und Erdgasfelder im „Napo-Becken“ des amazonischen Tieflandes, das E der Ost-Kordillere die Fortsetzung der kolumbianischen Erdöl-Zone in Amazonien (Orita-Feld) darstellt. Ölträger sind in den bisher (1969) fündig gewordenen Bohrungen die Unterkreide (Hollín-Sandstein), Oberkreide (Napo-Sandstein) und das Eozän. Als nachgewiesene Reserven werden bisher

(1969) insgesamt 140 Mio t angegeben. Fördertests ergaben eine Produktions-Kapazität von rund 19 000 Faß/Tag für die bisher abgeteuften produktiven 8 Tiefbohrungen.

Tertiäre Lignite wurden in intramontanen Becken abgelagert, die in der interandinen Depression erhalten geblieben sind. Die Flöze sind von der jungen Faltung erfaßt worden. Die Becken von Loja, Malacatus und Cuenca-Azogues enthalten über 30 Mio t bauwürdige Hartbraunkohle (Lignit). Die Flöze des Reviers Azogues beliefern das Zementwerk Guapán. Wahrscheinlich setzen die Lignitflöze des Cuenca-Azogues-Beckens nach W fort. –

Die seit dem 16. Jahrhundert in Abbau stehenden **Golderzgänge** des Reviers Portovelo-Zaruma in SW-Ecuador gehen ihrer Erschöpfung entgegen. Die Erzgänge sind hydrothermale Bildungen in tertiären Vulkaniten, besonders in Andesiten. Die mittleren Gangmächtigkeiten liegen bei 0,70–1,90 m; die Goldgehalte des run-of-mine betragen jetzt in Portovelo 8,6–9,7 g, in Minas Nuevas 14,2 g und in Ayapamba 16,2 g Au/t. Die Produktion (jüngste Angaben: 1962) betrug 4 t Ag und 0,6 t Au.

Zahlreiche Flüsse im pazifischen Tiefland, in den tiefeingeschnittenen Tälern der Kordilleren und im Oriente führen Gold, dessen Gewinnung bis in Prä-Inka-Zeiten zurückreicht. Systematische Untersuchungen der Goldseifen sind dringend nötig, um die bauwürdigen Abschnitte der rezenten Flußsande und ihrer quartären Terrassen zu klären.

Die Grube Macuchi am W-Hang der W-Kordillere hat von 1941–58 sulfidische **Kupfererze** gewonnen. In geologisch gleicher Position sind eine Reihe weiterer sulfidischer Erzvorkommen mit Kupfer, Silber, Molybdän, Pyrit bekannt geworden. Sie alle sind genetisch gebunden an Granodiorit-Intrusionen und Vulkanite des spätkretazischen Magmatismus. Hierzu gehören Nanegal am Rio Alambi und Santo Domingo (Pyrit und Chalkopyrit), La Plata (polymetallische Sulfiderze), Sigchos, Macuchi und Talagua sowie das Chanchán-Tal (Kupfer und Molybdän-Erze), Molleturo (polymetallische Sulfiderze) und schließlich das 1968 durch geochemische Prospektion gefundene Vorkommen bei Chaucha (Prov. Azuay). Möglicherweise sind auch in der Ost-Kordillere Kupfererze von Sigsig, N des Vulkans Sangay und im Quellgebiet des Rio Napo Anzeichen für „porphyry copper ores“, die von Chile und N-Argentinien über Peru bis nach Kolumbien im Bereich des andinen Orogens als hydrothermale Produkte intermediärer magmatischer Gesteine bekannt sind. Mächtige Verwitterungsschichten, dichter Urwald und das sehr akzentuierte Relief der Kordillere erschweren die Prospektion.

Eisen- und Manganerz-Lagerstätten von wirtschaftlicher Bedeutung sind bis heute in Ecuador nicht gefunden worden. Die Vorkommen von Pascuales (Hämatit) und Pasaje (Manganerz) sind nicht bauwürdig. –

Ausgedehnte Strandseifen aus **Ilmenit und Magnetit** sind beiderseits der Mündung des Rio Esmeraldas in der gleichnamigen Provinz bekannt und wurden vor wenigen Jahren prospektiert.

Die intensive vulkanische Aktivität des quartären Vulkanismus hat zur Bildung von **Schwefel**-Lagerstätten geführt. Schwefel tritt derb und kristallin als Reicherz sowie als Imprägnation in hydrothermalen Kieselsäure-Massen (Geyserit) und in Tuffen und Laven auf. Die Hauptmenge der Schwefel-Reserven ist in der „caliche“ enthalten, porösen imprägnierten Gesteinen der Vulkanschlote. Bauwürdige Lagerstätten sind Shucos bei Tixán sowie Rosário (Prov. Chimborazo), Cerro Chiles bei Tufino und El Angel (Prov. Carchi) sowie auf den zum Galapagos-Archipel gehörenden Inseln Isabela (Krater San Tomás) und San Cristobal.

Kalksteine der marinen Kreide liefern ausgezeichneten Rohstoff für die Zementwerke in Guayaquil und Riobamba.

Die Karte (Abb. 16) zeigt die wichtigen Lagerstätten von Ecuador.

Summary

Chapter A–E by W. SAUER

A. Introduction

In the introduction a brief, general description is given of the geological exploration of Ecuador.

B. Basic geomorphologic features

Together with Paraguay and Uruguay Ecuador ranks among the three smallest countries of South America; it lies on the western coast of the continent and in its northern part is crossed by the equator.

The main structural element is constituted by the Andes extending along the western side of the continent; between the 1st and 5th degree of southern latitude they belong to Ecuador. West of the Andes, on the Pacific, a rather flat littoral zone of varying width is situated.

East of the Andes the draining systems of the Amazonas and its tributaries extend in a wide plain. Thus a clear morphologic subdivision of the country into Litoral or Costa (western littoral zone), Sierra (Andes), and Oriente (lowland east of the Andes) is to be noticed.

a) **Litoral.** The western littoral zone is flat, or only slightly undulated. Its width varies in correspondence with the course of the coast line. In the central part it has a maximum width of 130 km. Northwards it narrows down to 40 km. Southwards it is subdivided into the peninsula of Santa Elena and the estuary of the Rio Guayas; in its narrowest place the flat coast strip of the province of El Oro is no more than 20 km wide. The rolling plains of the peninsula of Santa Elena are separated from the main part of the littoral zone by the Cordilleras Chongón and Colonche.

b) **Sierra with southern intermediate mountains**. In the Ecuadorian Andes (Sierra) the eastern Cordillera (Cordillera Real) is separated from the western Cordillera (Cordillera Occidental) by the graben of the inter-Andean depression. The swells („nudos") having developed on the transverse faults of the depression by volcanic processes effect the subdivision into individual basins of different length („hoyas") of the inter-Andean depression; they are alternately drained to the Pacific or, by the Amazonas, to the Atlantic.

In the South, under the influence of the Amazonas axis the two Cordilleras turn towards SW, being shifted in such a way that the Cordillera Occidental, pushed off to the West, ends between the 2nd and 3rd degree of southern latitude. The main branch of the Cordillera Real, running SW, ist continued by the coastel Cordilleras Tahuín, Larga and Amotape, which reach the Pacific.

In the North, in Colombia, the Cordillera Real of Ecuador is adjoined by the crystalline Cordillera Central; owing to their similar structural and stratigraphic features both are regarded as a unit, namely the North Andean Cordillera Cardinal (W. SAUER) extending from the Caribbean Sea (N. Columbia) as far as to the Pacific (Punta Pariñas, NW Peru). Between the western Cordillera of Ecuador and that of Columbia, however, there is no direct connection.

c) **Oriente.** The eastern slope of the North Andean Cordillera Cardinal constitutes the sharp morphologic boundary to the Amazonas plains. Merely the sub-Andean Cordilleras, as beginning of the Sierra, slightly rise above the plain.

The boundary between this step and the absolutely flat plain is formed by an escarpment running from N to S, east of the sub-Andean Cordilleras. East of this zone only the wide gravel fan of the Rio Pastaza extends.

C. Sequence of strata (geological map with supplements, W. SAUER 1970)

In the Sierra, within the region of the Cordillera Real, the **Palaeozoic including Precambrian** is represented by metamorphic rocks – predominantly crystalline and semimetamorphic schists; in addition there are few occurrences of the Carboniferous and pre-Carboniferous. Palaeozoic rocks furthermore constitute the central part of the Cordillera of Cutucú in the sub-Andean area of the Oriente. In the Cordillera Occidental two narrow zones of Palaeozoic schists are jammed in between dislocated diabases (ca. 60 km NW of Quito and, arc-like, between Chimborazo and Bucay). E of the margin of the Cordillera Real the subsurface of the Topo Quijos Depression is composed of semimetamorphic schists of uncertain age. In that branch of the Cordillera Real which runs towards the coast a zone of Palaeozoic chists extends from the region south of Zaruma as far as to the Peruvian border.

The **Jurassic** is represented by the Santiago Formation (Lower Jurassic, Liassic) of an average thickness of about 2000 m, and the Chapiza Formation (Middle and Upper Jurassic = red Chapiza and volcanic Mishahuallí). Its largest extension becomes obvious in the Liassic of the Cordillera del Condor and its northern continuation, the Cordillera of Cutucú. On the margins of the Cordilleras just mentioned the Jurassic occurs in connection with early Cretaceous.

The **Cretaceous** exists in the southern sub-Andean area of the Cordillera del Condor, extending northwards as far as near the Pastaza, directly along the eastern slope of the Cordillera Real. To a major extent, north of the Río Napo, it covers the Napo Galeras uplift, which is crowned by the active volcano Sumaco. In the Sierra especially, in the southern intermediate ridges, the Cretaceous is folded together with rocks of the diabase Formation in more or less wide zones *(Laramidian orogeny)*; the same applies to the region of the Cordillera Occidental farther in the North. The southern border of the Daule Platform is characterized by the folded Cretaceous of the Cordilleras of Chongón and Colonche.

The basic effusives of the Cretaceous diabase formation (mesozoic vulcanism), the differentiation of which even includes quartz porphyry, cover considerable areas, in particular on the western side and on the Cordillera Occidental's slope to the plain on the coast.

The **Tertiary** mainly occurs in the coastal plain and the Oriente, whereas in the Sierra Tertiary beds are confined to the inter-Andean depression and its margins.

The influence of the North Andean Cordillera Cardinal on the different development of the facies east and west of this Cordillera was intensified at the beginning of the Tertiary to such a degree that all formations of the Littoral are represented almost exclusively by marine sediments.

The marine transgression across the Daule Platform started in the Middle Eocene, as is evidenced by the non-existing lower stage of the early Tertiary. The eastern zone of the platform along the foot of the Cordillera Occidental was reached by the transgression not before the end of the Oligocene. The Miocene conformably superposes the Oligocene. A Radiolarian facies follows in the direction of the Tertiary course of the cold antarctic current of the sea. With the emergence of the coastal strip of the Littoral at the end of the Tertiary the rocking movements of the platform ceased.

South of the Cordilleras of Chongón and Colonche a graben developed as important structural element on the platform; surrounded by the Eocene it was filled with ever younger sediments of the Tertiary (until the Miocene). The Palaeocene and Lower Eocene are exposed between Guayaquil and Sta. Elena in the surroundings of Azucar and Engabao.

The Middle Eocene is characterized by the clay pebble bed, a kind of argillaceous mylonite, of 30–50 m thickness, which originated owing to the sliding down of an enormous complex of sediments (thickness about 1000 m) on slightly inclined argillaceous beds. The marine sediments loose their neritic facies in the fresh waters of the uplifted areas and are replaced by sublittoral formations terminating the uplift of the western part of the Daule Platform. The eastern part which was subject to subsidence and its southward continuation – along the Cordillera Occidental – as far as to the Peruvian border were filled with alluvial deposits of the Pleistocene.

The Tertiary of the Oriente starts with a transitional formation from Cretaceous to Tertiary, the Tena Formation. Naturally it develops at the interfaces of both periods and comprises the Lower Cretaceous and Palaeocene. It is followed by Eocene Palaeocene formations in areal distribution between and below the Quaternary gravel fans (tablazos) superposing them; farther to the East these formations occur in the form of Miocene/Pliocene fluviatile deposits.

Quaternary. Alluvial deposits of the Pleistocene/Holocene form large areas in the littoral zone, in particular on the foot of the Cordillera Occidental. On the coast there are moreover marine deposits on the mesetas („tablazos"), a characteristic mesa-like formation on the base of the escarpments developed by marine abrasion on the shore. In the Oriente the Quaternary alluvial deposits are represented by accumulations of débris (mesetas) on the foot of the North Andean Cordillera Cardinal, the huge gravel fan of the Pastaza advancing farthest into the plain with a maximum radius of 120 km. In addition fluviatile sediments develop along the streams all over the plain.

In the North the inter-Andean depression is, in its uppermost part, filled with mainly Quaternary loose material of the numerous (ca. 60) volcanoes situated on either side of the individual basins and on longitudinal and transverse faults, as well as with the compact lava flows of the volcanoes. In the smaller, southern part, on the contrary, almost only volcanics of the Tertiary are exposed.

D. Structure and geological history

The Andes built up in the course of three subsequent orogenies:

1. **The Eoandides,** the oldest structures of South America, had their origin in the assyntic orogeny.
2. **The Preandides** (Akadian and Appalachian orogenies) are due to the Variscan orogeny. They have Assyntic cores. In the Ecuadorian part of the North Andean Cordillera Cardinal they comprise the Cordillera Real and its continuation to the coast, i. e. the Cordilleras Tahuín, Larga and Amotape.
3. **The Neoandides.** The North Andean Cordillera Cardinal maintains its function as swell between east and west. In the Oriente, porphyrites and diabases of the Chapiza Formation as products of the initial magmatism, penetrate the Liassic beds of the Santiago Formation, which transgress southwards across the Cordilleras of Cutucú and Condor as far as into Peruvian territory. Within the regions of the northern tributaries of the Napo the Chapiza Formation, the differentiation of which even includes quartz porphyry, is, as regards its upper volcanic stage, designated as Mishahuallí Formation and looked upon as initial magmatism of the Jurassic orogeny.

Even though H. J. Tschopp (1956) is of the opinion that there is a genetic relation between the granites of the Cerro Abitagua (few km northwest of Mera) and the Cordillera of Guacamayos on the one hand and the volcanic rocks of the Mishahuallí on the other hand, the granites seem be to of eo-Tertiary age (Laramidian orogeny), because, as granodiorite intrusions of the Mesozoic folded beds, they do not show any stress.

The Chapiza Formation is superposed in angular unconformity by the Hollín sandstones (Lower Cretaceous) and conformably overlain by the following Napo Formation. Towards the East both sink into the underground and disappear below the Tena Formation (turn of Cretaceous/Tertiary). At a distance of 50 km from the eastern border of the Napo Galeras uplift they have sunk down to 2000 m below sea level. They reach their greatest depth amounting to 2750 m below sea level at a distance of 50 km from the eastern border of the uplifted block. The axis of the subsidence runs in N-S direction parallel to the Cordillera. Farther to the East the surface of the Napo/Hollín series rises up to 1400 m below sea level, namely near Tiputini. In this place the thickness of the Hollín/Napo Formation as sub-littoral facies of the Cretaceous amounts to no more than 120 m indicating the neighbourhood of the Brazilian Shield. The western border of the Cretaceous shelf lies on the eastern margin of the Sierra.

In the course of the **Laramidian orogeny** the low swell of the Cordillera Real is uplifted and subject to renewed erosion and denudation. The development of the red bed facies of the Tena Formation as conformable superposition of the Upper Cretaceous begins when the sea regresses eastwards. The change to the Tertiary is characterized by an abrupt change in facies between the Upper Cretaceous and Palaeogene.

The Tertiary sediments of the Eocene to Miocene/Pliocene are extended farther to the East, the latter with a considerable share of tuffs of the volcanism in the Sierra starting in the Upper Miocene.

As a result of the non-uniform phases of epirogenetic uplift of the Andes during the Pleistocene the folded mountains of the entire Sierra are faulted; along the longitudinal faults the central parts, i. e. the cores, are uplifted to a lower degree than the mountain flanks, which means that in the course of the orogeny these cores sink deeper in comparison with their flanks: thus the graben of the inter-Andean depression is formed between the higher-lying flanks (horsts).

The fault plains are used as channels by the magma, thus causing the origin of numerous Pliocene/Pleistocene volcanoes, which indicate the course of the fractures under the extensive cover of the superposing rocks.

The larger northern part of the country differs from the smaller southern one by the more strongly developed Quaternary volcanism within the area of the Andes (geolocical map); in the South the trend to fracturing by tension did not exist owing to the structure of the Amazonas axis.

Earthquakes. The vertical tectonic movements of the Pleistocene and Holocene have continued up to the present; in most cases they release only weak and extremely weak earthquakes, besides the rare heavy ones. The latter caused considerable damages and took many lives. The seismographs of the observatory in Quito constantly record light quakes manifesting the remarkable seismicity of the country. By these light earthquakes the stress arising along the fault zones is continuously neutralized thus preventing the triggering of heavy earthquakes. Forr instance, there did not occur any microseisms several months before the damaging earthquake of the Valle de los Chillos, and the accumulated energy was released in the heavy earthquake of August 9, 1938 (Abb. 7). – The course of the longitudinal faults is marked by the lineament-like arrangement of the volcanoes. In addition it may be determined by means of the results of the seismic records. Details such as maximum throws of 300–400 m, arrangement in structural steps, as well as shape and position of the faults can be observed in suitable exposures. The transverse faults separating the individual basins (hoyas) of the inter-Andean depression are of special importance.

The altitude levels of the river terraces, of the mesetas on the coast (tablazos) and of the glacial moraines give evidence of the various phases of the vertical epirogenetic movements.

E. The Islas Galápagos (Archipiélago de Colón)

Part of the Ecuadorian territory are the famous Islas Galápagos, officially called „Archipiélago de Colón". They lie near the intersection of the equator and the 90th degree of western longitude, about 1400 km distant from the Ecuadorian mainland.

The archipelago (Abb. 13) comprises 13 islands and a number of islets and asolated rocks, all of them being of volcanic origin. Most of the small islands consist of only one volcano, yet San Salvador (James I.) and San Cristóbal (Chatham I.) are composed of two volcanoes each, and the Isla Isabela (Albemarle I.) of six. With their summits these islands rise above the sea level as submarine volcanoes. At the intersection of two submarine volcanic ridges this submarine accumulation of volcanic effusions developed together with the mostly active volcanoes as manifestation of an intensified volcanism. Yet, since the discovery of the islands, eruptions have been recorded only, on San Salvador (James I.), Isabela (Albemerle I.), and Fernandina (Narborough I.).

The fresh lavas (basalts) give the islands a monotonous dark, mostly black colour. Besides, grey, yellow to brown shades prevail of the compact and loose volcanic rocks, which are in the process of decomposition.

The **palagonite** having originated from the weathering basaltic glass in the tuff (sideromelane) contains zeolites as newly formed minerals and mineral particles of the basalt which have not yet been decomposed.

The typical palagonite craters occur rather frequently; the palagonite tuff constitutes the oldest **foundation** of the individual islands; it has partly been destroyed by marine erosion.

Included marine fossils have confirmed the opinion that the palagonite tuffs and craters had at times submerged into the sea. According to the fossil record the islands are of Pliocene age.

With few exceptions the basalts represent the Pacific type with a tendency to change into basaltic andesite. A striking feature is the lack of any coral reefs caused by the cooling down of the sea water in the western branch of the cold Humboldt Stream flowing around the islands.

Structure. On the sea bottom of the archipelago the fault lines of two fault systems intersect at angles of N 43° W and N 47° E. The volcanoes are located on the intersections.

The fossil records gives evidence of the fact that before the Pliocene no epirogenic movements have occurred; after the formation of the parasitic palagonite volcanoes, however, uplifts amounting to 200 m occurred.

Summary

Mineral Deposits by H. Putzer

At present the mining industry does not play any major rôle in Ecuador's economy. Future prospects and chances for the mining industry in particular exist in the recently discovered oil fields of the Napo Basin in the northern part of the Oriente and in the promising ore indications of the type "disseminated porphyry copper ores" in eruptive and intrusive rocks of the Cordilleras Occidental and Real. Finally, it should be pointed to the numerous secondary gold deposits (placers) in the western lowland and in the valleys on the foot of the Cordillera Real. It is safe to say that within the next few years Ecuador will appear as an oil exporter on the international market.

For many years **petroleum** has been exploited on the peninsula of Santa Elena on the Pacific. The producing horizons are Paleocene and Eocene sandstones. Since pre-colonial times many seepages and asphalt outcrops have been known here. The output is decreasing; in 1968 it amounted to no more than 5000 barrels/day (300 000 t/y) from 800 wells. The oilbearing beds have been found up to a maximum depth of –3000 m.

Obviously of much more importance are the recently discovered oil and gas fields in the Napo Basin of the Amazonas plains, which east of the Cordillera Real constitutes the continuation of the producing Colombian oil zone in Amazonas (Orita field). According to the hitherto (1969) the producing horizons of the Napo Basin are belonging to the Lower Cretaceous (Hollín sandstone), Upper Cretaceous (Napo sandstone) and the Eocene. The reserves proved so far (1969) are said to amount to 140 million t. Production did not start yet, but tests resulted in a foreseen potential output of 19 000 barrels/day, roughly, as regards the producing 8 deep wells sunk up to now.

Tertiary **lignites** were deposited in intramontane basins preserved in the inter-Andean depression. The coal seams were folded by young orogenic movements. In the basins of Loja, Malacatus and Cuenca-Azogues minable lignite reserves exceeding 30 million t have been found. The cement works of Guapán are supplied from the seams of the Azogues district. It is quite probable that there is a westward continuation of the lignite seams in the western part of the Cuenca basin.

The **gold veins** of the Portovelo-Zaruma district in SW Ecuador having been exploited since the 16th centuary are near being exhausted. The ores are a hydrothermal formation in Tertiary volcanics, particularly in andesites. The thickness of the veins is about 0,70 m up to 1,90 m; some of them have a remarkable extension. They dip very steep. At present the gold yields of the run-of-mine in Portovelo are from 8,6 to 9,7 g, in Minas Nuevas 14,2 g and in Ayapamba 16,2 g Au/t. The output (most recent figures given for 1962) was 4 t Ag and 0,6 t Au.

Many rivers in the Pacific lowland, in the deeply incised valleys of the Cordilleras and in the Oriente are gold-bearing. These gold deposits have been exploited partially since pre-Inca times. Systematic investigations of the placers are urgently required for determining the minable parts of the recent stream placers and their Quaternary terraces.

In the Macuchi mine on the western slope of the Cordillera Occidental **sulphide copper** ores were exploited from 1941 to 1958. In the same geological position further sulphide ore ocurrences of Cu, Mo, Ag and pyrite have become known. All of them are genetically bound to granodiorite intrusions and volcanics of the late Cretaceous magmatism. Part of these ocurrences are those at Nanegal on the Rio Alambi and at Santo Domingo (pyrite and chalcopyrite), at La Plata (poly-metallic sulphide ores), at Sigchos, Macuchi and Talagua, as well as the Chanchán valley (copper and molybdenum ores), Molleturo (polymetallic ores) and, finally, the outcrops and anomalies near Chaucha (Azuay Province) discovered in 1968 in the course of a geochemical prospection. In the Cordillera Real the copper ores at Sigsig, N of the volcano Sangay, and in the headwater region of the Rio Napo possibly are also indications of "porphyry copper ores" known as hydrothermal products of intermediate igneous rocks within the region of the Andean orogen extending from Chile and N Argentina via Peru to Colombia. The prospection is impeded by thick layer of decomposed rocks, dense primeval forests and the highly accentuated relief of the Cordillera.

Up today any iron and manganese ore deposit of economic importance have not been discovered in Ecuador. The often investigated ocurrences at Pascuales (hematite) and Pasaje (manganese ore) are not worth being mined.

Extensive beach placers of **ilmenite** and **magnetite** have become known on either side of the mouth of the Rio Esmeraldas in Esmeraldas Province. A prospection was carried out some years ago and offshore mining proposed.

The intense volcanic activity of the Quaternary volcanism resulted, too, in the formation of native **sulphur** deposits. High-grade sulphur occurs as massive and crystalline ores, as impregnation in hydrothermal silica masses (geyserite), in tuffs and lavas. Most of the sulphur reserves are the so-called „caliche", i. e. an ore being impregnated porous rocks of volcanic vents. Minable deposits are Shucos near Tixán and Rosário (Chimborazo Province), Cerro Chiles near Tufino and El Angel (Carchi Province) as well as those on the Islas Isabela (crater San Tomás) and San Cristóbal, being part of the Galápagos archipelago.

Limestones of the marine Cretaceous constitute an excellent raw material for the cement works in Guayaquil and Riobamba. – On the map (fig. 16) Ecuador's important mineral deposits are shown.

Resumen

Capitulo A–E por W. Sauer

A. Introducción

La Introducción comprende una síntesis concisa de la exploración geológica del Ecuador.

B. Rasgos fundamentales geomorfológicos

Ecuador figura con Paraguay y Uruguay entre los tres paises más pequeños de la America del Sur. Se extiende a lo largo de la costa occidental del continente y la linea ecuatorial traviesa su parte septentrional.

El elemento más importante de su estructura morfológica lo presentan los Andes, la Cordillera principal que se despliega en la costa occidental del continente y cuya sección entre los grados 1° de latitud Norte y 5° de latitud Sur pertenece al Ecuador quedando en las orillas del Océano Pacífico una zona costanera bastante plana de variada anchura.

Al pie oriental de los Andes se extienden en vasta planicie los sistemas fluviales del Amazonas y sus tributarios. Resulta por eso una división geomorfológica del país en Litoral o Costa (zone occidental de la Costa), Sierra (Andes) y Oriente (llanura baja oriental).

a) **El Litoral.** A parte de montañas bajas, la zona de la costa está llano o ligeramente ondulada. Su anchura cambia según la forma de la línea costanera, a cuya mitad mide 130 kilómetros. Hacia el Norte se estrecha a 40 km. Hacia el Sur está subdividida en la península Sta. Elena y en el estuario del río Guayas, de modo que la faja plana del Litoral de la provincia El Oro, en el sitio más angosto tiene sólo 20 kilómetros de anchura.

La península Sta. Elena llana o sólo poco montañosa está separada de la parte principal del Litoral por las cordilleras Chongón y Colonche.

b) **La Sierra con el sistema montanoso intra-andino austral.** En los Andes ecuadoreanos (Sierra) la Cordillera Real y la Cordillera Occidental encierran la depresión tectonica interandina (Graben). Las acumulaciones volcanicas formadas por efusiones en las fracturas transversales de la depresión, los así llamados „nudos“ dividen la depresión longitudinal en secciones de diferente largo, las „hoyas“, que se desaguan o al Océano Pacífico, o por el Amazonas al Atlántico.

Bajo la influencia del Eje amazónico, ambas cordilleras cambian de dirección hacia el Suroeste dislocandose de tal modo, que la Cordillera Occidental, empujada hacia el Oeste, termina en el 2° y 3° grado de latitud Sur, mientras que la Cordillera Real en dirección sudoccidental y occidental, por su ramificación principal de las cordilleras costaneras toca el Océano Pacífico (Tahuín, Larga, Amotape).

En dirección Norte la Cordillera Real se prolonga por la cordillera cristalina Central de Columbia. Por sus idénticas estructuras tectónicas y estratigráficas ambas cordilleras están comprendidas como unidad geológica: formando parte de la Cordillera Cardinal Norandina (W. Sauer) que se extendiende desde el Mar Caribe (Colombia del Norte) hasta el Pacífico (Punta Pariñas del Perú noroccidental).

A la cordillera ecuadoreana occidental le falta empero la conexión inmediata con la Occidental de Colombia.

c) **El Oriente.** El declive oriental de la Cordillera Cardinal Norandina constituye el limite preciso de la llanura amazónica. Sólo las cordilleras subandinas, como antegrada de la Sierra, se elevan aún a altitudes poco importantes sobre la planicie. La separación entre la antegrada y la región baja está bien marcada por una estrecha zona empinada (steep zone) que pasa de N a S al lado oriental de las cordilleras subandinas. Al Este de la zona mencionada, el Río Pastaza ha depositado el vasto abaníco de sedimentos fluviales subdividido en llanas mesetas radiales.

C. Estratigrafía (mapa geológico con suplementos W. Sauer 1970)

Además de yacimientos menos característicos del Carbonífero y Precarbonífero, en la Sierra, el **Paleozoico inclusive el Precámbrico** ocupan el espacio de la Cordillere Real como formaciones de las rocas metamórficas y semimetamórficas. Más allá también el nucleo de la Cordillera de Cutucú en la región subandina del Oriente está compuesto de rocas paleozóicas. En la Cordillera Occidental dos fajas estrechas de pizarras paleozóicas se encuentran encajadas entre diabasas dislocadas (ca. 60 km NW de Quito) situadas entre el Chimborazo y Bucay.

Al borde de la Cordillera Oriental (Real), el fondo de la depresión Topo-Quijos, se constituye por pizarras semimetamórficas de edad indefinida. Por la ramificación de la Cordillera Real dirigida hacia la costa se extiende otra faja ancha de pizarras paleozóicas desde Zaruma a la frontera peruana.

El Jurasico está representado por las **formaciones Santiago** (Jura inferior = Liásico) de ca. de 2000 m de potencia mediana y el **Chapiza rojo y Mishahuall volcánico** = Jurásico medio y superior. Su extensión mayor se distingue por la capa liásica de la Cordillera del Cóndor y su prolongación hacia el Norte por la Cordillera de Cutucú. En los bordes de las cordilleras mencionadas el Jurásico aparece junto con el Cretáceo inferior.

El Cretáceo afloro en la zona subandina meridional a partir del Río Pastaza, inmediatamente a lo largo del declive de la Cordillera Real hacia el Norte hasta en la cercanía del río Pastaza, inmediatamente a lo largo del declive de la Cordillera Real. En grandes extensiones cubre, al lado septentrional del río Napo, la elevación **Napo-Galeras** con el volcán activo **Sumaco.**

La Sierra misma exhibe, por la cordillera intermedia del Sur, el **Cretáceo** entreplegado en fajas más o menos anchas entre rocas de la formación diabásica Piñon (Orogenia larámica), asimismo más al Norte en la Cordillera Occidental.

El borde Sur de la **plataforme Daule** está acentuado por el Cretáceo plegado de las Cordilleras Chongón y Colonche.

Extensiones considerables las ocupan capas básicas de la formación diabásica cretácica (volcanismo mesozóico (Piñon) diferenciadas hasta en pórfido cuarcífero, especialmente en el lado occidental y en el declive de la Cordillera Occidental hacia la llanura baja de la Costa.

Las regiones de la extensión principal del **Terciario** comprenden las llanuras de la Costa y del Oriente. Mientras que en la Sierra las formaciones terciarias quedan reducidas a la depresión interandina y sus bordes.

La influencia de la Cordillera Cardinal Norandina en el desarrollo diferente de las facies de las zonas al Oeste y Este de esta cordillera se ha intensificado al principio del Terciario tanto que todas formaciones del Litoral casi exclusivamente están representadas por sedimentos marinos.

La transgresión terciaria marina sobre la plataforma de Daule comienza desde el Eoceno medio, como lo comprueba la falta de las series inferiores del Terciario inferior.

La sección oriental de la plataforma, a lo largo del pie de la Cordillera Occidental fué alcanzada por la transgresión sólo al fin del Oligoceno. El Mioceno cubre en conformidad el Oligocene. Por una facies de radiolarios está localizado el curso de una fría corriente antártica del Terciario.

Al fin del Terciario el movimiento bascular de la plataforma termina por la emersión de la zona costanera.

Al Sur de las Cordilleras Chongón y Colonche, es decir en la península de Sta. Elena está hundida una depresión ruptural como elemento estructural importante. Circundada del Eoceno se ha llenado de sedimentos terciarios, cada vez de menor edad, hasta el Mioceno.

El Paleoceno y el Eoceno inferior afloran entre Guayaquil y Sta. Elena en los alrededores de Azúcar y Engabao. El Eoceno medio se caracteriza por el Clay pebble bed de 30 a 50 m de potencia. Una especie de **mylonita arcillosa** se ha originado por el deslizamiento de un enorme paquete de sedimentos de ca. de mil metros de potencia por la superficie de capas arcillosas y rocosas ligeramente inclinadas.

En los sedimentos marinos de las regiones levantadas ha desaparecido la **facies neritica** de las aguas dulcificadas y está reemplazada por facies sublitoral de las formaciones que concluyen el levantamiento de la parte occidental de la plataforme de Daule. La parte hundida oriental con su prolongación hacia el Sur hasta la frontera peruana fué rellenada a lo largo de la Cordillera Occidental por aluviones pleistocénicas y modernas.

El Terciario del **Oriente** comienza con una formación de transición entre el Cretáceo y el Terciario, a saber con la formación Tena. Nació de las zonas del límite entre ambas periódos y abarca el Cretáceo inferior y el Paleoceno. A continuación aparecen formaciones del Paleoceno-Eoceno en extensión llana (mesetas) entre y debajo de los abanícos cuaternarios (tablazos) de cascajo marino y fluvial; y más hacia el Este debajo de los aluviones fluviales.

El Cuaternario. Aluviones pleisto-holocénicas se han acumulado en grandes extensiones de la zona costanera, ante todo al pie de la Cordillera Occidental. En la costa misma se muestran sedimentos marinos en unión con los tablazos.

El Oriente se distingue por acumulaciones y aluviones de los tablazos (mesetas) al pie de la Cordillera Cardinal Norandina de las cuales el gigantesco abaníco del río Pastaza de sedimentos fluviales de un radio maximal de 120 km avanza lo más lejos a dentro de la llanura amazónica.

Además se depositan allá, por todas partes, regulares sedimentos fluviales a lo largo de los ríos.

La depresión interandina de la Sierra, en su parte mayor septentrional, muestra como relleno superior, principalmente, masas flojas cuaternarias de los numerosos (ca. 60) volcanes superpuestos a los bordes de la depresión andina y las lavas compactas de los volcanes y los torrentes lávicos derramados.

En la menor parte meridional afloran casí exclusivamente, las acumulaciones volcánicas del volcanismo terciario.

D. Tectónica e historia geológica

La estructura de los Andes se ha cumplido en el transcurso de tres orogenias:

1. **Los Eoandides,** la estructura más antigua de la America del Sur remonta a la **orogenia asyntica.**

2. **Los Preandides** (Acadian and Appalachian orogenies) son el resultado de la **orogenia varistica.** Contienen nucleos asynticos. La sección ecuadoreana de la Cordillera Cardinal Norandina abarca la Cordillera Real con su prolongación hacia la costa por las cordilleras Tahuín, Larga y Amotape.

3. **Los Neoandides.** La Cordillera Cardinal Norandina retiene su función de umbral entre el Oeste y Este. En el Oriente las porfiritas y Diabasas de la formación Chapiza perforan como magmatismo inicial de la **orogenia jurásica,** las capas marinas liásicas de la **formación Santiago** que en transgresión hacia el Sur se superponen sobre las Cordilleras de Cutucú y del Cóndor. En la región de los afluentes septentrionales de Río Napo, la formación Chapiza diferenciada hasta Porfido cuarcífero y en su sección superior llamada formación Mishahuallí, está considerada como magmatismo inicial de la orogenia jurásica.

Aunque H. J. Tschopp (1956) crea que existen relaciones genésicas entre el Granito del Cerro Abitagua (pocos kilometros NW Mera) y la cordillera de Guacamayos de un lado y las rocas volcánicas del Mishahuallí de otro lado, sinembargo los granitos parecen ser de edad eoterciaria (orogenia larámica), porque, como intrusiones granodioríticas en las capas mesozóicas no muestran ni huellas de presión orogénica.

A las áreas de la formación Chapiza se superponen en discordancia angular las **areniscas de Hollín** y en conformidad la siguiente **formación Napo** que ambas se hunden hacia el Este en el subsuelo y desaparecen debajo de la **formación Tena** (cambio del Cretáceo al Terciario). A la distancia de 50 km, a partir del borde oriental de la elevación

Napo-Galeras se han hundido las formaciones cretácicas hasta -2000 m bajo nivel del mar. A su maxima profundidad de -2750 m llegan a 50 km de distancia desde el borde oriental de bloque elevado.

El eje de la depresión tiene dirección N-S paralela a la Cordillera. Más hacia el Este la superficie subterránea de la secuencia Napo-Hollín se levanta a -1400 m bajo nivel del mar cerca de Tiputini, en la confluencia del río Tiputini con el Napo, donde la potencia de la formación Hollín-Napo, como facies sublitoral del Cretáceo, asciende sólo a 120 m e indica la cercanía de la base elevada del Escudo brasilero. El límite occidental del Shelf cretácico se encuentra en el borde oriental de la Sierra.

El umbral bajo de la Cordillera Real se ha levantado durante la orogenia larámica y fué sometido a nueva erosión y denudación. Los Redbeds de Tena empiezan a formarse como superposición sobre el Cretáceo superior por la retrocesión del mar hacia el Este. El cambio al Terciario está marcado por un cambio abrupto de facies entre el Cretáceo superior y el Terciario inferior.

Los sedimentos terciarios del Eoceno hasta el Mioceno-Plioceno siguen avanzando más hacia el Este. Los últimos, fuertemente se entremezclan con masas sueltas volcánicas del volcanismo incipiente durante el Mioceno superior.

A causa del levantamiento desigual de los Andes durante el Pleistoceno la entera Sierra plegada ha sido rota y partida en secciones longitudinales. A lo largo de las nacientes grietas longitudinales se alzan las fajas centrales en grado menor que los flancos de la cordillera y quedan atrasadas en el movimiento de elevación. Por eso se hunden relativamente en el transcurso de la orogenia estas fajas medianas a mayor profundidad en comparación de los flancos de la cordillera. Resulta la **depresión tectónica interandina**.

Por las grietas sube el magma y originase el gran numero de los volcanes plio-pleistocénicos que indican, por su agrupación linear, las direcciones de las fracturas tectónicas debajo de las cubiertas superpuestas de las rocas volcánicas.

Por el volcanismo cuaternario desarrollado sumamente más fuerte en la zona andina septentrional, la parte mayor del Norte del pais se distingue esencialmente de la parte menor meridional, porque, en el Sur, la tendencia de abrirse grietas ha sido contrarrestada por fenomenos especiales de la tectónica del Eje amazónico.

Terremotos. Por los sismógrafos del Observatorio astronómico y sismológico de Quito (Publicaciones del Observatorio de Quito) está afirmada la alta sismicidad del pais. Regularmente se producen temblores y ondas sísmicas sólo muy debiles a parte de los raros terremotos fuertes que pueden ocasionar vastos destrozos y causar muchas victimas. Afortunadamente los temblores debiles efectuan la continuada neutralizasión de las tensiones en las rupturas tectónicas de la corteza terrestre y evitan así la acumulación de fuerzas tectónicas devastadores y el estallo de terremotos vehementes.

Así cesaron durante varios meses los microsismos y la energía acumulada se descargó luego por el terremoto catastrófico del 9 de Agosto de 1938 (Abb. 7).

Los resultados de los sismógrafos también han ayudado en aclarar detalles de las dislocaciones tectónicas hasta de la posición y forma de las rupturas mismas.

Los movimientos verticales epirogénicos de la corteza terrestre estan determinados en sus diversas fases por la posición altitudinal de las terrazas fluviales, de los tablazos o de las morenas glaciales.

E. Las Islas de Galápagos (Archipiélago de Colón)

Al territorio del Ecuador pertenecen las famosas Islas de Galápagos, officialmente llamadas „Archipiélago de Colón“, situadas en el Océano Pacífico, cerca del punto de intersección de la linea ecuatorial con el 90° grado de longitud Oe a distancia de ca. de 1400 km de la tierra firme ecuadoreana.

El Archipiélago (Abb. 13) comprende 13 islas y un numero de islotes y peñas solitarias, todas de origen volcánico. La mayoría de las islas pequeñas consiste de un volcán sólo, pero las islas de San Salvadór (James) y San Cristóbal (Chatam) se componen cada una de dos volcanes e Isabela (Albemarle) de seis volcanes. Las islas se levantan, como volcanes submarinos, por sus cúspides sobre el nivel del mar. En el cruce submarino de dos grietas volcánicas la acumulación de efusiones volcánicas se ha formado, como señal de un volcanismo reforzado, activo aún en la actualidad. Pero después del descubrimiento del archipiélago, erupciones de los volcanes fueron registradas sólo en las islas San Salvador (James), Isabela (Albemarle) y Fernandina (Narborough).

A pocas exceptiones **los basaltos** de las islas pertenecen al tipo petrológico pacífico con tendencia a formar transiciones a la andesita basáltica.

Las lavas frescas producen en las islas un colorido monotono oscuro negro (basaltos); además predominan tintes grises, amarillentos hasta pardos de las rocas compactas y sueltas, en estado de descomposisión.

La palagonita originada por la disgregación del vidrio basáltico (sideromelano) en las tobas volcánicas respectivas constituye el fundamento más antiguo de las islas, parcialmente destruido por la erosión marina y contiene zeolitas como minerales recién formados aparte de las partículas no descompuestas del basalto. Típicos cráteres de palagonita están frecuentes entre las islas.

Como fenómeno sorprendente se hace notable la falta de arrecifes de coral causada por el enfriamiento del agua marina en la ramificación occidental de la corriente fría de Humboldt que pasa al rededor de las islas.

Tectónica. Las líneas tectónicas de dos sistemas de grietas se crucen formando angulos de N 43° O y N 47° E. Los volcanes están puestos en los puntos de intersección de estas líneas.

Los hallazgos de fósiles marinos comprueban que movimientos epirogénicos no son reconocibles antes del Plioceno, pero que después de la erupción de los volcanes parásitos de palagonita se han producido levantamientos hasta por 200 m.

Resumen

Yacimientos Minerales por H. PUTZER

En la actualidad la industria minera del Ecuador no desempeña ningún papel muy importante en la economía nacional del país. Para el porvenir se abrirán perspectivas de minería sobre todo en la región petrolífera nuevamente descubierta en la cuenca del Río Napo, la que se sitúa en la Provincia de Napo, parte septentrional de la Zona Amazónica también denominada el Oriente Ecuatoriano. Igualmente se hacen esperanzas para el país en lo futuro basándose en vestigios prometedores de minerales que pertenecen al tipo de los minerales diseminados de cobre porfírico encontrados en varias rocas eruptivas de las Cordilleras Occidentales y Orientales de los Andes Ecuatorianos. Fuera de ello son muy notables los numerosos yacimientos secundarios de oro (aluviones auríferos) en las tierras bajas occidentales así como en los valles al pie de las cadenas orientales de montañas. No cabe duda de que el Ecuador se manifestará dentro de pocos años como país exportador de petróleo en el mercado mundial.

Desde ya hace muchos años se realiza la producción de **petróleo** en la Península de Santa Elena al Océano Pacífico. Figuran como estratos petrolíferos areniscas del Paleoceno y del Eoceno. Están conocidos en aquella región numerosos resumaderos de petróleo de tiempos remontándose desde antes de la época colonial. La producción resulta retrógrada y en 1968 solamente se elevó aún a 5000 barriles por día (300 000 toneladas de rendimiento anual), capacidad diaria que se obtuvo de 800 pozos de extracción. Los horizontes productivos fueron encontrados en profundidades extendiéndose hasta de 3000 m.

Evidentemente son más importantes bajo todo concepto los campos petroleros y de gas nuevamente descubiertos en la „Cuenca del Río Napo“ perteneciente a las tierras bajas amazónicas que representan al este de la Cordillera Oriental de los Andes la continuación de la zona petrolífera colombiana en Amazonia (el campo petrolero de Orita). Los mantos productivos descubiertos hasta ahora (1969) pertenecen al Cretáceo inferior (arenisca de Hollin), al Cretáceo superior (arenisca del Napo) y al Eoceno. Hasta ahora (1969) se han indicado como reservas comprobadas un total de 140 milliones de toneladas. Ensayos de extracción resultaron en una capacidad de producción de aproximadamente 19 000 barriles por día para los pozos productivos profundos abiertos hasta ahora.

Lignitos terciarios fueron depositados en cuencas intramontanas que se han conservado en la depresión interandina. Las capas sedimentarias fueron incluidas en el proceso de plegamiento. Las cuencas lignitíferas de Loja, de Malacatus y de Cuenca-Azogues contienen más de 30 millones de toneladas de lignito pardo duro que resulta explotable. Las capas de lignito de la cuenca lignitífera de Azogues abastecen la fábrica de cemento de Guapán. Probablemente se prosiguen las capas de lignito de la región lignitífera de Cuenca-Azogues hacia el Oeste.

Las vetas **auríferas** de la región de minería de Portovelo-Zaruma en el suroeste del Ecuador que vienen explotadas desde el siglo XVI van hacia su agotamiento. Las vetas auriferas representan formaciones hidrotermales en vulcanitas terciarias, sobre todo en andesitas. Los valores medios de los espesores de las vetas son de 0,70 a 1,90 m. En la actualidad las leyes de oro de mineral todo uno ascienden a 8,6–9,7 g de oro por tonelada en Portovelo, a 14,2 g de oro por tonelada en Minas Nuevas y a 16,2 g de oro por tonelada en Ayapamba. Según las publicaciones más recientes originarias de 1962 la producción se elevó a 4 toneladas de plata y a 0,6 toneladas de oro.

Son numerosos los ríos con arenas, gravas y conglomerados auríferos en las tierras bajas de la región del Océano Pacífico, en los valles profundamente entallados de las Cordilleras de los Andes y en las Provincias de Napo y de Pastaza (ú otramente denominadas en conjunto „el Oriente Ecuatoriano“ antes de la delineación fronteriza realizada de conformidad con el Protocolo de Rio de Janeiro de 1942), mientras que la explotación del oro originario de estes ríos se remonta a la época antes del Imperio de los Incas.

En todos los casos absolutamente es menester que se lleven a cabo investigaciones de los aluviones auríferos con el fin de esclarecer los sectores explotables de las arenas fluviales recientes y de sus terrazas cuaternarias.

La mina de Macuchi en la pendiente occidental de la Cordillera Occidental ha explotado minerales sulfurosos de **cobre** en el período de 1941 a 1958. En una posición geológicamente igual quedaron generalmente conocidos número de yacimientos semejantes de minerales sulfurosos con cobre, plata, molibdeno y pirita. Están todos genéticamente ligados con intrusiones de granodiorita así como con vulcanitas del magmatismo tardicretácio. Figuran entre estes yacimientos Nanegal a orillas del Río Alambi y Santo Domingo (pirita y calcopirita), La Plata (minerales sulfurados polimetálicos), Sigchos, Macuchi y Talagua así como el Valle del Río Chanchan, (cobre y minerales de molibdeno), Molleturo (minerales sulfurados polimetálicos) y el yacimiento situado cerca de Chaucha (provincia de Azuay) y encontrado en 1968 por medio de prospección geoquímica. Es posible que también en la Cordillera oriental los minerales de cobre de Sigsig situados al norte del volcán Sangay y en las fuentes del Río Napo constituyan indicios de „minerales de cobre profírico", los cuales están en el alcance del complejo orogénico andino como productos hidrotermales de rocas magmáticas intermedias empezando por Chile y por el norte de Argentina y extendiéndose a través del Perú hasta Colombia. Capas desagregadas espesas, tupidas selvas vírgenes y el relieve de montaña muy acentuado de la Cordillera de los Andes aumentan las dificultades de prospección.

Hasta hoy día no fueron encontrados ningunos yacimientos de minerales de hierro y manganeso en el Ecuador. Las ocurrencias de Pascuales (hematita) y de Pasaje (minerales de manganeso) no son explotables.

Aluviones litorales de **ilmenita** y de **magnetita** de gran extensión están conocidos a ambas orillas del Río Esmeraldas (Provincia de Esmeraldas) y fueron investigados en el decurso de trabajos de prospección hace pocos años.

La intensiva actividad volcánica del vulcanismo cuaternario ha ocasionado la formación de yacimientos de **azufre.** El azufre aparece como mineral rico en forma de mineral crudo así como de la modificación cristalina e igualmente aparece como yacimiento de impregnación en masas hidrotermales del anhídrido silícico (geiserita). También se encuentra el azufre en tobas volcánicas y en mantos de lava. La cantidad principal de las reservas en azufre está contenida en el caliche, es decir: en rocas porosas impregnadas de la chimeneas volcánicas. Yacimientos explotables son representados por Shucos cerca de Tixán así como por Rosario (Provincia del Chimborazo), Cerro Chiles cerca de Tufino y El Angel (Provincia de Carchi) e igualmente existen en las islas de Isabela (en el cráter de San Tomás) y de San Cristóbal que pertenecen al archipiélago de Colón (Islas Galápagos).

Calizas del Cretáceo marino abastecen una materia prima excelente para las fábricas de cemento en Guayaquil y en Riobamba.

El mapa (fig. 16) indica los yacimientos más importantes del Ecuador.

Literatur

AGUAYO ESCANDÓN, S. (1964): El Filón de Hematites cerca de Pascuales. – Guayaquil.
– (1964): La rodonita (silicato de manganeso) cerca de Pasaje, río Sacachispas (Provincia de El Oro). – El Telégrafo de Guayaquil.
ANDRADE MARÍN, L. (1936): Llanganati, Viaje a las misteriosas montañas de Llanganati. – Impr. Mercantil, Quito.
Anonymus (1968): New discoveries broaden oil outlook in Ecuador. – World Oil, April 1968, S. 106, 1 Abb., Houston.
ASHLEY BALDRY, R. (1938): Slip planes and Breccia zones in the Tertiary rocks of Perú. – Quart. J. Geol. Soc. **XCIV**, 3, London.
BARRINGTON BROWN, C. (1938): On a theory of gravitational sliding applied to the Tertiary of Ancón, Ecuador. – Quart. J. Geol. Soc., XCIV, 3, London.
BAUR, G. (1891): On the Origin of the Galápagos Islands. – Amer. Naturalist, **25**, pp. 214–229, 307–326, Philadelphia.
BEEBE, W. (1924): Galápagos Worlds End. – New York and London.
BELLIDO, E. B. y SIMONS, F. S. (1957): Memoria explicativa del Mapa Geológico del Perú. – Bol. Soc. Geol. Perú, **31**, Lima.
BELOWSKY, M. (1892–1898): Die Gesteine der ecuadorianischen Westkordillere von Tulcán bis Escaleras-Berge. – In REISS & STÜBEL: Das Hochgebirge der Republik Ecuador. Petrogr. Untersuchungen, I, Westkordillere, Berlin.
BENAVIDES-CÁCERES, V. (1956): Geología de la región de Cajamarca – Bol. Soc. Geol. Perú, **30**, Lima.
BENIOFF, H. (1949): The Fault origin of oceanic deeps. – Bull. Geol. Soc. Amer.
BERGT, W. (1914): Der Vulkan Quilotoa in Ecuador und seine schiefrigen Laven. – Mus. für Länderkunde, **13**, Leipzig.
– (1921): Natur und Entstehung der Gneise der ecuadorianischen Ostkordillere, Berlin.
BERRY, E. W. (1929): The fossil Flora of the Loja Basin in Southern Ecuador. – J. Hopkins studies in Geology, Nr. 10, Baltimore.
BILLINGSLEY, B. (1926): Geology of the Zaruma Gold district of Ecuador. – Amer. Inst. Met. Miner. Eng. **74**, USA.
BIXBY, G. G. (1950): Geología de la Peninsula de Santa Elena (entre La Puntilla y Colonche). – Dis. Esc. Polit. Nac., Quito.
BREISTROFFER, M. (1951): Sur la découverte de Knemicratinae (Ammonit. Albiennes) en Equateur, en Colombie et en Vénézuela. – C. R. Acad. Sc. **234**, 2633–2655. – Paris.
BRUET, E. (1947): Sur le soulèvement principal de la Cordillère oriental des Andes de l'Equateur et la creación du réseau du Haut-Amazone. – C.R.S.Ac.Sc. **CGXXV** Nr. 17, pp. 749–751, France.
– (1947): L'état actuel de nos connaissances géologiques sur le Haut Amazone de l'Equateur. – C. R. Soc. Géol. Fr., Nr. **41**, France.
CHALCO, R. A. (1954): Informe geológico de la región Máncora-Fernandez, Bol. tecn. Min. Fom. Obr. Públ. – Empresa Petrol. Fisc. **1**, Lima.
– (1955): Informe geológico de la región Tumbez-Zarumilla. – Minist. Fom. Obr. Publ., Bol. tecn. Empresa Petrol. Fisc. **3**, Lima.
– (1955): Estudio geológico preliminar de la región Sullana-Lancones. – Minist. Fom. Publ., Bol. tecn. Empresa Petrol. Fisc. **3**, Lima.
CHUBB, L. J. (1933): Geology of Galápagos, Cocos and Easter Island. – Bernice B. Bishop Mus., Bull. 119, Honolulu.
CLOOS, H. (1936): Einführung in die Geologie. – Berlin.
COLONY, R. J. & SINCLAIR, J. H. (1928, 1937): The lavas of the Volcano Sumaco, Eastern Ecuador, South American. – Amer. J. Sci. **XIV**. Trad. al castellano por Jonas Guerrero: (Bol. mens. Min. Obr. Públ., **II**, Nrs. 18, 19, 20, Quito.

Colony, R. J. & Sinclair, J. H. (1937): Igneous and metamorphic rocks of Eastern Ecuador. – New York 1932 Acad. sci. **34**, trad. al castellano por Jonas Guerrero: Bol. mens. Minist. Obr. Públ., **II** Nrs. 18, 19, 20, Quito.
Colton, R. B. (1968): Bibligraphy of geology and geography of Ecuador. – U. S. Geol. Surv. Open File, 65 S., Washington.
Dall, W. H. (1924): Note on fossilferous strata on the Galápagos Islands. – London.
Dall & Ochsener (1928): Tertiary and Pleistocene Mollusca from the Galápagos Islands. – San Francisco.
Darwin, C. (1942): Viaje de un Naturalista alrededor del mundo, 1831–1836. Traducido al castellano. – Buenos Aires.
De Sitter, L. U. (1962): Geología Estructural. Ediciones Omega. Traducción al castellano de vic. Pastor Gomez. – Barcelona.
Dyott, G. W. (1929): The volcanoes of Ecuador. – Nat. Geogr. M. **55**, Nr. 1.
Eardley, A. J. (1954): Tectonic relations of North and South America. – Bull. Amer. Ass. Petrol. Geol. **31**, Nr. 5, pp. 750–770, Oklahoma.
Eibl-Eibesfeld, I. (1960): Galápagos, die Arche Noah im Pazifik. – R. Piper München.
Elich, E. (1893): Die Gesteine der ecuadorianischen Westkordillere vom Atacazo bis Iliniza. In W. Reiss & A. Stübel: Das Hochgebirge der Republik Ecuador. – Petrographische Untersuchungen, **I**, Westkordillere. – Berlin.
– (1901–1904): Die vulkanischen Gebirge der Ostkordillere von Ecuador, vom Pambamarca bis zum Antisana. In W. Reiss, Petrographische Untersuchungen. – Berlin.
Engelhardt, H. (1895): Über neue Tertiärpflanzen Südamerikas. – Abh. Senckenberg **19**, Nr. 2, Frankfurt/M.
Erazo Vallejo, M. T. (1957): Apuntes sobre la Geología y Estructura del Valle de Cuenca. – Anal. Univ. Cuenca, Ecuad. **XIII**, 1, pp. 157–197, Cuenca.
Esch, E. (1896–1902): Die Gesteine der ecuadorianischen Ostkordillere. – Die Berge des Ibarra-Beckens, in Reiss & Stübel.
Estrada, A. (1941): Contribución geológica al conocimiento de la Cangagua de la región interandina y del Cuaternario en general en el Ecuador. – Anal. Univ. Central, Quito.
Fischer, A. (1956): Desarollo geológico del Noroeste peruano durante el Mesozoico. – Bol. Soc. Geol. Perú, **30**, Lima.
Gardner, F. J. (1969): Oriente: the hottest new Latin oil patch in years. – Oil & Gas J. 67, No. 12, S. 63–66, 3. Fig., Tulsa.
Gerth, H. (1955): Der geologische Bau der südamerikanischen Kordillere. – Berlin.
Granja, J. C. (1942): Nuestro Oriente. – Impr. Univ. Central, Quito.
– (1964): Geología de la Isla Genovesa (Tower). – Edit. Univ. Centr., Quito.
Grosse, E. (1935): Acerca de la Geología del Sur de Colombia. Compilaciones de los estudios geológicos ofic. en Colombia 1917–33. – Minist. Ind. – Colombia.
Grosser, P. (1905): Reisen in den ecuadorianischen Anden. – Sitz.-Ber., Niederrh. Ges. Nat. u. Heilk., Bonn.
Gubler, Y. & Ortynski, I.: Informe geológico preliminar sobre las posibilidades petrolíferas de las cuencas sedimentares del Ecuador. – Serv. Nac. Geol. Mineria, 94 S., Quito 1966.
Hadley, W. H. & Neff, C. H. (1968): Review of 1967 – Petroleum Developments in South America, Central America and Caribbean Area. – Bull Amer. Assoc. Petrol. Geologists, **52**, 8, S. 1366–1468, 83 Abb., Tulsa.
Harrington J. F., Ward, D. E. & McKelvey, V. E. (1966): Sources of Fertilizer Minerals in South America. – Geol. Surv. Bull. **1240**, 66 S. 1 K, Washington.
Hearn, L. T. (1950): El Chimborazo. – Bol. Inf. Nac. Cient. **III**, 28–29. – Quito.
Herz, R. (1892): Die Gesteine der ecuadorianischen Westkordillere, Pululagua bis Guagua Pichincha in Reiss, W. & Stübel, A. – Quito.
Hiedra Lopez, C. (1949): Levantamiento topográphico y geológico de la zona Camp. Sigsal-Puente Guarumal. – Dis. Esc. Politec. Nac., Quito.
Hoffstetter, R. (1949): Notas sobre el Cuaternario de la Peninsula de Sta. Elena, Ecuador. – Bol. Inf. Cient. Nac. Nr. 11 y 12. Ed. Casa Cult., Quito.
– (1952): Les mammifères pleistocènes de la République de l'Equateur. – Mem. Soc. Géol. Nr. 66, Paris.
– (1956): Ecuador en Lexique Stratigraphique International, Amérique Latine, **5a**. – Paris.
Holloway, H. L. (1932): Gold in Ecuador. – Miner. Mag. **46**, S. 219–223, 3Abb., London.
Humboldt, A. von (1837–1838): Geognostische und physikalische Beobachtungen über die Vulkane des Hochlandes von Quito.

HUMBOLDT, A. VON (1853): Kleine Schriften. Geognostische und physikalische Erinnerungen. – Stuttgart und Tübingen.
JARELL, O. W. (1942): Operaciones de la Cotopaxi. – Exploration Co., Macuchi, Ecuador. Anal. I. Congr. Panamericano de Ingeneria de Minas y Geología, **4**, S. 1587–1597, 7 Abb., Santiago.
JENKS, W. F. (1956): Handbook of southamerican Geology. – An explanation of the Geological Map of South America. – Geol. Soc. Amer. Mem. **65**, New York.
– Perú in JENKS, W. F. Handbook Nr. 42. – New York.
KARSTEN, H. (1873): Über Lavaströme des Tunguragua und Cotopaxi. – Z. Dt. Geol. Ges. **25**, Berlin.
KEHRER, W. & KEHRER, P. (1969a): Die oberkretazische San-Juan-Formation der Westkordillere Ecuadors. – N. Jb. Geol. Paläont. Abh. **133**, Stuttgart.
– – (1969b): Beobachtungen zur Kreide/Tertiär-Grenze in Südwest-Ecuador. – N. Jb. Geol. Paläont. Abh. **134**, Stuttgart.
KILIAN, E. F. (1960): Brutkugeln von Mistkäfern in Chile. – Nat. und Volk, Senckenberg. – Frankfurt/M.
KLAUTSCH, A. (1893): Die Gesteine der ecuadorianischen Westkordillere vom Rio Hatuncama bis Kordillere Llangagua, in REISS & STÜBELL.
– (1892–1898): Die Gesteine der ecuadorianischen Westkordillere von den Ambatobergen bis zum Azuay, in REISS & STÜBEL.
KRÖMMELBEIN, K. (1961): Stratigraphische Probleme in den wichtigsten Erdöl-Aufschlußgebieten Brasiliens. – Industrieverlag Erdöl u. Kohle, Hamburg.
KÜMMEL, B. (1948): Geological reconnaissance of the Contanamá region. – Bull. Geol. Soc. Amer. **59**, New York.
LANDES, R. W. (1944): Geología de la región sudoccidental del Ecuador. – Bol. Isap, **1**, Nr. 3, Quito.
LARREA, C. M. (1960): El Archipiélago de Colón (Galápagos). – Casa de la Cultura Ecuatoriana, Quito.
LAWSON A. C. (1885): Report on the Geology of the Lake of the Wood region. – Canad. geol. Surv. Ann. rep. **1**, pp. 23 etc., Ottawa.
– (1890): Note on the prepaleozoic surface of the Archean terrenes of Canada. – Bull. Geol. Soc. Amer. **1**, pp. 163–173, New York.
– (1934): The Eparchean peneplain. – Bull. Geol. Soc. Amer. **45**, pp. 1059–1072, New York.
LENGERKEN, H. von (1952): Zur Brutbiologie der Coprinen-Gattung Deltochilum (Coleopt.). – Wiss. Z. d. Univ. Halle-Wittenberg.
LEWIS, G. E. (1956): Ecuador, Andean Geologic Province. In JENKS, F. Handbook of South American Geology.
LIDDLE, R. A. & PALMER, K. V. W. (1941): The Geology and Paleontology of the Cuenca-Azogues-Biblián region etc. – Bull. Amer. Pal. **26** Nr. 100, Ithaka-New York.
MANCHENO, Ed. (1950): Estudio geológico de Chatam. – Dis. Esc. Pol. Nac., Quito.
MARCHANT, S. (1956): The Petroleum Geology of SW Ecuador. – Symp. Yacimientos de Petroleo y Gas, XX. Congr. Geol. Internac., **IV**, S. 65–88, 3 Abb., Mexico.
MARKS, J. G. (1951): Miocene Stratigraphy and Paleontology of Southwestern Ecuador. – Bull. Amer. Pal., **33**, Nr. 139.
– (1956): Ecuador, Pacific Coast Geological Province, in Nr. 42 Handbook of Southamerican Geology.
MARSHALL, W. B. & BOWLES, E. A. (1932): New fossil freshwater Molluscs from Ecuador. – Proc. USA Nat. Mus. **LXXXII**, Nr. 2946, art. 5, Washington.
MARTINEZ, Aug. N. (1902): El Pichincha. – Estudios históricos, geológicos y topográphicos. – Anal. Univ. Centr. **XVI** Nr. 118–119, **XVII**, Nrs. 120–125, **XVIII** Nrs. 126–129. – Quito.
– (1903–1905): El Tunguragua. Contribuciones para su conocimiento geológico. – Anal. Univ. Centr. **XIX**, Nrs. 132–135. – Quito.
– (1929–1933): Contribuciones para el conocimiento geológico de la región volcánica del Ecuador. – Anal. Univ. Central **XLIII** Nrs. 269–70, **XLIV** Nrs. 271, **XLV** Nrs. 273–75, **XLVII** 277–78, **XLIX**, Nrs. 281–84. – Quito.
MARTINEZ, Nic. A. (1938): Exploraciones en los Andes Ecuatorianos. El Tunguragua. – Publ. del Obs. Astr. y Meteor., Secc. geofys., Impr. Nac., Quito.
MAYO, E. B. (1942): Preliminary study of flow and fracture structures in the intrusive rock at Portovelo. – S.A.C.Co. Special rep. 53, Portovelo.
MENARD, H. W. (1964): Marine Geology of the Pacific. – Mc. Gr. H. Book Co., New York-London.

MEYER, H. (1907): In den Hochanden Ecuadors etc. – Berlin. Traducido al castellano por Jonas Guerrero, 1938–39, an. Univ. Central. – Quito.

MILLER, B. L. & SINGEWALD, jr. J. T. (1919): The mineral deposits of South America. – 598 S., 61 Abb., New York.

MOORE, E. L. (1944): Resumen de una charla sobre la Geología de Santa Elena. – ISAP. – Quito.

MOSQUERA, C. F. (1949): Viaje de reconocimiento y estudio por el Río Santiago (Prov.-Esmeraldas). – Bol. Inf. Cient. Nac. **II**, 18–19, Quito.

– (1950b): Los yacimientos carboníferos de la Provincia de Cañar. – Bol. Inf. Nac., **III**, Nr. 35, Quito.

– (1950): Viaje de reconocimiento y estudio por el Río Mira, San Juan etc. – Bol. Inf. Cient. Nac. **III**, Nrs. 26–27, Quito.

– (1951): Las minas de Portovelo. – An. Universidad de Cuenca, **VII**, 4, Cuenca.

– (1952): Yacimientos de azufre en el Ecuador. – An. Univ. Cuenca, **VIII**, 2, S. 147–151, Cuenca.

– (1952): Las minas de azufre de Tixan. – Bol. Informaciones Nacion., Nr. **52**, Quito.

MOSQUERA, C. F. & CIFUENTES, J. (1955): Informe de la Comisión Especial de Promotores de „Industrias Guapán S. A.“ sobre las posibilidades de instalación de una fábrica de cemento en Guapán, Azogues, Prov. de Cañar. – An. Univ. Cuenca **11**, 3–4, S. 467–488, Cuenca.

NIGGLI, P. (1965): Versuch einer natürlichen Klassifikation der in weiterem Sinne Magmatischen Erzlagerstätten. – Wilh. Knapp, Halle.

NYGREN, W. E. (1950): Bolívar Geosyncline of Northwestern Southamerica. – Bull. Amer. Ass. Petrol. Geol. **34**, Nr. 10.

Observatorio Astronómico Quito. Director Ed. Mena (1958): Breve historia de los principales terremotos en la República del Ecuador. – 534. Minist. Educ. Públ., Quito.

OLIVEIRA, A. I. de (1956): „Brazil“ in JENKS, W. F., Handbook of South-American Geology.

OLSSON, A. A. (1942): Tertiary Deposits of Northwestern Southamerica and Panamá. – Proc. 8th Amer. Cienc. Congr., **4**, pp. 231–287, Washington.

– (1956): „Colombia“ in JENKS, W. F., Handbook of Southamerican Geology. – Geol. Soc. Amer.

OPPENHEIM, V. (1943): Geología de la Sierra de Cutucú, frontera Ecuador-Perú. – Bol. Soc. Geol. Perú, **14–15**, Lima.

PAZ Y MIÑO, L. T. (1931): La exploración al Reventador. – Minist. Educ. Públ., Quito.

– (1944): El Reventador en nueva actividad. – Gac. Munic. **108**, Quito.

PEREZ, B. E. (1949): Estudio de la región de Saloya. – Dis. Esc. Pol. Nac., Quito.

PUTZER, HANNFRIT (1959): Tektonik und Diabasvulkanismus im südlichen Santa Catarina (Brasilien). – 19. Congr. internat. Alger, C. R. **XV**, Alger.

– (1968): Tertiäre Lignite im interandinen Graben von Ecuador als Beispiel für synorogene Kohlebildung in intramontanen Becken. – Geol. Jb. **85**, pp. 461–488, Hannover.

PUTZER, HANNFRIT & SCHNEIDER-SCHERBINA, A. (1958): Lagerstätten-Untersuchungen in Ecuador. Unveröff. Ber. Bundesanstalt für Bodenforschung, Hannover.

RASSMUSS, J. E. (1957): Zur Erdölgeologie Südamerikas, insbesondere des pazifischen Raumes. – Geol. Rdsch., **45**, 3, S. 686–707, 6 Abb., Stuttgart.

REIN, GERHARD (1961): Die quantitative mineralogische Analyse des Malsburger Granitplutons und ihre Anwendung auf Intrusionsform und Differentiationsverlauf. – Jh. Geol. Landesamt Baden-Württemberg Nr. **5**, pp. 53–115, Freiburg i. B.

REISS, W. (1883): Über eine fossile Säugetierfauna von Punín bei Riobamba in Ecuador. I. Die geologischen Verhältnisse der Fundstellen fossiler Säugetierknochen in Ecuador. – Paläont. Abh. **I**, H. 2, Berlin. Traducido al castellano por W. GOLDBAUM. An. Univ. Central, **LX**, Nr. 304. – Quito 1938.

REISS, W. (1904): Ecuador 1870–74. Petrographische Untersuchungen. – Berlin. Siehe auch E. ELICH 1901, TANNHAUSER, F. 1904, WOLFF, F. von.

– (1921): Reisebriefe aus Südamerika. Traducido al castellana por A. N. MARTINEZ. – An. Univ. Centr., **XLIII**, Nr. 270, Quito.

REISS, W. & STÜBEL, A. (1892–1898): Das Hochgebirge der Republik Ecuador. Petrographische Untersuchungen **I**. Westkordillere. Siehe auch: BELOWSKY 1892, HERZ, H. 1892, ELICH, E. 1892–1901, KLAUTSCH, A. 1892–1898.

– – (1896–1902): Das Hochgebirge der Republik Ecuador. Petrographische Unteresuchungen **II**, Ostkordillere. – Berlin. YOUNG, A. (1902): Die Gesteine der ecuadorianischen Ostkordillere: Der Cotopaxi und die umgebenden Vulkanberge Pasachoa, Rumiñahui, Sincholagua und Quilindaña. – Berlin.

RIOFRIO, A. J. (1950): Geología de la Peninsula Sta. Elena. – Dis. Esc. Polit. Nac., Quito.

ROSENBUSCH, H. (1898): Elemente der Gesteinslehre, p. 292. – Stuttgart.

RUESS, G. L. & GROSSMANN, J. (1951): Informe preliminar sobre los carbones de Azogues-Biblián. – Bol. Inf. Cient. Nac. **III**, Nrs. 36–37, Quito.

Salazar, S. B. (1949): Estudios Geológicos de la zona Cotequilla-Providencia entre los rios Monjas y Guallabamba. – Dis. Esc. Polit. Nac. – Quito.
– (1959): Esqueleto tectónico Ecuadoriano. – Publ. Obs. Astron., Min. Ed. Públ., Quito.
Salisch, E. (1949): Estudio geológico de la zona entre las Haciendas La Providencia y Vindobona (Río Guallabamba). – Dis. Escuela Polit. Nac., Quito.
Sass, L. C. & Neff, C. H. (1966): Review of 1965 Petroleum Developments in South America and Caribbean Area. – Bull. Amer. Assoc. Petrol. Geol. **50**, 8, S. 1564–1624, 23 Abb., Tulsa.
Sauer, Walther (1938a): Informe sobre los estudios geológicos en las provincias australes del Ecuador. – An. Univ. Centr. **LXI**, 305, Quito.
– (1938b): Observaciones en la región del terremoto del Valle de los Chillos (9 de agosto de 1938). – Publ. Observ. Astr. y Meteorol., Quito.
– (1943): Memoria explicativa del Mapa Geológico de Quito. – Anal. Univ. Central **LXXI**, Nrs. 319–23, Quito.
– (1946): La investigación geológica del Castregón (Baños). – A. E. I. **IV**, Quito.
– (1945): Informe sobre los yacimientos de Caliza, Toba calcárea, Carbón, Arcilla y Yeso de las Provincias de Cañar y Azuay, Caja de pensiones. – Quito.
– (1950): Contribuciones para el conocimiento del Cuaternario en El Ecuador. – An. Univ. Central. **LXXVII**, Nr. 328, Quito.
– (1950): Mapa Geológico del Ecuador (en colores), esc. 1:1 500 000. – Ed. Univ. Central & Minist. Economia Quito. Imp. Inst. Art. Orell Fuessli. – Zürich.
– (1955a): Coprinisphaera ecuadoriensis. Un fósil singular del Pleistoceno. – Bol. Inst. Cienc. Nat. Univ. Central, año **I**, Nr. 2, Quito.
– (1955b): Los terremotos de la Provincia de Imbabura 1955. – Bol. Inf. Cient. Nac. Nr. 71, Ed. Casa Cult. Ecuat., Quito.
– (1956): Coprinisphaera Ecuadoriensis (Bola de Cangagua) y las esphaeras elaboradas actualmente por escarabajos de las Scarabaeidae. – Bol. Inf. Cient. Nac. Nr. **85**. Ed. Casa Cult. Ecuat., Quito.
– (1957): El Mapa Geológico del Ecuador. Memoria explicativa. – Ed. Univ. Centr. – Quito.
– (1958): El Cerro Hermoso de los Llanganates en El Ecuador. – Bol. Inf. Cient. Nac. Nr. **85**. Ed. Cas. Cult. Ecuat., Quito.
– (1959): Merkwürdige Kugeln in Tuffen Ecuadors und ihre Deutung. – Nat. u. Volk, **89**. H. 4, Senckbg. Natforsch. Ges., Frankfurt/M.
– (1960): Alejandro de Humbolt en El Ecuador. – Bol. Inf. Cient. Nac. Nr. **90**. Ed. Casa Cult. Ecuat., Quito.
– (1960): Auf den Spuren Alexander von Humboldts am Chimborazo. – Nat. und Volk, Senckbg. Natforsch. Ges., Frankfurt/M.
– (1965): Geología del Ecuador. – Ed. Minist. de Educación Publ., Quito.
Semanate, A. D. O. P. (1944): Notas geológicas de Baños y sus alrededores. – Flora, **V**. Nrs. 13–14, Quito.
– (1951): Baños y sus alrededores. Historia geológica del Tunguragua y del Pastaza. – Bol. Inf. Cient. Nac. **V**, Nr. 51, Quito.
– (1952): Geología de la Hoya de Yambo. – Bol. Inf. Cient. Nac., **V**, Nr. 51, Quito.
– (1954): Las rocas de Metamorfismo o esquistos cristalinos de la Cordillera Oriental de la orilla izquierda del Pastaza. – En: los surcos de la Ciencia. Ed. Casa Cult. Ecuat., Quito.
Serrano, C. M. (1959): Mapa sísmico y tectónico del Ecuador. – Publ. Obs. Astr., Minist. Educ. Públ., Quito.
Sheppard, G. (1935): Geology of the interandine Basin of Cuenca, Ecuador. – Geol. Mag. **LXXI**, Nr. 842–1934. Versión castellana por Virgilio Salazar Orrego, Cuenca.
– (1937): The Geology of southwestern Ecuador. – London.
Sinclair, J. H. & Berkey, Ch. P. (1937): Cherts and igneous rocks of the Sta. Elena Oilfield, Ecuador. – Tr. Amer. Inst. Miner. Met. Eng. **69**. Traducido al castellano por Jonás Guerrero. Bol. mens. Minist. Obr. Públ. Año II, **II**, Nrs. 18, 19, 20, Quito.
– (1937): Geology of Guayaquil, Ecuador, Southamerica. – Amer. J. Sci. 5th ser. 7, Nr. 42 1924. Traducido al castellano por Jonás Guerrero, Bol. mens. Minist. Obr. Públ. año II. **II** Nrs. 18, 19, 20, Quito.
Singewald, J. T. (1927): Pongo de Manseriche. – Bull. Geol. Soc. Amer. **30**.
Soldiro, P. L. (1877): Relacion sobre la erupción del Cotopaxi acaecida el día 26 de junio de 1877. – Quito.
Stainforth, R. M. (1948): Applied Micropaleontology in Coastal Ecuador. – J. Paleont. **22**, Nr. 2.
Steinmann, G. (1929): Geologie von Perú. – Heidelberg.

STILLE, HANS (1924): Grundfragen der vergleichenden Tektonik. – Berlin.
– (1940): Einführung in den Bau Amerikas. – Berlin.
– (1950): Der subsequente Magmatismus. – Dt. Akad. Wiss. Nat. math. Kl., Abt. Geotektonik 3, Berlin.
– (1954): Unterschiebungspalingenese. – 19. Congr. intern. Alger, C. R. XV., Alger.
– (1957): Atlantische und Pazifische Tektonik. – Geol. Jb. **74**, Hannover.
– (1958): Einiges über die Weltozeane und ihre Umrahmungsräume. – Geologie, H. 3–6, Berlin.
– (1958): Die assyntische Tektonik im geologischen Erdbild. – Beih. Geol. Jb. H. 22, Hannover.
STOLL, W. C. (1962): Notes on the Mineral Resources of Ecuador. – Econ. Geol. **57**, 5, S. 799–808, Lancaster.
STÜBEL, ALF. (1897): Die Vulkanberge Ecuadors. – Leipzig.
STUEBY, C. (1945): Contribuciones para el conocimiento geológico de la región Azuaya. – Univ. Cuenca, Ecuador, Cuenca.
TANNHAUSER, F. J. (1901–1904): Die jüngeren Gesteine der ecuadorianischen Ostkordillere von der Kordillere von Pillaro bis zum Sangay, sowie die des Azuay und eines Teils der Cuenca-Mulde. – In REISS Ecuador 1870–74; Petrogr. Untersuchungen, Berlin.
THALMANN, H, E. (1943): Uppere Cretaceous Limestones near San Juán, Prov. of Chimborazo (Western Andes), Ecuador. – Abstr. Bull. Geol. Soc. Amer. **54**.
– (1944): Notas sobre estudios paleontológicos de las formaciones Cretáceas y Terciarias en la región litoral del Ecuador. – Bol. ISAP, **1**, Nr. 3.
– (1945): Resumen de las investigaciones paleontológicas en el Ecuador. – Bol. ISAP, **1**, Nr. 3, Quito.
– (1946a): Micropaleontology of Upper Cretaceous and Paleocene in Western Ecuador. – Bull. Amer. Assoc. Petrol. Geol., **30**, Oklahoma.
– (1946b): Mitteilungen über Foraminiferen. – V. Ecl. Geol. Helv., **39**, 2, Basel.
– (1947): Oberoligozäne Foraminiferen. Fauna von Jaramijo, Ecuador. – Mitteilungen über Foraminiferen. – V. Ecl. Helv. Geol. **VL**, Nr. 2, Basel.
TSCHOPP, H. J. (1945): Bosquejo de la Geología del Oriente Ecuatoriano. – Bol. ISAP, **1**, Nr. 5, Quito.
– (1948): Geol. Skizze von Ecuador. – Bull. Ver. Schweiz. Petrol. Geol. Ing. **15**, Nr. 48, Basel.
– (1953): Oil exploration in the Oriente of Ecuador. – Bull. Amer. Assoc. Petrol. Geol. **37**, Nr. 2, Oklahoma.
– (1956): Upper Amazone-Basin geological province. – In JENKS, W. F., Handbook of South-american Geology. – Geol. Soc. Amer.
VARIGNY, H. de (1960): In C. M. LARREA.
VAUGHAN, T. W. (1937): Terciary large foraminifera of Ecuador. – In SHEPPARD G. The Geology of Southwestern Ecuador. – London.
VILLAVICENCIO, M. (1858): Geografía de la República del Ecuador. – New York.
WASSON TH. & SINCLAIR, J. H. (1927, 1937): Geological explorations East of the Andes in Ecuador. – Bull. Amer. Assoc. Petrol. Geol. **II**, Nr. 12, Oklahoma. Tratucido al castellano por Jonás Guerrero. – Bol. mens. Min. Obr. Publ., año II, **II**, Nrs. L 8, 10, 20, Quito.
WEEKS, I. G. (1947): Paleogeography of Southamerica. – Bull. Amer. Assoc. Petrol. Geol. **31**, Nr. 7, Oklahoma.
WHYMPER, E. (1892): Travels amongst the Great Andes of Ecuador. – Supl. Appendix Murray, London.
WOLF, T. (1878): Memoria sobre el Cotopaxi y su última erupción. – Guayaquil.
– (1879): Viajes científicos por la República del Ecuador. (Loja, Azuay, Esmeraldas). – Guayaquil.
– (1892): Geografía y Gelogía del Ecuador. – Leipzig.
WOLFF, F. von (1901–1904): Die älteren Gesteine der ecuatorianischen Ostkordillere, sowie die des Azuay und eines Teils der Cuenca-Mulde. – In REISS, W. Ecuador 1870–74, Petrographische Untersuchungen. – Berlin 1904a.
– (1904b): Über das Alter der kristallinen Ostkordillere in Ecuador. – Z. Dt. Geol. Ges., **56**, Mber.
– (1914): Der Vulkanismus. – Stuttgart.
WURM, A. (1940): Zur Geologie von Ecuador. – Jb. Miner. Geol. Paläont., Beil. Bd. **83**, Abt. B.
YANTIS, L. (1937): Informe sobre los depósitos de carbon de piedra de Biblián. – Bol. mens. Minist. Obr. Públ. **II**, Nrs. 16 und 17, Quito.
Young, A. (1902): Die Gesteine der ecuadorianischen Ostkordillere: Der Cotopaxi und die umgebenden Vulkanberge Pasachoa, Rumiñahui, Sincholagua und Quilindaña. – In REISS & STÜBEL (1892–98), II. Ostkordillere, Berlin.

Geologische und geographische Karten

Levantamiento geológico de los alrededores de Quito. Escala 1 : 25 000 por el Dr. Ing. WALTHER SAUER y ABELARDO ESTRADA. – Servicio Geogr. Mil. – Quito 1939–40.

Mapa Geológico del Ecuador, Escala 1 : 1 500 000 por el Dr. WALTHER SAUER. – Ed. Univ. Central und el Minist. de Economía, Quito, Impr. Inst. Artist. Orell-Fuessli – Zürich Suiza 1950.

Mapa Geológico General de la República de Colombia. Escala 1 : 2 000 000. – Serv. Geol. Nac., Minist. Minas y Petroleos, Bogotá 1944.

Mapa Geológico del Perú, Escala 1 : 2 000 000. Por ELEODORO BELLIDO B., SIGFREDO NARVÁEZ L. & FRANK S. SIMONS. Preparado bajo la Dirección del Inst. Nac. Investig. & Fomento Mineros y the U. S. Geol. Surv., Publ. Soc. Geol. – Perú 1956.

Mapa Geográfico de la República del Ecuador, Escala 1 : 1 500 000, Compilado por el Inst. Geogr. Militar. – Quito 1956.

Mapa Geologico de la Republica del Ecuador, Escala 1:1 000 000. – Servicio Nacional de Geologia y Minería, Quito 1969.

Geologische Karte von Ecuador mit Ergänzungen (in Farbe) von Dr. WALTHER SAUER 1970, 1 : 1 500 000 bei Verl. Borntraeger Berlin-Stuttgart.

Photo 2. Tätiger Vulkan Cotopaxi (5897 m) mit Picacho; Biotit- bis Pyroxenandesit. Photo: SAUER

Photo 3. Der Andesit-Vulkan Chimborazo, von SE, mit dem Kranz seiner Stirnmoränen (Mittelgrund). Photo: PUTZER

Photo 4. Cerro Hermoso (4639 m) in den Llanganates, Rest der überschobenen Decke (schwarzer Kalkschiefer). Photo: SAUER

Photo 5. Kristalline Schiefer, Sockel des Cerro Hermoso in den Llanganates. Photo: SAUER

Photo 6. Laguna de Pujin (glazialer See) in den kristallinen Schiefern im Sockel des Cerro Hermoso. Photo: SAUER

Photo 7. Rio Paute. Durchbruch durch die Cordillera Real beim Cerro Tahual (basaltische Andesite und Hornblende-Rhyolithe). Photo: SAUER

Photo 8. Formation Guayaquil, Steinbruch bei Guayaquil (Chertiger Lutit). Photo: SAUER

Photo 9. Kalke der Formation Alambi der oberen Kreide, Rio Alambi (30 km westl. Quito). Photo: SAUER

Photo 10: Granitbatholith im semiariden Klima bei Macará (Verwitterung und Erosion). Photo: SAUER

Photo 11. Antiklinale von Biblian, miozäne Konglomerate und Sandsteine. Photo: PUTZER

Photo 12. Kalksinterdämme zeigen den Verlauf der Bruchspalten im Untergrund an (bei Cuenca). Photo: SAUER

Photo 13. Kalksinterdamm „läuft über“, bei Cuenca. Photo: SAUER

Photo 19. Gletschertisch auf dem Reschreiter-Gletscher (Chimborazo). Photo: SAUER

Photo 20. Cerrito de Callo (Hühnerauge), vulkanische Quellkuppe am Fuß der Berge von Chaupi (kompakt. Andesit), Straße Quito–Latacunga. Photo: SAUER

Photo 21. Eruptionskrater Quilotoa in der Westkordillere, westl. Latacunga. Photo: SAUER

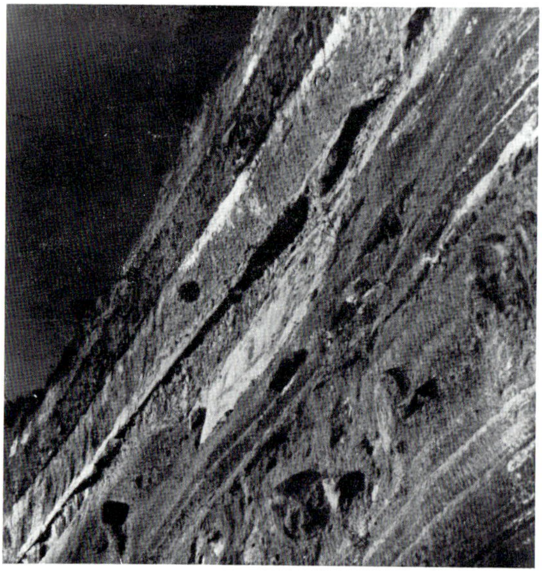

Photo 22. Glazio-lakustre Sedimente, Rio Chiche (südöstl. Quito) bei Alangasi. Photo: SAUER

Photo 23. Gletscherschliff im Tal von Paluguillo, östl. Quito. Photo: SAUER

Photo 24. Winderosion in der lakustren Cangagua bei Pintac (südöstl. Quito). Photo: SAUER

Photo 25. Kugelhorizont von Coprinisphaera ecuadoriensis in der äolischen Cangagua bei Quito. Photo: SAUER

Photo 26. Gefüllte und leere Cangagua-Kugel, beide mit Schlupfloch 5:3. Photo: SAUER

Photo 27. Aufgeschnittene Cangagua-Kugel mit lockerer Cangagua-Masse gefüllt 5 : 3. Photo: SAUER

Photo 28. Geöffnete Cangagua-Kugel mit Wurmexkrementen gefüllt 5:3. Photo: SAUER

Photo 29. Rundhöcker bei Papallacta, Gletscherschliff Nähe von Quito. Photo: SAUER

Photo 30. Ausbiß des Flöz M 8 in Quebrada Santo Domingo, Becken von Malacatus. Photo: PUTZER

Photo 31. Die Goldgräberstadt Portovelo (Prov. El Oro) im Tal des Rio Calera am Westhang der West-Kordillere. Vorn rechts: alte Flotations-Rückstände, ca. 200.000 t mit 0,04 oz. Au/t. Photo: PUTZER

Sachregister

Ortsregister

Autorenregister